·四川大学精品立项教材·

U0384265

工程测量

GONGCHENG CELIANG

主　编　刘　超

副主编　项　霞　蔡诗响

　　　　杨正丽　鲁　恒

四川大学出版社

SICHUAN UNIVERSITY PRESS

图书在版编目（CIP）数据

工程测量 / 刘超主编． 一 成都 ：四川大学出版社，
2023.10
四川大学精品立项教材
ISBN 978-7-5690-5737-9

Ⅰ．①工… Ⅱ．①刘… Ⅲ．①工程测量－高等学校－
教材 Ⅳ．① TB22

中国版本图书馆 CIP 数据核字（2022）第 187059 号

书　　名：工程测量
　　　　　Gongcheng Celiang
主　　编：刘　超
丛 书 名：四川大学精品立项教材

选题策划：李思莹
责任编辑：李思莹
责任校对：周维彬　胡晓燕
装帧设计：墨创文化
责任印制：王　炜

出版发行：四川大学出版社有限责任公司
　　　　　地址：成都市一环路南一段 24 号（610065）
　　　　　电话：（028）85408311（发行部）、85400276（总编室）
　　　　　电子邮箱：scupress@vip.163.com
　　　　　网址：https://press.scu.edu.cn
印前制作：四川胜翔数码印务设计有限公司
印刷装订：成都市新都华兴印务有限公司

成品尺寸：185mm×260mm
印　　张：21.5
字　　数：550 千字

版　　次：2023 年 10 月 第 1 版
印　　次：2023 年 10 月 第 1 次印刷
定　　价：68.00 元

扫码获取数字资源

四川大学出版社
微信公众号

前　言

　　《工程测量》是四川大学批准建设的高质量教材，是编者在适应高等学校专业调整，以及不同非测绘类专业对工程测量的要求的基础上，总结十多年来的教学实践经验，结合自身科学研究以及测绘领域的新技术和新方法编写而成的。全书以工程测量的基本概念和基本原理为主线，兼顾水利类及土建类各专业教学大纲的需求，编写了水利工程测量和土建工程测量的相应内容，并根据科研及实践经验补充了 GNSS 技术、合成孔径雷达测量技术和倾斜摄影测量技术等新技术和新方法。

　　本教材由三篇组成，内容涵盖工程测量的基本技术和方法、不同专业的工程应用测量以及工程测量新技术等。第 1 篇包括第 1 章到第 8 章，对水准测量、角度测量、距离测量及直线定向的基本原理，测量仪器的基本构造、使用方法和误差来源进行了详细分析，对测量误差的基本知识进行了系统阐述，对平面控制测量和高程控制测量的常规方法、全站仪大比例尺地形图的数字化测绘技术及地形图的应用进行了详细介绍。第 2 篇包括第 9 章到第 15 章，分为水利工程应用测量和土木工程应用测量两部分，主要介绍了河流开发规划时期的测量工作、水利工程设计阶段的测量工作、水利工程施工控制测量及施工放样、水利工程安全监测、建筑工程施工测量和道路工程施工测量。上述内容针对不同专业的具体要求讲述了适合于不同专业的施工测量，供相关专业选学。第 3 篇包括第 16 章，主要根据编者的科研和实践经验补充介绍了 GNSS 技术、合成孔径雷达测量技术和倾斜摄影测量技术等新技术和新方法及其在工程领域的应用。

　　本教材由四川大学刘超教授担任主编，项霞、蔡诗响、杨正丽、鲁恒等担任副主编。各章节编写分工如下：刘超编写第 9 章，第 10 章；项霞编写第 1 章，第 7 章第 3 节，第 8 章第 3 节，第 11 章，第 12 章，第 13 章，第 16 章第 2 节；杨正丽编写第 2 章，第 3 章，第 4 章，第 7 章第 1、2、4、5 节，第 8 章第 1、2 节；蔡诗响编写第 5 章，第 6 章，第 14 章，第 15 章；鲁恒编写第 16 章第 1、3 节。全书由项霞修改并定稿。

　　由于编者水平有限，书中的缺点和错误在所难免，热诚希望广大读者批评指正。

编　者

2023 年 3 月

目 录

第1篇 工程测量技术与方法

第2篇 工程应用测量

第3篇 工程测量新技术

第 1 篇
工程测量技术与方法

第1章 绪 论

1.1 测量学概述

1.1.1 测量学的概念

测量学是研究地球及其表面和外层空间中各种自然物体和人造物体上与地理空间分布有关的信息的一门学科。它研究的内容是测定空间点的几何位置、地球的形状、地球重力场及各种动力现象，采集和处理地球表面各种形态及其变化信息并绘制成图的理论、技术和方法，以及各种工程建设中测量工作的理论、技术和方法。

测量学主要包括测定和测设两大部分。测定是指运用各种测量仪器和工具，通过测量和计算，获得地面点的测量数据，或者把地球表面的地形按一定比例尺缩绘成地形图，供工程建设使用。测设又称施工放样，是将图纸上设计好的建筑物、构筑物的平面位置和高程用测量仪器按一定的测量方法在地面上标定出来，作为施工依据。

1.1.2 测量学的分类

测量学按照所研究领域和服务对象的不同分为以下六个分支学科：

（1）普通测量学，是研究地球表面小区域，不考虑地球曲率影响，使用常规测量仪器设备，进行测定和测设点位所涉及的测量理论、技术和方法的学科。

（2）大地测量学，是研究和确定整个地球的形状和大小，解决大区域控制测量和地球重力场等问题的学科。由于人造地球卫星的发射和空间技术的发展，大地测量学又分为常规大地测量学、天文大地测量学、重力大地测量学和卫星大地测量学等。

（3）摄影测量与遥感学，是研究利用摄影相片及各种不同类型的非接触传感器，获取模拟的或数字的影像，通过解析和数字化方式提取所需的信息，以确定物体的形状、大小和空间位置等信息的理论和方法的学科。摄影测量与遥感学又分为地面摄影测量学、航空摄影测量学和航天遥感测量学。

（4）工程测量学，是研究各种工程建设在规划、设计、施工和运营管理等阶段所进行的各项测量工作的理论、技术和方法的学科。

（5）地图制图学，是研究各种地图的制作理论、工艺技术和应用的学科。

（6）海洋测量学，是研究海洋和陆地水域的测量和绘图的学科。

1.1.3 测量学的发展

测量学是一门古老的学科。早在 4000 多年前，大禹治水就利用简单的工具进行了测量。战国时期发明的指南针（古代叫司南），至今仍在广泛使用。东汉张衡发明了世界上第一架测量地震的仪器——候风地动仪。他在前人基础上创制的浑天仪正确地表示了天象，在天文测量史上留下了光辉的一页。17 世纪初望远镜发明以后，人们利用光学仪器进行测量，使测量技术又向前迈进了一大步。20 世纪 60 年代以来光电技术和计算机技术的发展对测绘仪器和测量方法的变革起到了很大的推动作用。如利用光电转换原理及微处理器制成电子经纬仪，可迅速地测定水平角和竖直角；利用电磁波在大气中的传播原理制成各种光电测距仪，可迅速精确地测定两点间的距离；将电子经纬仪、光电测距仪及微处理器相结合制成的全站仪，可迅速测定和自动计算待测点的三维坐标，自动保存观测数据，并将观测数据传输到计算机，再由计算机自动绘制地形图，实现数字化测图。20 世纪 70 年代开始研制的一种利用卫星定位的新技术——全球定位系统（global positioning system，GPS），人们只需在待测点上安置 GPS 接收机，通过接收卫星信号，利用专门的数据处理软件，即可迅速获得该点的三维坐标。这种技术彻底改变了传统的测量控制点坐标的方法，极大地促进了测量学的发展。目前，测量技术正向着多领域、高精度、数字化、智能化方向发展。

1.1.4 测量技术在工程建设中的作用

在工程建设中，测量技术的应用十分广泛。例如，在建筑工程、城市规划、道路与桥梁工程、水利工程、管道工程与地下建筑等的勘测设计阶段，需要测绘各种比例尺地形图，供规划设计使用。在施工阶段，需要将图纸上设计好的建筑物、构筑物的平面位置和高程，运用测量仪器和测量方法在地面上标定出来，以便进行施工。工程结束后，还要进行竣工测量，供日后维修和改扩建使用；对于大型或重要建筑物、构筑物，还需定期进行变形观测，以确保其安全。

由此可见，测量工作贯穿工程建设的始终。作为一名工程技术人员，只有掌握必要的测量科学知识和技能，才能担负起工程勘测、规划设计、施工及管理等任务。

1.2 地球的形状和大小

1.2.1 地球的形状和大小

测量工作是在地球表面进行的，而地球的自然表面极不规则，在地球表面上分布着高山、丘陵、平原和海洋，有高于海平面 8848.86 m 的珠穆朗玛峰，有低于海平面 11034 m 的马里亚纳海沟，地形起伏很大。但是，由于地球半径很大（约 6371 km），地面高低变化的幅度相对于地球半径只有 1/300，从宏观上看，仍然可以将地球看作圆滑球体。地球表面大部分是海洋，占地球面积的 71%，陆地仅占 29%，所以人们设想由静止的海水面向大陆延伸形成的闭合曲面来代替地球表面。

地球上每个质点都受两个力的作用：一是地球引力；二是地球自转产生的离心力。这两个力的合力称为重力。重力的作用线称为铅垂线。铅垂线是测量工作的基准线。

假想由静止的海水面向陆地和岛屿延伸形成一个闭合曲面，这个闭合曲面称为水准面。水准面处处与铅垂线垂直。由于潮汐的影响，海水面有涨有落，水准面就有无数个，并且互不相交。在测量工作中，把通过平均海水面并向陆地和岛屿延伸而形成的闭合曲面称为大地水准面。大地水准面是测量工作的基准面。大地水准面所包围的形体称为大地体。

地球内部质量分布不均匀，这使得地面上各点的铅垂线方向产生不规则变化，因而大地水准面实际上是一个表面有微小起伏的不规则曲面，如图 1—1（a）所示，无法用数学公式表示。在这个曲面上无法进行测量数据的处理，为此必须选择一个与大地体非常接近的数学球体来代替大地体。

长期的测量实践表明，地球的形状近似于一个两极稍扁的椭球体，如图 1—1（b）所示。这个椭球体是一个旋转轴与地球自转轴重合的椭圆绕其短半轴 b 旋转而成的几何形体，因此又称旋转椭球体。地球椭球的形状及大小由其长半轴 a 和扁率 α 确定。它们之间的关系为

$$\alpha = \frac{a-b}{a} \tag{1—1}$$

1979 年国际大地测量与地球物理联合会推荐的地球椭球参数 $a=6378140$ m，$\alpha=1/298.257$。由于椭球的扁率很小，在小区域测量时，可以近似地将地球视作圆球体，其平均半径为 6371 km。

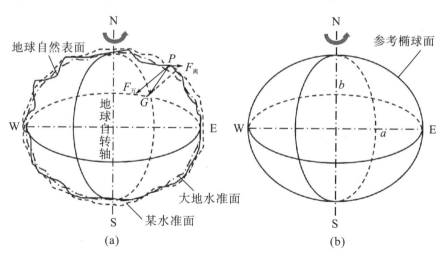

图 1—1　地球自然表面、水准面、大地水准面和参考椭球面

1.2.2　参考椭球的定位与国家大地坐标系

测量上把与大地体最接近的地球椭球称为总地球椭球，把与某个地区大地水准面最为密合的椭球称为参考椭球，其椭球面称为参考椭球面。根据一定的条件，确定参考椭球面与大地水准面的相对位置所进行的测量工作称为参考椭球体定位。如图 1—2 所示，在地面上选一点 P，将 P 点沿铅垂线投影到大地水准面得 P' 点，使参考椭球在 P' 点与大地体相切，这样过 P' 点的法线与铅垂线重合，并使椭球的短轴与地球自转轴平行，且椭球面

与大地水准面差距尽量小，从而确定了参考椭球面与大地水准面的相对位置关系。这里，P 点称为大地原点。

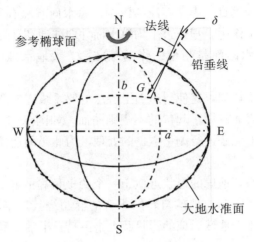

图 1-2　铅垂线与法线的关系

目前，我国使用的三个参考椭球元素值及 GPS 测量使用的参考椭球元素值见表 1-1。

表 1-1　参考椭球元素值

序号	坐标系名称	类型	椭球名	长半轴 a/m	扁率 α
1	1954 北京坐标系	参心坐标系	克拉索夫斯基椭球	6378245	1/298.3
2	1980 西安坐标系	参心坐标系	IUGG1975 椭球	6378140	1/298.257
3	2000 国家大地坐标系	地心坐标系	—	6378137	1/298.257222101
4	WGS-84 坐标系（GNSS）	地心坐标系	IUGG1979 椭球	6378137	1/298.257223563

1.3　地面点位的表示方法

无论是测定还是测设，都需要通过确定地面点的空间位置来实现。几何空间是三维的，所以表示地面点在某个空间坐标系中的位置需要三个参数，确定地面点位的实质就是确定其在某个空间坐标系中的三维坐标。测量中，将空间坐标系分为参心坐标系和地心坐标系。参心指的是参考椭球的中心。由于参考椭球的中心与地球质心一般不重合，所以它属于非地心坐标系。表 1-1 中第 1、2 两个坐标系是参心坐标系。地心指的是地球的质心。表 1-1 中第 3、4 两个坐标系是地心坐标系。

1.3.1　确定点的球面位置的坐标系

由于地表高低起伏，所以一般是用地面某点投影到参考曲面上的位置和该点到大地水准面的铅垂距离来表示该点在地球上的位置。为此，测量上将空间坐标系分解为确定点的球面位置的坐标系（二维）和高程系（一维）。确定点的球面位置的坐标系有地理坐标系和平面直角坐标系两类。

1.3.1.1 地理坐标系

地理坐标系用经纬度表示点在地球表面的位置。1884 年，在美国华盛顿召开的国际经度会议上，正式将经过格林尼治天文台的经线确定为 0°经线，纬度则以赤道为 0°，分别向南、北半球推算。

按坐标系所依据的基准线和基准面的不同以及求解坐标方法的不同，地理坐标系又分为天文地理坐标系和大地地理坐标系两种。

1. 天文地理坐标系

天文地理坐标又称天文坐标，表示地面点在大地水准面上的位置，其基准是铅垂线和大地水准面。它用天文经度 λ 和天文纬度 φ 来表示点在球面的位置。

如图 1-3 所示，过地表任一点 P 的铅垂线与地球旋转轴 NS 平行的平面称为该点的天文子午面，天文子午面与大地水准面的交线称为天文子午线，又称经线。

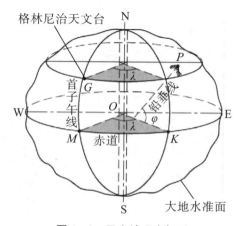

图 1-3 天文地理坐标系

设 G 为英国格林尼治天文台的位置，过 G 点的天文子午面为首子午面。P 点的天文经度 λ 的定义：P 点天文子午面与首子午面所形成的二面角。从首子午面向东或向西计算，取值范围是 0°～180°。在首子午线以东为东经，以西为西经。同一子午线上各点经度相同。

过 P 点垂直于地球旋转轴 NS 的平面与大地水准面的交线称为 P 点的纬线，过地球质心 O 的纬线称为赤道。P 点的天文纬度 φ 的定义：P 点铅垂线与赤道平面的夹角。自赤道起向南或向北计算，取值范围为 0°～90°。在赤道以北为北纬，以南为南纬。

可以用天文测量的方法测定地面点的天文经度 λ 和天文纬度 φ。由于天文测量受环境条件限制，定位精度不高，天文坐标之间推算困难，所以工程测量中很少使用。

2. 大地地理坐标系

大地地理坐标又称大地坐标，是表示地面点在参考椭球面上的位置，其基准是法线和参考椭球面。它用大地经度 L 和大地纬度 B 表示。由于参考椭球面上任意点 P 的法线与参考椭球面的旋转轴共平面，因此，过 P 点与参考椭球面旋转轴的平面称为该点的大地子午面。

P 点的大地经度 L 是过 P 点的大地子午面和首子午面所形成的二面角，P 点的大地纬度 B 是过 P 点的法线与赤道平面的夹角。大地经纬度是根据起始大地点（即大地原点，该点的大地经纬度与天文经纬度一致）的大地坐标，按大地测量所得的数据推算而得的。

我国以陕西省泾阳县永乐镇石际寺村大地原点为起算点，由此建立的大地坐标系称为1980西安坐标系；通过与苏联1942年普尔科沃坐标系联测，经我国东北传算过来的坐标系称为1954北京坐标系，其大地原点位于俄罗斯圣彼得堡市普尔科沃天文台圆形大厅中心。

1.3.1.2 高斯平面直角坐标系

地理坐标对局部测量工作来说是非常不方便的，不能直接用于测量计算和测绘地形图，因此，应将点的地理坐标转换成平面直角坐标。但地球表面是一个不可展的曲面，应通过投影的方法将地球表面上的点位换算到平面上。地图投影有多种方法，我国采用高斯-克吕格正形投影，简称高斯投影。高斯投影的特征是椭球面上微小区域的图形投影到平面上后仍然与原图形相似，即不改变原图形的形状。例如，椭球面上一个三角形投影到平面上后，其三个内角保持不变。

如图1-4（a）所示，高斯投影是一种横椭圆柱正形投影。设想用一个横椭圆柱套在参考椭球外面，并与某一子午线相切，称该子午线为中央子午线或轴子午线，横椭圆柱的中心轴 CC' 通过参考椭球中心 O 并与地球旋转轴 NS 垂直。将中央子午线东、西各一定经差范围内的地区投影到横椭圆柱面上，再将该横椭圆柱面沿南北极点的母线切开展平，便构成了高斯平面直角坐标系，如图1-4（b）所示。

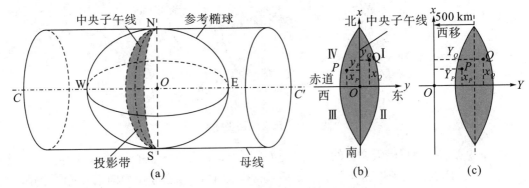

图1-4　高斯平面直角坐标系投影图

高斯投影是将地球按经线划分为若干带进行分带投影，带宽用投影带两边缘子午线的经度差表示，常用带宽为6°、3°和1.5°，分别简称6°带、3°带和1.5°带投影。国际上对6°带和3°带投影的中央子午线经度有统一规定，满足这一规定的投影称为统一6°带投影和统一3°带投影。

1. 统一6°带投影

从首子午线起，经度每隔6°划分为一带，如图1-5所示，自西向东将整个地球划分为60个投影带，带号从首子午线开始，用阿拉伯数字表示。第一个6°带的中央子午线经度为E3°，任意带的中央子午线经度 L_0 与投影带号 N 的关系为

$$L_0 = 6N - 3 \tag{1-2}$$

反之，已知地面任一点的经度 L，计算该点在统一6°带的投影带号 N 的公式为

$$N = \mathrm{Int}\left(\frac{L}{6}\right) + 1 \tag{1-3}$$

式中，Int 为取整函数。

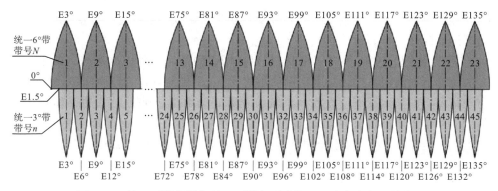

图1-5 统一6°带投影与统一3°带投影高斯平面直角坐标系的关系

投影后的中央子午线和赤道均为直线并保持相互垂直，以中央子午线为坐标纵轴（x轴），向北为正，以赤道为坐标横轴（y轴），向东为正，中央子午线与赤道的交点为坐标原点O。

与数学中的笛卡尔坐标系比较，在高斯平面直角坐标系中，为了定向的方便，定义纵轴为x轴，横轴为y轴，x轴与y轴互换了位置，第Ⅰ象限相同，其余象限按顺时针方向编号，如图1-4（b）所示，这样就可以将数学上定义的各类三角函数在高斯平面直角坐标系中直接应用，不需要做任何变换。

我国位于北半球，x坐标值恒为正，y坐标值则有正有负，当测点位于中央子午线以东时为正，以西时为负。例如，图1-4（b）中的P点位于中央子午线以西，其y坐标值为负。对于6°带高斯平面直角坐标系，y坐标值最小约为$-334\,\mathrm{km}$。为了避免y坐标值为负，我国统一规定将每带的坐标原点西移$500\,\mathrm{km}$，即给每个点的y坐标值加上$500\,\mathrm{km}$，使之恒为正，如图1-4（c）所示。

为了能够根据横坐标值确定某点位于哪一个6°带内，还应在y坐标值前冠以带号，将经过加$500\,\mathrm{km}$和冠以带号处理后的横坐标用Y表示。例如，图1-4（c）中的P点位于19号带内，其横坐标$y_P=-265214\,\mathrm{m}$，则有$Y_P=19234786\,\mathrm{m}$。

高斯投影属于正形投影的一种，它保证了球面图形的角度与投影后高斯平面图形的角度不变，但球面上任意两点间的距离经投影后会产生变形，其规律：除中央子午线没有距离变形外，其余位置的距离均变长，离中央子午线越远，距离变形越大。

2. 统一3°带投影

统一3°带投影的中央子午线经度L_0'与投影带号n的关系为

$$L_0'=3n \tag{1-4}$$

反之，已知地面任一点的经度L，计算该点在统一3°带的投影带号n的公式为

$$n=\mathrm{Int}\left(\frac{L-1.5}{3}\right)+1 \tag{1-5}$$

我国领土所处的概略经度范围为E73°27′～E135°09′，由此可知我国领土统一6°带投影的带号范围为13～23，统一3°带投影的带号范围为24～45。可见，我国领土范围内6°带与3°带投影的带号不重叠，其关系如图1-5所示。

3. 1.5°带投影

关于1.5°带投影的中央子午线经度与带号的关系，国际上没有统一的规定，通常是

使 1.5°带投影的中央子午线与统一 3°带投影的中央子午线或边缘子午线重合。

4. 任意带投影

《城市测量规范》（CJJ/T 8—2011）规定，城市测量应采用该城市统一的平面坐标系统，并应符合下列规定：投影长度变形值不应大于 25 mm/km；当采用地方平面坐标系统时，应与国家平面坐标系统建立联系。城市测量应采用高斯-克吕格投影。城市平面坐标系统的建立通常采用过城市中心某点的子午线作为中央子午线进行投影，这样可以使整个城市范围内的距离投影变形均满足投影长度变形值不大于 25 mm/km 的规定。

1.3.2 确定点的高程系

地面点到大地水准面的铅垂距离称为该点的绝对高程或海拔，简称高程，通常用 H 加点名作下标表示。如图 1−6 所示，A、B 两点的高程表示为 H_A、H_B。

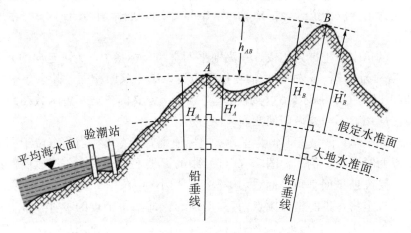

图 1−6 高程与高差的定义及其相互关系

高程系是一维坐标系，它的基准是大地水准面。受潮汐、风浪等影响，海水面的高低时刻变化。通常在海边设立验潮站进行长期观测，将所求得的海水面的平均高度作为高程零点，以通过该点的大地水准面为高程基准面，即大地水准面上的高程恒为零。

我国境内所测定的高程点是以青岛大港一号码头验潮站历年观测的黄海平均海水面为基准面，于 1954 年在青岛市观象山建立水准原点，通过水准测量的方法将验潮站确定的高程零点引测到水准原点，求出水准原点的高程。

1956 年，我国采用青岛大港一号码头验潮站 1950—1956 年验潮资料计算确定的大地水准面为基准，引测出水准原点的高程为 72.289 m，以该大地水准面为高程基准建立的高程系称为 1956 黄海高程系。

20 世纪 80 年代，我国又用青岛大港一号码头验潮站 1953—1979 年验潮资料计算确定的大地水准面为基准，引测出水准原点的高程为 72.260 m，以该大地水准面为高程基准建立的高程系称为 1985 国家高程基准。如图 1−7 所示，在水准原点，1985 国家高程基准使用的大地水准面比 1956 黄海高程系使用的大地水准面高出 0.029 m。

在局部地区，当无法知道绝对高程时，也可以假定一个水准面作为高程起算面，地面点到假定水准面的垂直距离称为假定高程或相对高程，通常用 H' 加点名作下标表示。图 1−6 中 A、B 两点的相对高程表示为 H'_A、H'_B。

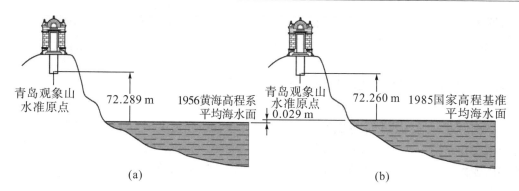

图 1-7 水准原点分别至 1956 黄海高程系平均海水面及 1985 国家高程基准平均海水面的垂直距离

地面两点间的绝对高程或相对高程之差称为高差，用 h 加两点点名作下标表示。例如，A、B 两点的高差为

$$h_{AB}=H_B-H_A=H'_B-H'_A \tag{1-6}$$

1.3.3 地心坐标系

1.3.3.1 WGS-84 坐标系

WGS-84 坐标系是美国国防局为进行 GPS 导航定位于 1984 年建立的地心坐标系，1985 年投入使用。该坐标系的意义：坐标系的原点位于地球质心，z 轴指向 BIH1984.0 定义的协议地球极（CTP）方向，x 轴指向 BIH1984.0 的零度子午面与 CTP 赤道的交点，y 轴根据 x，y，z 符合右手规则确定，如图 1-8 所示。

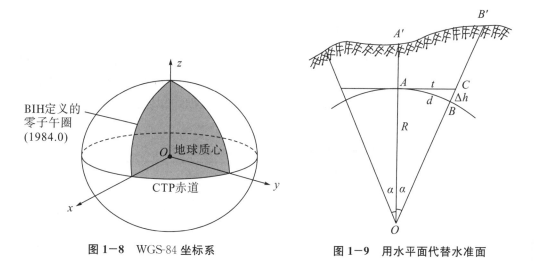

图 1-8 WGS-84 坐标系　　　　图 1-9 用水平面代替水准面

1.3.3.2 2000 国家大地坐标系

2000 国家大地坐标系采用广义相对论意义下的尺度，是全球地心坐标系在我国的具体体现。其原点为包括海洋和大气的整个地球的质量中心；z 轴由原点指向历元 2000.0 的地球参考极的方向，该历元的指向由国际时间局给定的历元为 1984.0 的初始指向推算，定向的时间演化保证相对于地壳不产生残余的全球旋转；x 轴由原点指向格林尼治参考子午线与地球赤道面（历元 2000.0）的交点；y 轴与 z 轴、x 轴构成右手正交坐标系。2000

国家大地坐标系于 2008 年 7 月 1 日启用，我国北斗卫星导航系统即使用该坐标系。

地心坐标系可以与参心坐标系互相换算。

1.4 用水平面代替水准面的限度

如前所述，地球的形体可视为旋转椭球体，在普通测量中，当测区面积不大时，又可把球面视作平面，亦即以水平面代替水准面，从而使计算和绘图工作大为简化。但是多大范围内才允许用水平面代替球面呢？下面我们来讨论这个问题。

1.4.1 地球曲率对水平距离的影响

如图 1—9 所示，设地面上有 A'、B' 两点，它们投影到球面的位置为 A、B，如以水平面代替水准面，则这两点在水平面上的投影位置为 A、C。这样以平面上的距离 AC（t）代替球面上的距离 AB（d），则产生的误差为

$$\Delta d = t - d = R\tan\alpha - R\alpha \tag{1-7}$$

式中，R 为地球平均半径；α 为弧长 d 所对圆心角。

将 $\tan\alpha$ 用泰勒级数展开，并取前两项，得

$$\Delta d = R\alpha + \frac{1}{3}R\alpha^3 - R\alpha = \frac{1}{3}R\alpha^3 \tag{1-8}$$

因为 $$\alpha = \frac{d}{R}$$

所以 $$\Delta d = \frac{d^3}{3R^2} \tag{1-9}$$

以不同的 d 值代入式（1—9），算得相应的 Δd 和 $\frac{\Delta d}{d}$ 值，见表 1—2。由表可以看出，距离为 10 km 时，产生的相对误差为 1/120 万，小于目前最精密距离丈量的允许误差 1/100 万，因此可以认为，在半径为 10 km 的区域，地球曲率对水平距离的影响可以忽略不计，即可把该部分球面当作水平面看待。在精度要求较低的测量工作中，其半径可扩大到 25 km。

表 1—2 地球曲率对水平距离和高程的影响

距离 d/km	距离误差 Δd/mm	距离相对误差 $\frac{\Delta d}{d}$	高程误差 Δh/mm
0.1	0.000008	1/1250000 万	0.8
1	0.008	1/12500 万	78.5
10	8.2	1/120 万	7850.0
25	128.3	1/19.5 万	49050.0

1.4.2 地球曲率对高程的影响

在图 1—9 中，A、B 两点在同一水准面上，其高程相等。但如果用平面代替球面，则 B' 点投影到水平面上为 C 点，这时在高程方面产生的误差为 Δh。由图可以看出，

$\angle CAB = \dfrac{\alpha}{2}$，因该角很小，以弧度表示有

$$\Delta h = d \cdot \dfrac{\alpha}{2} \tag{1-10}$$

因为
$$\alpha = \dfrac{d}{R}$$

所以
$$\Delta h = \dfrac{d^2}{2R} \tag{1-11}$$

以不同的 d 值代入式（1－11），算得相应的 Δh 值，列于表1－2。由表可以看出，当距离为 100 m 时，在高程方面的误差就接近 1 mm，这对高程测量来说影响是很大的，所以尽管距离很短，也不能忽视地球曲率对高程的影响。

1.5　测量工作概述

1.5.1　测定

如图 1－10 所示，测区内有山丘、房屋、河流、小桥和公路等，测绘地形图的方法是先测量出这些地物、地貌特征点的坐标，然后按一定比例尺，以地形图图式规定的符号缩小展绘在图纸上。例如，要在图纸上绘出一幢房屋，就需要在这幢房屋附近、与房屋通视且坐标已知的点（如图中的 A 点）安置全站仪或者其他测量仪器，选择另一个坐标已知的点（如图中的 B 点）作为定向方向（又称后视方向），才能测量出这幢房屋角点的坐标。地物、地貌的特征点又称碎部点。测量碎部点坐标的方法与过程称为碎部测量。

由图 1－10（a）可知，在 A 点安置仪器还可以测绘出西面的河流与小桥，北面的山丘，但山北面的工厂区无法通视，因此，还需要在山北面布置一些点，如图中的 C、D、E 点，这些点的坐标已知。由此可知，要测绘地形图，首先应在测区内均匀布设一些点，通过测量计算出它们的三维坐标 (x, y, H)。测量上将这些点称为控制点，测量与计算控制点坐标的方法与过程称为控制测量。

1.5.2　测设

设图 1－10（b）是测绘出来的图 1－10（a）的地形图。根据需要，设计人员已在图纸上设计出了 P、Q、R 三幢建筑物。用极坐标法将它们的位置标定到实地的方法：在控制点 A 安置全站仪，使用 F 点作为后视点定向，由 A、F 点及 P、Q、R 三幢建筑物轴线点的设计坐标计算出水平夹角 $\beta_1, \beta_2, \cdots$ 和水平距离 $S_1, S_2, \cdots$，然后用仪器分别定出水平夹角 $\beta_1, \beta_2, \cdots$ 所指的方向，并沿这些方向分别测量水平距离 $S_1, S_2, \cdots$，即可在实地上定出点 $1, 2, \cdots$。这些点位就是设计建筑物的实地平面位置。

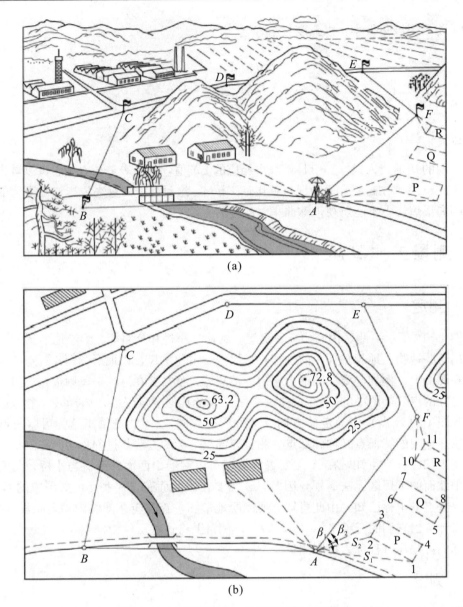

(a)

(b)

图1—10 某测区地物、地貌透视图与地形图

1.5.3 测量的基本工作

由上述可知，测量中不论是测定还是测设，都要涉及地面点的坐标和高程的测量与计算，而坐标和高程通常不是直接测定的，是观测有关数据后计算而得的。实际工作中，通常根据测区内或测区附近已知坐标和高程的点，测出这些已知点与待定点之间的几何关系，从而确定地面上点与点之间的平面位置和高程位置的关系，然后再推算待定点的坐标和高程。

如图1—11所示，设 A、B、C 为地面上的三点，投影到水平面的位置分别为 a、b、c。如果 A 点的位置已知，要确定 B 点的位置，除 B 点到 A 点在水平面上的距离 d_{AB}（水平距离）必须知道外，还要确定 B 点在 A 点的哪一方向。图中 ab 的方向可用通过

14

a 点的指北方向与 ab 的夹角（水平角）α 表示，α 称为方位角。如果知道 d_{AB} 和 α，B 点在图上的位置 b 即可确定。如果还要确定 C 点在图上的位置 c，则需要测量 BC 在水平面上的距离 d_{BC} 及 b 点处相邻两边的水平夹角 β。

由图 1−11 可以看出，A、B、C 点的高程不同，除平面位置外，还要确定它们的高低关系，即 A、B、C 三点的高程 H_A、H_B、H_C 或高差 h_{AB}、h_{BC}，这样 A、B、C 三点的位置就完全确定了。由此可知，水平距离、水平角及高程是确定地面点相对位置的三个基本几何要素。距离测量、角度测量和高程测量则是测量的基本工作。

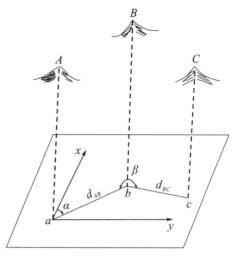

图 1−11　地面点的相对位置

1.5.4　测量工作的原则及程序

在实际测量工作中，由于受各种条件的影响，不论采用哪种方法，使用哪种测量仪器，测量过程中都不可避免地会产生误差，如果从一个点开始逐点施测，前一点的误差将传递到后一点，逐点累积，点位误差将越来越大，导致测量成果不能满足精度要求。因此，为了控制测量误差的累积，保证测量成果的精度，测量工作必须遵循以下原则：在布局上"由整体到局部"，在精度上"由高级到低级"，在程序上"先控制后碎部"，即先在测区范围内建立一系列控制点，精确测出这些点的位置，然后分别根据这些控制点进行碎部测量。此外，对测量工作要坚持"步步检核"，以确保测量成果精确可靠。

思考题与习题

1. 名词解释：测量学，水准面，地理坐标。
2. 测量工作的基准线和基准面分别是什么？
3. 测量中的平面直角坐标系与数学中的平面直角坐标系有何区别？
4. 设某地面点的经度为东经 $130°25'32''$，问该点位于 6°带投影和 3°带投影时分别为第几带？其中央子午线的经度各是多少？
5. 若我国某处地面点 A 的高斯平面直角坐标为 $X_A = 3234567.89$ m，$Y_A = 38432109.87$ m，问该坐标值是按几度带投影计算而得的？A 点位于第几带？该带中央子午线的经度是多少？A 点在该中央子午线的哪一侧？距离中央子午线和赤道各多少米？
6. 什么是绝对高程？什么是相对高程？两点间的高差值如何计算？
7. 根据 1956 黄海高程系算得 A 点的高程为 213.464 m，若改用 1985 国家高程基准，则 A 点的高程是多少？
8. 用水平面代替水准面对水平距离和高程各有什么影响？
9. 测的基本工作是什么？测量工作所遵循的原则是什么？

第 2 章　水准测量

测量地面点高程的工作称为高程测量。高程测量是测量的三项基本工作之一。按所使用的仪器和施测方法的不同，高程测量可分为水准测量、三角高程测量、气压高程测量和GPS 高程测量等。水准测量是高程测量中最常用的一种方法，其精度较高，一般适用于平坦地区，在国家高程控制测量、工程勘测和施工测量中被广泛采用。

2.1　水准测量的原理

水准仪是建立水平视线测定地面两点间高差的仪器。水准测量是利用水准仪提供的水平视线，配合水准尺，读取竖立于两个点上水准尺的读数，测定地面上两点间的高差，再根据已知点的高程计算待定点的高程。

如图 2−1 所示，已知 A 点的高程为 H_A，要测出 B 点的高程 H_B，在 A、B 两点间安置一台能提供水平视线的仪器，即水准仪，并且在 A、B 两点各竖立一把水准尺，利用水平视线在 A 点水准尺上截取读出 A 点的读数为 a，在 B 点水准尺上截取读出 B 点的读数为 b，则 B 点对 A 点的高差为

$$h_{AB} = a - b \tag{2-1}$$

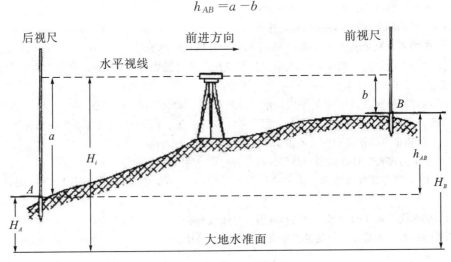

图 2−1　水准测量的原理

测量是由已知点向未知点方向前进的，即由 A（后）向 B（前）。一般称 A 为后视点，A 点读数为后视读数；B 为前视点，B 点读数为前视读数。h_{AB} 为未知点 B 相对已知

点 A 的高差，它总是等于后视读数与前视读数之差。如果该差值为正，表明 B 点高于 A 点，即 $a>b$，$h_{AB}>0$；如果该差值为负，表明 B 点低于 A 点，即 $a<b$，$h_{AB}<0$；如果该差值等于 0，表明 B 点与 A 点的高程相同，两点没有高差，即 $a=b$，$h_{AB}=0$。

计算高程有两种方法：

（1）高差法：直接利用实测高差 h_{AB} 计算 B 点高程的方法，即

$$H_B = H_A + h_{AB} \qquad (2-2)$$

（2）视线高法：又称仪高法，是由水准仪的视线高程计算 B 点的高程。由图 2-1 可以看出，A 点的高程加上后视读数就是水准仪的视线高程，用 H_i 来表示，即

$$H_i = H_A + a \qquad (2-3)$$

通过水准仪的视线高程 H_i 计算待定点 B 的高程，公式如下：

$$H_B = H_i - b = H_A + a - b \qquad (2-4)$$

在实际工作中，有时要求安置一次仪器测出若干前视点待定高程以提高工作效率，此时可采用视线高法。这种方法在工程测量中应用比较广泛。

2.2　水准测量的仪器与工具

2.2.1　水准仪

水准仪的作用是提供一条水平视线，能照准离水准仪一定距离的水准尺并读取尺上的读数。水准仪有三种：微倾式水准仪、自动安平水准仪和电子水准仪。通过调整水准仪使管水准器中的气泡居中而获得水平视线读数的水准仪称为微倾式水准仪；通过补偿器获得水平视线读数的水准仪称为自动安平水准仪；以自动安平水准仪为基础，在望远镜光路中增加了分光镜和探测器的水准仪称为电子水准仪。

国产微倾式水准仪的型号有 DS_{05}、DS_1、DS_3、DS_{10}，其中字母 D、S 分别为大地测量和水准仪汉语拼音的首字母，字母后的数字表示以 mm 为单位的，仪器每公里往、返测高差中数的中误差。DS_{05}、DS_1、DS_3、DS_{10} 水准仪每公里往、返测高差中数的中误差分别为 ±0.5 mm、±1 mm、±3 mm、±10 mm。通常称 DS_{05}、DS_1 为精密水准仪，主要用于国家一、二等水准测量和精密工程测量；通常称 DS_3、DS_{10} 为普通水准仪，主要用于国家三、四等水准测量和常规工程建设测量。工程建设中，使用最多的是 DS_3 型微倾式水准仪，如图 2-2 所示。

DS_3 型微倾式水准仪主要由望远镜、水准器和基座三部分组成。仪器通过基座与三脚架连接，支承在三脚架上。基座装有三个脚螺旋，用以粗略整平仪器。望远镜旁装有一个管水准器，转动望远镜微倾螺旋，可使望远镜做微小的上、下俯仰，管水准器也随之上、下俯仰。当管水准器中的气泡居中时，望远镜视线水平。仪器在水平方向的转动是由制动螺旋和微动螺旋控制的。

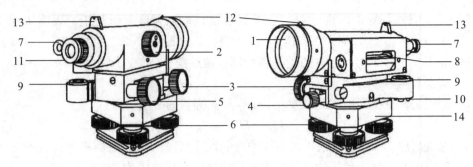

1—物镜；2—物镜调焦螺旋；3—微动螺旋；4—制动螺旋；5—微倾螺旋；6—脚螺旋；

7—管水准器气泡观察窗；8—管水准器；9—圆水准器；10—圆水准器校正螺旋；

11—目镜；12—准星；13—照门；14—基座

图 2—2　DS₃ 型微倾式水准仪

下面对 DS₃ 型微倾式水准仪的主要部件做较为详细的介绍。

（1）望远镜。

望远镜用来照准远处竖立的水准尺并读取水准尺上的读数，要求望远镜能看清水准尺上的分划和注记及读数标志。根据在目镜端观察到的物体成像情况，望远镜可分为正像望远镜和倒像望远镜。倒像望远镜由物镜、调焦透镜、十字丝分划板和目镜组成，其结构如图 2—3 所示。

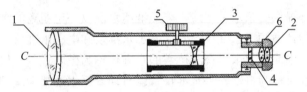

1—物镜；2—物镜光心；3—齿条；4—调焦齿轮；5—物镜调焦透镜；6—倒像棱镜

图 2—3　倒像望远镜的结构

物镜光心与十字丝交点的连线称为视准轴，通常用 CC 表示。在实际使用时，视准轴应保持水平，照准远处水准尺，调节目镜调焦螺旋可使十字丝清晰放大；旋转物镜调焦螺旋，使水准尺成像在十字丝分划板平面上，并放大（DS₃ 型微倾式水准仪望远镜的放大率一般为 28 倍），最后用十字丝中丝截取水准尺读数。望远镜的成像原理如图 2—4 所示。

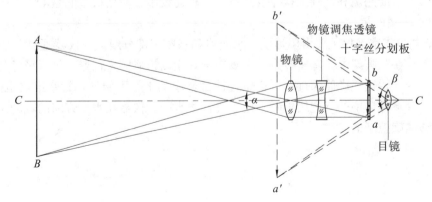

图 2—4　望远镜的成像原理

十字丝分划板的结构如图 2—5 所示。它是在一直径约 10 mm 的光学玻璃圆片上刻出三根横丝和一根垂直于横丝的纵丝，中间的长横丝称为中丝，用于读取水准尺上分划的读数；上、下两根较短的横丝称为上丝和下丝，上、下丝总称为视距丝，用来测定水准仪至水准尺的距离。用视距丝测量出的距离称为视距。十字丝分划板安装在一金属圆环上，用四个校正螺丝固定在望远镜筒上。

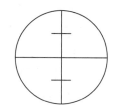

图 2—5　十字丝分划板的结构

望远镜物镜光心的位置是固定的，调整固定十字丝分划板的四个校正螺丝，在较小的范围内移动十字丝分划板可以调整望远镜的视准轴。物镜与十字丝分划板之间的距离是固定不变的，而望远镜所瞄准的目标有远有近。目标发出的光线通过物镜后，在望远镜内所成实像的位置随着目标的远近而改变，旋转物镜调焦螺旋使目标像与十字丝分划板平面重合才可以读数。此时，观测者的眼睛在目镜端上、下微微移动时，目标像与十字丝分划板没有相对移动。如果目标像与十字丝分划板平面不重合，观测者的眼睛在目镜端上、下微微移动时，目标像与十字丝分划板之间就会有相对移动，这种现象称为视差。

（2）水准器。

水准器是一种整平装置，是利用液体受到重力作用后气泡居于最高处的特性，使水准器一条特定的直线位于水平或竖直位置的一种装置。水准器有管水准器和圆水准器两种。管水准器用来指示视准轴是否水平，圆水准器用来指示仪器竖轴是否竖直。管水准器又称水准管，是一个内装液体并留有气泡的密封玻璃管，如图 2—6 所示。

图 2—6　管水准器

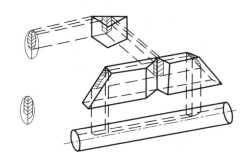

图 2—7　管水准器与符合棱镜

管水准器的纵向内壁被磨成圆弧形，外表面刻有 2 mm 间隔的分划线。2 mm 所对的圆心角称为管水准器的分划值，其计算公式为

$$\tau = \frac{2}{R}\rho \qquad (2-5)$$

式中，ρ 为弧秒值，$\rho = 206265''$，即 1 弧度等于 $206265''$；R 为管水准器内圆弧的半径，单

位为 mm。分划值 τ 的几何意义：当管水准器中的气泡移动 2 mm 时，管水准器轴倾斜的角度为 τ。显然，R 越大，τ 越小，管水准器的灵敏度越高，仪器置平的精度也越高；反之，仪器置平的精度越低。DS₃ 型微倾式水准仪管水准器的分划值为 $20''/2$ mm。为了提高管水准器中气泡居中的精度，在管水准器的上方装有一组符合棱镜，如图 2−7 所示。通过这组棱镜，将气泡两端的影像反射到望远镜旁的管水准器气泡观察窗内，旋转微倾螺旋，当窗内气泡两端的影像吻合时，表示气泡居中。过零点且与管水准器内壁圆弧相切的纵向直线称为管水准器轴。

圆水准器主要用于粗略整平，或者与管水准器装在同一仪器上时用于初步整置平面成水平位置或整置轴线成竖直位置。圆水准器是将一个圆柱形玻璃盒装嵌在金属外壳内制成的，如图 2−8 所示。

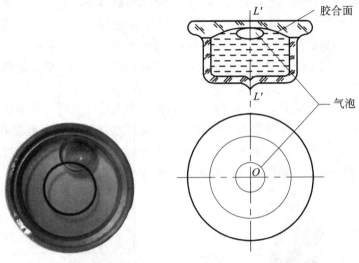

图 2−8　圆水准器　　　　　　图 2−9　圆水准器的结构

玻璃的内表面磨成球面，中央刻有一小圆圈，圆圈中点与球心的连线叫作圆水准器轴（$L'L'$）。当气泡位于小圆圈中央时，圆水准器轴处于铅垂位置。圆水准器也有分划值，普通水准仪的圆水准器分划值一般为 $8'/2$ mm，在圆水准器通过零点的任意一个纵断面方向上，气泡中心偏离 2 mm 时，它所对的圆心角的大小就是圆水准器的分划值。圆水准器安装在校正螺丝托板上，其轴线与仪器的竖轴互相平行，所以当图 2−9 中圆水准器中的气泡居中时，表示仪器的竖轴已基本处于铅垂位置。圆水准器的精度较低，主要用于水准仪的粗略整平。

2.2.2　水准尺和尺垫

水准尺是水准测量的主要工具，有单面尺和双面尺两种。单面水准尺仅有黑白分划，尺底为零，由下向上注有 dm（分米）和 m（米）的数字，最小分划单位为 cm（厘米）。塔尺和折尺就属于单面水准尺。双面水准尺有两面分划，正面是黑白分划，反面是红白分划，其长度有 2 m 和 3 m 两种，且两根尺为一对，如图 2−10 所示。两根尺正面的黑白分划均与单面尺相同，尺底为零；而反面的尺底则从某一常数开始。除水准尺外，尺垫也是水准测量的工具之一，如图 2−11 所示。尺垫一般用生铁铸成三角形，中央有一突起的半球体，其顶点用来竖立水准尺和标示转点。

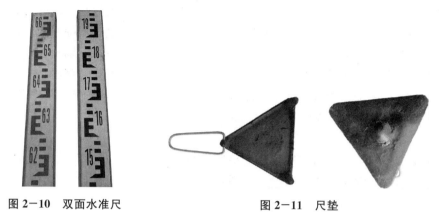

图 2-10　双面水准尺　　　　　　　　　图 2-11　尺垫

2.2.3　水准仪的使用

为了测定 A、B 两点之间的高差，首先在 A、B 之间安置水准仪。撑开三脚架，使架头大致水平，高度适中，稳固地架设在地面上；用连接螺旋将水准仪固连在三脚架上，再按下述四个步骤进行操作：

（1）粗平。

使用水准仪时，将仪器装于三脚架上，安置在选好的测站上，三脚架头大致水平，仪器的各种螺旋都调整到适中位置，以便螺旋向两个方向均能转动。调整脚螺旋，使圆水准器中的气泡居中，称为粗平。粗平的目的是借助于圆水准器中的气泡居中，使仪器竖轴竖直。整平时，气泡移动方向始终与左手大拇指的运动方向一致，如图 2-12 所示。

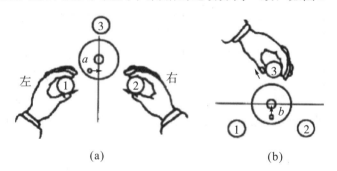

(a)　　　　　　　　　　　　(b)

图 2-12　使圆水准器中的气泡居中

（2）瞄准。

先将望远镜对向明亮的背景，转动目镜调焦螺旋使十字丝清晰；松开制动螺旋，转动望远镜，利用照门和准星瞄准水准尺；拧紧制动螺旋，转动物镜调焦螺旋，看清水准尺；利用水平微动螺旋，使十字丝竖丝瞄准尺边缘或中央，同时眼睛在目镜端上、下微动，检查十字丝横丝与物像是否存在相对移动，即是否存在视差。如有视差，则应消除，即继续按以上调焦方法仔细对光，直至水准尺正好成像在十字丝分划板平面上，两者同时清晰且无相对移动的现象时为止。

（3）精平。

放松制动螺旋，水平方向转动望远镜，利用准星和照门大致瞄准水准尺；固定制动螺旋，用微动螺旋使望远镜精确瞄准水准尺；用微倾螺旋使管水准器中的气泡居中，称为精平。由于气泡的移动有惯性，所以转动微倾螺旋的速度不能快，特别是在符合水准器的两端气泡影像将要对齐的时候尤应注意。只有当气泡已经稳定不动且又居中的时候才能达到精平的目的。注视符合气泡观察窗，转动微倾螺旋，使管水准器中气泡两端的半像吻合，则管水准器轴水平，水准仪的视准轴也精确水平。

（4）读数。

当管水准器中的气泡居中后，用十字丝横丝（中丝）在 A 点水准尺上读数。水准仪多为倒像望远镜，因此读数时应由上而下进行。如图 2-13（a）所示，A 点水准尺黑面读数 $a=1.554$ m。

重复上述（2）、（3）、（4）三个步骤，精确瞄准并读取 B 点水准尺的黑面读数 $b=1.561$ m。由于红面的尺底读数为 4.687 m，所以 A 点水准尺的红面读数为 6.248 m，如图 2-13（b）所示。因此，A、B 两点之间的高差为

$$h_{AB} = a - b = 1.554 - 1.561 = -0.007 \text{（m）}$$

(a)黑面读数为1554　　　　　(b)红面读数为6248

图 2-13　水准尺读数示例

水准测量时，若使用红面读数，则所得高差应为 $h_{AB}=$ 红面后视读数 - 红面前视读数 ± 0.100 m。在使用水准仪时切记，每次读数前必须使管水准器中的气泡居中，以保证视线水平，并要求尽量使前、后视距离相等。这不仅可以消除管水准器轴 LL 不平行于视准轴 CC 的误差影响，还可以消除或削弱地球曲率和大气折光等系统误差对测量结果的影响。

2.3　普通水准测量

水准测量的主要目的是测出一系列点的高程，通常称这些点为水准点。从水准点高程数值的大小能对一定范围内地表高低有一个完整的了解，所以水准点对于地表形状、地壳变化等方面的科学研究，以及各类工程建设的设计、施工都是很重要的。我国水准点的高程是从青岛水准原点起算的。全国范围内国家等级水准点的高程都属于这个统一的高程系统。水准原点和水准点标志如图 2-14 所示。

(a)水准原点　　　　　　　　　　　(b)水准点标志

图 2—14　水准原点和水准点标志

　　无论是科学研究还是经济建设，对水准点密度和水准点高程的精度要求都随着具体任务的不同而有差别。为了适应各方面的需要，国家测绘局对全国的水准测量做了统一的规定，按不同要求规定了四个等级。这四个等级，根据精度要求分，一等水准测量最高，四等水准测量最低；根据主要用途分，一、二等水准测量主要用于科学研究，也作为三、四等水准测量的起算根据，三、四等水准测量主要用于国防建设、经济建设和地形测图的高程起算。由于主要用途和精度要求不同，规范中对各等级水准测量的路线布设、点的密度、使用仪器以及具体操作都有相应的规定。

　　为了进一步满足工程建设和地形测图的需要，以国家水准测量的三、四等水准点为起始点，尚需布设工程水准测量或图根水准测量，通常统称普通水准测量（又称等外水准测量）。普通水准测量的精度较国家等级水准测量低一些，水准路线的布设及水准点的密度可根据具体工程和地形测图的要求而有较大的灵活性。此外，对水准测量有特殊要求的某些工程（比如大型精密机械的基础施工，它们对高差的精度要求特别高），有关部门还有一些特殊的作业规定。

　　有时在一个作业地区内找不到国家水准点，也可根据具体情况选择一个点给予假定高程，整个测区的高程便以这个点为起始点。需要注意的是，这种假定高程的点在构成整体的一个地区只能选择一个，不可任意假设几个点的高程，否则在推算高程时会发生矛盾。无论属于何种类型的水准测量，它们的作业原理都是一样的。

　　普通水准测量施测程序如下：将水准尺立于已知高程的水准点上作为后视，将水准仪置于施测路线附近合适的位置，在施测路线的前进方向上取仪器至后视大致相等的距离放置尺垫，在尺垫上竖立水准尺作为前视。观测员将仪器用圆水准器粗平之后瞄准后视尺，用微倾螺旋使管水准器中的气泡居中，用中丝读取后视读数，读至毫米。掉转望远镜瞄准前视尺，此时管水准器中的气泡一般将会偏离少许，使气泡居中，用中丝读取前视读数。记录员根据观测员的读数在手簿中记下相应的数字，并立即计算高差。以上为第一个测站的全部工作。

　　第一个测站的工作结束后，记录员招呼后视尺员向前转移，并将仪器迁至第二个测站。此时，第一个测站的前视点便成为第二个测站的后视点。按第一个测站相同的工作程序进行第二个测站的工作。依次沿水准路线方向施测直至全部路线观测完为止。

　　水准测量是按一定的水准路线进行的，现仅就由一水准点（已知高程点）测定另一点

（待定高程点）的高程为例，说明进行水准测量的一般方法。如图 2—15 所示，已知 A 点的高程，欲测 B 点的高程。一般情况下，A、B 两点相距很远或高差较大，必须分段进行测量。首先将水准仪安置在 A 点与 TP_1 点之间，按照 2.2.3 小节介绍的水准仪的使用方法施测，瞄准 A 点的水准尺，转动微倾螺旋使气泡居中，读取读数 a_1。接着瞄准 TP_1 点的水准尺，再转动微倾螺旋使气泡居中，读取读数 b_1。这样便求得 A 点和 TP_1 点之间的高差 $h_1 = a_1 - b_1$。如此继续下去，直至 B 点为止。

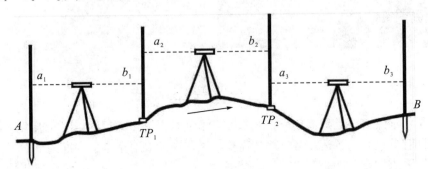

图 2—15　普通水准测量示意图

普通水准测量的手簿记录和有关的高差计算示例见表 2—1。在测量过程中，由于 A、B 两点之间的距离比较远，不能一站测出两点之间的高差，因此在中间设立一些点，设立的这些点称为转点。转点起到在路线中间临时传递高程的作用，通常在其编号前面加上 TP 两个字母。高程测量要求水准尺端部与支撑物的接触是唯一的点，而在转点处没有固定的标志，因此要求在转点处放置尺垫，水准尺立在尺垫上突起的半球体的顶部。当一站测完、记录、检查完后，后视的水准尺及尺垫移到下一位置。当尺垫移走后，转点处水准尺所立的位置已不存在，因此无须算出转点的高程。由 A 点到 B 点的测量称为一个测段。表 2—1 中视距值由上丝、下丝读数之差乘以 100 而得，第 7 栏为相应点号的观测高程，转点可不计算。

表 2—1　普通水准测量的手簿记录

测量员：＿＿＿＿　日期：＿＿＿＿　仪器型号：＿＿＿＿　测量区域：＿＿＿＿

记录员：＿＿＿＿　天气：＿＿＿＿　仪器编号：＿＿＿＿　测量内容：＿＿＿＿

测站	点名	后视/m	前视/m	高差/m		高程/mm	备注
				＋	－		
1	2	3	4	5	6	7	8
1	A	2.243		0.989		500.000	已知水准点
	TP_1		1.254				
2	TP_1	0.948			0.377		
	TP_2		1.325				
3	TP_2	1.765		0.333			
	TP_3		1.432				

续表

测站	点名	后视/m	前视/m	高差/m		高程/mm	备注
				+	−		
4	TP_3	1.875			0.437		待定点
	B		2.312			500.508	
计算检核		$\sum a = 6.831$	$\sum b = 6.323$	$\sum = 1.322$	$\sum = 0.814$	$\sum h = 0.508$	
		$\sum a - \sum b = 0.508$					

为了保证计算高差的正确性，须按下式进行计算检核：

$$\sum a - \sum b = \sum h \qquad (2-6)$$

在表 2-1 中，$\sum a - \sum b = 6.831 - 6.323 = 0.508 = \sum h$，说明高差计算正确。计算检核只能检查计算是否有误，不能检查观测是否存在错误。

在水准测量中容易出现读错、记错等情形。为了尽可能减少测量过程中出现错误的可能性，及时发现错误，保证测量成果符合相应的精度要求，必须采用适当的措施对水准测量成果进行检核。水准测量的检核手段主要包括测站检核和路线检核。

1. 测站检核

在水准测量中常用的测站检核方法有双仪器高法和双面尺法两种。

(1) 双仪器高法。

双仪器高法是在同一测站用不同的仪器高度两次测定两点之间的高差。即第一次测得两点之间的高差后，改变仪器高度（升高或降低 10 cm 以上），再次测得两点之间的高差。对于普通水准测量，两次测得的高差之差的绝对值应小于 6 mm。当满足要求时，取其平均值作为该测站的观测结果，否则需要重测。

(2) 双面尺法。

在同一测站上，仪器高度不变，分别读取后视尺、前视尺上的黑面读数和红面读数。若黑、红面两次测得的高差之差的绝对值小于 6 mm，则取其平均值作为最后观测结果。在采用双面尺法进行测站检核时，因成对使用的水准尺红面起始读数不同（一根尺子为 4.687 m，另一根尺子为 4.787 m），在计算高差和检核时，应考虑尺常数差 0.1 m 的问题。

2. 路线检核

测站检核只能检核每一个测站上是否有错误，不能发现立尺点变动的错误，更不能评定测量成果的精度，同时由于观测时受到观测条件（仪器、人、外界环境）的影响，随着测站数的增多，误差逐渐累积，有时也会超过规定的限差。因此，应对整条水准路线的成果进行检核。

(1) 附合水准路线。

如图 2-16 (a) 所示，在附合水准路线中，理论上各段的高差的总和应与 BM_1、BM_2 两点的已知高差相等，实际上，由于各种测量误差的存在，它们往往并不相等，其差值记为高差闭合差 f_h。高差闭合差等于水准路线高差实测值减去该水准路线高差理论值：

$$f_h = \sum h_测 - \sum h_理 = \sum h_测 - (H_终 - H_始) \tag{2-7}$$

不同等级的水准测量对高差闭合差的要求也不同。在国家测量规范中，普通水准测量的高差闭合差容许值为

平地： $$f_{h_容} = \pm 40\sqrt{L}$$

山地： $$f_{h_容} = \pm 12\sqrt{n}$$

$$\tag{2-8}$$

式中，L 为水准路线长度，单位为 km；n 为测站总数。

（2）闭合水准路线。

如图 2-16（b）所示，在闭合水准路线中，各段的高差的总和应该等于零，即 $\sum h_理 = 0$。若实测高差的总和不等于零，则其高差闭合差为

$$f_h = \sum h_测 \tag{2-9}$$

闭合水准路线限差同附合水准路线。

（3）支水准路线。

如图 2-16（c）所示的支水准路线，从一个已知水准点出发到欲求的高程点，往测（已知高程点到欲求高程点）和返测（欲求高程点到已知高程点）高差的绝对值应相等而符号相反。若往、返测高差的代数和不等于零，即为高差闭合差。

$$f_h = \sum h_往 + \sum h_返 \tag{2-10}$$

支水准路线不能过长，一般为 2 km 左右，其高差闭合差的容许值与闭合水准路线或附合水准路线相同，但式（2-8）中的路线全长 L 或测站总数 n 只按单程计算。

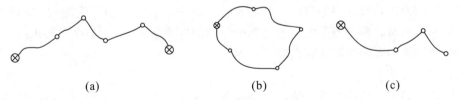

(a)　　　　　　　　　　(b)　　　　　　　　　　(c)

图 2-16　水准路线的布设形式

2.4　水准测量的内业计算

水准测量通过对外业原始记录、测站检核和高差计算数据的严格检查，并经水准线路的检核，外业测量成果已满足了有关规范的精度要求，但高差闭合差仍存在。所以，在计算各待求点高程时，必须首先按一定的原则把高差闭合差分配到各实测高差中去，确保经改正后的高差严格满足检核条件，然后用改正后的高差值计算各待求点高程。上述工作称为水准测量的内业。

高差闭合差的容许值视水准测量的精度等级而定。对于等外水准测量而言，高差闭合差的容许值规定为

山地： $$f_{h_容} = \pm 12\sqrt{n}$$

平地： $$f_{h_容} = \pm 40\sqrt{L}$$

$$\tag{2-11}$$

式中，L 为水准路线长度，单位为 km；n 为测站总数。

国家四等水准测量高差闭合差的容许值为

山地：
$$f_{h容} = \pm 6\sqrt{n}$$

平地：
$$f_{h容} = \pm 20\sqrt{L}$$
(2-12)

式中，L 为水准路线长度，单位为 km；n 为测站总数。

下面以附合水准路线为例，介绍水准测量内业计算的方法和步骤。外业观测成果如图 2-17 所示，A、B 为两个水准点，其高程分别为 H_A 和 H_B。1、2、3 点为待求点，整条水准路线分成四个测段。计算时，首先将检查无误的外业观测成果（即各测段的测站数 n_i 和高差值 h_i）以及已知数据填入计算表中，见表 2-2。

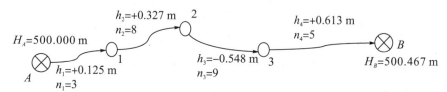

图 2-17　附合水准测量

表 2-2　水准测量内业计算

测段号	点名	测站数	实测高差 /m	改正数 /mm	改正后的高差 /m	高程 /m	备注
1	2	3	4	5	6	7	8
1	A	3	+0.125	-6	+0.119	500.000	
2	1	8	+0.327	-16	+0.311	500.119	
3	2	9	-0.548	-18	-0.566	500.430	
4	3	5	+0.613	-10	+0.603	499.864	
	B					500.467	
		25	+0.517	-50	+0.467		

辅助计算	$f_h = +50$ mm $n = \sum n_i = 25$ $f_{h容} = \pm 12\sqrt{n} = \pm 12\sqrt{25} = \pm 60$ (mm) $-f_h / \sum n_i = -2$ mm

然后按以下三个步骤进行计算。

1. 高差闭合差的计算

$$f_h = \sum h_i - (H_B - H_A) = 0.517 - (500.467 - 500.000) = +0.050 \text{ (m)}$$
(2-13)

假设是山地等外水准测量，则

$$f_{h容} = \pm 12\sqrt{n} = \pm 12\sqrt{25} = \pm 60 \text{ (mm)}$$
(2-14)

由于 $f_h = +50$ mm，$|f_h| < |f_{h容}|$，故外业观测成果符合精度要求。

2. 高差闭合差的调整

因为在同一条水准路线上，可以认为观测条件是相同的，则各测站产生误差的机会相等，故闭合差的调整可按与测站数成正比的分配原则进行，但要注意改正数的符号与闭合差的符号相反。如本例中，测站总数 $n = \sum n_i = 25$，则每一测站的改正数为

$$\frac{-f_h}{\sum n_i} = -\frac{50}{25} = -2 \text{ (mm)} \qquad (2-15)$$

各测段的改正数 v_i 为

$$v_i = -\frac{f_h}{\sum n_i} n_i \qquad (2-16)$$

将计算结果填入表 2-2 中的第 5 栏。改正数的总和 $\sum v_i$ 应与闭合差 f_h 的绝对值相等，符号相反。各测段实测高差加改正数，便得到改正后的高差 h_i，且 $\sum h_i = H_B - H_A$，否则说明计算有误。

3. 待定点高程的计算

根据检核过的改正后的高差 h_i，由起始点 A 开始，逐点推算出各点的高程，列入表 2-2 中的第 7 栏，具体计算过程如下：

$$H_1 = H_A + h_1 = 500.000 + 0.119 = 500.119 \text{ (m)}$$
$$H_2 = H_1 + h_2 = 500.119 + 0.311 = 500.430 \text{ (m)}$$
$$H_3 = H_2 + h_3 = 500.430 - 0.566 = 499.864 \text{ (m)}$$
$$H_B = H_3 + h_4 = 499.864 + 0.603 = 500.467 \text{ (m)}$$

最后算得的 B 点高程应与已知的高程 H_B 相等，否则说明高程计算有误。

闭合水准路线计算与附合水准路线计算的区别仅是闭合差的计算方法不同。因为闭合水准路线高差代数和的理论值应等于零，即 $\sum h = 0$，故因测量误差而产生的高差闭合差就等于 $\sum h_i$。闭合水准路线高差闭合差的调整方法、容许值的大小均与附合水准路线相同。读者可对表 2-2 的测量成果进行闭合差调整，并计算各点高程。

2.5 水准仪的检验与校正

任何一种测量仪器都有其主要轴线。为了保证仪器的正常使用和精度要求，各轴线之间应满足必要的几何条件。所谓检验，就是逐一检定这些几何条件是否满足，如有不满足，则采取相应的措施使其满足，即为校正。

2.5.1 水准仪的主要轴线及应满足的几何关系

DS_3 型微倾式水准仪的主要轴线有视准轴 CC、管水准器轴 LL、圆水准器轴 $L'L'$，此外还有仪器竖轴 VV，望远镜下方金属管轴的中心线，如图 2-18 所示。

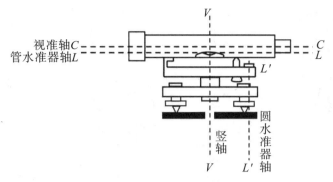

图 2—18　水准仪的主要轴线关系

它们之间应满足以下几何条件：

(1) 圆水准器轴平行于仪器竖轴，即 $L'L' /\!/ VV$；

(2) 十字丝横丝垂直于仪器竖轴，即十字丝横丝$\perp VV$；

(3) 管水准器轴平行于视准轴，即 $LL /\!/ CC$。

2.5.2　圆水准器轴平行于仪器竖轴的检验与校正

2.5.2.1　检验方法

安置水准仪后，转动脚螺旋使圆水准器中的气泡居中，然后将仪器旋转 180°，如果气泡仍居中，则表示该几何条件满足，不必校正，否则须进行校正，如图 2—19 所示。

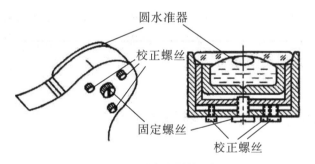

图 2—19　圆水准器校正螺丝

2.5.2.2　校正方法

水准仪不动，旋转脚螺旋，使气泡向圆水准器中心方向移动偏移量的一半，然后先稍松动圆水准器底部的固定螺丝，按整平圆水准器的方法，分别用校正针拨动圆水准器底部的三个校正螺丝，使气泡居中，如图 2—20 所示。

重复上述步骤，直至仪器旋转至任何方向圆水准器中的气泡都居中为止。最后，把底部固定螺丝旋紧。

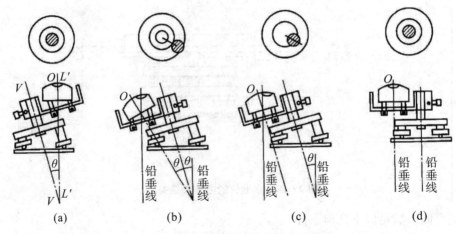

图 2-20　圆水准器轴的检验与校正原理

2.5.3　十字丝横丝垂直于仪器竖轴的检验与校正

2.5.3.1　检验方法

安置水准仪，整平后用十字丝横丝一端瞄准一明显标志，拧紧制动螺旋，缓慢地转动微动螺旋，如果标志始终在横丝上移动，则表示十字丝横丝垂直于仪器旋转轴，否则需要校正。

2.5.3.2　校正方法

旋下目镜端十字丝环外罩，用小螺丝刀松开十字丝环的四个固定螺丝，按横丝倾斜的反方向小心地转动十字丝环，使横丝水平（转动微动螺旋，标志在横丝上移动）。

重复检验，直至满足条件为止。最后，旋紧十字丝环的固定螺丝，旋上十字丝环的外罩。

2.5.4　管水准器轴平行于视准轴的检验与校正

2.5.4.1　检验方法

在地面上选择相距约 80 m 的 A、B 两点，分别在两点上放置尺垫，竖立水准尺。将水准仪安置于两点的中间，用双仪器高法（或双面尺法）正确测出 A、B 两点的高差，两次高差之差不大于 3 mm 时，取其平均值，用 h_{AB} 表示。

再在 A 点附近 3~4 m 安置水准仪，精平后读取 A、B 两点的水准尺读数 a_2、b_2，应用公式 $b'_2 = a_2 - h_{AB}$ 求得 B 尺上的水平视线读数。若 $b_2 = b'_2$，则说明管水准器轴平行于视准轴；若 $b_2 \neq b'_2$，则应计算 i 角：

$$i = \frac{b_2 - b'_2}{D_{AB}} \rho \tag{2-17}$$

当 $i > 20''$ 时，需要校正。

2.5.4.2　校正方法

转动微倾螺旋，使横丝对准正确读数 b_2，这时管水准器中的气泡偏离中央，用校正针拨动管水准器一端的上、下两个校正螺丝，使气泡居中。重复检验，直到 $i < 20''$ 为止。

2.5.5　注意事项

拿到仪器后，首先检查三脚架是否稳固，安置仪器后检查制动螺旋、微动螺旋、微倾螺旋、调焦螺旋、脚螺旋等，看转动是否灵活、有效，记录在实验报告中。必须按实训步骤规定的顺序进行检验和校正，不得颠倒；拨动校正螺丝时应先松后紧，一松一紧，用力不宜过大（校正螺丝都比较精细，要做到"慢、稳、细"）；校正结束后，校正螺丝不能松动，应处于稍紧的状态。

2.6　水准测量误差分析及注意事项

水准测量的误差来源于三方面：仪器误差、观测误差、外界环境影响产生的误差。

2.6.1　仪器误差

2.6.1.1　视准轴不平行于管水准器轴

水准仪经过检验和校正后，仍存在着视准轴不平行于管水准器轴的残余误差。为了消减这项误差对高程测量的累积影响，在外业施测过程中要保证一测站的前后视距差、一测段的前后视距差累积值不得超过规定值。

2.6.1.2　水准尺误差

水准尺刻划不准、尺长变化、弯曲等都会影响水准测量的精度。因此，水准尺必须经过检验后才能使用，并且水准尺应尽可能在桌面上水平放置，上面不得放置重物。水准尺使用时间较长后会出现尺端磨损，即出现水准尺的零点差。在一测段应尽可能布置成偶数测站，以消减水准尺的零点差。

2.6.2　观测误差

2.6.2.1　气泡未严格居中

对于微倾式水准仪，气泡是否居中、符合气泡两侧的影像是否重合都是靠人的肉眼来判定的，受制于观测者的鉴别力，读数时水准气泡难以达到严格居中，从而导致读数误差。这种观测误差对读数误差影响的大小与水准器的灵敏度和视距有关。

2.6.2.2　视差现象的影响

视差现象是十字丝平面与水准尺影像不重合，眼睛在目镜处上、下稍微移动，读数会不同，从而带来较大的读数误差。在读数前必须仔细调整目镜、物镜的调焦螺旋，消除视差。

2.6.2.3　读数误差的影响

普通水准测量读数中，毫米数是估读的，估读的误差与望远镜里水准尺成像的清晰程度、视距以及放大倍数有关。视线距离较短时，水准尺分划的成像清晰，读数误差较小；视线距离较长时，视野内的水准尺分划必然很小甚至模糊不清，因而带来较大的读数误差。所以要选用相应等级的水准仪（即要求相应望远镜的放大倍数），观测中应注意控制视线长度。

2.6.2.4 水准尺倾斜的影响

水准尺无论向哪个方向倾斜，总会使水平视线的读数增大，并且视线高度越高，误差就越大，如图 2-21 所示。因此，在观测中必须注意使水准尺竖直。水准尺一般装有水准器，测量过程中立尺要保证水准器中的气泡居中，并经常检查水准器是否满足使用要求。

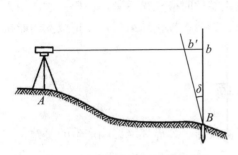

图 2-21 水准尺倾斜对读数的影响

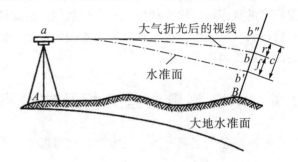

图 2-22 地球曲率和大气折光对读数的影响

2.6.3 外界环境影响产生的误差

2.6.3.1 地球曲率和大气折光的影响

两点间高差应为通过这两点的水准面间的垂直距离，如图 2-22 所示。水准测量时，水准尺应铅垂地竖立，各点所立水准尺应垂直于过该点的水准面，水准仪的视线也应平行于水准面，但水准仪提供的是一条水平视线，因此产生地球曲率的影响。视线由水准尺到达望远镜，将穿越不同密度的大气层，出现折射现象，其通过的路线为曲线，水准仪瞄准的是该曲线的切线方向，因而产生大气折光的影响。两者对读数的影响均与距离有关，只要前、后视距离相等，它们在前、后视读数中的影响就相等，在计算高差时便可相互抵消。因此，在水准测量中必须严格控制测站的前后视距差及测段的前后视距累积差。

2.6.3.2 仪器和水准尺下沉的影响

在测站后视读数完毕，读取前视读数过程中，若土质松软，仪器下沉，前视读数将会减小，使得高差增大，仪器下沉的影响随测站数的增加而积累。为了减小这类误差，可采用以下措施：选择土质坚硬的地点安置仪器，采用"后前前后"的观测程序，取红面、黑面高差的平均值来消除一部分影响。在一测站测完，迁移到下一测站的过程中，转点的水准尺及尺垫也会受自重影响而下沉，从而导致后视读数增大，也会造成高差增大。可以采取往、返观测，取往、返观测的平均高差，减小水准尺下沉的影响。

2.6.3.3 温度的影响

环境温度的变化会使水准尺产生伸缩，水准气泡长度发生变化，从而导致水准尺长度不准确，气泡灵敏度降低。因此，观测前应使仪器温度和外界温度趋于一致，并避免在气温突变时进行观测。阳光直射会导致三脚架的腿因热胀而伸长，气泡偏移。风力会使不同密度的空气发生流动而导致视线发生跳动，地面水分的蒸发会导致影像模糊、抖动，大气折光加剧。因此，水准测量应选择良好的观测时段，并保证视线距离地表的高度。

2.7 新型水准仪

2.7.1 自动安平水准仪

自动安平水准仪是在一定的竖轴倾斜范围内，利用补偿器自动获取视线水平时水准尺读数的水准仪。用自动安平补偿器代替管水准器，在仪器微倾时补偿器受重力作用而相对于望远镜筒移动，使视线水平时水准尺上的正确读数通过补偿器后仍旧落在水平十字丝上。用此类水准仪观测时，当圆水准器中的气泡居中即仪器放平后，不需手工调整即可读得视线水平时的读数。自动安平水准仪的外形及各部件的名称如图 2-23 所示。

1—物镜；2—目镜；3—刻度盘；4—光学瞄准镜；5—圆水准器；
6—水平微动螺旋；7—脚螺旋；8—基座；9—水泡观测器

图 2-23 自动安平水准仪

2.7.2 电子水准仪

电子水准仪又称数字水准仪，由基座、水准器、望远镜及数据处理系统组成。电子水准仪是以自动安平水准仪为基础，在望远镜光路中增加分光镜和探测器，并采用条纹编码水准尺和图像处理电子系统而构成的光机电一体化的高科技产品。电子水准仪配合条纹编码水准尺实现自动识别、自动记录，显示高程和高差，实现了高程测量外业完全自动化。电子水准仪的外形及各部件的名称如图 2-24 所示。电子水准仪通过探测器来识别水准尺上的条形码，再经过数字影像处理，给出水准尺上的读数，取代了在水准尺上的目视读数。条纹编码水准尺与水准仪之间应保持通视，利用水准尺上的圆水准器来保证水准尺竖直。如果尺面反射光过强，可将尺子稍微旋转一下。测量时，应确保无阴影投射在尺面上。

1—显示屏；2—物镜；3—电源开关；4—脚螺旋；5—测量按钮；

6—水平微动螺旋；7—调焦螺旋；8—把手

图 2—24　电子水准仪

思考题与习题

1. 简述水准测量的原理。

2. 地球曲率和大气折光对水准测量有何影响？

3. 水准仪由哪些主要部分构成？各起什么作用？

4. 测量望远镜由哪些主要部分构成？各有什么作用？

5. 何谓视准轴？

6. 何谓管水准器的分划值？管水准器的分划值与其灵敏度的关系如何？

7. 水准尺的种类有哪些？尺垫有何作用？

8. 电子水准仪与微倾式水准仪和自动安平水准仪的主要不同点是什么？

9. 什么是水准测量的测站检核？其目的是什么？经过测站检核后，为何还要进行路线检核？

10. 水准测量主要的误差来源有哪些？

11. 进行水准测量时，设 A 为后视点，B 为前视点，后视水准尺读数 $a=1.124$ m，前视水准尺读数 $b=1.428$ m，问 A、B 两点之间的高差为多少？已知 A 点的高程为 20.016 m，问 B 点的高程为多少？

12. 三、四等水准测量中，为何要规定"后前前后"的观测程序？

13. 在施测一条水准路线时，为何要规定用偶数个测站？

14. 微倾式水准仪主要由哪几部分组成？圆水准器和管水准器，其作用有何不同？

15. 何谓圆水准器轴、管水准器轴、视准轴？

16. 简述水准仪的使用方法和使用步骤。

17. 何谓视差？视差产生的原因是什么？如何消除？

18. 水准测量的外业一般包括哪几项工作？单一水准路线常用的布设形式有哪几种？

19. 转点在水准测量中起什么作用？其上读数有何特点？

20. 水准测量每一测站要求前、后视距相等，可消除哪些误差？

21. 简述自动安平水准仪、电子水准仪的特点。

第 3 章　角度测量

在确定地面点的位置时常常要进行角度测量。角度是几何测量的基本元素，角度测量是测量工作的基本内容之一。角度测量包括水平角测量和竖直角测量。本章主要讲述角度测量的原理、测角仪器、水平角测量方法、竖直角测量方法、测角仪器的检验与校正、角度测量误差分析及应对方法。

3.1　角度测量的原理

角度测量分为水平角测量和竖直角测量。水平角测量用于求算点的平面位置，竖直角测量用于测定高差或将倾斜距离改化为水平距离。水平角是地面上两方向线之间夹角在水平面上的投影，竖直角是同一竖直面内倾斜视线与水平视线的夹角。

3.1.1　水平角测量原理

设 A、B、C 为地面上任意三点，B 为测站点，A、C 为目标点，则从 B 点观测 A、C 点的水平角为 BA、BC 两方向线垂直投影在水平面上所成的角，即 β，如图 3-1 所示。

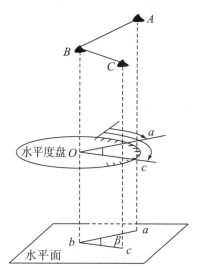

图 3-1　水平角测量原理

地面上一点到两目标点的方向线所夹的水平角就是过这两方向线所作两竖直面间的二面角，取值范围为 $0°\sim360°$。为了测出水平角的大小，可以 B 点铅垂线上任一点 O 为中

35

心，水平地放置一个带有刻度的圆盘（称为水平度盘），通过 BA、BC 合作一竖直面，设两竖直面在度盘上截取的读数分别为 a 和 c，则所求水平角 β 的值为

$$\beta = c - a \tag{3-1}$$

根据以上分析，测角仪器须有一刻度盘和在刻度盘上读数的指标。观测水平角时，刻度盘中心应安放在测站点的铅垂线上，且能使之水平。为了瞄准不同方向，仪器的望远镜应能沿水平方向转动，也能上、下俯仰。当望远镜上、下俯仰时，其视准轴应划出一竖直面，这样才能使得在同一竖直面内高低不同的目标有相同的水平度盘读数。满足这样要求的测角仪器就是经纬仪或全站仪。

3.1.2 竖直角测量原理

竖直角是同一竖直面内倾斜视线与水平视线的夹角。测角时，借助一竖直圆盘（称为竖直度盘）随照准设备同轴旋转一个角度，照准目标或利用固定的竖盘指标读出目标相应的度盘读数。目标读数与水平视线读数两者之差，即为该目标的竖直角，用 δ 表示。如图 3-2 所示，当倾斜视线位于水平面上方时，该竖直角称为仰角，δ 为正；当倾斜视线位于水平面下方时，该竖直角称为俯角，δ 为负。因此，竖直角的取值范围为 $-90° \sim +90°$。竖直角与水平角一样，其角值也是度盘上两个方向读数之差，不同的是这两个方向中必有一个是水平方向。任何类型的经纬仪，制作时都要求在望远镜视准轴水平时，其竖盘读数是一个固定值（0°、90°、180°、270°四个数中的一个），称为始读数。因此，在观测竖直角时，只要观测目标点一个方向并读取竖盘读数便可算得竖直角。

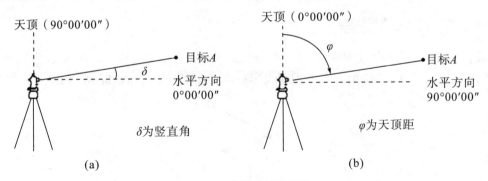

图 3-2 竖直角测量原理

3.2 测角仪器

可进行角度测量的仪器有经纬仪和全站仪。经纬仪分为光学经纬仪、电子经纬仪和激光经纬仪。随着电子测角技术的突破，全站仪已经相当普及。全站仪的出现给测量工作带来了极大的便利，并已逐步取代光学经纬仪、光电测距仪甚至水准仪，发展成为目前实际工作的主导仪器，被广泛应用于各类测量工程中。下面简要介绍 DJ₆ 型光学经纬仪、电子经纬仪的主要结构和读数方法，侧重讲述全站仪测角的操作方法。

3.2.1 光学经纬仪

光学经纬仪的型号有 DJ_{07}、DJ_1、DJ_2、DJ_6、DJ_{15}，其中字母 D、J 分别为大地测量和

经纬仪汉语拼音的首字母，字母后的数字代表该仪器一测回方向中误差，以″为单位。DJ$_6$型光学经纬仪主要由照准部、水平度盘和基座三部分组成。各品牌 DJ$_6$型光学经纬仪的结构大致相同，如图 3-3 所示。

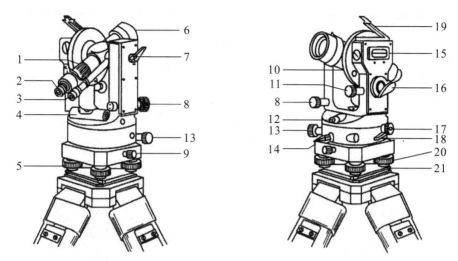

1—对光螺旋；2—目镜；3—读数显微镜；4—照准部管水准器；5—脚螺旋；6—物镜；
7—望远镜制动螺旋；8—望远镜微动螺旋；9—中心锁紧螺旋；10—竖直度盘；
11—竖盘指标管水准器微动螺旋；12—光学对点器；13—水平微动螺旋；
14—水平制动螺旋；15—竖盘指标管水准器；16—反光镜；17—度盘变换手轮；
18—保险手柄；19—竖盘指标管水准器反光镜；20—托板；21—压板

图 3-3　DJ$_6$型光学经纬仪

3.2.1.1　照准部

照准部是指仪器上部可水平转动的部分（其旋转轴即为仪器的竖轴 VV），主要由"U"形支架、望远镜、照准部管水准器、读数设备等构成。望远镜装在"U"形支架的上部横轴（又称水平轴，用 HH 表示）上，并可绕横轴上、下转动，其转动由望远镜制动螺旋和望远镜微动螺旋来控制。而照准部在水平方向的转动则由水平制动螺旋和水平微动螺旋来控制。应当注意，不论是水平微动螺旋还是望远镜微动螺旋，都必须在各自制动螺旋拧紧的情况下才起作用。另外，目前使用的经纬仪，其上都装有光学对点器（图 3-3 中的 12）。如图 3-3 所示，它实际上是一个小型的外调焦望远镜，水平视线到达仪器的中心转 90°后向下与仪器的竖轴重合，用于将水平度盘的圆心精确地置于角顶点的铅垂线上，即精确对中。

3.2.1.2　度盘

度盘包括水平度盘和竖直度盘，它们都是用光学玻璃制成的水平度盘封装在照准部"U"形支架的下部，从上面俯视时其刻划由 0°～360°按顺时针方向进行注记。测角时，水平度盘不动；若需要其转动，可通过复测器（复测钮或复测扳手）或度盘变换手轮实现。竖直度盘固定封装在横轴的一端，并随望远镜一起在竖直面内转动；其刻划注记形式目前多为顺时针。

3.2.1.3　基座

基座用来支撑仪器上部，并借助其底板的中心螺母和三脚架上的中心连接螺旋使仪器与三脚架相连。基座上有三个脚螺旋和一个圆水准器，用来粗略整平仪器。轴套固定螺旋拧紧后，可将仪器上部固定在基座上；使用仪器时，切勿松动该螺旋，以免照准部与基座分离而坠地。

3.2.2　电子经纬仪

电子经纬仪是集光、机、电、计算为一体的自动化、高精度的光学仪器，是在光学经纬仪的电子化、智能化基础上，采用电子细分、控制处理技术和滤波技术，实现测量读数的智能化，可广泛应用于国家和城市的三、四等三角控制测量，用于铁路、公路、桥梁、水利、矿山等方面的工程测量，也可应用于建筑、大型设备的安装，用于地籍测量、地形测量和多种工程测量。电子经纬仪的外观及各部件名称如图 3-4 所示。

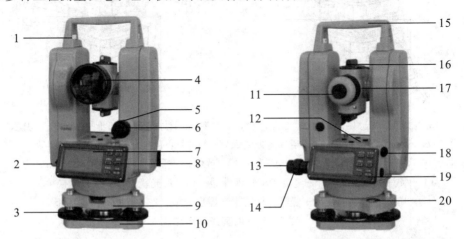

1—提把固定螺旋；2—电子手簿接口；3—基座脚螺旋；4—望远镜物镜；5—垂直制动螺旋；
6—垂直微动螺旋；7—显示屏；8—操作键盘；9—基座；10—基座底板；11—望远镜目镜；
12—管水准器；13—水平微动螺旋；14—水平制动螺旋；15—提把；16—粗瞄准器；
17—望远镜调焦螺旋；18—对中器堵钉（激光对中器）；19—电源开关；20—圆水准气泡

图 3-4　电子经纬仪

3.2.3　全站仪

全站型电子速测仪简称全站仪，又称全站型电子测距仪，是一种可以同时进行角度（水平角、竖直角）测量、距离（斜距、平距、高差）测量和数据处理，由机械、光学、电子元件组合而成的测量仪器。由于只需一次安置仪器便可以完成测站上所有的测量工作，故称全站仪。

目前，世界上许多著名的测绘仪器生产厂商均生产有各种型号的全站仪，其外观大致相似，各操作部件、螺旋的名称和作用以中维系列全站仪为基础介绍，如图 3-5 所示。全站仪上半部分包含有测量的四大光电系统，即水平角测量系统、竖直角测量系统、水平补偿系统和测距系统。通过键盘可以输入操作指令、数据和设置参数。

1—提手；2—望远镜调焦螺旋；3—望远镜目镜；4—气泡调节螺旋；5—USB 通信接口；
6—显示屏和面板；7—脚螺旋；8—粗瞄；9—目镜调节环；10—竖直微动螺旋；
11—管水准气泡；12—电池仓；13—水平微动螺旋；14—基座

图 3－5　全站仪

3.3　水平角测量方法

在地面指定点上安置经纬仪或者全站仪时，在测量点上首先将经纬仪中心对准标志中心，并用基座脚螺旋使仪器精确调水平，即竖轴沿铅垂线方向，这一过程称为对中和整平。

基本操作如下：

（1）安置三脚架和仪器：选择坚固地面放置三脚架，架设脚架头至适当高度，以方便观测操作。将垂球挂在三脚架的挂钩上，使脚架头尽量水平地移动脚架位置，并让垂球粗略地对准地面测量中心，然后将脚尖插入地面使其稳固。检查脚架各固定螺丝固紧后，将仪器置于脚架头上，并用中心连接螺丝联结固定。

（2）使用光学对中器对中：调整仪器的三个脚螺旋，使圆水准器中的气泡居中。通过对中器目镜观察，调整目镜调焦螺旋，使对中分划标记清晰。调整对中器的调焦螺旋，直至地面测量标志中心清晰并与对中分划标记在同一成像平面内。

（3）松开脚架中心螺丝（松至仪器能移动即可），通过光学对中器观察地面标志，小心地平移仪器（勿旋转），直到对中十字丝（或圆点）中心与地面标志中心重合。

（4）再次调整脚螺旋，使圆水准器中的气泡居中。通过光学对中器观察地面标志中心是否与对中器中心重合。

若地面标志中心与对中器中心未重合，重复（3）和（4）操作，直至重合为止。确认仪器对中后，将中心螺丝旋紧，固定好仪器。

水平角观测可根据观测目标的数量采用测回法或者方向观测法。工程测量中水平角一般采用方向观测法。

3.3.1 测回法

测回法适用于观测两个方向之间的单角。如图3-6所示，欲测量 *OA* 和 *OB* 两方向之间的水平角 β，测回法具体操作步骤如下：

（1）上半测回（盘左，正镜）：先瞄左目标，读取水平度盘读数，顺时针旋转照准部，再瞄右目标，读取水平度盘读数，并计算上半测回各水平角值。

（2）下半测回（盘右，倒镜）：先瞄右目标，读取水平度盘读数，逆时针旋转照准部，再瞄左目标，读取水平度盘读数，并计算下半测回各水平角值。

（3）检验上、下半测回角值互差，如果上半测回角值与下半测回角值之差没有超限（通常规定 2″ 级全站仪上、下半测回角值之差的变动范围应不超过 ±30″），则取其平均值作为一测回的角度观测值，也就是这两个方向之间的水平角。

（4）如果观测不止一个测回，而是要观测 n 个测回，为减少度盘分划误差，各测回间应按 $180°/n$ 的差值来配置水平度盘。

图3-6 水平角观测（测回法）

记录格式见表3-1。

表3-1 水平角观测记录表（测回法）

测站	竖盘位置	目标	水平度盘读数	半测回角值	一测回角值
O	左	A	00°00′00″	91°45′23″	91°45′22″
		B	91°45′23″		
	右	B	271°45′25″	91°45′21″	
		A	180°00′04″		

测回法小结：

$$盘左左边 A \xrightarrow{顺时针} 盘左右边 B \xrightarrow{倒镜} 盘右右边 B \xrightarrow{逆时针} 盘右左边 A$$

3.3.2 方向观测法

方向观测法又称全圆观测法。在一个测站上，当观测方向有3个或3个以上时，通常采用全圆观测法。如图 3-7 所示，测站点 O 周围有待测的方向 A、B、C、D，方向法一测回的观测程序如下：

（1）选择其中一个边长适中、成像清晰的方向（如 A）作为起始方向（又称零方向），并依此调好望远镜焦距，在一测回中不再变动。

（2）在盘左位置照准零方向 A，并按下式整置水平度盘和测微器的位置：

$$M_j = \frac{180°}{m}(j-1) + i'(j-1) + \frac{\omega}{m}\left(j-\frac{1}{2}\right) \qquad (3-2)$$

式中，M_j 为第 j 测回的零方向度盘位置；m 为测回数；i' 为度盘最小分格值；ω 为测微器分格值。

（3）顺时针方向旋转 1~2 周，精确照准零方向 A，并读取水平度盘和测微器读数。

（4）顺时针方向旋转照准部，依次照准 B、C、D 并读数，最后回到零方向 A 再照准并读数（称为归零）。

以上操作称为上半测回观测。

（5）纵转望远镜，逆转照准部 1~2 周，从零方向 A 开始，依次逆转照准 D、C、B，再回到零方向 A 再照准并读数，称为下半测回观测。

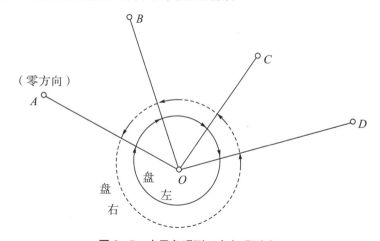

图 3-7　水平角观测（方向观测法）

其余各测回观测时均按规定变换水平度盘和测微器位置，操作同上。

由于半测回中要归零，故又称全圆方向法。当方向不超过 3 个时，按规范要求半测回中不归零。在工程测量实际应用中，相邻边长有时相差很大，很难做到"一测回中不调焦"，这时可按下列程序进行测角：

（1）盘左，粗略瞄准一个目标 i。

（2）仔细对光，消除视差。

（3）精确瞄准目标，读取水平度盘读数。

（4）不动调焦镜，盘右，精确瞄准目标，读取水平度盘读数。

（5）对于下一个目标，重复上述操作。

（6）计算。

①计算两倍照准误差：$2C$ = 盘左读数 − （盘右读数 ±180°）；

②计算各方向的平均读数：平均读数 = $\frac{1}{2}$[盘左读数 + （盘右读数 ±180°）]；

41

③计算归零后的方向值：将各方向的平均读数分别减去起始方向的平均读数，即得各方向归零后的方向值。

（7）第二测回观测时，起始方向的水平度盘读数安置于 90°附近，同法观测第二测回；各测回同一方向归零后的方向值的互差不得超限，取其平均值，作为该方向的结果。采用方向观测法测量水平角的观测数据记录见表 3—2。

表 3—2　水平角观测记录表（方向观测法）

| 测站 | 测回数 | 目标 | 读数 | | 2C | 平均读数 | 归零后方向值 | 各测回归零后方向平均值 | 备注 |
			盘左	盘右					
O	1	A	0°01′18″	180°01′20″	−2″	(0°01′20″) 0°01′19″	0°00′00″	0°00′00″	
		B	46°43′05″	226°43′02″	+3″	46°43′04″	46°41′44″	46°41′42″	
		C	85°02′25″	265°02′28″	−3″	85°02′26″	85°01′06″	85°01′03″	
		D	116°35′43″	296°35′39″	+4″	116°35′41″	116°34′21″	116°34′20″	
		A	0°01′22″	180°01′20″	+2″	0°01′21″			
	2	A	90°01′20″	270°01′24″	−4″	(90°01′23″) 90°01′22″	0°00′00″		
		B	136°43′02″	316°43′01″	+1″	136°43′02″	46°41′39″		
		C	175°02′23″	355°02′26″	−3″	175°02′24″	85°01′01″		
		D	206°35′44″	26°35′40″	+4″	206°35′42″	116°34′19″		
		A	90°01′23″	270°01′25″	−2″	90°01′24″			

3.4　竖直角测量方法

竖直角观测是用全站仪、经纬仪及其他测角仪器获得视线方向的竖直角的观测。通常应将测站上的待测方向分成若干组，分组进行观测；当通视条件不佳时，也可分别按单方向进行。常用的方法：中丝法，仅用水平中丝照准目标读取竖盘读数，然后计算竖直角和竖盘指标差（当指标水准器气泡居中时，指标线并非水平，这一差值称为竖盘指标差）；三丝法，用水平中丝和水平视距丝（三丝）照准目标读取竖盘读数，然后计算竖直角和竖盘指标差。前者观测程序简单、易操作，最为常用；后者虽然观测程序较复杂，但精度要求相同时，需观测的测回数仅为中丝法的一半，故也较常用。

中丝法具体操作步骤如下：

（1）在测站点 O 安置仪器，对中、整平后，选定 A、B 两个目标，如图 3—8 所示。

（2）先观察竖盘注记形式并写出竖直角的计算公式：盘左，将望远镜大致放平，观察竖盘读数，然后将望远镜慢慢上仰，观察读数变化情况。若读数减小，则竖直角等于视线水平时的读数减去瞄准目标时的读数；反之，则竖直角等于瞄准目标时的读数减去视线水平时的读数。

（3）盘左，用十字丝中横丝切于 A 目标顶端，转动竖盘指标水准管微动螺旋，使气泡居中，读取竖盘读数 L，记入表 3—3 中并计算出竖直角 α_L。

（4）盘右，同法观测 A 目标，读取盘右读数 R，记入测量手簿并计算出竖直角 α_R。

（5）计算竖盘指标差：$x=\frac{1}{2}(\alpha_R-\alpha_L)$ 或 $x=\frac{1}{2}(L+R-360°)$。

（6）计算竖直角平均值：$\alpha=\frac{1}{2}(\alpha_R+\alpha_L)$ 或 $\alpha=\frac{1}{2}(R-L-180°)$。

（7）同法测定 B 目标的竖直角并计算出竖盘指标差。同组测得指标差的互差不得超限。通常规定 $2''$ 级全站仪竖盘指标差的变动范围应不超过 $\pm15''$。

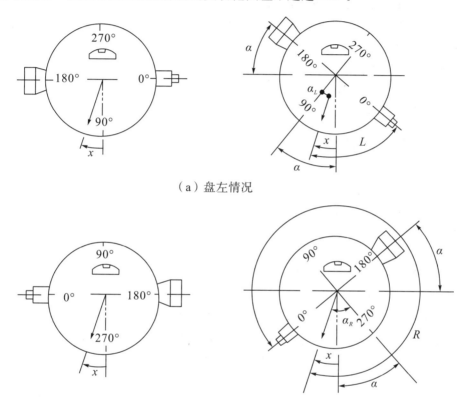

（a）盘左情况

（b）盘右情况

图 3—8　竖直角观测

表 3—3　竖直角观测记录表

测站	竖盘位置	目标	竖盘读数	半测回竖直角	指标差	一测回竖直角	备注
O	左	A	63°44′10″	+26°15′50″	+11″	+26°16′01″	竖盘为顺时针注记
	右		296°16′12″	+26°16′12″			
	左	B	134°03′38″	−44°03′38″	+16″	−24°03′22″	
	右		225°56′54″	−44°03′06″			

3.5　测角仪器的检验与校正

目前，测角仪器生产、装配和校准的质量水平较高，但是急剧的温度变化、震动或重压可能引起偏差及仪器准确度的降低，因此需要不时地对仪器进行检查和校准。这项作业可在野外通过运行校准程序进行，这些程序需认真仔细且正确地执行，其他一些仪器误差和机械部件可通过机械的方法进行校准。下面以全站仪为例介绍测角仪器的检验与校正。

3.5.1　全站仪的主要轴线应满足的几何关系

全站仪的主要轴线应满足以下几何关系：

（1）照准部管水准器轴应垂直于竖轴；

（2）十字丝竖丝应垂直于横轴；

（3）视准轴应垂直于横轴；

（4）横轴应垂直于竖轴；

（5）竖盘指标差应为 0；

（6）光学对中器的光学垂线应与仪器的旋转轴重合。

3.5.2　全站仪的检查

全站仪在出厂前均经过严格的校准并设置为零，但是正如前面所提到的，这些误差值可能会发生变化，因此在下述情形中尤其需要对仪器进行检查：第一次使用仪器前；每次高精度测量前；颠簸、摔打或长时间运输后；长时间存放后；当前温度与最后一次校准时温度差值大于 10℃。

3.5.3　管水准器的检验与校正

3.5.3.1　检验

旋转脚螺旋，使管水准器中的气泡居中，粗平仪器。转动照准部，使管水准器轴平行于某一对脚螺旋 A、B 的连线。旋转脚螺旋 A、B，使管水准器中的气泡居中。然后将照准部旋转 180°，如果气泡仍然居中，说明照准部管水准器轴垂直于竖轴，否则需要校正。

3.5.3.2　校正

（1）在检验时，若管水准器中的气泡偏离了中心，先用与管水准器平行的脚螺旋进行调整，使气泡向中心移动一半的偏离量。剩余的一半用校正针转动管水准器校正螺丝（在管水准器右边）进行调整，直至气泡居中。

（2）将仪器旋转 180°，检查气泡是否居中。如果气泡仍不居中，重复步骤（1），直至气泡居中，如图 3-9 所示。

（3）将仪器旋转 90°，旋转第三个脚螺旋，使气泡居中。重复检验与校正步骤直至照准部转至任何方向气泡均居中为止。

3.5.4　圆水准器的检验与校正

3.5.4.1　检验

管水准器检校正确后，若圆水准器中的气泡也居中就不必校正。

3.5.4.2　校正

若气泡不居中，用校正针或内六角扳手调整气泡下方的校正螺丝使气泡居中。校正时，应先松开气泡偏移方向对面的校正螺丝（1 或 2 个），然后拧紧偏移方向的其余校正螺丝使气泡居中。气泡居中时，三个校正螺丝的紧固力均应一致。

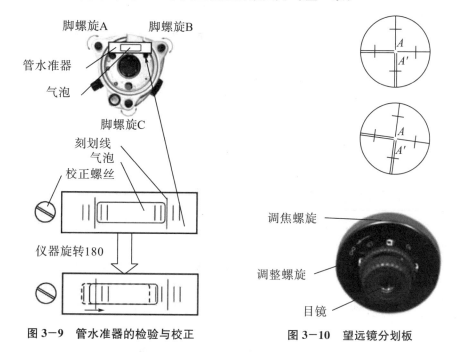

图 3-9 管水准器的检验与校正

图 3-10 望远镜分划板

3.5.5 望远镜分划板的检验与校正

3.5.5.1 检验

（1）整平仪器后，在望远镜视线上选定一目标 A，用分划板十字丝中心照准 A 点并固定水平和垂直制动手轮。

（2）转动望远镜垂直微动手轮，使 A 点移动至视场的边沿（A' 点）。

（3）若 A 点是沿十字丝的竖丝移动的，即 A' 点仍在竖丝之内，则十字丝不倾斜，不必校正。如图 3-10 所示，A' 点偏离竖丝中心，则十字丝倾斜，需对分划板进行校正。

3.5.5.2 校正

（1）取下位于望远镜目镜与调焦手轮之间的分划板座护盖，便可看见四个分划板座固定螺丝。

（2）用螺丝刀均匀地旋松这四个固定螺丝，绕视准轴旋转分划板座，使 A' 点落在竖丝的位置上。

（3）均匀地旋紧固定螺丝，再用上述方法检验校正结果。

（4）将护盖安装回原位。

3.5.6 视准轴与横轴的垂直度（2C）的检验与校正

3.5.6.1 检验

（1）在与仪器同高的远处设置目标 A，精确整平仪器并打开电源。

（2）在盘左位置将望远镜照准目标 A，读取水平角（例：水平角 $L = 10°13'10''$）。

（3）松开垂直及水平制动手轮中转望远镜，旋转照准部盘右照准同一 A 点（照准前应旋紧水平及垂直制动手轮），读取水平角（例：水平角 $R = 190°13'40''$）。

(4) $2C = L - (R \pm 180°) = -30''$，$|2C| = 30'' > 20''$，需校正。

3.5.6.2 校正

(1) 用水平微动手轮将水平角读数调整到消除 C 后的正确读数：$R + C = 190°13'40'' - 15'' = 190°13'25''$。

(2) 取下位于望远镜目镜与调焦手轮之间的分划板座护盖，调整分划板上水平左、右两个十字丝校正螺丝，先松一侧后紧另一侧的螺丝，移动分划板使十字丝中心照准目标 A。

(3) 重复检验步骤，校正至 $|2C| < 20''$。

(4) 将护盖安装回原位。

3.5.7 竖盘指标零点自动补偿的检验

(1) 安置和整平仪器后，使望远镜的指向和仪器中心与任一脚螺旋的连线相一致，旋紧水平制动手轮。

(2) 开机后指示竖盘指标归零，旋紧垂直制动手轮，仪器显示当前望远镜指向的竖直角值。

(3) 朝一个方向慢慢转动脚螺旋至 10 mm 圆周距左右时，显示的竖直角由相应随着变化到消失出现 "b" 信息，表示仪器竖轴倾斜已大于 $3'$，超出竖盘补偿器的设计范围。当反向旋转脚螺旋复原时，仪器又复现竖直角，在临界位置可反复试验观其变化，表示竖盘补偿器工作正常。当发现仪器补偿失灵或异常时，应送厂检修。

3.5.8 竖盘指标差（i 角）和竖盘指标零点设置的检验与校正

3.5.8.1 检验

(1) 安置和整平仪器后开机，将望远镜照准任一清晰目标 A，得竖直角盘左读数 L。

(2) 转动望远镜再照准 A，得竖直角盘右读数 R。

(3) 若竖直角天顶为 $0°00'00''$，则 $i = (L + R - 360°)/2$；若竖直角水平方向为 $0°00'00''$，则 $i = (L + R - 180°)/2$ 或 $i = (L + R - 540°)/2$。

(4) 若 $|i| \geq 10''$，则需要重新设置竖盘指标零点。

3.5.8.2 校正

(1) 整平仪器后进行仪器常数设置，选择"垂直角零基准设置"（或"指标差设置"）。

(2) 选择"垂直角零基准校正"（或"指标差设置"），转动仪器盘左精确照准与仪器同高的远处任一清晰稳定目标 A，按"是"。

(3) 旋转望远镜，盘右精确照准同一目标 A，按"是"，设置完成，仪器返回测角模式。

(4) 重复检验步骤重新测定指标差（i 角）。若指标差仍不符合要求，则应检查校正（指标零点设置）三个步骤的操作是否有误、目标照准是否准确等，按要求重新进行设置。经反复操作仍不符合要求时，检查补偿器补偿是否超限或补偿失灵或异常等。

3.5.9　光学对中器的检验与校正

3.5.9.1　检验

（1）将仪器安置到三脚架上，在一张白纸上画一个十字交叉并放在仪器正下方的地面上。

（2）调整好光学对中器的焦距后，移动白纸，使十字交叉位于视场中心。

（3）转动脚螺旋，使对中器的中心标志与十字交叉点重合。

（4）旋转照准部，每旋转 90°，观察对中点的中心标志与十字交叉点的重合度。

（5）如果照准部旋转时光学对中器的中心标志一直与十字交叉点重合，则不必校正；如果不重合，则需进行校正。如图 3-11 所示。

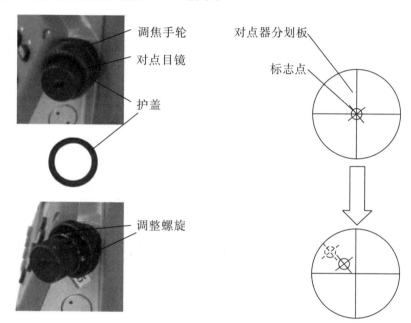

图 3-11　光学对中器的检验与校正

3.5.9.2　校正

（1）将光学对中器目镜与调焦手轮之间的改正螺丝护盖取下。

（2）固定好十字交叉白纸并在纸上标记出仪器每旋转 90°时对中器中心标志的落点。

（3）用校正针调整对中器的四个校正螺丝，使对中器的中心标志与落点中心点重合。

（4）重复检验步骤（4），检查校正至符合要求。

（5）将护盖安装回原位。

3.5.10　横轴误差的检验与校正

3.5.10.1　检验

（1）安置和整平仪器后，盘左精确照准距仪器约 50 cm 处一目标 A。

（2）垂直转动望远镜（$10° < i < 45°$），精确照准另一目标 B。

（3）转动仪器，盘右精确照准同一目标 A，同样垂直转动望远镜，检查十字丝距目标 B 的距离 D。如果 $D > 15''$，则需要进行校正。

3.5.10.2　校正

（1）用螺丝刀调整望远镜下方三个校正螺丝。

（2）重复检验步骤，检查并调整校正螺丝至 $D \leqslant 15''$。

3.6　角度测量误差分析及应对方法

角度测量工作中，仪器误差、观测误差和各作业环节中外界环境造成的误差是角度测量误差的三大来源。为了获得满足使用要求的观测结果，必须分析哪些因素会对观测结果产生影响。

3.6.1　仪器误差

仪器误差是指主要来自仪器制造、校正不完善、校正后的残余误差等方面的误差，如水平度盘与竖轴不垂直、度盘偏心、竖盘指标差等属于仪器制造方面的误差，视准轴与横轴不垂直的残余误差等属于校正不完善的误差。可以采用适当的应对方法来削弱仪器制造方面的误差，如可以采用测回间起始方向配置不同角度值的方法来消减度盘的分划不均匀产生的误差，可以采用盘左、盘右两个位置进行观测取其平均值作为观测结果的办法来消减仪器校正后的残余误差。

3.6.2　观测误差

观测误差主要有仪器对中误差、仪器整平误差、目标偏心误差、照准误差、读数误差等。

仪器对中误差是指在观测水平角的过程中，架设的仪器没有严格对中，测量的水平角将比实际值偏大或偏小。比如：实际仪器中心相对测量点位内偏，则所测角度偏大；而外偏，则所测角度偏小。仪器偏心对水平角影响的大小与偏心方向、偏心距和仪器到目标间的距离有关，当偏心方向为垂直于仪器到目标方向时，仪器偏心对水平角的影响最大。因此，在水平角接近、视线较短的情况下，一定要特别注意仪器的对中情况。在控制测量、变形监测工作中，为减弱仪器对中对观测成果的影响，可采取观测墩、强制对中装置、三联脚架法等减弱仪器对中误差对测角的影响。

仪器整平误差使得水平度盘不水平，对测角的影响还取决于不水平的程度和观测视线的垂直角大小。当视线接近水平时，其对测角影响较小；在山区或丘陵区，视线的垂直角往往较大，该项误差对测角的影响就较大，因此在山区观测水平角要特别注意仪器的整平。

目标偏心误差是指测量水平角时，在目标点上竖立的觇标倾斜，并且望远镜又无法观测到觇标的底部，从而导致照准点偏离地面目标而产生的误差。为了减小目标偏心误差对水平角测量的影响，观测时应尽量使标志竖直，并尽可能地瞄准标志底部。测角精度要求较高时，可用垂球对点，以垂球线代替标杆；也可在目标点上安置带有基座的三脚架，用光学对中器严格对中后，将专用标牌插入基座轴套作为照准标志。

照准误差与人眼的分辨能力和望远镜的放大倍数有关。人眼的分辨率为 $60''$，考虑到望远镜的放大倍数为 V，则照准误差为 $\pm 60''/V$。在观测过程中，若观测者操作不正确、存在视差现象等，都会带来较大的照准误差。照准误差还与其他因素有关，诸如目标的大小、形状、颜色、亮度、背景的衬度以及空气的透明度等。

读数误差与观测者的习惯和技术熟练程度、读数窗的清晰度以及读数系统的形式有关。对于采用分微尺读数系统的经纬仪，读数时可估读的极限误差为测微器最小格值的 1/10。

3.6.3　各作业环节中外界环境造成的误差

角度测量是外业工作，外界环境因素，如风吹、日晒、气温变化等都会对观测精度产生影响。对于测角精度要求较高的工作，应选择在适宜的时间、气候进行；视线与视线旁的建筑物要保持一定的间隔距离；有阳光直射的情况下，要给仪器打伞遮住阳光。

测量仪器、观测者、观测环境都会对角度测量结果产生影响，只要认真分析各影响因素对角度的影响，在工作中就可以采取相应措施来减少或消除其对观测结果的影响，从而保证观测成果的精度。

思考题与习题

1. 什么是水平角？简述水平角测量原理。
2. 什么是竖直角？简述竖直角测量原理。
3. 经纬仪由哪些主要部分组成？各有什么作用？
4. 经纬仪分为哪几类？何谓光学经纬仪？何谓电子经纬仪？
5. 简述光学经纬仪读数设备中测微器的原理。
6. 水平角观测方法有哪些？各适用于何种条件？
7. 试述方向观测法观测水平角的步骤。
8. 何谓竖盘指标差？在竖角观测中如何消除指标差？
9. 水平角观测的主要误差来源有哪些？如何消除或削弱其影响？
10. 如何进行经纬仪的常规检验与校正？
11. 何谓全站仪？其具有哪些特点？
12. 经纬仪有哪几条主要轴线？它们之间应满足什么几何关系？
13. 经纬仪的使用包括哪几个步骤？对中和整平的目的是什么？
14. 简述测回法观测水平角一测回的步骤。
15. 观测水平角时，各测回间为什么要配置度盘？各测回间变换的间隔是多少？应注意哪些事项？
16. 观测水平角时，为什么要采用盘左、盘右观测取平均值的方法？

第4章 距离测量及直线定向

确定地面点之间水平距离的工作称为距离测量。水平距离是指地面上两点在水平面上投影的长度。目前常用的距离测量方法有钢尺量距、视距测量和电磁波测距等。

4.1 钢尺量距

钢尺量距是用可卷曲的钢尺沿地面丈量，属于直接量距。钢尺量距工具简单，测距精度较高，但易受地形条件限制，一般适用于平坦地区的测距。

钢尺又称钢卷尺，是钢制成的带状尺。尺的宽度为 10～15 mm，厚度约 0.4 mm，长度有 5 m、20 m 和 30 m 几种，可卷放在圆形尺壳内，也可卷放在金属尺架上，如图 4−1 (a) 所示。钢尺的基本分划为厘米，每厘米及每米处刻有数字注记，全尺或尺端刻有毫米分划。钢尺可分为端点尺和刻线尺两种。钢尺的尺环外缘作为零点的称为端点尺，尺子零点位于钢尺尺身上的称为刻线尺。

标杆又称花杆，是由直径 3～4 cm 的圆木杆制成的，杆上按 20 cm 间隔涂有红、白油漆，杆底部装有锥形铁脚，主要用来标点和定线。常用的标杆长度有 2 m 和 3 m 两种，如图 4−1 (b) 所示。另外，也有金属制成的标杆，有的为数节，用时可通过螺旋连接，携带较方便。

测钎用粗钢丝做成，长 30～40 cm，按每组 6 根或每组 11 根套在一个大环上，如图 4−1 (c) 所示。测钎主要用来标定尺段端点的位置和计算所丈量的整尺段数。

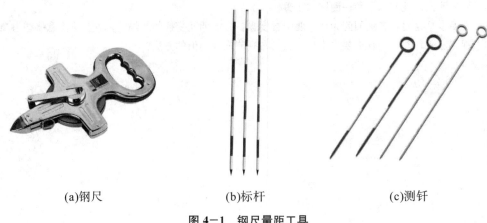

(a)钢尺   (b)标杆   (c)测钎

图 4−1 钢尺量距工具

当地面两点之间的距离较远或地面起伏较大时，不能用一尺段量完，要分成几段进行丈量。为了使所量距离为直线距离，就需要在两点所确定的直线方向上标定若干中间点，这项工作称为直线定线。直线定线的方法有花杆目测定线和经纬仪定线。

当量距精度要求为 1/1000～1/5000 时用一般量距方法。

钢尺量距一般需要三个人，分别担任前尺手、后尺手和记录员的工作。

4.1.1　平坦地面的丈量方法

要丈量 A、B 两点之间的距离，丈量前先进行直线定线，丈量时，后尺手甲拿钢尺的末端在起点 A，前尺手乙拿钢尺的零点一端沿直线方向前进，使钢尺通过定线时的中间点，保证钢尺在 AB 直线上，不使钢尺扭曲，将尺子抖直、拉紧、拉平。甲、乙拉紧钢尺后，甲把钢尺的末端分划对准起点 A 并喊"预备"，同时乙准备好测钎，当钢尺拉稳、拉平后，甲喊一声"好"，乙在听到"好"的同时把测钎对准钢尺零点刻划垂直地插入地面，这样就完成了第一整尺段的丈量。甲、乙两人抬尺前进，用同样的方法，继续向前量第二、第三、…、第 n 整尺段。量完每一尺段，甲将插在地面上的测钎拔出收好，用来计算量过的整尺段数。最后丈量不足一整尺段的距离时，乙将钢尺零点刻划对准 B 点，甲在钢尺上读取不足一整尺段值，则 A、B 两点之间的水平距离为

$$D_{AB} = n \times l + q \qquad (4-1)$$

式中，n 为整尺段数；l 为整尺段长；q 为不足一整尺段值。

4.1.2　斜地面的丈量方法

4.1.2.1　平量法

当地面坡度不大时，可将钢尺抬平丈量。如丈量 A、B 两点之间的距离，将钢尺零点刻划对准 A 点，将钢尺抬高，并由记录员目估使钢尺拉平，然后用垂球将钢尺末端投于地面，再插以测钎。若地面倾斜度较大，将整尺段拉平有困难，可将一尺段分成几段来平量。

4.1.2.2　斜量法

当地面倾斜的坡度比较均匀时，可以沿斜坡量出 A、B 两点之间的斜距 L。测出 A、B 两点之间的高差 h，或测出倾斜角 α，然后根据式（4-2）或式（4-3）计算 A、B 两点之间的水平距离 D。

$$D = \sqrt{L^2 - h^2} \qquad (4-2)$$
$$D = L \cdot \cos \alpha \qquad (4-3)$$

4.1.3　成果处理与精度评定

为了避免错误和提高丈量精度，距离丈量一般要求往、返丈量，在符合精度要求时，取往、返丈量的平均值作为丈量结果。

距离丈量的精度是用相对误差 K 来评定的。所谓相对误差，是往、返丈量的较差 $\Delta D = D_{往} - D_{返}$ 的绝对值与往、返丈量的平均距离 $D_{平均} = (D_{往} + D_{返})/2$ 之比，最后化成分子为 1、分母取两位有效数字的分数形式，即

$$K = \frac{|\Delta D|}{D_{平均}} = \frac{1}{D_{平均}/|\Delta D|} \quad\quad (4-4)$$

相对误差的分母越大，说明量距的精度越高。通常，平坦地区的钢尺量距精度应高于 1/2000，山区的也应不低于 1/1000。

例如，在平坦地面上丈量 A、B 两点之间的水平距离，丈量结果记录在表 4-1 中，计算 A、B 两点之间的水平距离并评定精度。

表 4-1　一般量距记录计算表

测段		观测值/m			精度	平均值/m	备注
		整尺段	非整尺段	总长			
AB	往测	2×30	14.524	74.524	1/2662	74.538	
	返测	2×30	14.552	74.552			

4.2　视距测量

4.2.1　视距测量的基本原理

视距测量是利用望远镜内十字丝分划板上的视距丝在视距尺（水准尺）上读数，根据光学和几何学原理，同时测定仪器到地面点的水平距离和高差的一种方法。视距测量具有操作简便、速度快、不受地面起伏变化的影响等优点，被广泛应用于碎部测量中。尽管测距精度低，相对误差约为 1/200～1/300，但是能满足测量地形图碎部点的要求，所以在测绘地形图时，仍然常采用视距测量的方法测量距离和高差。

4.2.2　视距测量的计算公式

4.2.2.1　视线水平时的视距测量公式

如图 4-2 所示，安置好水准仪后，瞄准 B 点上竖直的水准尺，此时水平视线与水准尺垂直。上、下丝与竖丝交点 m、g 对应水准尺上位置 M、G，尺上 MG 的长度即为上、下丝的读数差，称为视距间隔。在图 4-2 中，l 为视距间隔，p 为十字丝分划板上上、下丝的间距，f 为物镜焦距，δ 为仪器中心到物镜的距离，d 为物镜焦点到水准尺的距离。

由 $\triangle m'Fg'$ 和 $\triangle MFG$ 相似，可得 $\frac{d}{f} = \frac{l}{p} \Rightarrow d = \frac{f}{p} \cdot l$。

由图 4-2 可得仪器中心所在位置 A 点与 B 点之间的视距：

$$D = d + f + \delta = \frac{f}{p} \cdot l + f + \delta$$

令 $\frac{f}{p} = k$，$f + \delta = C$，则

$$D = K \cdot l + C \quad\quad (4-5)$$

为了方便起见，在设计制造仪器时，通常令 $K=100$，C 值接近于 0，式（4-5）可

改写为

$$D = K \cdot l \qquad (4-6)$$

由此可见，水准仪与水准尺间的视距等于水准仪在水准尺上、下丝的读数差与一个常数 AM（取 100）的乘积。视距的单位一般用米，实际外业测量中，视距的计算为水准尺上、下丝的读数差乘以 0.1。

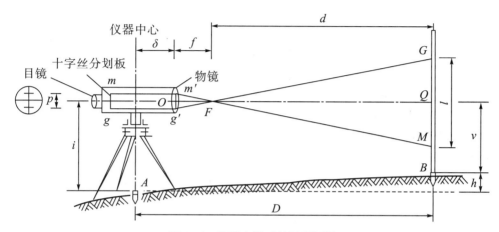

图 4-2 视线水平时的视距测量

4.2.2.2 视线倾斜时的视距测量公式

在地形起伏较大的地区进行视距测量时，必须使视线倾斜才能看到视距尺，如图 4-3 所示。由于视线不垂直于视距尺，因此不能直接应用式（4-5）或式（4-6）作为视线倾斜时的视距测量公式。

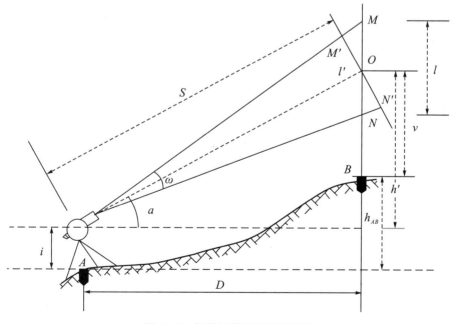

图 4-3 视线倾斜时的视距测量

下面将介绍视线倾斜时的视距测量公式。

在图 4-3 中，ω 很小，近似将 $\angle OM'M$ 和 $\angle ON'N$ 看作直角，又 $\angle M'OM =\angle N'ON =\alpha$，由图上几何关系可得

$$M'N'=M'O+ON'=MO\cos \alpha +ON\cos \alpha =MN\cos \alpha$$

设 $MN=l$，由式（4-6）可得倾斜距离

$$S =K \cdot M'N' =Kl\cos \alpha$$

则 A、B 两点之间的水平距离为

$$D =S\cos \alpha =Kl\cos^2\alpha \tag{4-7}$$

由图中几何关系可得 A、B 两点之间的高差为

$$h_{AB} =i +h' -v =S\sin \alpha +i -v \tag{4-8}$$

4.2.2.3　视距测量的误差来源及消减方法

1. 用视距丝读取尺间隔的误差

读取视距尺间隔的误差是视距测量误差的主要来源，因为视距尺间隔还要乘以一个常数（取 100），所以其误差也随之扩大 100 倍。因此，读数时要注意消除视差，认真读取视距尺间隔。另外，对于一定的仪器来讲，应尽可能缩短视距长度。

2. 竖直角测定误差

由视距测量原理可知，竖直角误差对于水平距离影响不显著，而对高差影响较大，故用视距测量方法测定高差时应注意准确测定竖直角。读取竖盘读数时，应严格令竖盘指标水准管气泡居中。对于竖盘指标差的影响，可采用盘左、盘右观测取竖直角平均值的方法来消除。

3. 水准尺倾斜误差

水准尺立不直，前后倾斜时将给视距测量带来较大误差，其影响随着尺子倾斜度和地面坡度的增加而增加。因此，水准尺必须严格铅直（尺上应有水准器），特别是在山区作业时。

4. 外界条件的影响

（1）大气垂直折光的影响。由于视线通过的大气密度不同而产生垂直折光差，而且视线越接近地面，垂直折光差的影响也越大，因此观测时应使视线离开地面至少 1 m（上丝读数不得小于 0.3 m）。

（2）空气对流使成像不稳定产生的影响。这种现象在视线通过水面和接近地表时较为突出，特别是在烈日下更为严重。因此，应选择合适的观测时间，尽可能避开大面积水域。此外，视距乘以常数 k 的误差、视距尺分划误差等都将影响视距测量的精度。

4.3　电磁波测距

电磁波测距是以电磁波为载波，在其上调制测距信号，测量两点之间距离的一种方法。电磁波测距仪具有测量速度快、使用方便、受地形影响小、测程长、测量精度高等特点，已成为距离测量的主要工具。电磁波测距仪种类很多，按光源可分为普通光源测距仪、红外光源测距仪和激光光源测距仪三种；按测程可分为短程测距仪（测距在 3 km 以下）、中程测距仪（测距为 3~15 km）和远程测距仪（测距在 15 km 以上）三种；按时间测量的方式可分为脉冲式测距仪和相位式测距仪两种；按测量精度可分为Ⅰ级测距仪

（$mp \leqslant 5$ mm）、Ⅱ级测距仪（5 mm$\leqslant mp \leqslant 10$ mm）和Ⅲ级测距仪（$mp \geqslant 10$ mm），其中 mp 为1 km测距的中误差。目前，测距仪已经和电子经纬仪及计算机软硬件制造整合在一起，形成了全站仪，并向着自动化、智能化和利用蓝牙技术实现测量数据传输无线化方向飞速发展。

电磁波测距的基本原理：欲测定两点之间的距离，在第一个点安置能发射和接收光波的测距仪，在第二个点安置反射棱镜。

4.4　直线定向与坐标计算

4.4.1　直线定向

在测量工作中常常需要确定两点之间的相对位置，那就必须知道两点之间的距离，而且还需要知道两点连线的方向。确定直线方向与标准方向之间的关系称为直线定向。要确定直线的方向，首先需要选定一个标准方向作为直线定向的依据，然后测出这条直线的方向与标准方向之间的水平角。在测量工作中以子午线方向为标准方向。子午线分为真子午线、磁子午线和轴子午线三种。

4.4.1.1　标准方向

1. 真子午线方向

通过地面上某点指向地球南北极的方向，称为该点的真子午线方向，它是用天文测量的方法测定的。中央子午线在高斯平面上是一条直线，作为该带的坐标纵轴，而其他子午线投影后为收敛于两极的曲线，地面点的真子午线方向与中央子午线之间的夹角称为子午线收敛角，用 γ 表示，γ 有正有负。在中央子午线以东地区，各点的坐标纵轴在真子午线的东边，γ 为正；在中央子午线以西地区，γ 为负。

2. 磁子午线方向

地面上某点在磁针静止时所指的方向，称为该点的磁子午线方向。磁子午线方向可用罗盘仪测定。地球的磁南、磁北极与地球的南、北极不重合，这个夹角称为磁偏角，用 δ 表示。当磁子午线北端位于真子午线以东方向时，称为东偏；当磁子午线北端位于真子午线以西方向时，称为西偏。在测量中以东偏为正，西偏为负。磁偏角在不同地点有不同的角值和偏向，我国磁偏角的变化范围在+6°（西北地区）和+10°（东北地区）之间。

3. 轴子午线方向

轴子午线方向是大地坐标系中纵坐标的方向，又称坐标纵轴线方向。由于地面上各点子午线指向地球的南、北极，所以不同地点的子午线方向不是互相平行的，这就给计算工作带来了不便。因此，在普通测量中一般采用纵坐标轴方向作为标准方向，这样测区内地面各点的标准方向都是互相平行的。在局部地区，也可采用假定的临时坐标的纵轴方向作为直线定向的标准方向。

综上所述，不论任何子午线方向，都是指向南、北的，由于我国位于北半球，所以常把北方向作为标准方向。

4.4.1.2　直线方向的表示法

直线方向常用方位角来表示。方位角是以标准方向为起始方向，顺时针转到该直线的水平夹角，所以方位角的取值范围是 $0°\sim360°$。直线 MB 以真子午线方向为标准方向（简称真北）的方位角称为真方位角，用 A 表示；直线 MB 以磁子午线方向为标准方向（简称磁北）的方位角称为磁方位角，用 A_m 表示；直线 MB 以轴子午线方向为标准方向（简称轴北）的方位角称为坐标方位角，用 α 表示。三种方位角的关系为

$$A = A_m + \delta \tag{4-9}$$

$$A = \alpha + \gamma \tag{4-10}$$

每条直线段都有两个端点，若直线段从起点 1 到终点 2 为直线的前进方向，则在起点 1 处的坐标方位角 α_{12} 为正方位角，在终点 2 处的坐标方位角 α_{21} 为反方位角。由图 4-4 可以看出，同一直线段的正、反坐标方位角相差 $180°$，即

$$\alpha_{12} = \alpha_{21} \pm 180° \tag{4-11}$$

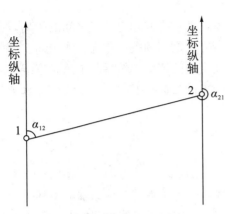

图 4-4　正、反方位角的关系

图 4-5　坐标正算、反算示意图

4.4.2　坐标计算

4.4.2.1　坐标正算

所谓坐标正算，就是知道已知点到待定点的水平距离和坐标方位角，求待定点坐标的计算过程。如图 4-5 所示，已知 A 点坐标值 X_A、Y_A，A 点到 B 点的水平距离 D_{AB} 和直线 AB 的坐标方位角 α_{AB}，求 B 点坐标值。实际测量工作中，D_{AB} 是外业测量得到的，α_{AB} 是通过测量的水平角推算出来的（方位角的推算在本节后面介绍），A 点坐标 (X_A, Y_A) 已知，下面给出坐标正算公式，即

$$\left. \begin{array}{l} \Delta X_{AB} = D_{AB} \cdot \cos\alpha_{AB} \\ \Delta Y_{AB} = D_{AB} \cdot \sin\alpha_{AB} \end{array} \right\} \tag{4-12}$$

$$\left. \begin{array}{l} X_B = X_A + \Delta X_{AB} \\ Y_B = Y_A + \Delta Y_{AB} \end{array} \right\} \tag{4-13}$$

4.4.2.2　坐标反算

所谓坐标反算，就是已知直线段两端点坐标，求两端点之间水平距离和坐标方位角的计算过程。如图 4-5 所示，A、B 两点之间水平距离的计算公式为

$$D_{AB} = \sqrt{\Delta X_{AB}^2 + \Delta Y_{AB}^2} = \sqrt{(X_B - X_A)^2 + (Y_B - Y_A)^2} \tag{4-14}$$

计算坐标方位角的公式要依据两端点 A、B 的相对位置关系来确定。虽然在直角坐

标系中 A、B 两点都位于 I 象限，但两点的坐标增量 ΔX_{AB}、ΔY_{AB} 可能大于零，也可能小于零，这就决定了 A 点到 B 点的方向可能指向 I、II、III、IV 象限中的任意一个。直线指向的象限不同，其坐标方位角的计算公式就不同，具体如下：

若 $\Delta X_{AB}>0$，$\Delta Y_{AB}>0$，A 点到 B 点的方向指向 I 象限，坐标方位角的计算公式为

$$\alpha_{AB}=\arctan\frac{\Delta Y_{AB}}{\Delta X_{AB}}=\arctan\frac{Y_B-Y_A}{X_B-X_A} \tag{4-15}$$

若 $\Delta X_{AB}<0$，$\Delta Y_{AB}>0$，A 点到 B 点的方向指向 II 象限，坐标方位角的计算公式为

$$\alpha_{AB}=180°+\arctan\frac{\Delta Y_{AB}}{\Delta X_{AB}}=180°+\arctan\frac{Y_B-Y_A}{X_B-X_A} \tag{4-16}$$

若 $\Delta X_{AB}<0$，$\Delta Y_{AB}<0$，A 点到 B 点的方向指向 III 象限，坐标方位角的计算公式同式 (4-15)。

若 $\Delta X_{AB}>0$，$\Delta Y_{AB}<0$，A 点到 B 点的方向指向 IV 象限，坐标方位角的计算公式为

$$\alpha_{AB}=360°+\arctan\frac{\Delta Y_{AB}}{\Delta X_{AB}}=360°+\arctan\frac{Y_B-Y_A}{X_B-X_A} \tag{4-17}$$

思考题与习题

1. 写出钢尺尺长方程式，并说明各符号的意义。
2. 何谓光电测距的加常数和乘常数？
3. 试述视距测量的基本原理。
4. 钢尺量距的成果整理步骤有哪些？
5. 用钢尺往、返丈量了一段距离，其平均值为 75.379 m，若要求量距的相对误差不大于 1/3000，问往、返丈量距离之差不能超过多少？
6. 光电测距的观测值需要进行哪几项改正？

第5章 测量误差的基本知识

5.1 测量误差概述

5.1.1 测量误差的概念

通过前四章的学习，我们认识到这样一个事实：在一定的外界条件下对某个量进行多次观测，尽管观测者使用精密的仪器和工具，采用严密的观测方法，以及保持认真负责的工作态度，但是观测结果之间仍然存在一些差异。首先，在对同一个未知理论值的量进行多次观测时，各次观测的结果并不完全相同。例如，在观测水平角时，上、下半测回的角值不完全相等，各测回的测量值也不相等；在丈量两点之间的距离时，往、返丈量的结果也不一样。但是这些并不影响人们对测量结果的认可。其次，在对某个已知理论值的量进行观测时，同样存在观测结果与理论值不相符的现象。例如，在水准测量中，其闭合水准路线的高差闭合差通常不会等于零；对一个内角和已知的平面多边形各内角进行观测，观测所得的内角和通常也不等于理论值。这是因为我们所谈到的测量都是通过人，利用某种测量仪器和工具，在一定的外界条件下进行的。在测量过程中，由于所使用的仪器和工具不可能完美无缺，人的感觉器官的鉴别能力也是有一定限度的，而且还有环境的差异和变化所产生的影响，因此，任何观测结果中都会带有各种各样的误差。

由此可见，某个量的各观测值之间或观测值与理论值之间总是存在一定的差异，这种差异印证了测量观测中存在误差，测量误差的产生是不可避免的。

任何一个观测量都是客观存在的，总存在一个能代表其真正大小的数值，这一数值称为该观测量的真值，以 X 表示。通常情况下真值是无法获取的，少数情况下真值是能够知道的，但是这些并不影响真值 X 的客观存在。

对某个量进行多次观测所获得的数值称为观测值，用 $l_1, l_2, \cdots, l_n$ 表示。一般情况下，各观测值之间互不相等。

真值 X 与观测值的差值称为真误差，即每次观测中发生的偶然误差。有 n 个观测值就存在 n 个真误差，可用下式表达：

$$\Delta_i = X - l_i \quad (i = 1, 2, \cdots, n) \tag{5-1}$$

测量误差理论主要讨论在具有偶然误差的一系列观测值中，如何求得最可靠的结果和评定观测成果的精度，为此需要对偶然误差的性质做进一步的讨论。

5.1.2　测量误差的来源

产生误差的原因很多，究其来源，大致可以分为仪器误差、观测误差和外界条件影响产生的误差三种。

5.1.2.1　仪器误差

由于制造工艺与技术的局限性，仪器在生产时就存在一定的构造缺陷。例如，钢尺尺面的刻划不均匀、尺段实际长度与名义长度不相等，经纬仪的主要轴线之间的几何关系无法绝对满足等，这些缺陷不可避免地会造成测量结果的误差。此外，仪器本身精密度不一样，决定了观测结果误差大小的不同。例如，在水平角观测中，使用 DJ_1 型经纬仪比 DJ_6 型经纬仪的观测结果精度高。

5.1.2.2　观测误差

观测者的操作技术水平、工作经验及工作态度等将对观测结果的质量产生不同的影响。同时，观测者感觉器官鉴别能力的差别，会在仪器安置、照准、读数等方面产生不同的影响。这些因素同样会使观测结果产生一定的误差。

5.1.2.3　外界条件影响产生的误差

观测中所处的外界条件，如温度、湿度、风力、大气折光、透明度等因素，都会对观测结果产生直接的影响，而且外界条件还时时发生变化，也同样会给观测结果带来一定的误差。选择适宜的外界条件进行观测能够减少外界条件所产生的影响，从而减小观测误差。例如，避开日出、日落的时段，选择在阴天、微风的环境下进行三、四等水准测量。

测量仪器、观测人员和外界条件三方面的因素综合起来称为观测条件。观测条件与测量结果有着密切的关系。观测条件好，意味着观测时产生的误差小，观测结果的质量就好；反之，观测结果的质量就差。人们把观测条件相同的各次观测称为等精度观测，把观测条件不同的各次观测称为非等精度观测。

5.1.3　测量误差的分类

测量误差按其对观测结果影响性质的不同，可以分为系统误差和偶然误差。

5.1.3.1　系统误差

在等精度观测条件下对某个量进行多次观测，如果误差的大小、符号保持不变或按一定的规律变化，这种误差就称为系统误差。例如，在钢尺量距中，若使用未经过尺长鉴定的钢尺进行丈量，假设钢尺的名义长度为 30 m，而实际长度为 29.995 m，则每丈量一整尺段距离就会使测量结果偏大 0.005 m。显然，各整尺段的量距误差是相等的，都是 0.005 m，符号保持不变。水准仪因视准轴与管水准器轴不平行而引起的水准尺读数误差，与视线的长度成正比，而符号保持不变。经纬仪因视准轴与横轴不垂直而引起的测角误差，随视线竖直角的大小而变化，但其符号保持不变。以上这些误差都属于系统误差，系统误差的特征就是具有累积性。由于系统误差对观测值的影响具有一定的规律性，如果能够找到规律，就可以通过观测值改正数来消除或削弱系统误差的影响。例如，在钢尺量距中，通过钢尺的尺长方程式计算尺长改正数和温度改正数，对观测结果进行修正，以消除钢尺量距误差；在水准测量中，保持前视和后视距离相等，以消除视准轴与管水准器轴不平行所产生的误差；在水平角测量中，采取盘左和盘右观测并取其平均值的方法以消除视准轴与横轴不垂直所引起的测角误差。

5.1.3.2 偶然误差

在相同的观测条件下，对某个量进行一系列观测，从单个误差来看，其误差的大小和符号没有规律性可言，但从一系列误差整体来看，又服从于一定的统计规律性，这种误差称为偶然误差。例如，在水准测量中，在水准尺上估读毫米位数值时，可能有时偏大，有时偏小；在角度测量中，大气折光使望远镜的成像不稳定，引起瞄准目标时可能偏左或偏右，也可能偏上或偏下。这些都是偶然误差。偶然误差在测量过程中是不可避免的，它的出现纯属偶然，其大小和符号也无法预知。但是在相同条件下，进行重复观测所出现的大量偶然误差却存在着一种必然的规律，这给处理这种误差提供了可能性。对于偶然误差，我们无法对其进行改正或消除，但通过多次观测取平均值可以削弱偶然误差的影响。在水准测量中，水准尺不竖直产生的读数误差不属于偶然误差，因为它产生误差的符号是确定的，读数值一定偏大。

在测量工作中，除了上述两种性质的误差，有时还可能产生错误。如照准错误目标、读数错误、计算错误等。错误的发生多数是由观测者的疏忽大意、思想不集中等引起的。错误使得观测结果产生大量级的偏差，称为粗差。粗差不属于误差的范畴，在测量中是不允许出现的。含有粗差的观测值应该舍弃，并重新进行观测。在观测中为了避免出现错误或粗差，观测者应做到认真负责和细心作业，并及时采用适当的方法进行检核、验算。

一般认为，当严格按规范的要求进行测量工作时，粗差是可以避免的，系统误差被削减到可以忽略不计，此时则认为测量误差主要是由偶然误差引起的。以后凡是提到测量误差，通常认为它只包含偶然误差，不包含其他误差。

5.1.4 多余观测

为了防止错误的发生和提高观测成果的质量，在测量工作中一般要进行多于必要的观测，称为多余观测。例如，对一个水平角进行多测回法观测，第一个测回属于必要观测，第一个测回结束后的多次观测均属于多余观测；在水准测量中，采用改变仪高法对测站高差进行复核，第一次高差测量属于必要观测，改变仪高后进行的第二次高差观测则属于多余观测；一段距离采用往、返丈量，如果往测属于必要观测，则返测就属于多余观测。利用多余观测可以有效发现含有粗差的观测值，以便将其剔除或重测。由于观测值中的偶然误差不可避免，有了多余观测，观测值之间必然产生差值（不符值、闭合差），因此人们可根据差值的大小来判定测量的精度，差值如果大到一定程度，就可以认为观测值中含有粗差。

研究测量误差的目的不是消灭误差，而是探究误差的来源、性质以及传播的规律，以便采取适当的措施来消除或者削弱观测误差对测量成果的影响，并对测量成果进行精度评定和可靠性分析，以及改进测量方法。测量误差的处理原则可以总结为：首先要进行多余观测，利用多余观测剔除含有粗差的观测值；其次利用系统误差的规律性将系统误差消除或减弱到可以忽略不计，使观测值主要含有偶然误差；最后利用数理统计方法求得观测值的最可靠值。

5.2　偶然误差的特性

偶然误差从表面上看似乎没有规律性，即单个误差的大小和符号表现为偶然性，但是对大量的偶然误差进行归纳统计，就会发现其有一定的统计规律，而且数量越多，这种规律越明显。

在等精度观测条件下独立地观测 358 个三角形的全部内角，由于观测值含有误差，每个三角形全部内角之和一般不等于其真值 180°。由下式可以计算各次三角形内角和观测值的真误差：

$$\Delta_i = (l_1 + l_2 + l_3)_i - 180° \quad (i = 1, 2, \cdots, n) \tag{5-2}$$

式中，$(l_1 + l_2 + l_3)_i$ 为第 i 个三角形内角和观测值。

对 358 个三角形内角和观测值的真误差进行统计分析：取误差区间的间隔 $d\Delta = \pm 3''$，将该组真误差划分为正误差、负误差，分别在正、负误差中按照绝对值由小到大排列，统计各区间的误差个数 k，并计算其相对个数（又称频率）k/n $(n = 358)$，统计结果见表 5-1。

表 5-1　偶然误差统计结果

误差区间	负误差		正误差	
$d\Delta = \pm 3''$	误差个数 k	频率 k/n	误差个数 k	频率 k/n
$0'' \sim 3''$	45	0.126	46	0.128
$3'' \sim 6''$	40	0.112	41	0.115
$6'' \sim 9''$	33	0.092	33	0.092
$9'' \sim 12''$	23	0.064	21	0.059
$12'' \sim 15''$	17	0.047	16	0.045
$15'' \sim 18''$	13	0.036	13	0.036
$18'' \sim 21''$	6	0.017	5	0.014
$21'' \sim 24''$	4	0.011	2	0.006
$24''$ 以上	0	0	0	0
合计	181	0.505	177	0.495

由表 5-1 可以看出，绝对值小的误差比绝对值大的误差多，绝对值相等的正、负误差个数相近，绝对值最大的误差不超过 24″。为了更直观地展示偶然误差的分布情况，可以采用直方图的形式来呈现。以真误差 Δ 为横坐标，以各区间的频率（k/n）除以区间的间隔值（$d\Delta = \pm 3''$）为纵坐标，依据表 5-1 的统计数据绘制出如图 5-1 所示的直方图。

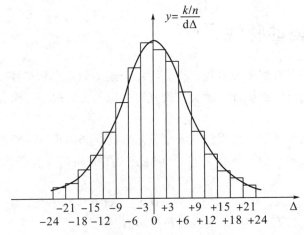

图 5-1 偶然误差频率直方图

当误差个数 n 趋于无穷多时，如果把误差间隔 $d\Delta$ 无限缩小，则图 5-1 中的各长方形顶点折线就变成一条光滑的曲线，该曲线称为误差分布曲线，即正态分布曲线。误差分布曲线的函数式为

$$y = f(\Delta) = \frac{1}{\sqrt{2\pi}\sigma} e^{-\frac{\Delta^2}{2\sigma^2}} \tag{5-3}$$

式中，π 为圆周率，$\pi \approx 3.1416$；e 为自然对数的底，$e \approx 2.7183$；σ 为标准差；标准差的平方 σ^2 称为方差。方差为偶然误差平方的理论平均值，即

$$\sigma^2 = \lim_{n \to \infty} \frac{\Delta_1^2 + \Delta_2^2 + \cdots + \Delta_n^2}{n} = \lim_{n \to \infty} \frac{[\Delta\Delta]}{n} \tag{5-4}$$

标准差为

$$\sigma = \pm \lim_{n \to \infty} \sqrt{\frac{[\Delta\Delta]}{n}} \tag{5-5}$$

由式（5-5）可知，标准差的大小取决于在一定条件下偶然误差出现的绝对值的大小。由于在计算时取各个偶然误差的平方和，当出现有较大绝对值的偶然误差时，在标准差 σ 中会得到明显的反映。式（5-3）称为正态分布密度函数，以偶然误差 Δ 为自变量，标准差 σ 为密度函数的唯一参数。

正态分布密度函数的特征为曲线中间高、两端低，说明小误差出现的可能性大，大误差出现的可能性小；曲线对称，说明绝对值相等的正、负误差出现的机会均等；曲线与横轴为渐近线，说明误差不会超过一定限值。

通过以上分析，可以得到偶然误差具有以下特性：

（1）有限性：在一定观测条件下，偶然误差的绝对值有一定的限值，或者说，超出该限值的误差出现的概率为零。

（2）单峰性：绝对值较小的误差比绝对值较大的误差出现的概率大。

（3）对称性：绝对值相等的正、负误差出现的概率相同。

（4）抵偿性：对同一观测量的等精度观测结果，其偶然误差的算术平均值随着观测次数 n 的无限增大而趋于零，即

$$\lim_{n \to \infty} \frac{[\Delta]}{n} = 0 \tag{5-6}$$

式中，$[\Delta]=\Delta_1+\Delta_2+\cdots+\Delta_n=\sum\limits_{i=1}^{n}\Delta_i$。在测量中，常用 $[\ ]$ 表示对中括号中的变量求代数和。

5.3　衡量精度的指标

对某个量的多次观测中，其误差分布的密集或离散程度称为精度。研究测量误差的主要任务之一是要评定测量成果的精度。虽然用分布曲线或直方图可以比较出观测精度的高低，但这种方法既不方便也不实用。因为在实际测量工作中并不需要求出误差的分布情况，而需要有一个数字特征能反映误差分布的离散程度，用它来评定观测成果的精度，就是说需要有一个评定精度的标准。

测量中常用的衡量精度的指标有中误差（标准差）、相对误差和容许误差（限差）等。

5.3.1　中误差（标准差）

已知离散度的大小可以衡量观测精度的高低，而方差正是反映一组观测成果离散度的一个数字特征。在式（5－4）中，方差 σ^2 是 Δ^2 的理论平均值。而在实际测量工作中，观测值的个数 n 是有限的，由有限的观测值真误差只能求得方差估值（又称方差）。所以，当观测值个数有限时，可得方差估值：

$$m^2=\frac{[\Delta\Delta]}{n} \tag{5-7}$$

同样，可得中误差估值（又称中误差）：

$$m=\pm\sqrt{\frac{[\Delta\Delta]}{n}} \tag{5-8}$$

【例题 5－1】 在不同观测条件下分别对某三角形内角和进行一组观测（6 次），观测值与三角形内角和真值 180° 相减，得到两组各次观测值的真误差分别为

第一组：$+6''$、$+8''$、$0''$、$-4''$、$+2''$、$-6''$；

第二组：$+6''$、$+4''$、$-2''$、$-4''$、$+2''$、$-2''$。

试比较这两组观测值的精度，即求两组观测成果的中误差。

【解】

$$m_1=\pm\sqrt{\frac{[\Delta\Delta]}{n}}=\pm\sqrt{\frac{(+6)^2+(+8)^2+(0)^2+(-4)^2+(+2)^2+(-6)^2}{6}}\approx\pm5.1''$$

$$m_2=\pm\sqrt{\frac{[\Delta\Delta]}{n}}=\pm\sqrt{\frac{(+6)^2+(+4)^2+(-2)^2+(-4)^2+(+2)^2+(-2)^2}{6}}\approx\pm3.7''$$

$|m_2|<|m_1|$，可见第二组观测值的精度高于第一组。同时，通过观察第一组观测误差的分布情况可以看出其误差的波动幅度较大，即离散程度较大，因而也可判断出第一组观测值的稳定性较差，精度较低。所以在测量工作中，普遍采用中误差来评定测量成果的精度。对于一组等精度的观测，各观测值的真误差按偶然误差的规律出现，其大小和符号各异，而观测值的中误差则有唯一的值，它是根据这组观测值的真误差计算得出的，用来说明这组观测值的精度。

下面来说明中误差的几何意义。可以证明中误差 σ 正是误差分布曲线上两个拐点的横坐标值。为了求出曲线上两个拐点的横坐标，可取概率密度函数式（5-3）的二阶导数，并使其等于零，即

$$f''(\Delta) = \frac{1}{\sigma\sqrt{2\pi}}\left(\frac{\Delta^2}{\sigma^2}-1\right)e^{-\frac{\Delta^2}{2\sigma^2}} = 0$$

上式中，$e^{-\frac{\Delta^2}{2\sigma^2}}$ 不可能为零，故只能使 $\frac{\Delta^2}{\sigma^2}-1=0$。因此，$\Delta = \pm\sigma$，说明曲线的拐点位于 $\Delta = \pm\sigma$ 处。

5.3.2　相对误差

中误差 m 和真误差 Δ 都是绝对误差。在实际测量工作中，有时仅依赖中误差并不能完全客观地反映出观测结果的精度。例如，分别测量了长度为 100 m 和 200 m 的两段距离，其测量中误差皆为 ±0.02 m，显然不能认为两段距离测量精度相同。此时，为了客观地反映出观测结果的精度，必须引入相对误差的概念。相对误差 K 是中误差的绝对值与相应观测值的比值。它是一个无量纲数，通常将分子化为 1、分母取整数来表示，即

$$K = \frac{|m|}{l} = \frac{1}{\frac{l}{|m|}} \tag{5-9}$$

式中，m 为中误差；l 为观测值。分母越大，则相对误差越小，距离测量的精度越高。根据式（5-9）可以计算上述两段距离测量成果的相对误差分别为

$$K_1 = \frac{1}{\frac{100}{|\pm0.02|}} = \frac{1}{5000}$$

$$K_2 = \frac{1}{\frac{200}{|\pm0.02|}} = \frac{1}{10000}$$

因为 $K_1 > K_2$，所以前者距离测量精度小于后者距离测量精度。距离测量中，常用同一段距离往、返测量结果的相对误差来检核距离测量的符合精度，计算公式如下：

$$\frac{|l_往 - l_返|}{\bar{l}} = \frac{|\Delta l|}{\bar{l}} = \frac{1}{\frac{\bar{l}}{|\Delta l|}} \tag{5-10}$$

式中，$\bar{l} = \frac{l_往 + l_返}{2}$，即往、返测量距离的平均值。显然，相对误差越小，观测结果越可靠。还应该指出，不能用相对误差来衡量测角精度，因为测角误差与角度大小无关。

5.3.3　容许误差（限差）

容许误差是在一定观测条件下规定的测量误差的限值，又称极限误差或限差。由图 5-1 可知，各矩形小条的面积代表误差出现在该区域的频率；当统计误差的个数无限增加、误差区间无限减小时，频率逐渐稳定而成概率，直方图的顶边即形成正态分布曲线。因此，根据正态分布曲线可以求得出现在小区间 $d\Delta$ 中的概率：

$$P(\Delta) = f(\Delta)d\Delta = \frac{1}{\sqrt{2\pi}m}e^{-\frac{\Delta^2}{2m^2}} \cdot d\Delta \tag{5-11}$$

根据式（5－11）的积分可以得到偶然误差在任意区间出现的概率。设以 k 倍中误差作为区间，则在此区间中误差出现的概率为

$$P(\mid\Delta\mid < k \cdot m) = f(\Delta)\mathrm{d}\Delta = \int_{-km}^{+km} \frac{1}{\sqrt{2\pi}m} \mathrm{e}^{-\frac{\Delta^2}{2m^2}} \cdot \mathrm{d}\Delta \qquad (5-12)$$

将 $k=1,2,3$ 代入式（5－12），可得到偶然误差的绝对值不大于 1 倍中误差、2 倍中误差和 3 倍中误差的概率：

$$P(\mid\Delta\mid < m) = 0.683 = 68.3\%$$
$$P(\mid\Delta\mid < 2m) = 0.954 = 95.4\%$$
$$P(\mid\Delta\mid < 3m) = 0.997 = 99.7\%$$

由此可见，在等精度条件下对某个量进行一组观测，其观测值的绝对值大于 1 倍中误差的偶然误差出现的概率约为 32%，大于 2 倍中误差的偶然误差出现的概率约为 5%，大于 3 倍中误差的偶然误差出现的概率约为 0.3%，此即确定测量容许误差的理论依据。在测量作业中，观测的次数有限，可以认为观测值的绝对值出现大于 3 倍中误差的偶然误差的情况在实际中很难出现。因此，在测量规范中，为了确保观测成果的质量，通常规定以 2 倍或 3 倍中误差作为容许误差：

$$\Delta_容 = 3m \quad 或 \quad \Delta_容 = 2m$$

前者要求较严，后者要求较宽。在测量作业中，容许误差常作为观测值是否有效的判断依据，如果观测值大于容许误差，就认为观测值无效，需要重新观测；反之，观测值有效，可以采用。

5.4　算术平均值及精度评定

5.4.1　算术平均值

若对某个量进行 n 次等精度观测，其观测值为 $l_1, l_2, \cdots, l_n$，则该组观测值的算术平均值 $\bar{l}$ 可由下式计算：

$$\bar{l} = \frac{l_1 + l_2 + \cdots + l_n}{n} = \frac{[l]}{n} \qquad (5-13)$$

利用偶然误差的特性，可以证明算术平均值比组内的任一观测值更为接近真值。证明如下：

根据式（5－1），得各观测值的真误差为

$$\Delta_i = X - l_i \qquad (i = 1, 2, \cdots, n)$$

式中，X 为真值；l_i 为观测值。

取上式的和并除以观测次数 n，得

$$\frac{[\Delta]}{n} = \frac{[l]}{n} - X = \bar{l} - X \qquad (5-14)$$

根据偶然误差的"抵偿性"，当式（5－14）中的观测次数 n 无限增大时，$\dfrac{[\Delta]}{n}$ 趋近于零，即

$$\lim_{n\to\infty}\frac{[\Delta]}{n}=\lim_{n\to\infty}\frac{[l]}{n}-X=\lim_{n\to\infty}\bar{l}-X=0 \tag{5-15}$$

$$\lim_{n\to\infty}\bar{l}=X \tag{5-16}$$

由此可得，当 n 无限增大时，算术平均值趋近于真值。在实际测量工作中，不可能对某个量进行无限次的观测，则算术平均值不等于真值，但是算术平均值仍比其他各观测值更接近于真值。所以在等精度观测条件下，观测值的算术平均值是该量的最可靠值，又称最或然值。

5.4.2　观测值的改正数

观测值的改正数（以 V 表示）是算术平均值与观测值之差，即假设对某一观测量 X 进行 n 次等精度观测，观测值为 $l_1,l_2,\cdots,l_n$，则改正数 V_i 可按如下表达式计算：

$$\begin{cases} V_1=\bar{l}-l_1 \\ V_2=\bar{l}-l_2 \\ \cdots\cdots \\ V_n=\bar{l}-l_n \end{cases} \tag{5-17}$$

将等式两端分别相加，得

$$[V]=n\bar{l}-[l]$$

将 $\bar{l}=\dfrac{[l]}{n}$ 代入上式，得

$$[V]=n\frac{[l]}{n}-[l]=0$$

因此，一组等精度观测值的改正数之和恒等于零。这一结论可作为计算工作的校核。

另外，设式（5-17）中的 $\bar{l}$ 为自变量（待定值），则改正值 V_i 为自变量 $\bar{l}$ 的函数。如果使改正值的平方和为最小值，即

$$[VV]_{\min}=(\bar{l}-l_1)^2+(\bar{l}-l_2)^2+\cdots+(\bar{l}-l_n)^2$$

以此作为条件（称为最小二乘法原理）来求 $\bar{l}$，这就是高等数学中求条件极值的问题。

令

$$\frac{\mathrm{d}[VV]}{\mathrm{d}\bar{l}}=2[(\bar{l}-l)]=0$$

可得

$$n\bar{l}-[l]=0$$

$$\bar{l}=\frac{[l]}{n}$$

此式即式（5-13）。由此可知，取一组等精度观测值的算术平均值作为最或然值，并据此计算得到各观测值的改正数是符合最小二乘法原理的。

5.4.3　按观测值的改正数计算中误差

5.4.3.1　观测值的中误差计算

当观测值的真值 X 已知时，各观测值的真误差 Δ_i 可以由式（5-1）求得，再根据式（5-8）可以计算出观测值的中误差 m。在测量作业中，多数情况观测量的真值是未知且无法获取的，此时不能求得观测值的真误差，所以不能用式（5-5）计算观测值的中误差 m。由 5.4.2 小节可知，在相同的观测条件下，对某真值 X 进行多次观测，可以计算得到最或然值（算术平均值 $\bar{l}$）及各个观测值的改正数 V_i；并且，当观测次数无限增大时，最或然值 $\bar{l}$ 将逐渐趋近于真值 X。在观测次数有限时，以 $\bar{l}$ 代替 X，就相当于以改正数 V_i 代替真误差 Δ_i。由此得到按观测值的改正数计算观测值的中误差的实用公式，推导过程如下：

根据式（5-1），可得各观测值的真误差为

$$\begin{cases} \Delta_1 = X - l_1 \\ \Delta_2 = X - l_2 \\ \cdots\cdots \\ \Delta_n = X - l_n \end{cases} \tag{5-18}$$

将式（5-17）代入式（5-18），可得

$$\begin{cases} \Delta_1 = X - (\bar{l} - V_1) = V_1 + (X - \bar{l}) \\ \Delta_2 = X - (\bar{l} - V_2) = V_2 + (X - \bar{l}) \\ \cdots\cdots \\ \Delta_n = X - (\bar{l} - V_n) = V_n + (X - \bar{l}) \end{cases} \tag{5-19}$$

对式（5-19）中的每一个等式取平方后相加，可得

$$[\Delta\Delta] = [VV] + n(X - \bar{l})^2 + 2(X - \bar{l})[V] \tag{5-20}$$

由式（5-17）可得 $[V] = n\bar{l} - [l] = n\dfrac{[l]}{n} - [l] = 0$，代入式（5-20），得

$$[\Delta\Delta] = [VV] + n(X - \bar{l})^2 \tag{5-21}$$

将式（5-21）两边同时除以 n，可得

$$\frac{[\Delta\Delta]}{n} = \frac{[VV]}{n} + (X - \bar{l})^2 \tag{5-22}$$

又因为

$$(X - \bar{l})^2 = \left(X - \frac{[l]}{n}\right)^2 = \frac{1}{n^2}(nX - [l])^2$$

$$= \frac{1}{n^2}(\Delta_1 + \Delta_2 + \cdots + \Delta_n)^2$$

$$= \frac{[\Delta\Delta]}{n^2} + \frac{2(\Delta_1\Delta_2 + \Delta_1\Delta_3 + \cdots \Delta_{n-1}\Delta_n)}{n^2}$$

观测值 $l_1, l_2, \cdots, l_n$ 相互独立，真误差 Δ_i 也相互独立，根据偶然误差的特性可知，当

n 趋近于无穷大时，上式中最后一个等号右边的第二项趋近于零，故有

$$\frac{[\Delta\Delta]}{n}=\frac{[VV]}{n}+\frac{[\Delta\Delta]}{n^2} \qquad (5-23)$$

将中误差的定义式 $m=\pm\sqrt{\dfrac{[\Delta\Delta]}{n}}$ 代入式（5-23），可得

$$m^2=\frac{[VV]}{n}+\frac{1}{n}m^2$$

于是可得由观测值的改正数 V 计算观测值的中误差的公式：

$$m=\pm\sqrt{\frac{[VV]}{n-1}} \qquad (5-24)$$

式（5-24）又称白塞尔公式。

式（5-24）和式（5-8）的区别在于分子以 $[VV]$ 代替了 $[\Delta\Delta]$，分母以（$n-1$）代替了 n。实际上，n 和（$n-1$）是代表两种不同情况下的多余观测数。因为在真值已知的情况下，所有 n 次观测均为多余观测；而在真值未知的情况下，其中一个观测值是必要的，其余（$n-1$）个观测值是多余的。

5.4.3.2 算术平均值的中误差计算

设对某个量进行 n 次等精度观测，每一观测值 l_i 的中误差为 m，用 n 次观测值的算术平均值 $\bar{l}$ 作为该量的测量值，因为算术平均值比任一观测值更为接近真值，所以以算术平均值的中误差 M 比观测值的中误差 m 小。算术平均值 $\bar{l}$ 的中误差 M 的计算公式为

$$M=\pm\frac{m}{\sqrt{n}} \qquad (5-25)$$

式（5-25）的推导过程详见 5.5 节。

由式（5-25）可以看出，算术平均值的中误差与观测次数的平方根成反比，因此增加观测次数可以提高算术平均值的精度。但当观测次数达到一定数值后（例如 10）再增加观测次数，提高算术平均值精度的效果就不太明显了。因此，不能单纯以增加观测次数来提高测量成果的精度，应设法提高观测值本身的精度。例如，使用精度较高的仪器，提高观测技能，在良好的外界条件下进行观测等。

【例题 5-2】某一段距离共测量了 6 次，结果见表 5-2，求算术平均值、观测值的中误差、算术平均值的中误差及相对误差。

表 5-2 距离测量结果计算

序号	观测值/m	$[V]$/mm	$[VV]$/mm²	计算
1	148.643	−15	225	
2	148.590	+38	1444	
3	148.610	+18	324	$m=\pm\sqrt{\dfrac{[VV]}{n-1}}=\pm\sqrt{\dfrac{3046}{6-1}}\approx\pm24.7$（mm）
4	148.624	+4	16	$M=\pm\dfrac{m}{\sqrt{n}}=\pm\dfrac{24.7}{\sqrt{6}}\approx\pm10.1$（mm）
5	148.654	−26	676	
6	148.647	−19	361	
	$[l]=891.768$	$[V]=0$	$[VV]=3046$	

【解】根据式（5-13）计算平均值：

$$\bar{l} = \frac{l_1 + l_2 + \cdots + l_n}{n} = \frac{[l]}{n} = \frac{891.768}{6} = 148.628 \text{（m）}$$

观测值改正数 V、观测值的中误差 m 和算术平均值的中误差 M 的计算见表 $5-2$。

算术平均值的相对误差：

$$K = \frac{|M|}{\bar{l}} = \frac{1}{\dfrac{\bar{l}}{|M|}} = \frac{1}{\dfrac{148.628}{0.0101}} = \frac{1}{14715.6} \approx \frac{1}{14700}$$

【例题 5-3】已知某角观测二测回平均值的中误差为 $\pm 6''$，在等精度观测条件下，要将测角中误差提高到 $\pm 4''$，至少需要观测几个测回？

【解】

根据已知条件，可得 $M_2 = \pm \dfrac{m}{\sqrt{n}} = \pm \dfrac{m}{\sqrt{2}} = \pm 6''$，

所以一测回观测值的中误差 $m = \pm \sqrt{2} \times 6'' = \pm 8.5''$，

根据 $M = \pm \dfrac{m}{\sqrt{n}}$，可得 $n = \left(\dfrac{m}{M}\right)^2 = \left(\dfrac{\pm 8.5''}{\pm 4''}\right)^2 = 4.5$，

所以需要观测 5 个测回才能达到 $\pm 4''$ 的测量精度。

5.5 误差传播定律及其应用

在测量工作中，有些未知量不能直接观测测定，需要由直接观测量计算求出。例如，水准仪一站观测的高差 $h = a - b$，式中的后视读数 a 和前视读数 b 均为直接观测量，h 与 a、b 的函数关系为线性关系。求一矩形的面积 $S = ab$，式中矩形边长 a、b 为直接观测量，S 与 a、b 的函数关系为非线性关系。从上面的例子可知，未知量是由直接观测量通过函数关系计算所得，当各独立观测值含有误差时，函数必受其误差的影响而相应地产生误差。这种函数误差的大小除受观测值误差大小的影响外，也取决于函数关系。阐述函数中误差与观测值中误差之间关系的定律称为误差传播定律，它在测量学中有着广泛的用途。

设 Z 为独立观测值 $x_1, x_2, \cdots, x_n$ 的函数，即

$$Z = f(x_1, x_2, \cdots, x_n) \tag{5-26}$$

若已知独立观测值 $x_1, x_2, \cdots, x_n$ 的中误差分别为 $m_{x_1}, m_{x_2}, \cdots, m_{x_n}$，那么怎样求出函数 Z 的中误差 m_Z？

设 $x_1, x_2, \cdots, x_n$ 的真误差分别为 $\Delta_{x_1}, \Delta_{x_2}, \cdots, \Delta_{x_n}$，相应函数 Z 的真误差为 Δ_Z，则

$$Z + \Delta_Z = f(x_1 + \Delta_{x_1}, x_2 + \Delta_{x_2}, \cdots, x_n + \Delta_{x_n})$$

因为真误差 $\Delta_{x_1}, \Delta_{x_2}, \cdots, \Delta_{x_n}$ 均为微小的量，故可将上式泰勒展开，并舍去二次及以上的项，得

$$Z + \Delta_Z = f(x_1, x_2, \cdots, x_n) + \left(\frac{\partial f}{\partial x_1}\Delta_{x_1} + \frac{\partial f}{\partial x_2}\Delta_{x_2} + \cdots + \frac{\partial f}{\partial x_n}\Delta_{x_n}\right) \tag{5-27}$$

式（5-27）与式（5-26）相减，得

$$\Delta_Z = \frac{\partial f}{\partial x_1}\Delta_{x_1} + \frac{\partial f}{\partial x_2}\Delta_{x_2} + \cdots + \frac{\partial f}{\partial x_n}\Delta_{x_n} \tag{5-28}$$

式（5-28）即为函数 Z 的真误差与独立观测值 $x_1, x_2, \cdots, x_n$ 的真误差之间的关系式。式中，$\frac{\partial f}{\partial x_1}, \frac{\partial f}{\partial x_2}, \cdots, \frac{\partial f}{\partial x_n}$ 为函数 Z 分别对 $x_1, x_2, \cdots, x_n$ 的偏导数，并将观测值代入偏导数后所得的值，故均为常数。

若对各独立观测值都观测了 N 次，则可列出 N 个像式（5-28）那样的真误差关系式。将 N 个真误差关系式平方后再求和，得

$$[\Delta_Z^2] = \left(\frac{\partial f}{\partial x_1}\right)^2[\Delta_{x_1}^2] + \left(\frac{\partial f}{\partial x_2}\right)^2[\Delta_{x_2}^2] + \cdots + \left(\frac{\partial f}{\partial x_n}\right)^2[\Delta_{x_n}^2] +$$
$$2\left(\frac{\partial f}{\partial x_1}\right)\left(\frac{\partial f}{\partial x_2}\right)[\Delta_{x_1} \cdot \Delta_{x_2}] + 2\left(\frac{\partial f}{\partial x_1}\right)\left(\frac{\partial f}{\partial x_3}\right)[\Delta_{x_1} \cdot \Delta_{x_3}] + \cdots +$$
$$2\left(\frac{\partial f}{\partial x_{n-1}}\right)\left(\frac{\partial f}{\partial x_n}\right)[\Delta_{x_{n-1}} \cdot \Delta_{x_n}]$$

由偶然误差的特性知：当 N 为无限大时，上式中偶然误差的各交叉互乘项之和因互相抵消而等于零。因此，上式变成

$$[\Delta_Z^2] = \left(\frac{\partial f}{\partial x_1}\right)^2[\Delta_{x_1}^2] + \left(\frac{\partial f}{\partial x_2}\right)^2[\Delta_{x_2}^2] + \cdots + \left(\frac{\partial f}{\partial x_n}\right)^2[\Delta_{x_n}^2] \tag{5-29}$$

将式（5-29）等号两边同时除以 N，由于

$$\frac{[\Delta_Z^2]}{N} = m_Z^2, \frac{[\Delta_{x_1}^2]}{N} = m_{x_1}^2, \frac{[\Delta_{x_2}^2]}{N} = m_{x_2}^2, \cdots, \frac{[\Delta_{x_n}^2]}{N} = m_{x_n}^2$$

故式（5-29）变为

$$m_Z^2 = \left(\frac{\partial f}{\partial x_1}\right)^2 m_{x_1}^2 + \left(\frac{\partial f}{\partial x_2}\right)^2 m_{x_2}^2 + \cdots + \left(\frac{\partial f}{\partial x_n}\right)^2 m_{x_n}^2 \tag{5-30}$$

或写成

$$m_Z = \pm\sqrt{\left(\frac{\partial f}{\partial x_1}\right)^2 m_{x_1}^2 + \left(\frac{\partial f}{\partial x_2}\right)^2 m_{x_2}^2 + \cdots + \left(\frac{\partial f}{\partial x_n}\right)^2 m_{x_n}^2} \tag{5-31}$$

式（5-30）或式（5-31）就是函数 Z 的中误差与独立观测值 $x_1, x_2, \cdots, x_n$ 的中误差之间的关系式。

由式（5-30）的推导过程可以总结出求任意函数中误差的方法和步骤如下：

（1）列出独立观测值的函数式：

$$Z = f(x_1, x_2, \cdots, x_n)$$

（2）求出真误差关系式。为此可对函数式进行全微分，得

$$dZ = \frac{\partial f}{\partial x_1}dx_1 + \frac{\partial f}{\partial x_2}dx_2 + \cdots + \frac{\partial f}{\partial x_n}dx_n$$

因为 $dZ, dx_1, dx_2, \cdots, dx_n$ 都是微小变量，可以看成是相应的真误差 $\Delta_Z, \Delta_{x_1}, \Delta_{x_2}, \cdots, \Delta_{x_n}$ 的另一种形式，因此上式就相当于真误差关系式，系数 $\frac{\partial f}{\partial x_1}, \frac{\partial f}{\partial x_2}, \cdots, \frac{\partial f}{\partial x_n}$ 均为常数。

（3）求出中误差关系式：

$$m_Z^2 = \left(\frac{\partial f}{\partial x_1}\right)^2 m_{x_1}^2 + \left(\frac{\partial f}{\partial x_2}\right)^2 m_{x_2}^2 + \cdots + \left(\frac{\partial f}{\partial x_n}\right)^2 m_{x_n}^2$$

按照上述方法直接用式（5-31）可以推导出几种常用的简单函数中误差的求解公式，见表 5-3，计算时可直接套用。

表 5-3 常用函数的中误差公式

函数式	函数的中误差
倍数函数 $Z=kx$	$m_Z=km_x$
和差函数 $Z=x_1\pm x_2\pm\cdots\pm x_n$	$m_Z=\pm\sqrt{m_{x_1}^2+m_{x_2}^2+\cdots+m_{x_n}^2}$
线性函数 $Z=k_1x_1\pm k_2x_2\pm\cdots\pm k_nx_n$	$m_Z=\pm\sqrt{k_1^2m_{x_1}^2+k_2^2m_{x_2}^2+\cdots+k_n^2m_{x_n}^2}$
一般函数 $Z=f(x_1,x_2,\cdots,x_n)$	$m_Z=\pm\sqrt{\left(\dfrac{\partial f}{\partial x_1}\right)^2m_{x_1}^2+\left(\dfrac{\partial f}{\partial x_2}\right)^2m_{x_2}^2+\cdots+\left(\dfrac{\partial f}{\partial x_n}\right)^2m_{x_n}^2}$

下面举例说明各种函数的中误差公式的应用。

【例 5-4】 量得某圆形建筑物的直径 $D=34.50$ m，其中误差 $m_D=\pm0.01$ m，求建筑物的圆周长及其中误差。

【解】 圆周长 $P=\pi D=3.1416\times34.50\approx108.39$（m），根据表 5-3 中的倍数函数式，可得圆周长的中误差为

$$m_P=\pi\cdot m_D=3.1416\times(\pm0.01)=\pm0.03\ (\text{m})$$

其结果可写成

$$P=108.39\pm0.03\ (\text{m})$$

【例 5-5】 水准测量从 A 点进行到 B 点，得高差 $h_{AB}=+15.476$ m，中误差 $m_{h_{AB}}=\pm0.012$ m，从 B 点进行到 C 点，得高差 $h_{BC}=+5.747$ m，中误差 $m_{h_{BC}}=\pm0.009$ m，求 A、C 两点之间的高差及其中误差。

【解】 A、C 两点之间的高差为

$$h_{AC}=h_{AB}+h_{BC}=+15.476+5.747=+21.223\ (\text{m})$$

根据表 5-3 中的和差函数式，可得 h_{AC} 的中误差为

$$m_{h_{AC}}=\pm\sqrt{m_{h_{AB}}^2+m_{h_{BC}}^2}=\pm\sqrt{(\pm0.012)^2+(\pm0.009)^2}=\pm0.015\ (\text{m})$$

【例 5-6】 设有关系函式 $Z=3x+2y$，如有 $m_x=\pm2$ mm，$m_y=\pm4$ mm，则 Z 的中误差为多少？

【解】 根据表 5-3 中的线性函数式，可得 Z 的中误差为

$$m_Z=\pm\sqrt{k_1^2m_x^2+k_2^2m_y^2}=\pm\sqrt{3^2\times(\pm2)^2+2^2\times(\pm4)^2}=\pm10\ (\text{mm})$$

【例 5-7】 有一长方形草坪，测得其长为 30.40 m，宽为 10.20 m，测量中误差相应为 ±0.02 m 和 ±0.01 m。求该草坪的面积及其中误差。

【解】 长方形的面积函数式为 $S=ab$，则该草坪的面积为

$$S=ab=30.40\times10.20=310.08\ (\text{m}^2)$$

根据表 5-3 中的一般函数式，可得 S 的中误差为

$$m_S = \pm\sqrt{\left(\frac{\partial S}{\partial a}\right)^2 m_a^2 + \left(\frac{\partial S}{\partial b}\right)^2 m_b^2}$$

$$= \pm\sqrt{b^2 m_a^2 + a^2 m_b^2}$$

$$= \pm\sqrt{10.2^2 \times (\pm 0.02)^2 + 30.4^2 \times (\pm 0.01)^2}$$

$$\approx 0.37 \ (\text{m}^2)$$

【例 5-8】为了求得一水平距离 D，先量得其倾斜距离 $S = 163.563$ m，量距中误差 $m_S = \pm 0.006$ m，测得倾斜角 $\alpha = 32°15'00''$，测角中误差 $m_\alpha = \pm 6''$，求水平距离及其中误差。

【解】水平距离 D 与倾斜距离 S 和倾斜角 α 的函数关系式为

$$D = S\cos\alpha = 163.563 \times \cos 32°15'00'' = 138.330 \ (\text{m})$$

根据表 5-3 中的一般函数式，可得水平距离的中误差为

$$m_D = \pm\sqrt{\left(\frac{\partial D}{\partial S}\right)^2 m_S^2 + \left(\frac{\partial D}{\partial \alpha}\right)^2 \left(\frac{m_\alpha}{\rho}\right)^2}$$

$$= \pm\sqrt{\cos^2\alpha\, m_S^2 + (-S\sin\alpha)^2 \left(\frac{m_\alpha}{\rho}\right)^2}$$

$$= \pm\sqrt{\cos^2 32°15'00'' \times 0.006^2 + (-163.563 \times \sin 32°15'00'')^2 \left(\frac{\pm 6''}{206265''}\right)^2}$$

$$= \pm\sqrt{0.0000257 + 0.0000064}$$

$$= \pm 0.0057 \ (\text{m})$$

式中，ρ 为弧秒值，$\rho = 206265''$。$\dfrac{m}{\rho}$ 是将角值化为弧度。

【例 5-9】若对某个量进行 n 次等精度观测，其观测值为 $l_1, l_2, \cdots, l_n$，试求该组观测值的算数平均值 $\bar{l}$ 及其中误差 $M_{\bar{l}}$。

【解】该组观测值的算术平均值为

$$\bar{l} = \frac{l_1 + l_2 + \cdots + l_n}{n} = \frac{l_1}{n} + \frac{l_2}{n} + \cdots + \frac{l_n}{n}$$

根据表 5-3 中的线性函数式，可得该算术平均值的中误差为

$$M_{\bar{l}} = \pm\sqrt{\left(\frac{1}{n}\right)^2 m_1^2 + \left(\frac{1}{n}\right)^2 m_2^2 + \cdots + \left(\frac{1}{n}\right)^2 m_n^2}$$

因为 n 次观测为等精度观测，即 $m_1 = m_2 = \cdots = m_n = m$，故有

$$M_{\bar{l}} = \pm\sqrt{n\left(\frac{1}{n}\right)^2 m^2} = \pm\sqrt{\frac{m^2}{n}} = \pm\frac{m}{\sqrt{n}}$$

即一组等精度观测值算数平均值的中误差为

$$M = \pm\frac{m}{\sqrt{n}}$$

5.6 非等精度观测的最可靠值及其中误差

前面讨论的都是在等精度观测条件下对一组观测值进行处理的方法。例如，取各观测

值的算术平均值作为最或然值，用真误差或改正数求出观测值的中误差和最或然值的中误差。这类问题称为等精度观测问题。

若对同一未知量进行的多次观测是在非等精度观测条件下进行的，如各次测量所用的仪器或观测方法不同，则各观测值的精度是不同的。这类问题称为不同精度观测的问题，当然不能采用前面的方法来处理观测结果，而应该考虑到各观测值的质量，即可靠程度。本节将讨论如何从非等精度观测值中求最可靠值并评定精度。

5.6.1　测量平差原理

在测量作业中，为了进行检核及提高观测成果的精度，常采用多余观测。例如，在距离测量中，原本只需观测一次，实际作业中为了提高精度须进行多次观测；观测三角形内角和，原本只需观测其中两个内角，为了检核，在作业中常对三个内角都进行观测。由于存在多余观测，角度观测结果之间会产生矛盾，即产生闭合差。

在多余观测的基础上，依据一定的数学模型和某种平差原则对观测结果进行合理的调整（加改正数消除闭合差），从而得到一组最可靠的结果并评定精度的工作称为测量平差。测量平差的主要任务是求出未知量的最可靠值（也称最或然值）和评定测量成果的精度。

测量平差的基本原理为最小二乘法原理。下面通过观测三角形的三个内角值的例子来说明最小二乘法原理。

假设三角形三个内角观测值分别为 $\angle A = 47°07'36''$，$\angle B = 67°34'12''$，$\angle C = 65°19'24''$，则其闭合差 $f = \angle A + \angle B + \angle C - 180° = 12''$。为了消除闭合差，求得三角形各内角的最或然值，需分别在三个内角观测值上加上改正数。假设 V_A、V_B、V_C 分别为三个内角 $\angle A$、$\angle B$、$\angle C$ 的改正数，则有 $V_A + V_B + V_C = -f = -12''$，即 $(\angle A + V_A) + (\angle B + V_B) + (\angle C + V_C) = 180°$。

满足上式的改正数可以有无穷多组，见表 5-4。

表 5-4　改正数

改正数	第 1 组	第 2 组	第 3 组	第 4 组	第 5 组	…
V_A	$-2''$	$-2''$	$-3''$	$+6''$	$-4''$	…
V_B	$-5''$	$+2''$	$-3''$	$-10''$	$-4''$	…
V_C	$-5''$	$-12''$	$-6''$	$-8''$	$-4''$	…
$[VV]$	54	152	54	200	48	…

在以上无限多组改正数中，如何选择最为合理的一组改正数？应用最小二乘法原理，可知改正数 V 的平方和最小的一组最为合理，即

$$[VV] = V_A^2 + V_B^2 + V_C^2 = \min$$

若为非等精度观测，则为

$$[pVV] = p_A V_A^2 + p_B V_B^2 + p_C V_C^2 = \min$$

式中，p_A、p_B、p_C 分别为观测值 $\angle A$、$\angle B$、$\angle C$ 的权。

这种在残差满足 $[pVV]$ 最小的条件下求观测值的最佳估值并进行精度估计的方法称为最小二乘法。

5.6.2 权

5.6.2.1 权的概念

在对某个量进行非等精度观测时，获得的各观测结果的中误差不同，代表着结果的可靠性不同。在求观测值的最可靠值时，对于精度较高的观测结果，可靠度较高，可以给予其最后结果以较大的影响程度。对于观测值的可靠度，可用一些数值来表示其"比重"关系，这些用来衡量"比重"大小的数值称为观测值的权，通常用 p 表示。权的意义不在于它本身值的大小，重要的是它们之间的比例关系。如果中误差表示观测值的绝对精度，那么权则表示观测值之间的相对精度。观测值的精度越高，结果就越可靠，对应的权也越大。

例如，用相同的仪器和方法观测同一水平角，分两组按不同的次数观测，第一组观测了 3 次，第二组观测了 6 次，其观测值与中误差列于表 5-5。

表 5-5　观测结果

组别	观测值	观测值的中误差	算术平均值	算术平均值的中误差
1	l_1, l_2, l_3	m	$x_1 = \dfrac{1}{3}(l_1 + l_2 + l_3)$	$M_1 = \pm \dfrac{m}{\sqrt{3}}$
2	$l_4, l_5, l_6, l_7, l_8, l_9$	m	$x_2 = \dfrac{1}{6}(l_4 + l_5 + l_6 + l_7 + l_8 + l_9)$	$M_2 = \pm \dfrac{m}{\sqrt{6}}$

在两组观测中，第二组观测值算术平均值的中误差 M_2 较小，则 x_2 的精度较高，可靠度较高，所以 x_2 的权 p_2 较大。

5.6.2.2 权的确定

确定权的基本方法：观测值的权与中误差的平方成反比。即

$$p_i = \frac{C}{m_i^2} \quad (i = 1, 2, 3, \cdots, n) \tag{5-32}$$

式中，C 为任意常数。

例如，在表 5-5 中，如果假设 $C = m^2$，由式（5-32）计算得算术平均值 x_1、x_2 的权分别为 3 和 6；如果假设 $C = 3m^2$，则算术平均值 x_1、x_2 的权分别为 9 和 18。由不同的常数 C 计算得到的权的大小并不一样，但是权的相对权重关系是相同的，即 $3/6 = 9/18 = 0.5$。

5.6.2.3 单位权

权等于 1 时称为单位权。权等于 1 时观测值的中误差称为单位权中误差。设单位权中误差为 μ，则权与中误差的关系为

$$p_i = \frac{\mu^2}{m_i^2} \quad (i = 1, 2, 3, \cdots, n) \tag{5-33}$$

在定权时，通常以一个测站、一测回、1 km 线路的测量误差作为单位权误差。

在角度观测中，设一测回观测值的中误差为 m，n 测回算术平均值的中误差为 M。如果取一测回观测值的中误差 m 为单位权中误差，则角度观测值的权可由下式表示：

$$p_\beta = \frac{\mu^2}{M^2} = \frac{m^2}{\left(\frac{m}{\sqrt{n}}\right)^2} = n \tag{5-34}$$

由式（5-33）可得，角度观测值的权与测回数成正比，这与实际相符。

在水准测量中，设两个水准点之间观测了 n 站，每测站的高差中误差为 $m_站$，则 n 站的高差 $h = \sum_{i=1}^{n} h_i$，由式（5-31）可知高差 h 的中误差 $m_h = \sqrt{n}\, m_站$。如果取每测站的高差中误差 $m_站$ 为单位权中误差，则观测值 h 的权可由下式表示：

$$p_h = \frac{\mu^2}{m_i^2} = \frac{m_站^2}{(\sqrt{n}\, m_站)^2} = \frac{1}{n} \tag{5-35}$$

由式（5-35）可得，水准测量高差观测值的权与测站数成反比，这与实际相符。

在地势平坦地区，假设每测站前后视距之和大致相等为 s，当测量水准路线长度为 L 时，测站数 $n = \frac{L}{s}$，高差 h 的中误差 $m_h = \sqrt{n}\, m_站 = \sqrt{\frac{L}{s}}\, m_站$。如果取 1 km 线路的测量误差作为单位权误差，即 $\mu = \frac{m_站}{\sqrt{s}}$，则观测值 h 的权可由下式表示：

$$p_h = \frac{\mu^2}{m_i^2} = \frac{\left(\frac{m_站}{\sqrt{s}}\right)^2}{\left(\sqrt{\frac{L}{s}}\, m_站\right)^2} = \frac{1}{L} \tag{5-36}$$

由式（5-36）可得，水准测量高差观测值的权与路线长度成反比，这也与实际相符。

5.6.3　非等精度观测的最可靠值

设对某个量进行了 n 次非等精度观测，观测值为 $l_1, l_2, \cdots, l_n$，相对应的权为 $p_1, p_2, \cdots, p_n$，则该量的加权平均值为

$$x = \frac{p_1 l_1 + p_2 l_2 + \cdots + p_n l_n}{p_1 + p_2 + \cdots + p_n} = \frac{[pl]}{[p]} \tag{5-37}$$

在非等精度观测条件下，观测值的加权平均值就是该量的最可靠值。

5.6.4　非等精度观测的最可靠值的精度评定

非等精度观测值 l_i 的加权平均值为

$$x = \frac{[pl]}{[p]} = \frac{p_1 l_1 + p_2 l_2 + \cdots + p_n l_n}{[p]} = \frac{p_1 l_1}{[p]} + \frac{p_2 l_2}{[p]} + \cdots + \frac{p_n l_n}{[p]} \tag{5-38}$$

利用误差传播定律，由式（5-31）可得

$$m_x = \pm \sqrt{\left(\frac{p_1}{[p]}\right)^2 m_1^2 + \left(\frac{p_2}{[p]}\right)^2 m_2^2 + \cdots + \left(\frac{p_n}{[p]}\right)^2 m_n^2} \tag{5-39}$$

由式（5-33）可得

$$p_1 m_1^2 = p_2 m_2^2 = \cdots = p_n m_n^2 = \mu^2$$

将上式代入式（5-39），可得加权平均值的中误差为

$$m_x = \pm\sqrt{\frac{p_1\mu^2}{[p]^2}+\frac{p_2\mu^2}{[p]^2}+\cdots+\frac{p_n\mu^2}{[p]^2}} = \pm\sqrt{\frac{(p_1+p_2+\cdots+p_n)}{[p]^2}\mu^2} = \pm\frac{\mu}{\sqrt{[p]}}$$

$$(5-40)$$

【例 5—10】如图 5—2 所示，使用 DS_3 型微倾式水准仪，分别从已知高程点 1、2、3 出发测量 P 点的高程。三段水准路线的测量高差及测站数标于图中，试求：

(1) P 点高程的加权平均值与中误差。

(2) 三段水准路线测得 P 点高程的算术平均值与中误差。

(3) 比较加权平均值与算术平均值的精度。

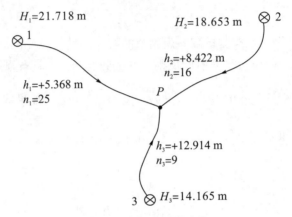

图 5—2　水准测量路线

【解】(1) 根据三段水准路线的测量高差，可以分别计算得到 P 点的三个高程：

$$H_{P1} = H_1 + h_1 = 21.718 + 5.368 = 27.086 \text{（m）}$$

$$H_{P2} = H_2 + h_2 = 18.653 + 8.422 = 27.075 \text{（m）}$$

$$H_{P3} = H_3 + h_3 = 14.165 + 12.914 = 27.079 \text{（m）}$$

因为三段水准路线使用的仪器相同，观测条件基本相同，可以认为其每测站高差观测中误差 $m_{站}$ 相等。根据和差函数式中误差的计算公式，可得三段水准路线测得 P 点高程的中误差分别为

$$m_1 = \sqrt{n_1}\,m_{站} = \sqrt{25}\,m_{站} = 5m_{站}$$

$$m_2 = \sqrt{n_2}\,m_{站} = \sqrt{16}\,m_{站} = 4m_{站}$$

$$m_3 = \sqrt{n_3}\,m_{站} = \sqrt{9}\,m_{站} = 3m_{站}$$

取 $m_{站}$ 为单位权中误差，根据式（5—35）确定三段水准路线的权：

$$p_1 = \frac{\mu^2}{m_1^2} = \frac{m_{站}^2}{(\sqrt{n_1}\,m_{站})^2} = \frac{1}{n_1} = \frac{1}{25}, \quad p_2 = \frac{1}{16}, \quad p_3 = \frac{1}{9}$$

根据式（5—37），P 点高程的加权平均值为

$$H_P = \frac{p_1 H_{P1} + p_2 H_{P2} + p_3 H_{P3}}{p_1 + p_2 + p_3} = \frac{\dfrac{27.086}{25} + \dfrac{27.075}{16} + \dfrac{27.079}{9}}{\dfrac{1}{25} + \dfrac{1}{16} + \dfrac{1}{9}} \approx 27.079$$

根据式（5—40），P 点高程加权平均值的中误差为

$$m_{H_P} = \pm \frac{m_{站}}{\sqrt{\dfrac{1}{25} + \dfrac{1}{16} + \dfrac{1}{9}}} \approx \pm 2.16 m_{站}$$

（2） P 点高程的算术平均值为

$$\bar{H}_P = \frac{H_{P1} + H_{P2} + H_{P3}}{3} = \frac{27.086 + 27.075 + 27.079}{3} = 27.080 \text{（m）}$$

P 点高程算术平均值的中误差为

$$M_{\bar{H}_P} = \pm \sqrt{\left(\frac{1}{3}\right)^2 m_1^2 + \left(\frac{1}{3}\right)^2 m_2^2 + \cdots + \left(\frac{1}{3}\right)^2 m_n^2}$$

$$= \pm \sqrt{\frac{1}{9} \times (5m_{站})^2 + \frac{1}{9} \times (4m_{站})^2 + \frac{1}{9} \times (3m_{站})^2}$$

$$= \pm \frac{\sqrt{50}}{3} m_{站}$$

$$\approx \pm 2.357 m_{站}$$

（3）因为 P 点高程加权平均值的中误差 m_{H_P} 小于算术平均值的中误差 $M_{\bar{H}_P}$，所以 P 点高程加权平均值的精度高于其算术平均值的精度。

对于非等精度独立观测，取加权平均值为观测值比取算术平均值为观测值更合理，所以在非等精度观测条件下，观测值的加权平均值是观测量的最可靠值。

思考题与习题

1. 误差的来源有哪几个方面？

2. 偶然误差和系统误差有什么不同？它们分别具有哪些特征？如何消除或削弱这些误差？

3. 真值、观测值和真误差的概念及其相互关系是什么？

4. 精度的定义是什么？衡量精度的指标有哪些？

5. 观测值的改正数是怎么定义的？如何由观测值的改正数计算观测值的中误差？

6. 在等精度观测条件下，对某直线段测量了五次，观测结果分别为 168.135 m、168.148 m、168.120 m、168.129 m、168.150 m，试计算该组观测结果的算术平均值、每次观测的中误差及算术平均值的中误差。

7. 进行三角高程测量，已知高差函数关系式为 $h = D \tan \alpha$，竖直角的观测值及其中误差为 $\alpha = 20° \pm 1'$，水平距离的观测值及其中误差为 $D = 250 \text{ m} \pm 0.13 \text{ m}$，求高差及其中误差。

8. 什么是权、单位权、单位权中误差？

9. 某直线段测量了三次，其算术平均值的中误差为 $\pm 10 \text{ cm}$，若要使其精度提高一倍，问还应测量多少次？

第6章　控制测量

6.1　控制测量概述

测量学的主要任务就是测定和测设，其实质就是确定一系列点的位置。而任何点位的确定都不可避免地存在误差，为了降低甚至消除前一个点的误差对下一个点的影响，保证测量的精度，测量工作必须遵循"从整体到局部，先控制后碎部，步步检核"的基本原则。因此，不论是测定还是测设，均应先进行控制测量。

控制测量是相对于碎部测量而言的。首先在整个测区范围内选择若干具有控制作用的点（控制点），设想用直线连接相邻的控制点，组成一定的几何图形（控制网），用较精密的测量仪器和观测方法确定出它们的平面坐标和高程，该项工作称为控制测量；然后以控制点的测量成果（平面坐标和高程）为基础，测定碎部点的位置，则是碎部测量。

6.1.1　控制测量的意义及方法

6.1.1.1　控制测量的意义

控制测量为其他测量工作提供起算数据，是各项测量工作的基础。控制测量有传递点位坐标和高程并等精度控制全局的作用，还可以限制测量误差的传播和累积，并提高外业工作效率。

6.1.1.2　控制测量的方法

控制测量包括平面控制测量和高程控制测量。测设控制点平面位置的工作称为平面控制测量，其主要方法有导线测量、三角形网测量和卫星定位测量。测量控制点高程的工作称为高程控制测量，其主要方法有水准测量和卫星定位高程测量，在测量困难地区或精度要求不太高时也可采用三角高程测量。平面控制测量和高程控制测量一般是分开布设的，条件允许也可共用，即一个点既可以是平面控制点，也可以是高程控制点。

1. 导线测量

导线测量是把地面上选定的控制点连接成折线或多边形，如图6-1所示，测出边长、相邻边的夹角，即可确定这些控制点的平面位置。这些控制点称为导线点，这种控制形式称为导线控制。

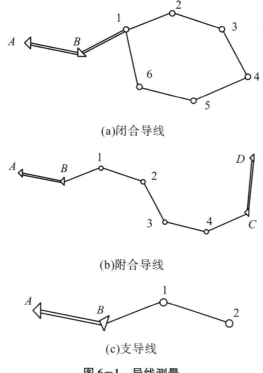

(a)闭合导线

(b)附合导线

(c)支导线

图 6-1　导线测量

2. 三角形网测量

三角形网测量是把控制点组成一系列的三角形,先精确测出起算边的长度(称为基线),如图 6-2 所示两端的粗边线,再测出三角形的各个内角,便可推算出其余各边的长度,从而确定各控制点的平面位置。这些控制点称为三角点,构成的网称为三角形网。这种控制测量工作称为三角形网控制测量(该部分本书不做介绍,详见测量学相关教材)。

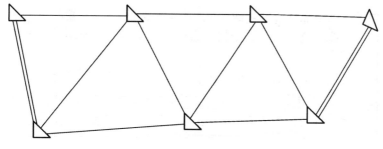

图 6-2　三角形网测量

由于光电测距的广泛使用,量边工作可不受地形条件的限制,因此可以将三角形网各边直接测出来,进而推算出控制点的平面位置。这种测量称为三边测量,这种网称为三边网。如果既测边又测角,则称为边角网。

3. 卫星定位测量

美国 GPS、俄罗斯 GLONASS、欧盟 GALILEO 和中国北斗卫星导航系统是当今世界的四大全球导航卫星系统(GNSS)。以 GPS 为例,GPS 控制测量是按一定的要求和网形布设控制点,在控制点上安置 GPS 接收机以接收 GPS 卫星信号,通过一系列数据处理得出控制点坐标和高程。GPS 定位技术具有精度高、效率高和成本低的优点，这使其在各类大地测量控制网的加强改造和建立以及在公路工程测量和大型构造物的变形测量中得到了较为广泛的应用。

6.1.2 控制网的分级

6.1.2.1 国家控制网

控制网的布设必须遵循"从整体到局部，由高级到低级"的原则。首先必须进行全国性的控制测量，它是全国各种比例尺测图的基础。国家控制网是用精密的测量仪器和方法依照规范要求逐级控制建立的，按其精度可分为一、二、三、四等四个级别。国家一、二等控制网除了作为三、四等控制网的依据，还为研究地球的形状和大小以及其他科学提供依据。

国家控制网可分为平面控制网和高程控制网：

建立国家平面控制网主要采用三角形网测量的方法。一等三角形网是国家平面控制网的骨干；二等三角形网布设于一等三角形网环内，是国家平面控制网的全面基础；三、四等三角形网是以二等三角形网为基础，用插点或插网的形式进一步加密。

建立国家高程控制网主要采用精密水准测量的方法。一等水准网是国家高程控制网的骨干；二等水准网布设于一等水准网环内，是国家高程控制网的全面基础；三、四等水准网为国家高程控制网的进一步加密，常用于小区域范围内建立首级高程控制网。

6.1.2.2 城市（厂矿）控制网

由于国家控制网的密度小，难以满足城市（厂矿）建设的需要，所以县级以上城市和大、中型厂矿一般都建有自己的控制网。城市（厂矿）控制网一般应在国家控制网的基础上，根据测区的大小、城市规划和施工测量的要求布设不同等级的控制网，以供地形测图和施工放样使用。

直接供地形测图使用的控制点称为图根控制点，简称图根点。测定图根点位置的工作称为图根控制测量。图根点的密度取决于测图比例尺和地物、地貌的复杂程度，对于平坦开阔地区、施测困难地区或山区，其图根点布设的密度要求有所不同，具体可参考国家有关测量规范。

根据《工程测量标准》（GB 50026—2020），平面控制网的主要技术要求见表 6-1 至表 6-4。中小城市一般以四等网作为首级控制网；面积在 15 km² 以下的小城镇，则可用一级导线网作为首级控制网；面积在 0.5 km² 以下的则可以图根控制网作为首级控制网；厂区可布设建筑方格网。

城市或厂矿地区的高程控制分为二、三、四、五等水准测量和图根水准测量五个等级，它是城市大比例尺测图及工程测量的高程控制，其主要技术要求见表 6-5 和表 6-6。同样，应先根据城市或厂矿的规模确定城市首级水准网的等级，然后根据等级水准点测定图根点的高程。

表 6-1　卫星定位测量控制网的主要技术要求

等级	基线平均长度/km	固定误差 A/mm	比例误差系数 B/(mm·km^{-1})	约束点间的边长相对中误差	约束平差后最弱边相对中误差
二等	9	≤10	≤2	≤1/250000	≤1/120000
三等	4.5	≤10	≤5	≤1/150000	≤1/70000
四等	2	≤10	≤10	≤1/100000	≤1/40000
一级	1	≤10	≤20	≤1/40000	≤1/20000
二级	0.5	≤10	≤40	≤1/20000	≤1/10000

表 6-2　三角形网测量的主要技术要求

等级	平均边长/km	测角中误差/″	测边相对中误差	最弱边边长相对中误差	测回数				三角形最大闭合差/″
					0.5″级仪器	1″级仪器	2″级仪器	6″级仪器	
二等	9	1	≤1/250000	≤1/120000	9	12	—	—	3.5
三等	4.5	1.8	≤1/150000	≤1/70000	4	6	9	—	7
四等	2	2.5	≤1/100000	≤1/40000	2	4	6	—	9
一级	1	5	≤1/40000	≤1/20000	—	—	2	4	15
二级	0.5	10	≤1/20000	≤1/10000	—	—	1	2	30

注：当测区测图的最大比例尺为 1∶1000 时，一、二级网的平均边长可放长，但不应大于表中规定长度的 2 倍。

表 6-3　导线测量的主要技术要求

等级	导线长度/km	平均边长/km	测角中误差/″	测距中误差/mm	测距相对中误差	测回数				方位角闭合差/″	导线全长相对闭合差
						0.5″级仪器	1″级仪器	2″级仪器	6″级仪器		
三等	14	3	1.8	±20	≤1/150000	4	6	10	—	3.6$\sqrt{n}$	≤1/55000
四等	9	1.5	2.5	±18	≤1/80000	2	4	6	—	5$\sqrt{n}$	≤1/35000
一级	4	0.5	5	±15	≤1/30000	—	—	2	4	10$\sqrt{n}$	≤1/15000
二级	2.4	0.25	8	±15	≤1/14000	—	—	1	3	16$\sqrt{n}$	≤1/10000
三级	1.2	0.1	12	±15	≤1/7000	—	—	1	2	24$\sqrt{n}$	≤1/5000

注：1. n 为测站总数。

2. 当测区测图的最大比例尺为 1∶1000 时，一、二、三级导线的导线长度、平均边长可适当放长，但最大长度不应大于表中规定相应长度的 2 倍。

表 6-4　图根导线测量的主要技术要求

导线长度/m	相对闭合差	测角中误差/″		方位角闭合差/″	
		首级控制	加密控制	首级控制	加密控制
≤α·M	≤1/(2000×α)	20	30	40$\sqrt{n}$	60$\sqrt{n}$

注：1. α 为比例系数，取值宜为 1，当采用 1∶500、1∶1000 比例尺测图时，α 值可在 1~2 之间选用。

2. M 为测图比例尺的分母；但对于工矿区现状图测量，不论测图比例尺大小，M 应取值为 500。

3. 施测困难地区导线相对闭合差不应大于 1/(1000×α)。

表 6-5　水准测量的主要技术要求

等级	每千米高差全中误差/mm	路线长度/km	水准仪型号	水准尺类型	观测次数 与已知点联测	观测次数 附合或环线	往返较差、附合或环线闭合差/mm 平地	往返较差、附合或环线闭合差/mm 山地
二等	2	—	DS_1、DSZ_1	条码因瓦、线条式因瓦	往返各一次	往返各一次	$4\sqrt{L}$	—
三等	6	≤50	DS_1、DSZ_1	条码因瓦、线条式因瓦	往返各一次	往一次	$12\sqrt{L}$	$4\sqrt{n}$
三等	6	≤50	DS_3、DSZ_3	条码式玻璃钢、双面	往返各一次	往返各一次	$12\sqrt{L}$	$4\sqrt{n}$
四等	10	≤16	DS_3、DSZ_3	条码式玻璃钢、双面	往返各一次	往一次	$20\sqrt{L}$	$6\sqrt{n}$
五等	15		DS_3、DSZ_3	条码式玻璃钢、单面	往返各一次	往一次	$30\sqrt{L}$	—

注：1. 节点之间或节点与高级点之间的路线长度不应大于表中规定的 70%。

2. L 为往返测段、附合或环线的水准路线长度（km）；n 为测站总数。

3. 数字水准测量和同等级的光学水准测量精度要求相同，作业方法在没有特指的情况下均称为水准测量。

4. DSZ_1 级数字水准仪若与条码式玻璃钢水准尺配套，精度降低为 DSZ_3 型。

5. 条码式因瓦水准尺和线条式因瓦水准尺在没有特指的情况下均称为因瓦水准尺。

表 6-6　图根水准测量的主要技术要求

每千米高差全中误差/mm	附合路线长度/km	水准仪型号	视线长度/m	观测次数 附合或闭合路线	观测次数 支水准路线	往返较差、附合或环线闭合差/mm 平地	往返较差、附合或环线闭合差/mm 山地
20	≤5	DS_{10}	≤100	往一次	往返各一次	$40\sqrt{L}$	$12\sqrt{n}$

注：1. L 为往返测段、附合或环线的水准路线的长度（km）；n 为测站总数。

2. 当水准路线布设成支线时，路线长度不应大于 2.5 km。

6.1.3　小区域控制测量

在 $10\ km^2$ 范围内为地形测图或工程测量建立的控制网称为小区域控制网。在这个范围内，水准面可视为水平面，可采用独立平面直角坐标系计算控制点的坐标。小区域控制网应尽可能与国家控制网或城市控制网联测，将国家控制网或城市控制网的高级控制点数据作为小区域控制网的起算和校核数据。如果测区内或测区周边没有高级控制点，或联测较为困难，也可建立独立平面控制网。小区域平面控制网应根据测区的大小分级建立测区首级控制网和图根控制网。小区域高程控制网也应根据测区的大小和工程要求分级建立。一般以国家或城市等级水准点为基础，在测区建立三、四等水准路线或水准网，再以三、四等水准点为基础，测定图根点高程。

本章主要介绍小区域控制网的建立，下面将分别介绍用导线测量建立小区域平面控制网的方法和用三、四等水准测量建立小区域高程控制网的方法。

6.2　导线测量

导线测量是建立小区域平面控制网常用的一种方法。将测区内相邻控制点连接起来构成的折线称为导线，控制点称为导线点，折线边称为导线边。导线测量就是依次测定各导线边的长度和各转折角，再根据起算数据推算各边的坐标方位角，进而求出各导线点的坐标。

6.2.1　导线布设形式

根据测区的不同情况和工程要求，单一导线的布设有三种基本形式：闭合导线、附合导线和支导线。

6.2.1.1　闭合导线

闭合导线是从一个已知高级控制点出发，经过若干导线点后，又回到原已知高级控制点的导线。如图 6-1 (a) 所示，已知高级控制点 A 和 B，以 A 点为起始点，以 $A—B$ 为起始方向，依次经过待测点 1、2、3、4、5、6 后，又回到 1 点形成一闭合导线。闭合导线本身具有严密的几何条件，可以对观测结果进行检核，通常用于开阔地区的控制网布设。

6.2.1.2　附合导线

附合导线是从一个已知高级控制点出发，经过若干导线点后，附合到另外一个已知高级控制点的导线。如图 6-1 (b) 所示，已知高级控制点 A、B、C、D，以 A 点为起始点，以 $A—B$ 为起始方向，依次经过待测点 1、2、3、4 后，附合到 C 点及终止方向 $C—D$，形成一附合导线。附合导线同样可以对观测结果进行检核，通常用于带状地区的控制网布设，广泛运用于公路、铁路和水利等工程建设中。

6.2.1.3　支导线

支导线是从一个已知高级控制点出发，经过若干导线点（既不回到起始点，也不附合到另外的控制点）所形成的导线。如图 6-1 (c) 所示，已知高级控制点 A 和 B，以 A 点为起始点，以 $A—B$ 为起始方向，依次经过待测点 1、2，形成一支导线。由于支导线缺乏检核条件，故对其导线点个数及导线总长都有限制。支导线仅用于图根控制点的补点，导线点一般不超过 2 个。

除了单一导线，还可采用若干条闭合、附合导线组成网状，形成导线网，处理方法与单一导线相同。在具体实践中，导线要根据实际情况进行灵活布设。

6.2.2　导线测量的外业工作

导线测量的外业工作包括踏勘选点及埋设标志、测角、量边和起始边定向。

6.2.2.1　踏勘选点及埋设标志

在选点之前应进行导线的总体设计。首先收集测区已有的地形图和高一级控制点资料，结合地形条件及测区的具体要求，在地形图上初拟导线的布设方案；然后到现场踏勘，检查导线方案及控制点位置是否合适，根据需要调整、确定点位。如果测区没有地形图资料，则需直接去现场踏勘，根据已知控制点分布、地形条件及测量要求，合理拟定导线点的位置。

选点时应注意以下几点：

（1）相邻导线点之间必须通视，便于测角和量距。

（2）点位应选在土质坚实处，便于保存标志和安置仪器。

（3）点位要选在视野开阔、控制面积大、便于碎部测量的地方。

（4）导线点应分布均匀，具有足够的密度，以便控制整个测区。

（5）导线边长应大致相等，相邻边长不宜相差过大。

导线点选定后，应根据导线的级别埋设标志。临时性标志可在点位上打入小木桩，桩顶钉一小钉，如图6-3所示。如果为永久标志，需埋设混凝土桩，桩顶刻"+"字，如图6-4所示。导线点应统一编号，为查找方便，需绘制"点之记"，标明点位与周边地物的相对关系，如图6-5所示。

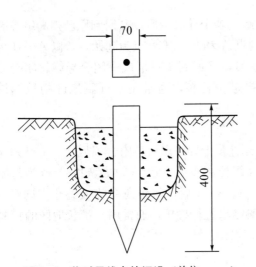

图6-3　临时导线点的埋设（单位：mm）

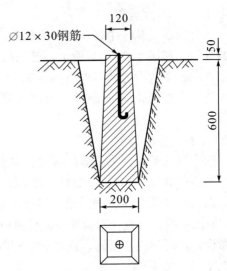

图6-4　永久导线点的埋设（单位：mm）

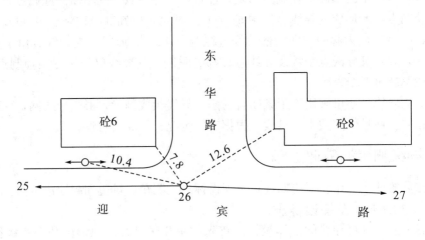

图6-5　点之记（单位：m）

6.2.2.2　测角

转折角有左角和右角、外角和内角之分：在导线前进方向左手边的角称为左角，右手边的角称为右角；闭合导线内侧边的角称为内角，外侧边的角称为外角。在测角之前应先明确观测导线的推进方向，然后确定是测左角还是右角，是测内角还是外角。同一导线观测时应统一，一般在闭合导线中均测内角，如选择顺时针方向观测闭合导线，则右角就是内角。

角度观测需根据不同的等级要求，采用经过检校的经纬仪或全站仪进行。测角的主要技术要求见表 6-3 和表 6-4。当测站上仅有两个方向时，采用测回法；当测站上有三个及以上方向时，采用方向观测法。

测角时，应尽量瞄准目标的底部，可用测钎、觇牌或在标志点上用脚架悬挂垂球作为照准标志。角度测量的外业工作及数据记录参考第 3 章的相关要求进行。

6.2.2.3　量边

导线边长可以用钢尺或光电测距仪测量。量边的主要技术要求见表 6-3 和表 6-4。如用钢尺量距，则钢尺必须经过实验室检定。对于一、二、三级导线，应按钢尺精密量距进行；对于图根导线，可用一般方法往、返丈量，取平均值，并要求其相对误差不大于 1/3000。如量的是斜距，还应改正为水平距离。如采用光电测距，对于图根点，只需测一测回，且无须气象改正即可满足精度要求；对于一、二级导线，应测两测回，取平均值，并加气象改正。边长测量的外业和内业工作参考第 4 章的相关要求进行。

6.2.2.4　起始边定向

如导线附近无高级控制点，则应用罗盘仪测出导线起始边的磁方位角，并以起始点的坐标作为起算数据。如图 6-6（a）所示的闭合导线，应测出起始边磁方位角 α_{B1} 并假定起点 B 的坐标 (x_B, y_B)。

如导线附近有高级控制点，则采用连接导线与高级控制点的方法取得坐标和方位角的起算数据，称为连接测量。如图 6-6（b）所示的闭合导线，应测出连接角 $\beta_连$。如图 6-7 所示的附合导线，应测出连接角 β_B、β_C。

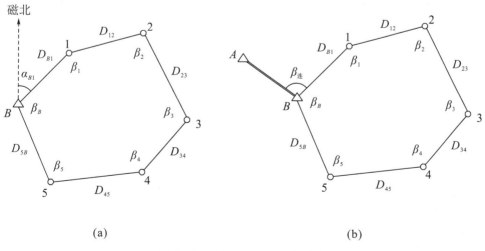

(a)　　　　　　　　　　　　　　(b)

图 6-6　闭合导线的起始边定向

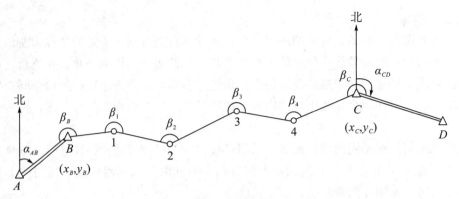

图 6-7　附合导线的起始边定向

连接角和连接边测量时，由于后续内业计算时无法对其进行校核及平差计算，因此观测时要特别注意测量的正确性及精度的保证。

6.2.3　导线测量的内业计算

导线测量内业计算的目的是在外业测量结果满足精度要求的前提下，根据已知的起算数据和外业观测资料，通过对误差进行必要的调整（平差计算），计算出各导线点的坐标。

6.2.3.1　准备工作

在计算前应先做好以下准备工作：

（1）整理和检查导线测量记录，数据是否齐全，有无记错、算错，成果是否符合精度要求，起算数据是否正确。

（2）绘制导线草图，把各项数据标注在图中的相应位置，如图 6-8 所示。

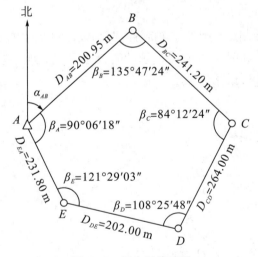

图 6-8　闭合导线略图

（3）将外业数据及起算数据填入导线坐标计算表，起算数据用下划线标明。填写测站点号、观测角值及方位角时要特别注意对应关系，填写完毕后应对照草图仔细检查，确保无误，并判定外业观测的转角是左角还是右角，标注在表头上。

6.2.3.2　内业计算步骤

内业计算的步骤一般包括：

（1）角度闭合差的计算和调整；

（2）坐标方位角的推算；

（3）坐标增量的计算；

（4）坐标增量闭合差的计算和调整；

（5）导线点坐标的计算。

6.2.3.3　闭合导线内业计算

以图 6-8 所示的闭合导线为例，说明闭合导线坐标计算的步骤。

由准备工作已知 A 点的坐标 $x_A = 450.00$ m，$y_A = 450.00$ m，起始边坐标方位角 $\alpha_{AB} = 65°18'00''$，导线各边长 D_{ij}、各内角 β_i 如图 6-8 所示。测站点按顺时针方向编号，如选择按顺时针顺序计算，则观测角均为右角，将以上数据填入表 6-7 第 1、2、6 和 9 列的相应位置，试计算 B、C、D、E 各点的坐标。

1. 角度闭合差的计算和调整

在实际观测中不可避免地存在误差，角度闭合差即是导线转角和的观测值与理论值之差，其计算公式如下：

$$f_\beta = \sum \beta_{测} - \sum \beta_{理} \tag{6-1}$$

闭合导线在几何上是一个多边形，其内角和的理论值为

$$\sum \beta_{理} = (n-2) \times 180° \tag{6-2}$$

式中，n 为导线的转折角的个数。

对于图根导线，角度闭合差的容许值（表 6-3 和表 6-4）为

$$f_{\beta容} = 40\sqrt{n} \tag{6-3}$$

应判定角度闭合差 f_β 是否超限：若角度闭合差超限，则应返回现场重新测定；若角度闭合差未超限，则可以进行平差计算。一般认为导线内角的观测条件相同，其测角误差大致相等，因此角度闭合差调整的基本原则是将闭合差反符号平均分配到各观测角，以确定每个转角观测值的改正数，计算式如下：

$$v_\beta = \frac{-f_\beta}{n} \tag{6-4}$$

改正数必须满足

$$\sum v_\beta = -f_\beta \tag{6-5}$$

注意，应保证改正数之和与角度闭合差符号相反且绝对值相等，如绝对值不相等，则需对个别改正数进行微调。微调的原则是"余数分配到短边构成的角上"。这是因为在短边测角时，仪器对中误差、照准误差对测角的影响较大，见表 6-7 第 3 列。

将角度观测值与角度改正数相加，得到改正后角值，填入表 6-7 第 4 列，并校核改正后的角度总和是否等于理论值。

2. 坐标方位角的推算

首先应当推算起始边 AB 的坐标方位角，此例中 α_{AB} 为已知条件，可直接使用。若起始边坐标方位角未知，则应当根据外业起始边定向数据推算起始边坐标方位角，如

图 6-6（b）所示。

然后根据起始边坐标方位角，采用左角或者右角推算公式，依次推算后续每条边的坐标方位角，最后应再次计算出起始边 AB 的坐标方位角，进行校核。

由于图 6-8 所示的闭合导线中各内角均为右角，所以具体推算过程如下：

$$\alpha_{BC} = \alpha_{AB} + 180° - \beta_B$$
$$\alpha_{CD} = \alpha_{BC} + 180° - \beta_C$$
$$\cdots\cdots$$
$$\alpha_{AB} = \alpha_{EA} + 180° - \beta_A$$

注意，推算出来的任何边的坐标方位角均应在 $0°\sim360°$ 的有效范围内，如超出，则应当加上或者减去 360° 进行处理。

3. 坐标增量的计算

在平面直角坐标系中，相邻两导线点坐标之差称为坐标增量。已知起始点坐标、任意边坐标方位角及其边长，则可根据坐标增量计算公式计算出各边坐标增量，填入表 6-7 第 7 列。

如 AB 边坐标增量为

$$\left.\begin{array}{l} \Delta x_{AB} = D_{AB}\cos\alpha_{AB} \\ \Delta y_{AB} = D_{AB}\sin\alpha_{AB} \end{array}\right\}$$

4. 坐标增量闭合差的计算

闭合导线坐标增量闭合差理论值和实测值如图 6-9、图 6-10 所示。

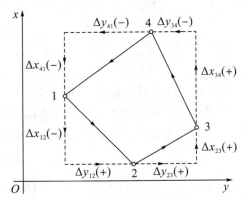

图 6-9　闭合导线坐标增量闭合差理论值

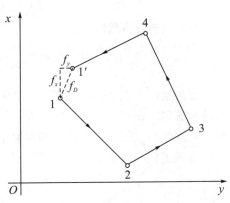

图 6-10　闭合导线坐标增量闭合差实测值

由图 6-9 可以看出，闭合导线纵、横坐标增量的代数和理论上都应该等于零，即

$$\left.\begin{array}{l} \sum\Delta x_{理} = 0 \\ \sum\Delta y_{理} = 0 \end{array}\right\} \tag{6-6}$$

由于所测边长中都不可避免地存在误差，角度虽然经过调整，但不可能与实际完全相符，因此按测得的边长和改正后角值计算出的坐标增量，其代数和往往不等于理论值零，而产生一个差值，这个差值称为坐标增量闭合差，分别用 f_x、f_y 表示：

$$\left.\begin{array}{l} f_x = \sum\Delta x_{测} - \sum\Delta x_{理} = \sum\Delta x_{测} \\ f_y = \sum\Delta y_{测} - \sum\Delta y_{理} = \sum\Delta y_{测} \end{array}\right\} \tag{6-7}$$

由图 6-10 可以看出 f_x、f_y 的几何意义。由于坐标增量闭合差的存在，闭合导线在 1 点处不能闭合，缺口 11′间的水平距离称为导线全长闭合差，用 f_D 表示：

$$f_D = \sqrt{f_x^2 + f_y^2} \tag{6-8}$$

f_D 是测边和测角误差对导线产生的总的影响，理论上导线越长这种误差的积累越大，所以衡量导线测量精度应该考虑到导线总长，用导线全长相对闭合差 K 来表示，即

$$K_D = \frac{f_D}{\sum D} = \frac{1}{\dfrac{\sum D}{f_D}} \tag{6-9}$$

式中，$\sum D$ 为导线总长。

相对闭合差 K_D 通常用分子为 1 的分数式表示，K_D 的分母值越大，导线测量精度越高。导线全长相对闭合差的容许值见表 6-3 和表 6-4。当导线全长相对闭合差超过容许值时，应对导线的计算和外业工作进行检查；当导线全长相对闭合差在容许范围内时，可进行下一步工作。

5. 坐标增量闭合差的调整

由于计算坐标增量是采用经过调整的导线角度，所以坐标增量闭合差可以认为主要是由导线边长的误差引起的，导线边长越长，产生的坐标增量误差越大。因此，坐标增量闭合差的调整方法为：将坐标增量闭合差反符号，并按照与边长成正比的原则分配到各边的坐标增量中（余数分配到长边），即坐标增量改正数的计算公式为

$$\left.\begin{aligned} v_{x_{ij}} &= \frac{D_{ij}}{\sum D}(-f_x) \\ v_{y_{ij}} &= \frac{D_{ij}}{\sum D}(-f_y) \end{aligned}\right\} \tag{6-10}$$

注意，计算完各边坐标增量改正数后，应做如下校核：全部改正数之和与坐标增量闭合差符号相反，绝对值相等，即满足

$$\left.\begin{aligned} \sum v_x &= -f_x \\ \sum v_y &= -f_y \end{aligned}\right\} \tag{6-11}$$

如不满足，需要微调改正数，原则是"长边对大数"，校核无误后，填入表 6-7 第 7 列。

各边坐标增量加上各边坐标增量改正数即可得到改正后坐标增量，填入表 6-7 第 8 列。注意校核，改后的坐标增量之和应该等于坐标增量之和的理论值。对于闭合导线而言，坐标增量的闭合差为零。

6. 导线点坐标的计算

由导线起算点的坐标（该例为 A 点）与改正后坐标增量依次相加，可推算出各待测点的坐标，填入表 6-7 第 9 列。注意，当计算完最后一个待测点的坐标后，还需推算起算点的坐标，作为计算校核。在该例中，计算完 E 点坐标，还应加上 EA 边改正后坐标增量，反算 A 点坐标，确保计算无误。

该闭合导线内业计算的全过程见表 6-7。

表6-7　闭合导线坐标计算表

测站	角度观测值	改正数	改正后角值	方位角	边长/m	坐标增量计算值（改正数）/m		改正后坐标增量/m		坐标值/m	
						$\Delta x'$	$\Delta y'$	Δx	Δy	x	y
1	2	3	4	5	6	7		8		9	
A	右角			65°18′00″	200.95	+0.05 +83.97	−0.00 +182.56	+84.02	+182.56	450.00	450.00
B	135°47′24″	−12″	135°47′12″	109°30′48″	241.20	+0.06 −80.57	−0.01 +227.35	−80.51	+227.34	534.02	632.56
C	84°12′24″	−11″	84°12′13″	205°18′35″	264.00	+0.07 −238.66	−0.01 −112.86	−238.59	−112.87	453.51	859.90
D	108°25′48″	−11″	108°25′37″	276°52′58″	202.00	+0.05 +24.21	−0.00 −200.54	+24.26	−200.54	214.92	747.03
E	121°29′03″	−11″	121°28′52″	335°24′06″	231.80	+0.06 +210.76	−0.00 −96.49	+210.82	−96.49	239.18	546.49
A	90°06′18″	−12″	90°06′06″	65°18′00″						450.00	450.00
$\sum$	540°00′57″	−57″	540°00′00″		1139.95	−0.29	+0.02	0	0		
辅助计算	$\sum\beta_{理} = (n-2)\times180° = (5-2)\times180° = 540°00′00″$ $f_\beta = \sum\beta_{测} - \sum\beta_{理} = 540°00′57″ - 540°00′00″ = +57″$ $f_{\beta容} = 40\sqrt{n} = 40\sqrt{5} \approx 89″$（按图根导线计算） $f_\beta < f_{\beta容}$					$f_x = -0.29$ m $f_y = +0.02$ m $f_D = \sqrt{f_x^2 + f_y^2} \approx 0.29$ m $K_D = \dfrac{f_D}{\sum D} \approx \dfrac{1}{3931} < \dfrac{1}{2000}$					

6.2.3.4　附合导线内业计算

附合导线的计算步骤和方法与闭合导线基本相同，但由于导线布设形式不同，且附合导线两端与不同的已知点相连，因而在角度闭合差和坐标增量闭合差的计算方法上稍有不同。下面以图6-11所示的附合导线为例，介绍其计算方法。

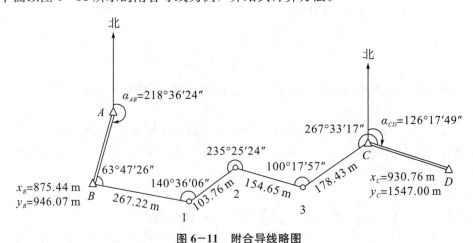

图6-11　附合导线略图

1. 角度闭合差的计算和调整

附合导线连接在高级控制点 A、B 和 C、D 上，已知 B、C 点的坐标，起始边坐标方位角 α_{AB} 和终边坐标方位角 α_{CD}。由起始边坐标方位角 α_{AB} 可推算出终边坐标方位角 α'_{CD}，理论上此方位角应与给出的方位角（已知值）α_{CD} 相等。但由于测角误差，推算出的 α'_{CD} 与已知的 α_{CD} 一般不相等，其差数即为附合导线的角度闭合差，即

$$f_\beta = \alpha'_{CD} - \alpha_{CD} \tag{6-12}$$

用观测导线的左角来计算方位角，其公式为

$$\alpha'_{CD} = \alpha_{AB} - n \times 180° + \sum \beta_{左} \tag{6-13}$$

用观测导线的右角来计算方位角，其公式为

$$\alpha'_{CD} = \alpha_{AB} + n \times 180° - \sum \beta_{右} \tag{6-14}$$

式中，n 为导线的转折角的个数。

附合导线角度闭合差的调整方法与闭合导线相同。需要注意的是，在调整过程中，转折角的个数应包括连接角，若观测角为右角，改正数的符号应与闭合差相同。用调整后的转折角和连接角推算出的终边坐标方位角应等于反算求得的终边坐标方位角。

2. 坐标增量闭合差的计算和调整

附合导线各边坐标增量的代数和在理论上应等于起、终两个已知点的纵、横坐标值之差，即

$$\left.\begin{array}{l} \sum \Delta x_{理} = x_C - x_B \\ \sum \Delta y_{理} = y_C - y_B \end{array}\right\} \tag{6-15}$$

由于测角和量边有误差存在，所以计算的各边纵、横坐标增量的代数和不等于理论值，产生纵、横坐标增量闭合差，其计算公式为

$$\left.\begin{array}{l} f_x = \sum \Delta x_{算} - (x_C - x_B) \\ f_y = \sum \Delta y_{算} - (y_C - y_B) \end{array}\right\} \tag{6-16}$$

附合导线坐标增量闭合差的调整方法以及导线精度的计算均与闭合导线相同，不赘述。该附合导线内业计算的全过程见表 6-8。

表 6-8　附合导线坐标计算表

测站	角度观测值	改正数	改正后角值	方位角	边长/m	坐标增量计算值（改正数）/m		改正后坐标增量/m		坐标值/m	
						$\Delta x'$	$\Delta y'$	Δx	Δy	x	y
1	2	3	4	5	6	7		8		9	
A	左角			218°36′24″							
B	63°47′26″	+15″	63°47′41″							875.44	946.07
				102°24′05″	267.22	+0.03 −57.39	−0.06 +260.98	−57.36	+260.92		
1	140°36′06″	+15″	140°36′21″							818.08	1206.99
				63°00′26″	103.76	+0.01 +47.09	−0.02 +92.46	+47.10	+92.44		
2	235°25′24″	+15″	235°25′39″							865.18	1299.43
				118°26′05″	154.65	+0.01 −73.63	−0.03 +135.99	−73.62	+135.96		
3	100°17′57″	+15″	100°18′12″							791.56	1435.39
				38°44′17″	178.43	+0.02 +139.18	−0.04 +111.65	+139.20	+111.61		
C	267°33′17″	+15″	267°33′32″							930.76	1547.00
				126°17′49″							
$\sum$	807°40′10″	+75″	807°41′25″		704.06	+55.25	+601.08	+55.32	+600.93		
辅助计算	$\alpha'_{CD} = \alpha_{AB} + \sum\beta_{测} - 5\times180° = 126°16′34″$ $f_\beta = \alpha'_{CD} - \alpha_{CD} = -75″$　　$f_{\beta容} = 40\sqrt{n} = 40\sqrt{5} \approx 89″$（按图根导线计算） $f_\beta < f_{\beta容}$ $f_x = \sum\Delta x_{算} - (x_C - x_B) = 55.25 - (930.76 - 875.44) = -0.07\ \text{m}$ $f_y = \sum\Delta y_{算} - (y_C - y_B) = 601.08 - (1547.00 - 946.07) = +0.15\ \text{m}$ $f_D = \sqrt{f_x^2 + f_y^2} \approx 0.17\ \text{m}$　　$K_D = \dfrac{f_D}{\sum D} = \dfrac{1}{4142} < \dfrac{1}{2000}$											

6.3　高程控制测量

小区域高程控制测量分为水准测量和三角高程测量两种。

6.3.1　水准测量

小区域高程控制的水准测量主要有三、四等水准测量及图根水准测量。

小区域一般以三等或四等水准网作为首级高程控制网，地形测量时再用图根水准测量或三角高程测量进行加密。

三、四等水准点的高程应从附近的一、二等水准点引测，布设成附合或闭合水准路线，其点位应选在土质坚硬，便于长期保存和使用的地方，并应埋设水准标石；也可以利用埋设了标石的平面控制点作为水准点，埋设的水准点应绘制"点之记"。本节重点介绍三、四等水准测量的方法。

6.3.1.1　三、四等水准测量的技术要求

三、四等水准测量的主要技术要求见表 6-9。

表 6-9　三、四等水准测量的主要技术要求

等级	视线长度/m	前后视距差/m	前后视距累积差/m	红黑面读数差/mm	红黑面高差之差/mm
三等	≤65	≤3	≤6	≤2	≤3
四等	≤80	≤5	≤10	≤3	≤5

6.3.1.2　三、四等水准测量的方法

三、四等水准测量的观测应在通视良好、望远镜成像清晰稳定的情况下进行。三、四等水准测量均可使用 DS₃ 型微倾式水准仪和一对双面水准尺进行。两根水准尺的黑面起始刻划都是 0，红面起始刻划不同，一根是 4687 mm，另一根是 4787 mm。下面介绍用双面尺法在一个测站上的观测及记录方法。三、四等水准测量的观测手簿见表 6-10。

表 6-10　三、四等水准测量的观测手簿

测站编号	后尺 上丝 / 下丝 / 后视距 / 视距差 d	前尺 上丝 / 下丝 / 前视距 / ∑d	方向及尺号	水准尺读数 黑面	水准尺读数 红面	K+ 黑-红 /mm	高差中数 /m	备注
	(1)	(4)	后	(3)	(8)	(14)		
	(2)	(5)	前	(6)	(7)	(13)		
	(9)	(10)	后-前	(15)	(16)	(17)	(18)	
	(11)	(12)						
1	1571	0739	后 B	1384	6171	0		
	1197	0363	前 A	0551	5239	−1		
	37.4	37.6	后-前	+0833	+0932	+1	+0.8325	
	−0.2	−0.2						
2	2121	2196	后 A	1934	6621	0		A 尺： $K_A = 4687$ B 尺： $K_B = 4787$
	1747	1821	前 B	2008	6796	−1		
	37.4	37.5	后-前	−0074	−0175	+1	−0.0745	
	−0.1	−0.3						
3	1914	2055	后 B	1726	6513	0		
	1539	1678	前 A	1866	6554	−1		
	37.5	37.7	后-前	−0140	−0041	+1	−0.1405	
	−0.2	−0.5						
4	1965	2141	后 A	1832	6519	0		
	1700	1874	前 B	2007	6793	+1		
	26.5	26.7	后-前	−0175	−0274	−1	−0.1745	
	−0.2	−0.7						

注：表中的 (1)、(2)、…、(18) 表示读数、记录和计算的顺序。

1. 一测站观测及记录方法

三、四等水准测量的测站点应尽量设在前、后视中间，以保证视距差不超过限值，然后整平仪器。如采用 DS₃ 型微倾式水准仪，则每次读数前务必确认精平；如采用自动安平水准仪，则无须精平操作，这会大大提高观测速度。三、四等水准测量在一测站上的观测顺序如下：

（1）瞄准后视尺黑面，读取上、下视距丝及中丝读数，记入手簿中的（1）、（2）、（3）栏。

（2）瞄准前视尺黑面，读取上、下视距丝及中丝读数，记入手簿中的（4）、（5）、（6）栏。

（3）瞄准前视尺红面，读取中丝读数，记入手簿中的（7）栏。

（4）瞄准后视尺红面，读取中丝读数，记入手簿中的（8）栏。

以上观测顺序简称"后—前—前—后"，这样的观测顺序可减弱仪器下沉误差的影响。对于四等水准测量，规范允许采用"后—后—前—前"的观测顺序。每测站观测完 8 个读数后，应立即进行测站的计算与校核，满足三、四等水准测量的主要技术要求（表 6—9）后，方可迁站。

2. 测站计算与校核

（1）视距计算与校核。

根据前、后视的上、下丝读数（正像水准仪）计算前、后视距。

后视距：（9）＝［（1）－（2）］×100

前视距：（10）＝［（4）－（5）］×100

计算前后视距差：（11）＝（9）－（10）

计算前后视距累积差（12）＝上站（12）＋本站（11）

注意，计算得到的前视距、后视距、前后视距差及前后视距累积差均应满足表 6—9 中的要求。

（2）尺常数校核。

尺常数 K 为红尺面的起始分划值，双面尺为成对使用，两把尺的尺常数不同（K_A＝4687 mm，K_B＝4787 mm）。尺常数误差计算式为

$$前视尺（13）＝K_前＋（6）－（7）$$
$$后视尺（14）＝K_后＋（3）－（8）$$

尺常数误差应满足表 6—9 中的要求：对于三等水准测量，不得超过 2 mm；对于四等水准测量，不得超过 3 mm。

（3）高差计算与校核。

$$黑面高差（15）＝（3）－（6）$$
$$红面高差（16）＝（8）－（7）$$

校核：

$$黑红面高差之差（17）＝（14）－（13）＝（15）－（16）±100 mm$$

黑红面高差之差应满足表 6—9 中的要求：对于三等水准测量，不得超过 3 mm；对于四等水准测量，不得超过 5 mm。

当黑红面高差之差在容许范围内时，可取黑红面高差的平均值作为该站的观测高差：

$$(18) = \left[(15) + (16) \pm 100 \text{ mm} \right]/2$$

上式中取正负号的规定：以黑面高差（15）为基准，当（15）＞（16）时，取正号；当（15）＜（16）时，取负号。

（4）每页测量记录的校核计算。

每页记录完后，应进行该页总的校核计算。

视距部分：$\sum (9) - \sum (10) = $ 本页末站（12）－前页末站（12）

高差部分：$\sum (15) = \sum (3) - \sum (6)$，$\sum (16) = \sum (8) - \sum (7)$

测站数为偶数时：$\sum (18) = \dfrac{1}{2} \times \left[\sum (15) + \sum (16) \right]$

测站数为奇数时：$\sum (18) \pm 0.1 \text{ m} = \dfrac{1}{2} \times \left[\sum (15) + \sum (16) \right]$

手工记录的水准测量观测成果，校核计算是重要而又烦琐、枯燥的工作，需要以高度的责任心来面对，认真、耐心地进行。随着测绘科技的进步，电子水准仪日益普及，水准测量观测成果的记录实现电子化、自动化，校核计算就简捷而高效了。

6.3.1.3　三、四等水准测量的成果整理

当一条水准路线的外业测量工作完成后，首先应对手簿的记录计算进行详细校核，计算测段观测高差、与之对应的测段长度，计算高差闭合差是否超限。确认合格无误后，才能进行高差闭合差调整和高程计算；否则要局部返工，甚至全部返工。

6.3.2　三角高程测量

当地面高低起伏变化较大时，采用水准测量将会遇到一定的困难且费工耗时，此时可采用三角高程测量的方法测定两点之间的高差，从而求得高程。全站仪的普及使得三角高程测量的应用越来越广泛，采用对向观测的手段，其高程测量精度可达到三、四等水准测量的要求。

式（4－8）为应用倾斜距离 S 计算 A、B 两点之间高差的公式：$h_{AB} = S \sin \alpha + i - v$，该公式没有顾及地球曲率和大气折光对三角高程测量的影响，因此只适用于较短距离的三角高程测量计算。

两点相距较远的三角高程测量原理如图 6－12 所示。图中的 f_1 为地球曲率改正数，f_2 为大气折光改正数。

1. 地球曲率改正数 f_1

$$f_1 = \overline{Ob'} - \overline{Ob} = R \sec \theta - R = R(\sec \theta - 1) \tag{6-17}$$

式中，R 为地球平均曲率半径，$R = 6371$ km。

将 $\sec \theta$ 按三角级数展开并略去高次项，得

$$\sec \theta = 1 + \frac{1}{2}\theta^2 + \frac{5}{24}\theta^4 + \cdots \approx 1 + \frac{1}{2}\theta^2 \tag{6-18}$$

将式（6－18）代入式（6－17）并顾及 $\theta = D/R$，整理后得地球曲率改正数（简称球差改正数）为

$$f_1 = R\left(1 + \frac{1}{2}\theta^2 - 1\right) = \frac{R}{2}\theta^2 = \frac{D^2}{2R} \tag{6-19}$$

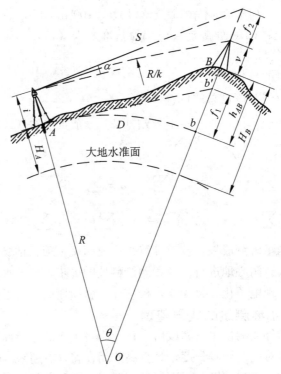

图 6-12　地球曲率和大气折光对三角高程测量的影响

2. 大气折光改正数 f_2

如图 6-12 所示，受重力的影响，地球表面低层空气密度大于高层空气密度，当竖直角观测视线穿过密度不均匀的大气层时，将形成一条上凸曲线，使视线的切线方向向上抬高，从而使测得的竖直角偏大，这种现象称为大气垂直折光。

可以将受大气垂直折光影响的视线看成一条半径为 R/k 的近似圆曲线，k 为大气垂直折光系数（vertical refraction coefficient）。仿照式 (6-19)，可得大气折光改正数（简称气差改正数）为

$$f_2 = -\frac{S^2}{2R/k} \approx -k\frac{D^2}{2R} \tag{6-20}$$

球差改正数与气差改正数之和为

$$f = f_1 + f_2 = (1-k)\frac{D^2}{2R} \tag{6-21}$$

f 简称球气差改正数或两差改正数。因为 k 值介于 $0.08 \sim 0.14$，所以 f 恒大于零。

大气垂直折光系数 k 是随地区、气候、季节、地面覆盖物和视线超出地面高度等条件的不同而变化的，目前还不能精确地测定它的数值，通常取 $k=0.14$ 计算球气差改正数 f。表 6-11 列出了当水平距离 $D=100 \sim 3500$ m 时球气差改正数 f 的值。

表 6-11　三角高程测量球气差改正数与距离的关系

D/m	100	500	1000	1500	2000	2500	3000	3500
f/mm	1	17	67	152	270	422	607	827

注：$k=0.14$。

顾及球气差改正数 f，使用水平距离 D 或倾斜距离 S 计算三角高差的公式为

$$\left.\begin{array}{l} h_{AB}=D_{AB}\tan\alpha_{AB}+i_A-v_B+f_{AB} \\ h_{AB}=S_{AB}\sin\alpha_{AB}+i_A-v_B+f_{AB} \end{array}\right\} \tag{6-22}$$

《城市测量规范》（CJJ/T 8—2011）规定，全站仪三角高程测量限差应符合表 6-12 的规定。

表 6-12　全站仪三角高程测量限差

单位：mm

观测方法	两测站对向观测高差不符值	两照准点间两次观测高差不符值	闭合路线或环线闭合差		检测已测测段高差之差
			平原、丘陵	山区	
每点设站	$\pm45\sqrt{D}$	—	$\pm20\sqrt{L}$	$\pm25\sqrt{L}$	$\pm30\sqrt{L_i}$
隔点设站	—	$\pm14\sqrt{D}$			

注：D 为测距边长度（km）；L 为附合路线或环线长度（km）；L_i 为检测测段长度（km）。

全站仪三角高程观测的主要技术要求应符合表 6-13 的规定。

表 6-13　全站仪三角高程观测的主要技术要求

等级	竖直角观测				边长测量	
	仪器精度	测回数	竖盘指标差较差	测回较差	仪器精度	观测次数
四等	$2''$级	4	$\leqslant5''$	$\leqslant5''$	$\leqslant10$ mm 级	往返各 1 次
图根	$5''$级	1	$\leqslant25''$	$\leqslant25''$	$\leqslant10$ mm 级	单向测 2 次

由于大气垂直折光系数 k 不能精确测定，因此，球气差改正数 f 有误差，且距离 D 越长，误差越大。为了减少球气差改正数 f 的误差，一般应使光电测距三角高程测量的边长不大于 1 km，且应对向观测。

在 A、B 两点同时进行对向观测时，可以认为两次观测时的 k 值是相同的，球气差改正数 f 也基本相等，则往、返测高差为

$$\left.\begin{array}{l} h_{AB}=D_{AB}\tan\alpha_A+i_A-v_B+f_{AB} \\ h_{BA}=D_{AB}\tan\alpha_B+i_B-v_A+f_{AB} \end{array}\right\} \tag{6-23}$$

取往、返测高差的平均值为

$$\bar{h}_{AB}=\frac{1}{2}(h_{AB}-h_{BA})=\frac{1}{2}\left[(D_{AB}\tan\alpha_A+i_A-v_B)-(D_{AB}\tan\alpha_B+i_B-v_A)\right] \tag{6-24}$$

由式（6-24）可以看出球气差 f_{AB} 被抵消了，从而提高了三角高程测量的精度。

思考题与习题

1. 简述控制测量的概念。

2. 建立平面控制网的方法有哪些？建立高程控制网的方法有哪些？

3. 采用对向观测的三角高程测量方法主要是为了消除或者削弱哪两项误差？这种高程测量的方法可以达到几等水准测量的精度要求？

4. 相比常规的地面控制测量手段，全球定位系统（GPS）有哪些优势？

5. 导线测量导线的布设形式有哪些？

6. 导线测量的外业工作包括哪些内容？

7. 闭合导线的观测数据如下图所示，已知 A 点的坐标 $x_A = 536.27$ m，$y_A = 328.74$ m，A1 边的坐标方位角 $\alpha_{A1} = 48°43'18''$，计算 1、2、3、4 点的坐标。

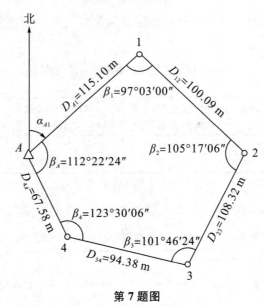

第 7 题图

8. 附和导线的观测数据如下图所示，计算 1、2、3 点的坐标。

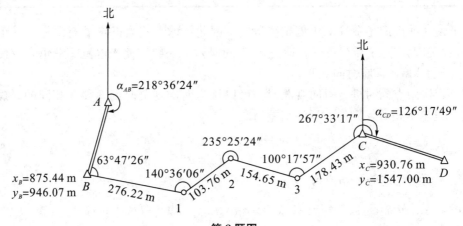

第 8 题图

9. 根据下表所列的一段四等水准测量观测数据，按记录格式填表计算并检核，说明观测成果是否符合现行测量规范的要求。

第 9 题表

测站编号	后尺	下丝	前尺	下丝	方向及尺号	水准尺读数		K+黑－红/mm	高差中数/m	备注
		上丝		上丝						
	后视距		前视距			黑面	红面			
	视距差 d		$\sum d$							
1	2		3		4	5	6	7	8	9
	(1)		(4)		后	(3)	(8)	(13)		
	(2)		(5)		前	(6)	(7)	(14)		
	(9)		(10)		后－前	(16)	(17)	(15)	(18)	
	(11)		(12)							
Ⅲ₁ ～ TP₁	1842		1213		后 21	1628	6315			
	1415		0785		前 22	0999	5787			
					后－前					
TP₁ ～ TP₂	1645		2033		后 22	1364	6150			
	1082		1459		前 21	1746	6434			
					后－前					
TP₂ ～ TP₃	1918		1839		后 21	1620	6306			$K_{21}=4687$ $K_{22}=4787$
	1322		1253		前 22	1546	6334			
					后－前					
TP₃ ～ TP₄	1473		1508		后 22	1233	6020			
	1003		1042		前 21	1275	5961			
					后－前					
TP₄ ～ TP₅	1531		2820		后 21	1304	5993			
	1075		2349		前 22	1275	6065			
					后－前					
TP₅ ～ Ⅲ₂	1774		0910		后 22	1576	6364			
	1388		0526		前 21	0718	5405			
					后－前					

第7章 地形图的测绘

地球表面高低起伏、形态各异，为满足科学研究和各项工程建设的需要，将地面上的点位和各种物体沿铅垂线方向投影到水平面上，然后将水平面上的图形按一定的比例缩绘在图纸上，这样制成的图称为平面图。在图上不仅要表示地面上各种物体的位置，还要用特定的符号把地面高低起伏的形态表示出来，这种图称为地形图。地形图是将地表的地物和地貌经综合取舍，按比例缩小后，用规定的符号和一定的表示方法描绘在图纸上的正射投影图。由于它能比较详细地表示地表信息，所以其应用范围甚广。

7.1 地形图的比例尺

地形图上某一线段的长度与地面上相应线段的实际水平距离之比，称为该地形图的比例尺。地形图的比例尺分为数字比例尺和图示比例尺。

7.1.1 数字比例尺

数字比例尺是用分子为1的分数形式表示的比例尺。设某线段图上长度为 d，实际距离为 D，则

$$\frac{d}{D} = \frac{1}{\dfrac{D}{d}} = \frac{1}{M} \tag{7-1}$$

式中，M 为比例尺的分母，分母越小，比例尺越大。

数字比例尺常用1：100000、1：250000或1：10万、1：25万等形式表示。

7.1.2 图示比例尺

为了用图方便，以及减小由图纸伸缩而引起的误差，在绘制地形图的同时，常在图纸上绘制图示比例尺。最常见的图示比例尺为直线比例尺。图示比例尺位于图廓线的下方，一般由长12 cm、相距约2 mm的两条平行线组成，2 cm为一个基本单位，最左端的一个基本单位又分成10等份。左端第一个基本单位分划处注"0"，其他基本单位分划处根据比例尺的大小注记相应的数字，所注记的数字是以 m 为单位的实地水平距离。图示直线比例尺能直接读到基本单位的1/10。图7-1为1：2000的图示比例尺示意图。

在测量工作中，通常称1：500、1：1000、1：2000、1：5000比例尺的地形图为大比例尺地形图，称1：1万、1：2.5万、1：5万、1：10万比例尺的地形图为中比例尺地形

图，称 1∶20 万、1∶50 万、1∶100 万比例尺的地形图为小比例尺地形图。工程上主要使用的地形图为大比例尺地形图。一般人的肉眼能分辨图上最小的距离为 0.1 mm，因此把图上 0.1 mm 距离称为地形图精度。设地形图的精度为 ε，比例尺的分母为 M，则 $\varepsilon = 0.1M$（mm）。显然，比例尺越大，地形图的精度越高。在测量工作中，当已知测图比例尺时，可以确定实地量距所需的精度。例如，当比例尺为 1∶2000 时，实地量距只需精确到 0.2 m。另外，已知工程要求距离达到某一精度时，就可以确定应选择的测图比例尺。例如，某工程要求在图上能反映实地上 0.1 m 距离的精度，则应选用 1∶1000 的测图比例尺。

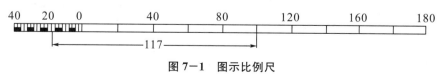

图 7-1　图示比例尺

7.2　地形图的表示方法

7.2.1　地物及地物符号表示

地面上人工修建和自然形成的各种固定性形体称为地物，如房屋、道路、河流等。这些地物在图上是采用《国家基本比例尺地图图式 第 1 部分：1∶500 1∶1000 1∶2000 地形图图式》（GB/T 20257.1—2017）中的地物符号来表示的。地物符号分为依比例尺符号、半依比例尺符号和不依比例尺符号。

（1）依比例尺符号。依比例尺符号为地物依比例尺缩小后，其长度和宽度能依比例尺表示的地物符号。例如，房屋、湖泊、稻田、森林等。

（2）半依比例尺符号。半依比例尺符号为地物依比例尺缩小后，其长度能依比例尺而宽度不能依比例尺表示的地物符号。例如，一些线性地物如铁路、公路、管线、围墙等，其长度按比例缩绘，其宽度不能按比例表示。

（3）不依比例尺符号。不依比例尺符号为地物依比例尺缩小后，其长度和宽度不能依比例尺表示的地物符号。例如，控制点、井盖、电杆等地物轮廓较小，按比例尺缩小后不能在图上绘出，只能用特定的符号表示它们的中心位置。通常在符号旁标注符号长、宽、高尺寸值，如表 7-1 中的水准点。

（4）注记符号。当应用上述三种符号还不能清楚表达地物时，如河流的流速、农作物、森林种类等，采用文字、数字加以说明，这种符号称为注记符号。单个的注记符号既不表示位置，也不表示大小，仅起注解说明的作用，见表 7-1。不依比例尺符号的中心位置与实际地物位置的关系：①规则几何图形符号，如导线点、钻孔等，其图形的几何中心即代表地物的中心位置；②宽底符号，如岗亭、水塔等，其符号底线的中心为地物的中心位置；③底部为直角的符号，如独立树等，其符号底部的直角顶点为地物的中心位置。依比例尺符号和不依比例尺符号不是一成不变的，其变化主要依据测图比例尺和实物轮廓的大小而定。某些地物在大比例尺地形图上用比例符号来表示，在较小比例尺的地形图上用非比例符号来表示。

表 7－1 列出了几种常见的地物符号。

表 7－1　常见地物符号

符号说明	符号	符号说明	符号
水准点 Ⅱ—等级 京石 5—点名点号 32.80—高程	1.5 ⊗ $\frac{Ⅱ京石5}{32.80}$	独立房屋 1. 不依比例尺的 2. 半依比例尺的 3. 依比例尺的 　不坚固的 坚固的	0.7　1.0　■ 0.7∷∷■ 0.8
独立天文点 24.5—高程	3.0 ☆ 24.5		
棚房 1. 不依比例尺的 2. 半依比例尺的	1.0　1.5 ⸌⸍ 0.5 ∷⸌＿⸍∷（6-10） 1.0	单线铁路	8.0 0.8∷▭▬▭▬
		地下铁道出入口	2.0　1.5 ⊞
革命烈士纪念 碑、像	1.0 2.0 ∷▮∷ 0.8 1.5	矿井 一、开采的 1. 竖井 2. 斜井 3. 平硐 二、废弃的 1. 竖井 2. 斜井 3. 平硐	2.0 3.0 ⊗ 煤 4.0 6.0 ╪ 1.5 铁　2.0 ╳ 煤 1.0 3.0 ⋀ 煤 ⊗ 煤 ╪ 废　╳ ⋀
气象站（台）	2.5　2.0 ⊤		
无线电杆（塔）	2.5　1.0 ⚡		
蒙古包 （3-6）—驻扎月份	1.0　2.0 ⌂ （3-6）		
县、自治县、旗界	3.0　2.0 0.3 ·－·－·－·－·－	草地	5.0 ‖　0.8　‖ ‖ ∷1.0 ‖　‖　5.0
变电室（所） 1. 不依比例尺的 2. 半依比例尺的	2.5　1.0 ▰∷0.8 2.0 ▱	高程点及其注记 1. 一般高程注记点 2. 特殊高程注记点 　分子—最大洪水 　位高程 分母—发生年月	0.3　·163.2　♠ 75.4 27.4　58.5 0.3 1.0　⊙ $\frac{洪153.7}{1963.6}$

续表

符号说明	符号	符号说明	符号
竹林 1. 大面积的 2. 独立竹丛 3. 狭长的		耕地 1. 水稻田 2. 旱地	
菜地		土堆 1. 不依比例尺的 2. 依比例尺的 　5—比高	

在图式上对符号尺寸的规定如下：

（1）符号旁以数字标注的尺寸值，均以 mm 为单位。

（2）符号旁只标注一个尺寸值的，表示圆或外接圆的直径、等边三角形或正方形的边长；两个尺寸值并列的，第一个数字表示符号主要部分的高度，第二个数字表示符号主要部分的宽度；线状符号一端的数字，单线是指其粗度，两平行线是指含线划粗的宽度（街道指其空白部分的宽度）。符号上需要特别标注的尺寸值，则用点线引示。

（3）符号线划的粗细、线段的长短和交叉线段的夹角等，没有标明的均以本图式的符号为准。一般情况下，线划粗为 0.15 mm，点的直径为 0.3 mm，符号非主要部分的线划长为 0.5 mm，非垂直交叉线段的夹角为 45°或 60°。

7.2.2　地貌及地貌符号表示

地球表面上高低起伏的各种形态称为地貌。根据地表起伏变化的大小，地貌分为平地、陵、山地、高山地等。地貌在地形图上用等高线表示。

7.2.2.1　等高线的概念

地面上高程相等的相邻各点连接而成的闭合曲线称为等高线。自然界中水库内静止的水边线就是一条等高线。如图 7-2 所示，设想水库中有座小岛，开始时水面高程为 75 m，则水面与小岛的交线即为高程 75 m 的等高线；若水库水位升高 5 m，则得到高程为 80 m 的等高线；以此类推，直至到山的顶部得到高程为 100 m 的等高线。将这些等高线沿铅垂线方向投影到水平面上，再按测图比例尺将这些等高线缩绘到图纸上，便得到用等高线表示的小岛地貌的地形图。

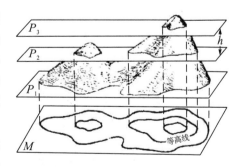

图 7-2　用等高线表示地貌

7.2.2.2 等高距

相邻两条等高线之间的高差称为等高距，用 h 表示。在同一幅地形图上等高距应该是相等的。地形图上相邻两条等高线间的水平距离称为等高线的平距，用 d 表示。地形图上等高线的疏密程度表明了地面坡度的大小：等高线越密，地面坡度越陡；等高线越稀，地面坡度越缓；等高线平距相等，地面坡度相等。h 与 d 的比值即为地面坡度 i，即

$$i = \frac{h}{d} \tag{7-2}$$

用等高距表示地貌：等高距越小，地貌表示得越详细，测图工作量越大，图面也会不清晰；等高距越大，测图工作量越小，但地貌表示不够详细。因此，测图时等高距的选择应根据测图比例尺的大小和测区地形情况及工程要求进行综合考虑。既要满足测图精度的要求，又要考虑经济上的合理性，这样选择的等高距称为基本等高距，而根据基本等高距勾绘的等高线称为基本等高线。

几种比例尺地形图常采用的基本等高距见表 7-2。

表 7-2 几种比例尺地形图常采用的基本等高距

地形类别	测图比例尺				
	1：500	1：1000	1：2000	1：5000	1：10000
	基本等高距/m				
平地	0.5	0.5	0.5 或 1.0	0.5 或 1.0	0.5 或 1.0
丘陵地	0.5	0.5 或 1.0	1.0	1.0 或 2.0	1.0 或 2.0
山地	0.5 或 1.0	1.0	1.0 或 2.0	2.0 或 5.0	5.5
高山地	1.0	1.0	2.0	5.0	5.0 或 10.0

7.2.2.3 几种典型地貌的等高线

地貌变化虽然复杂，但都是由山地、盆地、山脊、山谷、鞍部等几种典型的地貌所组成的，这几种基本地貌的综合地貌图形及其等高线如图 7-3 所示。

1. 山丘和洼地（盆地）

四周低下而中间隆起的地貌称为山。高而大的称为山峰，矮而小的称为山丘，山的最高部称为山顶或山头。山的侧面称为山坡，山坡与平地相连之处称为山脚。四周高而中间低的地貌称为盆地，面积较小的称为洼地。图 7-4（a）为山丘的等高线，（b）为盆地的等高线，它们都是一组闭合的曲线。

区分山丘和洼地有两种方法。依据等高线上所注记的高程数字，若内圈的高程数字大于外圈的高程数字，则这组等高线表示的地貌为山丘，反之为洼地。若无高程数字注记，一般在等高线上用示坡线区分。

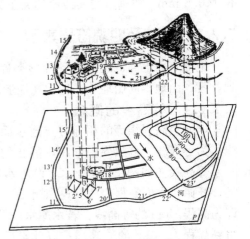

图 7-3 综合地貌图形及其等高线

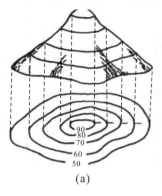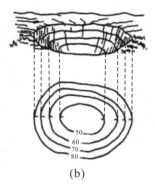

图 7-4　山丘和盆地的等高线

2. 山脊和山谷

山脊是向某一方向延伸的高地，山脊上最高点的连线称为山脊线。落在山脊线上的雨水被山脊分成两部分沿山脊两侧流下，故山脊线又称分水线。山脊的等高线为一组凸向低处的曲线，如图 7-5（a）所示。

山谷是向某一方向延伸的两个山脊之间的凹地，山谷内最低点的连线称为山谷线。山谷两侧谷壁上的雨水流向谷底，集中在谷底又沿着山谷线向下流，因此山谷线又称集水线。山谷上的等高线为一组凸向高处的曲线，如图 7-5（b）所示。

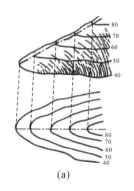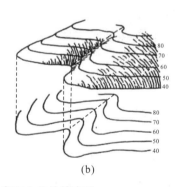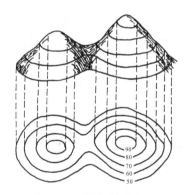

图 7-5　山脊和山谷的等高线　　　　　　图 7-6　鞍部的等高线

3. 鞍部

鞍部是位于相邻两个山顶之间形似马鞍状的低地，是两个山脊与两个山谷交会的地方，山区道路往往通过鞍部。鞍部的等高线如图 7-6 所示。

4. 陡坎和陡崖

坡度在 70° 以上的各种天然形成或人工修筑的坡、坎称为陡坎。陡坎的等高线非常密集甚至重叠，因此无法描绘，在地形图上采用陡坎符号表示。陡坎的等高线如图 7-7（a）所示。形状壁立难以攀登的陡峭岩壁称为陡崖。陡崖的等高线基本上重合在一起，土质的陡崖采用陡坎符号表示，岩石质的陡崖采用一种特定的符号表示。土质陡崖的等高线如图 7-7（b）所示。岩石质陡崖的等高线如图 7-7（c）所示。

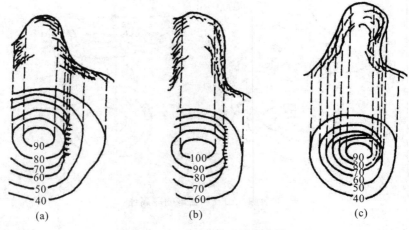

图 7-7　陡坎和陡崖的等高线

7.2.2.4　等高线的特性

根据以上几种典型地貌的等高线，可总结出等高线的特性如下：

（1）位于同一条等高线上的各点具有相等的高程。

（2）等高线是一条闭合曲线，不在图幅内闭合就在图幅外闭合。凡不在图幅内闭合的等高线，应绘至图边线，不得在图幅内中断。

（3）除陡坎、陡崖外，等高线在地形图上不能重合或相交。

（4）山脊线、山谷线均与等高线正交。

（5）地形图上等高线的疏密表示地面坡度的缓陡；等高线的平距相等，表示地面坡度相同，因此斜平面上的等高线是一组等距的平行直线。

7.2.2.5　等高线的分类

1. 首曲线

按基本等高距勾绘的等高线称为首曲线，又称基本等高线。首曲线用宽度为0.15 mm的细实线表示。

2. 计曲线

为了方便判读，将高程为基本等高距5倍的等高线加粗描绘，加粗描绘的等高线称为计曲线。计曲线用粗实线（一般为0.3 mm）表示。

3. 间曲线

复杂地面的局部地段坡度较缓，当基本等高线不足以显示其地貌特征时，会用1/2的基本等高距在两条首曲线之间进行加绘，这样的等高线称为间曲线。间曲线用长虚线表示。

4. 助曲线

当间曲线还不能充分表示地貌特征时，会用1/4的基本等高距进行描绘，这样的等高线称为助曲线。助曲线用短虚线表示。

7.3　地形图的分幅与编号

为了便于测绘、拼接、使用和保管地形图，需要将各种比例尺的地形图进行统一分幅和编号。地形图的分幅方法分为两类：一类是按经纬线分幅的梯形分幅法，主要用于国家基本地形图的分幅；另一类是按坐标格网划分的矩形分幅法，主要用于工程建设的大比例尺地形图的分幅。

7.3.1 梯形分幅

7.3.1.1 1：100 万比例尺地形图的分幅与编号

1：100 万地形图的分幅从地球赤道向两极，以纬差 4°为一行，每行依次以字母 A、B、C、…、V 表示，经度由 180°子午线起，从西向东，以经差 6°为一列，依次以数字 1、2、3、…、60 表示。

我国地处东半球赤道以北，图幅范围在经度 72°～138°、纬度 0°～56°内，包括行号 A、B、C、…、N 的 14 行，列号 43、44、…、53 的 11 列。每幅 1：100 万地形图的图号由该图的行号与列号组成，如北京所在的 1：100 万地形图的编号为 J50。

由于南北半球的经度相同而纬度对称，为了区别南北半球对应图幅的编号，规定在南半球的图号前加一个 S，如 SL50 表示南半球的图幅。

7.3.1.2 1：50 万～1：5000 地形图的编号

1：50 万～1：5000 地形图的编号均以 1：100 万地形图编号为基础，采用行列编号方法（图 7－8）。

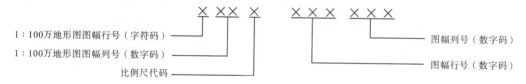

图 7－8 图幅编号

将 1：100 万地形图所含各比例尺地形图的经差和纬差划分成若干行和列，横行从上到下、纵列从左到右按顺序分别用三位阿拉伯数字表示，不足三位前面补零，取行号在前、列号在后的排列形式标记，各比例尺地形图分别采用不同的字符作为其比例尺代码（表 7－3），1：50 万～1：5000 地形图的图号由其所在 1：100 万地形图图号、比例尺代码和行列号共十位码组成。

表 7－3 不同比例尺的图幅关系

比例尺		1：100 万	1：50 万	1：25 万	1：10 万	1：5 万	1：2.5 万	1：1 万	1：5000
图幅范围	经差	6°	3°	1°30′	30′	15′	7′30″	3′45″	1′52.5″
	纬差	4°	2°	1°	20′	10′	5′	2′30″	1′15″
行列数量关系	行数	1	2	4	12	24	48	96	192
	列数	1	2	4	12	24	48	96	192
比例尺代码		A	B	C	D	E	F	G	H

续表

比例尺	1：100万	1：50万	1：25万	1：10万	1：5万	1：2.5万	1：1万	1：5000
不同比例尺的图幅数量关系	1	4 1	16 4 1	144 36 9 1	576 144 36 4 1	2304 576 144 16 4 1	9216 2304 576 64 16 4 1	36864 9216 2304 256 64 16 4

1：50万地形图的编号如图7—9所示，每幅1：100万地形图划分为2行2列，共4幅1：50万地形图，其经差3°、纬差2°，斜线所示图号为J50B001001。

1：25万地形图的编号如图7—10所示，每幅1：100万地形图划分为4行4列，共16幅1：25万地形图，其经差1°30′、纬差1°，斜线所示图号为J50C001002。

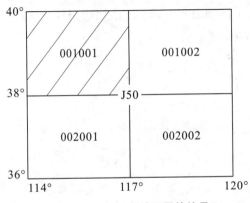
图7—9 1：50万地形图的编号

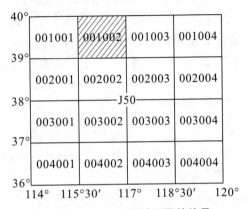
图7—10 1：25万地形图的编号

7.3.2 矩形分幅

大比例尺地形图通常采用矩形分幅，图幅的图廓线是平行于纵、横坐标轴的直角坐标格网线，以整千米或整百米进行分幅，图幅的大小见表7—4。

表7—4 大比例尺地形图的图幅大小

比例尺	图幅大小/cm²	实际面积/km²	分解数
1：5000	40×40	4	1
1：2000	50×50	1	4
1：1000	50×50	0.25	16
1：500	50×50	0.0625	64

如果测区为狭长带状，为减少图板和接图，也可以采取任意分幅。如果测区范围较大，整个测区需要测绘几幅甚至几十幅图，这时应画一张分幅总图。图7—11为某测区1：1000比例尺测图时的分幅图，该测区有8幅整幅图和16幅不满一整幅的破幅图。

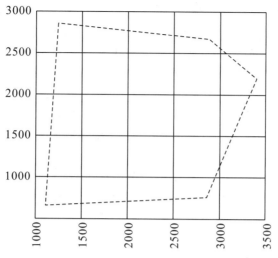

图 7-11　某测区 1∶1000 比例尺测图分幅

各种比例尺地形图的图号均用该图图廓西南角的坐标、以 km 为单位表示，下面举例说明。若有某 1∶2000 比例尺地形图的图幅，其西南角坐标为 $X=83000$ m（83 km），$Y=15000$ m（15 km），则其图幅编号为 83-15；若有某 1∶1000 比例尺地形图的图幅，其西南角坐标为 $X=83500$ m（83.5 km），$Y=15500$ m（15.5 km），则其图幅编号为 83.5-15.5。

但也有用其他代号进行编号的，如用工程代号与阿拉伯数字相结合的方法。这是因为大比例尺地形图不少是小面积地区工程设计的施工用图。因此，在分幅编号问题上，要本着从实际出发的原则，根据用图单位的要求和意见，结合作业方便灵活处理，以测图、用图、管图方便为目的。

7.3.3　地形图的图名、图号和图廓

地形图的内容十分丰富。为了能正确测绘和使用地形图，下面简要介绍地形图的基本内容。

7.3.3.1　图名和图号

图名是本图幅的名称，一般用本幅图内最著名的地名来命名。图号是统一分幅后给每幅图编的号。图名和图号注记在北图廓外的正中央。

7.3.3.2　图廓

图廓分为内图廓、外图廓和分度带（又称经纬廓）三部分。

内图廓是一幅图的测图边界线，图内的地物、地貌都测至该边线。梯形图幅的内图廓由上、下两条纬线和左、右两条经线构成。内图廓四个角点的经纬度分别注记在图廓线旁。经度的度数注记在经线的左侧，分秒数注记在经线的右侧；纬度的度数注记在纬线的上面，分秒数注记在纬线的下面。外图廓为图幅的最外边界线，以粗黑线描绘，作为装饰。外图廓线平行于内图廓线。

分度带绘于内、外图廓之间。它画成若干段黑白相间的线条。在 1∶1 万至 1∶10 万比例尺地形图上，每段黑线或白线的长度就是经度或纬度间隔 $1'$ 的长度。利用图廓两对边的分度带可建立起地理坐标格网，用来求图内任意点的地理坐标值与任一直线的真方向。

7.3.3.3 公里格网

内图廓中的方格网就是平面直角坐标格网。由于它们之间的间隔是整公里数，因而叫公里格网。在分度带与内图廓间的数字注记是相应的平面直角坐标值，利用直角坐标格网可以求得图内任意点的直角坐标与任一直线的坐标方位角。

7.3.3.4 接图表

地形图图廓外左上角的九个小方格称为接图表，中间绘有晕线的一格代表本幅图，相邻分别注明了相邻图幅的图名，按接图表可以很方便地拼接邻图。

7.3.3.5 三北关系

南图廓下方绘出了真子午线、磁子午线及坐标纵线的三北方向线关系（图7-12）。利用三北方向线关系图，可以对地形图上任一直线的真方位角、磁方位角和坐标方位角进行计算。

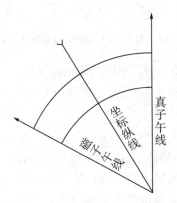

图7-12　三北方向线关系

7.3.3.6 磁北标志

在地形图的南北内图廓线上各绘有一个小圆圈，分别注有磁北 P' 和磁南 P。这两点的连线方向为该图幅的磁子午线方向，被用来作为磁针的定向。

7.3.3.7 其他

1. 测图日期

测图日期表明从这个时间以后的地面变化在地形图上没有反映。

2. 坐标系和高程系

以前国家基本图采用1954北京坐标系和1956黄海高程系，目前已改用2000国家大地坐标系和1985国家高程基准。

3. 等高距

在图廓外左下方注记图的等高距。

4. 图式版本

地形图中注明的图式版本是用图人在阅读地形图时参阅的相应的地形图图式。此外，还应注有保密等级和测图机关。

7.4　全站仪坐标测量

全站仪坐标测量是测定目标点的三维坐标 (X, Y, H)。实际上直接观测值仍然是水平角、垂直角和斜距，通过直接观测值计算测站点与目标点之间的坐标增量和高差，加到测站点已知坐标和已知高程上，最后显示目标点的三维坐标。计算坐标增量时以当前水平角为方位角。全站仪坐标测量具体操作步骤如下：

（1）设定测站点的三维坐标。

（2）设定后视点的坐标或设定后视方向的水平度盘读数为其方位角。当设定后视点的坐标时，全站仪会自动计算后视方向的方位角，并设定后视方向的水平度盘读数为其方位角。

（3）设置棱镜常数，大气改正值或气温、气压值。

（4）量取仪器高、棱镜高并输入全站仪。

（5）照准目标棱镜，按坐标测量键，全站仪开始测距并计算显示测点的三维坐标，进入内存管理菜单，查看所采集的坐标数据。

（6）注意事项：①在作业前应做好准备工作，给全站仪充好电，带上备用电池，当电池电量不足时应立即停止操作，关机并更换电池。②做好仪器的站点坐标设置、方位角设置、目标高和仪器高的输入工作，仪器高和棱镜高的量取要精确到毫米，要两人认真配合，保证钢卷尺垂直。定向时，瞄准目标一定要精确。③控制点坐标和高程数据准备好后，可以提前输入全站仪文件里保存，在数据采集时可直接调用。④进行坐标测量时，在输入后视点坐标后、按"ok"键前一定要检查是否精确瞄准后视点，现场采集的数据记录到表 7-5 中。

表 7-5　全站仪坐标测量记录表

点号	棱镜高	编码	属性	X 坐标/m	Y 坐标/m	H 坐标/m	备注

7.5　全站仪数字测图技术

全站仪数字测图包括野外数据采集和内业成图。野外数据采集的作业方法有全站仪草图法、全站仪编码法、电子平板法等。内业成图软件包括广东南方数码科技股份有限公司的 CASS 软件、北京清华山维新技术开发有限公司的 EPSW 软件等。

7.5.1　野外碎部测量

控制测量完成后就可以根据控制点进行碎部测量。碎部测量是工程测量的重点工作，通过碎部测量可以获取碎部点坐标。

下面以中纬 2″级全站仪测图模式为例介绍使用全站仪进行碎部测量的步骤。

1. 准备工作

将控制点、图根点平面坐标和高程值抄录在成果表上备用。每次施测前应对数据采集软件进行试运行检查，对输入的控制点成果数据需显示检查。一般应在每次施测前、后记录有关的原始数据。

2. 数据采集的方法

采用全站仪加勾绘草图的数字测图方法。成图软件采用广州南方测绘技术股份有限公司研制的大比例尺数字地形地籍成图系统。在开始应用全站仪测图程序之前，首先需要设置作业、测站和定向。在选择一个应用程序（数据采集）后，首先会启动程序准备界面，可以一项一项地进行设置。

3. 数据采集的要求

采用数字测记模式，应绘制草图。绘制草图时，采集的地物、地貌原则上按照"规范"和"图式"的规定绘制，对于复杂的图式符号可以简化或自行定义。草图必须标注所测点的测点编号，其标注的测点编号应与数据采集记录中的测点编号严格一致。草图上地形要素之间的相互位置必须清楚正确，地形图上须注记的各种名称、地物属性等，草图上必须标注清楚。

每次工作结束后应及时对采集的数据进行检查。若草图绘制有错误，应按照实地情况修改草图。若数据记录有错误，可修改测点编号地形码和信息码，但严禁修改观测数据，否则须返工重测。删除或标记作废记录，补充实测时来不及记录的数据。对错漏数据要及时补测，超限的数据应重测。检查修改后的数据文件应及时存盘并备份。

4. 测量内容及取舍

测量控制点是测绘地形图的主要依据，在图上应精确标示。房屋的轮廓应以墙基外角为准，并按建筑材料和性质分类，注记层数。房屋应逐个标示，临时性房屋可舍去。建筑物和围墙轮廓凸凹在图上小于 0.5 mm，简单房屋小于 0.6 mm 时，可用直线连接。

各项地理名称注记位置应适当，无遗漏。居民地、道路、单位名称和房屋栋号应正确注记。其他地物参照"规范"和"图式"合理取舍。地形点平均间距为 25 m，地性线和断裂线应按其地形变化增加采样点密度。

5. 记录及草图绘制

外业数据采集时，记录及草图绘制应清晰、信息齐全。不仅要记录观测值及测站的有关数据，还要记录编码、点号、连接点和连接线等信息，以方便绘图。

6. 注意事项

（1）绘图员在一测站开始观测前，应巡视周围的地形，布置碎部点观测顺序，观测顺序应以方便绘图为准。

（2）每一测站，全站仪观测过程中，每测若干碎部点或结束时，应重新瞄准后视方向进行检查，若水平度盘读数变动超过±4，则重新定向。

（3）图根点展绘完毕后应进行检查，图上相邻图根点之间的距离与已知坐标反算距离相比较，差值应不大于图上 0.3 mm，如果超过，应重新展点。

（4）每一测站的工作结束后，应在测绘范围内检查地物、地貌是否漏测、少测、重复测，各类地物名称和地理名称等是否清楚齐全，在确保没有错误和遗漏后，可迁至下一站。

7.5.2　内业数据处理

CASS 软件是广东南方数码科技股份有限公司基于 CAD 平台开发的一套集地形、地籍、空间数据建库、工程应用、土石方算量等功能为一体的软件系统。

基本操作流程：数据导入→绘平面图→绘等高线→加注记→加图框。

1. 数据导入

用数据传输软件将全站仪测量数据文件拷贝至计算机中。

2. 绘平面图（地物）

以"STUDY. dat"为例：

（1）定显示区：绘图处理→定显示区→STUDY. dat。

（2）测点点号定位成图：坐标定位→点号定位→STUDY. dat。

（3）展点：绘图处理→展野外测点点号→STUDY. dat。

（4）绘平面图：①绘公路：屏幕右侧菜单区→交通设施→公路→平行等外公路→OK→比例尺→点号；②绘房屋：屏幕右侧菜单区→居民地→一般房屋→多点砼房屋；③绘制小路、乡村路、陡坎、路灯、肥气池、水井、电线、独立树、菜地、控制点。

（5）删除展点注记：编辑→删除→删除实体所在图层→选择任意一个点号的数字注记（注：此时即删除所有点号）。

3. 绘等高线（地貌）

（1）展高程点：【绘图处理】→【展高程点】→选择文件"STUDY. dat"→【打开】→回车。

（2）建立 DTM：【等高线】→【建立 DTM】→选择建立 DTM 的方式（如：⊙由数据文件生成）和坐标数据文件名（如：STUDY. dat）→【确定】。

（3）绘制等高线：【等高线】→【绘制等高线】→"等高距"栏输入"1"；⊙三次 B 样条拟合→【确定】。

（4）删三角网：【等高线】→【删三角网】。

（5）等高线修剪：【等高线】→【等高线修剪】→【切除指定区域内等高线】/【切除指定二线间等高线】。

4. 加注记

屏幕右侧菜单【文字注记】→输入"注记内容"、"图面文字大小"（复选"字头朝北"），选择"注记排列""注记类型"→【确定】。

5. 加图框

【绘图处理】→【标准图幅（50×40cm）】→输入"图名""测量员/绘图员/检查员""接图表""左下角坐标"，删除图框外实体→【确定】。

6. 注意事项

（1）Auto CAD 与 CASS 软件的版本要对应。

（2）在操作过程中也要不断地进行存盘，以防操作不慎导致数据丢失。正式工作时，最好不要把数据文件或图形保存在 CASS50 或其子目录下，应该创建工作目录。比如在 C 盘根目录下创建 DATA 目录存放数据文件，在 C 盘根目录下创建 DWG 目录存放图形文件。

（3）在执行各项命令时，每一步都要注意看下面命令区的提示：当出现"Command："提示时，要求输入新的命令；当出现"Select objects："提示时，要求选择对象；等等。一个命令没执行完时，最好不要执行另一个命令，若要强行终止，可按键盘左上角的"Esc"键或按"Ctrl"的同时按下"C"键，直到出现"Command："提示为止。

思考题与习题

1. 地形图上的地物符号分为哪几类？试举例说明。
2. 何谓等高线？等高线有何特性？等高线有哪些种类？
3. 地形图的分幅编号有哪两种方法？各适用于什么情况？
4. 大比例尺数字测图野外数据采集需要得到哪些数据和信息？
5. 何谓地形图的比例尺？其主要表现形式有哪两种？

第8章 地形图的应用

8.1 地形图的识读

地形图是包含丰富的自然地理、人文地理和社会经济信息的载体。它是进行建筑工程规划、设计和施工的重要依据。正确地应用地形图，是建筑工程技术人员必须具备的基本技能。

8.1.1 地形图图外注记识读

根据地形图图外注记可全面了解地形的基本情况。例如，由地形图的比例尺可以知道该地形图反映地物、地貌的详略；根据测图日期的注记可以知道地形图的新旧，从而判断地物、地貌的变化程度；从图廓坐标可以掌握图幅的范围；通过接合图表可以了解与相邻图幅的关系。了解地形图所使用的《地形图图式》版别，对地物、地貌的识读非常重要。了解地形图的坐标系统、高程系统、等高距、测图方法等，对正确用图很重要。

8.1.2 地物识读

地物识读前要熟悉一些常用的地物符号，了解地物符号和注记的确切含义。根据地物符号，了解图内主要地物的分布情况，如村庄名称、公路走向、河流分布、地面植被、农田等。

8.1.3 地貌识读

地貌识读前要正确理解等高线的特性，根据等高线了解图内的地貌情况。首先要知道等高距是多少，然后根据等高线的疏密判断地面坡度及地势走向。

8.2 地形图应用的基本内容

8.2.1 在图上确定某点的坐标

大比例尺地形图上绘有 10 cm×10 cm 的坐标格网，并在图廓上注有纵、横坐标值，如图 8-1 所示。

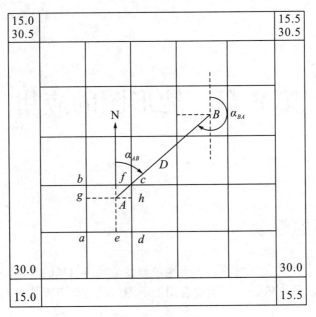

图 8-1　地形图的应用

欲求图上 A 点的坐标，首先要根据 A 点在图 8-1 上的位置确定 A 点所在的坐标方格 $abcd$，过 A 点作平行于 x 轴和 y 轴的两条直线 gh、fe，与坐标方格相交于 g、h、f、e 四点，再按地形图比例尺量出 $ae=48.6$ m，$ag=60.7$ m，则 A 点的坐标为

$$\left.\begin{array}{l} x_A = x_a + ae = 2100\ \text{m} + 48.6\ \text{m} = 2148.6\ \text{m} \\ y_A = y_a + ag = 1100\ \text{m} + 60.7\ \text{m} = 1160.7\ \text{m} \end{array}\right\} \tag{8-1}$$

如果精度要求较高，则应考虑图纸伸缩的影响，此时还应量出 ab 和 ad 的长度。设图上坐标方格边长的理论值为 1（1=100 mm），则 A 点的坐标可按式（8-2）计算，即

$$\left.\begin{array}{l} x_A = x_a + \dfrac{1}{ad}ae \\ y_A = y_a + \dfrac{1}{ab}ag \end{array}\right\} \tag{8-2}$$

8.2.2　在图上确定两点间的水平距离

8.2.2.1　解析法

如图 8-1 所示，欲求 AB 的距离，可按式（8-1）先求出图上 A、B 两点的坐标 (x_A, y_A) 和 (x_B, y_B)，则 AB 的水平距离为

$$D_{AB} = \sqrt{(x_B - x_A)^2 + (y_B - y_A)^2} \tag{8-3}$$

8.2.2.2　在图上直接量取

用两脚规在图上直接卡出 AB 的长度，再与地形图上的直线比例尺比较，即可得出 AB 的水平距离。当精度要求不高时，可用尺子直接在图上量取。

8.2.3　在图上确定某一条直线的坐标方位角

8.2.3.1　解析法

如果 A、B 两点的坐标已知，可按坐标反算公式计算 AB 直线的坐标方位角：

$$\alpha_{AB} = \arctan \frac{y_B - y_A}{x_B - x_A} = \arctan \frac{\Delta y_{AB}}{\Delta x_{AB}} \tag{8-4}$$

8.2.3.2　图解法

当精度要求不高时，可由量角器在图上直接量取其坐标方位角。如图 8-1 所示，通过 A、B 两点分别作坐标纵轴的平行线，然后用量角器的中心分别对准 A、B 两点量出直线 AB 的坐标方位角 α_{AB} 和直线 BA 的坐标方位角 α_{BA}。

8.2.4　在图上确定任意一点的高程

地形图上点的高程可根据等高线或高程注记点来确定。

8.2.4.1　点在等高线上

如果点在等高线上，则其高程即等高线的高程。如图 8-2 所示，A 点位于 30 m 等高线上，则 A 点的高程为 30 m。

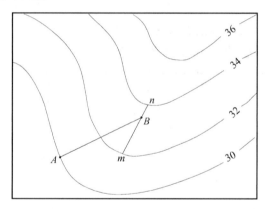

图 8-2　确定点的高程

8.2.4.2　点不在等高线上

如果点不在等高线上，则可按内插法求得。如图 8-2 所示，B 点位于 32 m 和 34 m 两条等高线之间，这时可通过 B 点作一条大致垂直于两条等高线的直线，分别交等高线于 m、n 两点，在图上量取 mn 和 mB 的长度，又已知等高距 $h = 2$ m，则 B 点相对于 m 点的高差可按下式计算：

$$h_{mB} = \frac{mB}{mn} \times h \tag{8-5}$$

设 $\dfrac{mB}{mn}$ 的值为 0.8，则 B 点的高程为

$$H_B = H_m + h_{mB} = 32\ \text{m} + 0.8 \times 2\ \text{m} = 33.6\ \text{m}$$

通常根据等高线，用目估法按比例推算图上点的高程。

8.2.5　在图上确定某一条直线的坡度

在地形图上求得直线的长度以及两端点的高程后，可按下式计算该直线的平均坡度：

$$i = \frac{h}{dM} = \frac{h}{D} \qquad (8-6)$$

式中，d 为图上量得的长度，单位为 mm；M 为地形图比例尺的分母；h 为两端点间的高差，单位为 m；D 为直线实地水平距离，单位为 m。

坡度有正负号，正号表示上坡，负号表示下坡。坡度常用百分率（%）或千分率（‰）表示。

8.3　地形图在工程建设中的应用

利用地形图可以很容易地获取各种地形信息，方便工程设计人员使用，可提高工作效率。因此，地形图在各种工程建设的规划与设计、交通工具的导航、环境监测和土地利用调查等方面都有广泛的应用。

8.3.1　绘制已知方向线的纵断面图

纵断面图是反映指定方向地面起伏变化的剖面图。在道路、管道等工程设计中，为进行填、挖土（石）方量的概算，合理确定线路的纵坡等，均需要较详细地了解沿线路方向上的地面起伏变化情况，为此常根据大比例尺地形图的等高线绘制线路的纵断面图。如图 8-3 所示，欲绘制直线 AB、BC 的纵断面图。

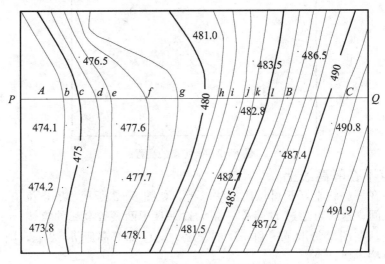

图 8-3　绘制已知方向线的纵断面图

（1）在图纸上绘出表示平距的横轴 PQ，过 A 点作垂线，作为纵轴，表示高程。平距的比例尺与地形图的比例尺一致；为了明显地表示地面起伏变化情况，高程比例尺往往比平距比例尺放大 10~20 倍。

（2）在纵轴上标注高程，在图上沿断面方向量取两相邻等高线间的平距，依次在横轴上标出，得 b、c、d、…、l 及 C 等点。

（3）从各点作横轴的垂线，在垂线上按各点的高程，对照纵轴标注的高程确定各点在剖面上的位置。

（4）用光滑的曲线连接各点，即得已知方向线 A—B—C 的纵断面图。

8.3.2　图纸上道路选线

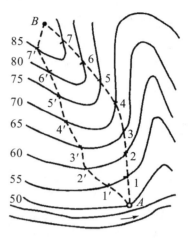

如图 8-4 所示，有一条公路从山下经过，山上有居民地点，拟从 A 点修一条公路上到居民地。该局部地形图比例尺为 1：5000，考虑到运输货物，道路纵向坡度取定为 i，道路从 A 点到达 B 点，实际就是经过一系列等高线的问题。图上等高距为 5 m，实地上公路通过相邻两根等高线所需的最短水平距离为 100 m，对应图上为 2 cm，则从 A 点开始，以 2 cm 为半径，画圆弧，交高程为 55 m 的等高线于点 1；后面逐一以各交点为圆心、2 cm 为半径画圆弧，得与上一等高线的交点。将两个不同方向的各点用折线相连，即规划出坡度为 5‰ 道路的位置。最后到实地勘察，结合沿线的地质情况、占地、拆迁、工程量等各方面来最终确定经济合理的道路路线。

图 8-4　按规定坡度选定最短路线

（1）确定线路上两相邻等高线间的最小等高线平距。

$$d=\frac{h}{iM}=\frac{5}{0.05\times5000}=0.02\ （m）$$

（2）先以 A 点为圆心，以 d 为半径，用圆规画弧，交 55 m 等高线于 1 点，再以 1 点为圆心，同样以 d 为半径画弧，交 60 m 等高线于 2 点，依次到 B 点。连接相邻点，便得同坡度路线 A—1—2—…—B。在选线过程中，有时会遇到两相邻等高线间的最小平距大于 d 的情况，即所画圆弧不能与相邻等高线相交，说明该处的坡度小于指定的坡度，则以最短距离定线。

（3）在图上还可以沿另一方向定出第二条线路 A—1′—2′—…—B，可作为方案的比较。在实际工作中，还需在野外考虑工程上的其他因素，如少占或不占耕地、避开不良地质构造、减少工程费用等，最后确定一条最佳路线。

8.3.3　地形图在平整场地中的应用

将施工场地的自然地表按要求整理成一定高程的水平地面或一定坡度的倾斜地面的工作称为平整场地。在场地平整工作中，为使填、挖土（石）方量基本平衡，常要利用地形图确定填、挖边界并进行填、挖土（石）方量的概算。场地平整的方法很多，其中方格网法是最常用的一种。

8.3.3.1　将场地平整为水平地面

图 8-5 为 1：1000 比例尺的地形图，拟将原地面平整成某一高程的水平面，使填、挖土（石）方量基本平衡。方法和步骤如下：

（1）绘制方格网。在地形图上拟平整场地内绘制方格网，方格大小根据地形复杂程度、地形图比例尺，以及要求的精度而定。一般方格的边长为 10 m 或 20 m。图 8-5 中方格为 20 m×20 m。各方格顶点号注于方格点的左下角，如图中的 A1、A2、…、E3、E4 等。

(2) 求各方格顶点的地面高程。根据地形图上的等高线，用内插法求出各方格顶点的地面高程，并注于方格顶点的右上角，如图8-5所示。

(3) 计算设计高程。分别求出各方格四个顶点的平均值，即各方格的平均高程；然后将各方格的平均高程求和再除以方格数 n，即得到设计高程 $H_设$，并注于方格顶点的右下角。

(4) 确定方格顶点的填、挖高度。各方格顶点地面高程与设计高程之差为该点的填、挖高度，即

$$h = H_地 - H_设 \tag{8-7}$$

式中，h 符号为"+"表示挖深，符号为"-"表示填高。将 h 值标注于相应方格顶点的左上角。

(5) 确定填、挖边界线。根据设计高程 $H_设$，在地形图上用内插法绘出等高线。该线就是填、挖边界线，图8-5中用虚线绘制的等高线即填、挖边界线。

(6) 计算填、挖土（石）方量。有两种情况：一种是整个方格全填或全挖方；另一种是方格中既有挖方又有填方。计算出其他方格的填、挖土（石）方量，最后将各方格的填、挖土（石）方量累加，即得总的填、挖土（石）方量。

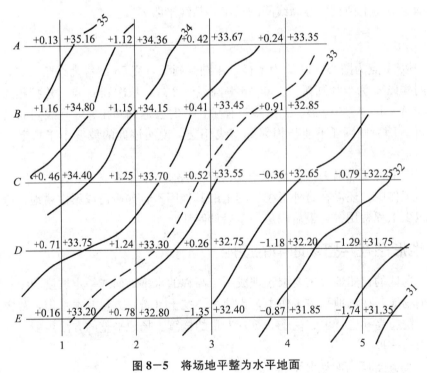

图8-5 将场地平整为水平地面

8.3.3.2 将场地平整为一定坡度的倾斜场地

根据地形将地面平整为倾斜场地，设计要求是倾斜面的坡度：从北到南的坡度为 -2%，从西到东的坡度为 -1.5%。倾斜平面的设计高程应使得填、挖土（石）方量基本平衡。具体步骤如下：

(1) 绘制方格网并求方格顶点的地面高程。采用与将场地平整为水平地面相同的方法绘制方格网，并将各方格顶点的地面高程注于图上。图中方格边长为 20 m。

（2）计算各方格顶点的设计高程。根据填、挖土（石）方量基本平衡的原则，采用与将场地平整为水平地面计算设计高程相同的方法计算场地几何形重心点的高程，并作为设计高程。

重心点及设计高程确定以后，根据方格点间距和设计坡度，自重心点起沿方格方向，向四周推算各方格顶点的设计高程。然后推算得其他方格顶点的设计高程，并将高程注于方格顶点的右下角。推算高程时应进行以下两项检核：

①从一个角点起沿边界逐点推算一周后到起点，设计高程应闭合。

②对角线各点设计高程的差值应完全一致。

（3）计算方格顶点的填、挖高度。按式（8-7）计算各方格顶点的填、挖高度并注于相应点的左上角。

（4）计算填、挖土（石）方量。根据方格顶点的填、挖高度及方格面积，分别计算各方格内的填、挖土（石）方量及整个场地总的填、挖土（石）方量。

8.3.4　面积的计算

在规划设计和工程建设中，常常需要在地形图上量算某一区域范围的面积，如求平整土地的填挖面积，规划设计城镇某一区域的面积，厂矿用地面积，渠道和道路工程的填、挖断面面积、汇水面积等。下面介绍几种量测面积的常用方法。

8.3.4.1　解析法

当要求测定面积的方法具有较高精度且图形为多边形，各顶点的坐标值为已知值时，可采用解析法计算面积。

8.3.4.2　几何图形法

若地形图上的图形是多边形，可以将复杂的多边形分解成若干三角形，分别计算各个三角形对应实地的面积，求其总和，即可得到所求图形的面积。为了保证计算结果的正确性，对多边形图形要采用不同的分解方法计算两次。两次计算结果要符合精度要求，取平均值作为最终结果。

8.3.4.3　透明方格法

对于不规则曲线围成的图形，可采用透明方格法进行面积量算。如图 8-6 所示，用透明方格网纸（方格边长一般为 1 mm、2 mm、5 mm、10 mm）蒙在要量算的图形上，先数出图形内的完整方格数，然后将不够一整格的用目估折合成整格数，两者相加再乘以每格所代表的面积，即所要量算图形的面积：

$$s = n \times A \tag{8-8}$$

式中，n 为方格总数；A 为一个方格的面积。

8.3.4.4　平行线法

透明方格法的量算受到方格凑整误差的影响，精度不高，为了减少边缘因目估产生的误差，可采用平行线法。

如图 8-7 所示，量算面积时，将绘有间距 $d=1$ mm 或 $d=2$ mm 的平行线组的透明纸覆盖在待算的图形上，则整个图形被平行线切割成若干等高距为 d 的近似梯形，上、下底的平均值以 l_i 表示，则图形的总面积为

$$s = d \cdot l_1 + d \cdot l_2 + \cdots + d \cdot l_n = d \sum_{i=1}^{n} l_i \qquad (8-9)$$

根据图的比例尺将其换算为实地面积：

$$S = d \sum_{i=1}^{n} l_i \times M^2 \qquad (8-10)$$

式中，M 为地形图比例尺的分母。

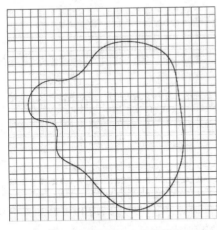

图 8-6　透明方格法求图形面积

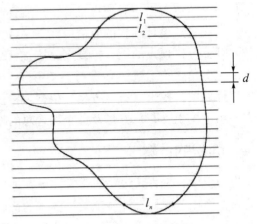

图 8-7　平行线法求图形面积

8.3.4.5　求积仪法

求积仪是一种专门用来量算图形面积的仪器。其优点是量算速度快，操作简便，适用于各种不同图形的面积量算，而且能达到一定的精度要求。求积仪有机械求积仪和电子求积仪两种，在此仅介绍电子求积仪。电子求积仪具有操作简便、功能全、精度高等特点。电子求积仪有定极式和动极式两种，现以 KP-90N 动极式电子求积仪为例说明其构造、特点及量算方法。

1. 构造

电子求积仪由三大部分组成：一是动极和动极轴；二是微型计算机；三是跟踪臂和跟踪放大镜。

2. 特点

该仪器可进行面积累加测量、平均值测量和累加平均值测量，可选用不同的面积单位，还可通过计算器进行单位与比例尺的换算，以及测量面积的存储，精度可达 1/500。

3. 测量方法

电子求积仪的测量方法如下：

（1）将图纸水平固定在图板上，把跟踪放大镜放在图形中央，并使动极轴与跟踪臂成 90°。

（2）开机后，用"UNIT-1"和"UNIT-2"两个功能键选择好单位，用"SCALE"键输入图的比例尺，并按"R-S"键，确认后，即可在欲测图形中心的左边周线上标明一个记号，作为测量的起始点。

（3）按"START"键，蜂鸣器发出响声，显示零，用跟踪放大镜中心准确地沿着图形的边界线顺时针移动一周后回到起点，其显示值即图形的实地面积。为了提高精度，对同一图形面积要重复测量三次以上，取其平均值。

8.3.5　确定集雨区域

在山谷、河流上修建大坝、桥梁、涵洞，都需要知道上游有多大面积的雨水流经工程区域，这个对应区域就称为集雨区。集雨区是一个封闭区域，其边界是根据山头、分水岭来确定的。如图 8-8 所示，在 AM 处要修建一桥梁，必须考虑河谷上游所来洪水流量，以便在设计桥梁时留下足够的过水孔洞，因此就需要知道该桥梁处的集雨区。其确定办法是先定出分水的各山头，然后从桥梁两端垂直于等高线到达附近山头，最后从山头出发，通过分水岭，经过鞍部，到达另一山头，从而形成一个封闭区域。该封闭区域所降雨水形成的洪水都将从 AM 处流出。

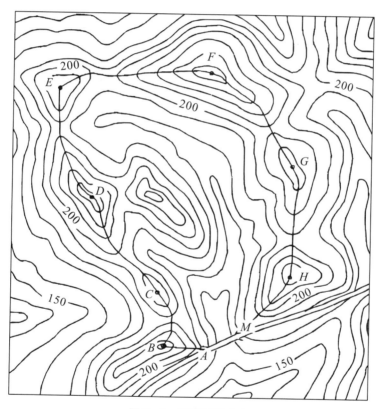

图 8-8　集雨区的确定

思考题与习题

1. 如何进行地形图的识读？识读的目的是什么？

2. 地形图应用的基本内容包括哪些？

3. 如何确定地形图上某一点的高程？

4. 在 1∶1000 地形图上，设等高距为 2 m，现量得某相邻两条等高线上 A、B 两点间的图上距离为 0.06 m，则 A、B 两点的地面坡度为多少？

5. 请分析各种面积计算方法的优缺点及适用范围。

第 2 篇
工程应用测量

第1部分　水利工程应用测量

第9章　河流开发规划时期的测量工作

9.1　概　述

为了充分发挥水利资源的效益，满足国民经济部门发展的需要，在对某一水系或某一河流进行开发之前，应该有一个综合开发利用的全面规划，此时应考虑各用水部门的不同要求，结合河流的特点对整个流域的开发进行研究，确定河流的开发目标、开发次序，分清主次、合理协调，以最大限度地利用水利资源。一般来讲，山区河流的开发目标以发电为主，平原河流的开发目标以航运、灌溉为主。这种对整条河流（或局部段）综合开发的规划称为流域规划，它是国民经济发展计划的一个组成部分。

由于流域规划是在整个流域进行的，因此，不仅要对河流中径流的水利资源进行规划，也要对该区域的地下水源进行规划。此外，在某些情况下还有跨流域规划，即对两条或两条以上的河流进行水力资源开发的综合规划，如我国的南水北调工程。

流域规划的主要内容之一是制定河流的梯级开发方案，合理地选择枢纽位置和分布。拟定河流的梯级开发方案时，除考虑国民经济发展的因素外，还应考虑流域的地形、地质、水文及其他一系列条件。例如，我国黄河上游青海省境内的龙羊峡至寺沟峡河段，全长约 400 km。该河段河谷狭窄、两岸陡峻，水面宽度仅 30～50 m，地质条件良好，是有利于修建高坝的地段。在这种地区修建水电站，投资少，获得的能源丰富；同时，由于山地人烟稀少，淹没损失小，移民少。因此，在规划阶段拟定了 7 个梯级的开发方案，其梯级开发示意图如图 9-1 所示。

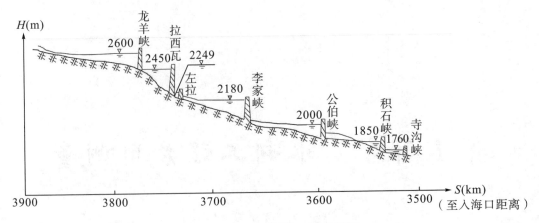

图 9−1　黄河上游梯级开发示意图

由图 9−1 可以看出，河流的梯级布置有两种情况：如龙羊峡至左拉河段，在全面治理之后，河流的水位线形成连续的梯级，即上一梯级电站水库的尾水水位等于下一梯级电站水库的回水水位，这样可以最大限度地开发水能，并为航运提供有利条件。但对于有些地区，由于地形地质等条件的限制，或是需要减少某些地区的淹没损失，这时可布置成不连续的梯级，即上一梯级电站水库的尾水水位高于下一梯级电站水库的回水水位，如图中左拉以下的几个梯级便是这种情况。

由上述可以看出，在进行梯级布置时，不仅需要在地形图上确定合适的位置，还应确定各水库的正常高水位。为此，测量人员应提供该流域的地形图、河流纵断面图以及河谷地形图。根据流域面积大小、地形条件和研究内容等情况，对整个流域提供 1∶50000～1∶100000 的流域地形图。为初步确定各梯级水库的淹没情况及库容，需用 1∶10000～1∶50000 的国家基本图。因此，可收集国家基本图或其他勘测单位的现有图供设计使用。在收集资料时，除具体成果、成图外，还应包含下列资料：施测单位、施测时间、作业规范、标石耐久程度和保存情况，实测结果所达到的各项精度指标、所采用的坐标系统等。对于文字和计算资料，则应了解其资料目录和数量、保存地点、计算方法、有无技术报告或总结等。在分析上述资料的基础上，确定已有成果是否可用，或是否需要进行修测或补测。

为了提供河流纵断面图，在收集地形资料和其他测量资料的同时，还应收集该区域内大小河流已有的纵横断面资料。根据需要有时还要测定河流水面高程，测定局部地区河流的横断面及水下地形图。

9.2　河流水面高程的测定

在水利工程建设的勘测设计阶段，编制河流纵断面图、测定河流水面的比降以及在测定水下地形图时，都要求测定河流水面高程。

河谷地形、河槽形状、坡度和流量的变化，以及泥沙淤积、冲刷等因素的影响，都会引起河流水面高程发生变化。尽管在河流上每隔一定的距离设有水文站，但要详细了解河流水面的变化特征，仅靠水文站的观测是不够的。因此，还必须沿河流布设一定数量的水位点，用来测定河流水面高程及其变化。水位点应尽可能位于河流水面变化的特征处。

水位点的密度应根据河流的比降、落差、断面形态变化等来确定，同时也要考虑各设计阶段的要求。一般来讲，两相邻水位点间的河段应具有大致均匀的比降。在流域规划时期，水位点的间距可长一些。为满足水利枢纽工程设计编制纵断面图的需要，水位点的间距可参考表 9—1 中的数据。对于水面比降急剧变化的地段，如浅滩、沙洲、转弯处或河流水面宽窄变化处以及有建筑物的上、下游等地，都应适当增设水位点。

表 9—1　水位点密度

水面比降	水位点的间距/km	相应落差/m
1∶200	0.4	2.0
1∶500	0.8	1.6
1∶1000	1.0	1.0
1∶2000	1.6	0.8
1∶4000	2.0	0.5
1∶5000	2.5	0.5

水位点的平面位置可根据地形图上的测站点或明显地物点用解析法或图解支导线法或图解交会法测定，其测定精度应与编绘纵断面图时采用地形图上的平坦地区地物点的精度要求一致。

为测定河流水面高程，首先沿河流建立统一的高程控制，然后设立水位点进行水位观测。建立高程控制时，通常是在河流沿线布设一定数量的高程控制点。高程控制点应尽可能布设在靠近河岸但又不致被洪水淹没的较为稳定的地点，且最好与待测水位点位于同岸。高程控制点的位置应尽量与水位点的位置相对应，如图 9—2 所示。当水位点不能包括在水准路线内直接测定时，可在水位点附近留一临时水准点标志。可在固定建筑物上或基岩上设立标志，也可用木桩打入在工作期间不会被淹没或破坏的较稳定的土中作为标志。设置临时水准点时，要求从临时水准点到水位点的高程连测转站次数最多不超过三次。

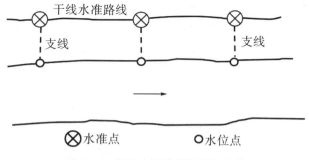

图 9—2　河流水面高程控制点布设

控制点的高程一般采用等级几何水准法测定，其精度要求视地形条件、水面比降和路线长度而定。

水位观测最常用的观测设备为水尺，对于常年观测水位的水文站则多用自计水位计。其中应用最广的水尺为直立式水尺，它们可以设置在水域内的现有建筑物上，或钉在大木桩上，如图 9-3 所示。另一种常见的水尺为矮桩式水尺，它适用于现场条件较差、为了避免水流和漂浮物撞击的影响或河床土质松软不宜设置直立式水尺的地区；用大木桩打入水底泥土中，深度应在 1.5 m 以下，其顶部露出地面 5~10 cm 且钉一圆头钉作为标志。

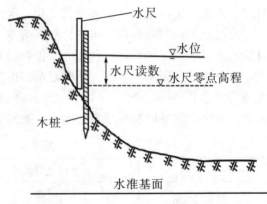

图 9-3　直立式水尺水位测量示意图

水尺零点高程采用五等水准作业方法及精度要求测定。观测水尺时应尽可能接近水尺；水面读数可取至 0.5~3 cm，可根据河流比降来确定；当河流比降较小时，读数精度应稍高一些，反之可稍低一些。有风浪时，应取波峰和波谷读数的平均值。水尺零点高程加上水尺读数即得水位。对于矮桩式水尺，观测时可用一根轻便木尺置于桩顶圆头钉上，量取水深读数，加上桩顶高程即得水位。

在编制河流纵断面图和计算水面比降时，需要河流水面各点的高程在同一时间求得，即瞬时水位。所谓瞬时水位，包含两层含义：第一，各点高程应该是直接或间接在同一时间求得；第二，这一水位往往还是设计要求的某一特定水位，如桥梁设计要求的最高水位，河道通航要求的最低水位。

瞬时水位测定主要有以下几种方法：

（1）瞬时水位法。当待测河段不长，水位点不多时，可在各水位点处按规定的时间同时测定水面高程。具体做法：在规定的同一时间内，由各水位点的观测人员在水边打下与水面齐平的木桩，然后将各桩与附近的水准点连测，求得该点的桩顶高程，该高程即为本点在打桩时刻的瞬时水位。有时，由于风浪的影响，木桩顶面很难正好与水面齐平，这时可先将木桩打在高于或低于水面若干厘米的位置，然后在规定的时间内按前述矮桩式水尺的量测方法测得水面读数，当由附近水准点测得桩顶高程后，再由水尺读数计算出水面高程。

（2）分段瞬时水位法。当待测河段较长或水位点较多，由于人力和仪器设备的限制，不能一次同时测定各水位点的水面高程时，可将河道分成若干段，每段内各水位点的水面高程可以由上述瞬时水位法测定，在每段的两端设立有临时水位站，在水位站的水尺上定时观测水位。各河段观测结束后，可根据临时水位站上各时刻的水位将各河段的水面高程换算成某一时刻的瞬时水位。

（3）工作水位法。此法是在不同的时间（工作时间）内测定各水位点的水面高程，同时在待测河段内设置 1~2 支临时水尺，在水尺上按一定的时间间隔读取水尺读数。时间间隔可根据水位变化情况决定，当水位变化大时，间隔应短一点，一般每半小时或一小时观测一次。尽管这样观测的各水位点高程不是同一时刻的高程，但可以根据临时水尺观测的水位变化对其余各水位点的水位进行换算，以求得某一时刻的瞬时水位。

例如，将某河段在某日对各水位点观测的成果和时间分别列入表 9-2 的第 2 栏和第 3 栏，临时水尺观测成果列入第 4 栏。当要求将该河段各水位点的水位换算成该日 6 时的水位时，先计算临时水尺各时刻相对 6 时的水位变化值，列入第 5 栏；由第 5 栏的变化值换算各水位点在 6 时的工作水位, 列入第 6 栏。

由以上可以看出, 若利用一临时水尺对一河段进行水位换算, 是以临时水尺各时刻的水位变化代表该河段的水位变化。当河段内不同水位站处水位变化的差别较大时, 则应增加临时水尺数, 由河段两站的水尺读数进行换算。

表 9—2 水位观测成果表

观测地点	工作水位/m	观测时间	临时水尺读数/m	相对 6 时的水位变化/m	换算为 6 时的工作水位/m
1	2	3	4	5	6
		6 月 5 日			
水位站（1）	71.234	6:00	0.894	0	71.234
水位点 3	71.214	6:35	0.902	0.008	71.206
水位点 4	70.200	7:10	0.912	0.018	70.182 ⎫
水位点 4	70.215	8:15	0.931	0.037	70.178 ⎭ 70.180
水位点 5	70.194	8:45	0.944	0.050	70.144
水位点 6	70.100	9:08	0.942	0.048	70.052
水位站（2）	69.995	9:35	0.941	0.047	69.948

9.3 水位换算

为了在纵断面图上绘出全河段或全河流的同时水位, 应将各分段观测的瞬时水位换算成全河段的瞬时水位 (或假定水位), 这种求同时水位的方法称为水位归化。

如图 9—4 所示, H_A、H_B、H_M 分别为同一时间在上游水位站 A、下游水位站 B 和中间水位点 M 测得的工作水位, 要求根据水位站 A、B 的水位观测资料, 计算出中间水位点 M 某时刻的同时水位。这时, 先从水位站 A、B 分别查得要求时刻的同时水位 h_A、h_B, 并计算出它们相对工作水位 H_A 和 H_B 的水位涨落变化, $\Delta H_A = H_A - h_A$, $\Delta H_B = H_B - h_B$, 然后可按下面两种方法之一计算同时水位。

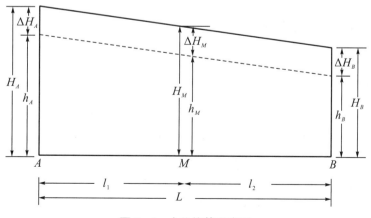

图 9—4 水位换算示意图

9.3.1 由两水位站与各水位点间的落差求改正数

此法是假定落差改正数的大小与各点间的落差成正比进行内插。根据图 9-4，由上游水位站推算，得

$$\Delta H_M = \Delta H_A - \frac{\Delta H_A - \Delta H_B}{H_A - H_B}(H_A - H_M) \tag{9-1}$$

由下游水位站推算，得

$$\Delta H_M = \Delta H_B + \frac{\Delta H_A - \Delta H_B}{H_A - H_B}(H_M - H_B) \tag{9-2}$$

利用式（9-1）及式（9-2）计算的结果可以互相进行检核，检核若无误差，则 M 点的同时水位为

$$h_M = H_M - \Delta H_M \tag{9-3}$$

例如，已知水位点 M 6 月 13 日 8 时所测得的工作水位 $H_M = 48.121$ m，试求换算到 6 月 8 日 12 时的同时水位。换算步骤如下：

（1）由上、下游水位站 A 和 B 的观测手簿查得 6 月 13 日 8 时的工作水位：

$$H_A = 49.232 \text{ m}, \quad H_B = 47.043 \text{ m}$$

同时查得 6 月 8 日 12 时的工作水位：

$$h_A = 48.938 \text{ m}, \quad h_B = 46.681 \text{ m}$$

（2）计算两水位站的水位变化。

$$\Delta H_A = H_A - h_A = 49.232 \text{ m} - 48.938 \text{ m} = +0.294 \text{ m}$$

$$\Delta H_B = H_B - h_B = 47.043 \text{ m} - 46.681 \text{ m} = +0.362 \text{ m}$$

（3）按式（9-1）和式（9-2）分别计算 ΔH_M，其值均为 +0.329 m。

（4）计算 M 点 6 月 8 日 12 时的同时水位：

$$h_M = H_M - \Delta H_M = 47.792 \text{ m}$$

该方法对平原或山区河流均适用。

9.3.2 由距离求改正数

此法是假定各点间落差改正数的大小与各点间的距离成正比，按距离之比进行内插求改正数，其计算公式如下：

根据图 9-4，由上游水位站推算，得

$$\Delta H_M = \Delta H_A - \frac{\Delta H_A - \Delta H_B}{L} \cdot l_1 \tag{9-4}$$

由下游水位站推算，得

$$\Delta H_M = \Delta H_B + \frac{\Delta H_A - \Delta H_B}{L} \cdot l_2 \tag{9-5}$$

同上例，已知水位点 M 6 月 13 日 8 时所测得的工作水位 $H_M = 48.121$ m，试求换算到 6 月 8 日 12 时的同时水位。换算步骤如下：

（1）由上、下游水位站 A 和 B 的观测手簿查得 6 月 13 日 8 时的工作水位 $H_A = 49.232$ m，$H_B = 47.043$ m，6 月 8 日 12 时的工作水位 $h_A = 48.938$ m，$h_B = 46.681$ m，并从地形图上量得 $L = 8$ km，$l_1 = 4.06$ km，$l_2 = 3.94$ km。

（2）计算 A、B 两水位站的涨落数。

$$\Delta H_A = +0.294 \text{ m}$$
$$\Delta H_B = +0.362 \text{ m}$$

（3）按式（9-4）和式（9-5）分别计算 ΔH_M，其值均为 +0.329 m。

（4）计算 M 点 6 月 8 日 12 时的同时水位：

$$h_M = H_M - \Delta H_M = 47.792 \text{ m}$$

在上述计算过程中，H_A、H_B 和 h_A、h_B 均是从上、下游水位站的观测手簿中查取，若上述数值未曾被记录下来，即在所要求的时刻内未进行水位观测，则可根据其他时刻的观测水位，用时间内插法求出要求时刻的水位，即 H_A、H_B、h_A、h_B，然后再按上述各步骤进行换算。

9.4　纵、横断面测量

9.4.1　横断面测量

为了掌握河道的演变规律，以及在水利枢纽工程设计中计算回水曲线和了解枢纽上、下游地区的河道形状，或者研究库区淤积等，都需要沿河流布设一定数量的横断面，在这些断面上进行水深测量，绘制横断面图。

横断面的位置一般可根据设计用途由设计人员和测量人员先在地形图上或遥感影像上选定，然后尽可能共同到现场确定。横断面应尽量选在水流比较平缓且能控制河床变化的地方。为了便于进行水深测量，横断面应尽可能避开急流、险滩、悬崖、峭壁，断面方向应垂直于河槽。

横断面的间距视河流大小和设计要求而定，一般在重要的城镇附近，支流入口，水工建筑物上、下游和河道大转弯处等都应加设横断面；而对于河流比降变化和河槽形态变化较小、人口稀少和经济价值低的地区，可适当加大横断面的间距。（对进行某种研究的河段，一般应加设横断面。）

横断面的位置在实地确定后，应在断面两端设立断面基点，或在一端设立一个基点并同时确定断面线的方位角。断面基点应埋设在最高洪水位以上，并与控制点联测，以确定其平面位置和高程，作为横断面测量的平面和高程控制。断面基点平面位置的测定精度应不低于编制纵断面图使用的地形图测站点的精度；高程一般应以五等水准测定。当受地形条件限制无法同时测定断面基点的平面位置和高程时，可布设成平面基点和高程基点，分别确定其平面位置和高程。

横断面的编号可以从某一建筑物的轴线或支流入口处由上游向下游或由下游向上游按顺序统一编号，并在序号前冠以河流名称或代号，如有可能，还应注出横断面的里程桩号。

横断面测量可采用以下方法：

（1）断面索法。

该法适用于河流水面不宽的险滩、急流和不能通航的小河流。如图 9-5 所示，在断面两端的基岩处打入 2~3 根深度大于 0.5 m 的钢钎，用以固定钢索，钢索的端点应位于横断面基点附近或直接位于基点上，利用测距绳及沿钢索上可移动的滑轮测定测深点相对于端点的距离，与此同时，利用测深绳测定水深。

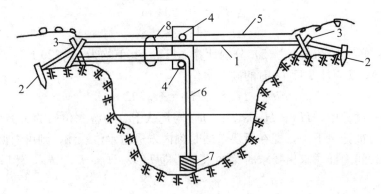

1—钢索；2—钢钎；3—支架；4—滑轮；5—测距绳；
6—测深绳；7—重锤；8—托圈

图 9－5　断面索法测横断面

在河面水流比较平缓的情况下，可在岸边基点上安置测距仪。当用测深杆在沿断面索移动的测船上进行测深时，由测距仪测定测深点到测站的距离。

（2）前方交会法。

应用此法时，首先应根据断面基点设置一条基线 b，如图 9－6 所示，测出基线 b 与断面线的夹角 θ。横断面测量时，先在左、右两基点上（或在断面方向线上）设立标杆，以指示测船航行的方向，在 D 点安置经纬仪或全站仪，并以基线方向定向。当测船行至断面线上的某点 P 时，由岸上发出信号，在测船上测量该点的水深，岸上 D 点的仪器同时照准船上目标，测出夹角 β。当在 D 点安置经纬仪时，由 θ 和 β 可计算出距离 S，其计算见表 9－3；当在 D 点安置全站仪时，距离 S 可由全站仪直接测得。

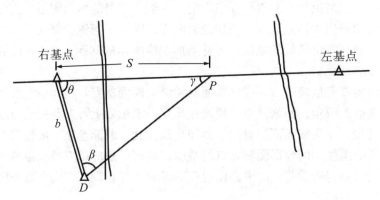

图 9－6　前方交会法测横断面

利用上述方法进行横断面测量时，断面点的间距应能正确地反映断面的形状，陆地部分 1～3 cm（图上）施测一点，水下部分 0.5～1.5 cm（图上）施测一点。

外业工作结束后，应对观测成果进行整理，检查和计算各测点的起点距，由观测时的工作水位和水深计算各测点的高程，然后将它们按一定的比例尺展绘成图。图 9－7 是根据表 9－3 的成果绘制的横断面图示例。

表 9-3　横断面成果表

断面编号：　　　　　　施测时间：2005.8.10
测　　站：梅家坛（D）　　水位：29.25 m
后视点：左基点　　　　$\theta=91°47'$　$b=1037.77$ m

点号	观测角 β	起点距 S/m	水深/m	高程/m	备注
左基点	0°00′	0		32.50	
1	1°25′	26	0	29.25	
2	10°02′	185	5.0	24.25	
3	13°50′	258	16.8	12.45	
4	21°35′	416	19.2	10.05	
5	27°11′	542	18.6	10.65	
6	32°25′	673	20.2	9.05	
7	34°53′	741	19.2	10.05	
8	38°56′	861	21.4	7.85	
9	42°39′	985	22.0	7.25	
10	45°02′	1073	23.6	5.65	
11	47°35′	1177	22.9	6.35	
12	49°48′	1276	20.5	8.75	
13	50°29′	1308	16.9	12.35	
14	52°06′	1389	0	29.25	
右基点		1427		35.70	

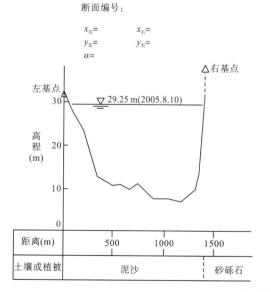

断面编号：

$x_左=$　　$x_右=$
$y_左=$　　$y_右=$
$\alpha=$

说明
1.高程系统；
2.平面系统；
3.α 表示断面方位角；
4.x,y 为断面基点坐标；
5.▽ 表示工作水位，换算同时水位时应注明年、月、日、时；
6. ④/⑳ 分子表示断面图的张数，母表示断面图的总张数。

测量单位		
图名		
测量员	施测日期	
绘图员	制图日期	
校核者	测量比例尺	
队检者 验收者	制图比例尺	
技术负责人	院检者 验收者	
队长	复核者	

图 9-7　横断面图的绘制

9.4.2　纵断面测量

河流纵断面是沿河道深泓点（即河床最深点）的连线剖开的断面。若用横坐标表示河长，纵坐标表示高程，将这些深泓点连接起来，就得到了河底的纵断面形状。河流纵断面测量主要是为了获取纵断面图，而纵断面图一般是利用已收集到的河流水下地形图、横断面图和水文、水位资料进行编制的。

河流纵断面图的内容可根据设计工作的需要具体确定，一般包括：河流中线自河流上游（或下游）某点起算的累积里程、河流沿深泓点的断面线、注明时间的同时水位线或工作水位线、水面比降、最高洪水位；河流两岸的居民地、工矿企业；公路、铁路、桥梁的位置及顶部高程，其他水利设施和建筑物关键部位的高程；河流两岸的水文站、水位点、支流及其入口，两岸堤坝；河流中的险滩、瀑布、跌水等。在图中还应注明河道各部分所在的图幅编号等。

绘制纵断面图前应先编制纵断面成果表。为了在图上绘出同时水位线，需要计算各水位点的同时水位，其换算方法见 9.3 节。成果表的格式见表 9-4。

编制纵断面成果表时，先在已有河道地形图上沿河道深泓线量取里程，量距读数取至图上 0.1 mm。

为了确定量距时应采用的地形图的比例尺，保证确定比降的精度，要求量距的相对中误差 $m_l/l \leqslant 0.07$。这时，在地形图上量距的长度与确定相邻点间距的精度有关，即 $l \geqslant m_l/0.07$。

在地形图上确定两相邻水位点（或横断面基点）间距的误差包括点位测定不正确引起两相邻点间距在图上的中误差 $m_图$ 和根据地形图量取间距的误差 $m_量$。由误差分析可知：

$$m_l^2 = m_图^2 + m_量^2 \tag{9-6}$$

由于 $m_图$ 仅与地形图的比例尺有关，$m_量$ 与相邻水位点（或横断面基点）的间距大小有关，而相邻水位点的间距与河流比降和采用的地形图比例尺有关，在一般情况下，$m_l = \pm 2$ mm，由此求得 $l \geqslant 29$ mm。根据比降测定的要求和水位点的实地间距 L，可求得对地形图比例尺的要求为 $1/M \geqslant l/L$，M 为地形图比例尺的分母，它们分别列于表 9-5。按上述要求，可确定实际选用的比例尺，列入表 9-5 的最后一栏。由表 9-5 可以看出，比降越大，相邻水位点的间距越小，量距要求地形图的比例尺越大，表中实际选用的比例尺均大于要求的比例尺，这是偏安全的。

表 9-4 纵断面成果表

序号	元素名称或编号	所在图幅	里程(按深泓点)/km		高程/m						备注
			间距	累距	深泓点	同时水位点(换算至年月日)	洪水位	河中及两岸各种地物、建筑物及有关元素	堤线		
									左岸	右岸	
1	横08	H-48-5-B-1	0	0	134.1	138.17	143.39	148.2 右铁	144.80	145.02	
2	横07		1.10	1.10	133.5	137.75			144.15	144.47	
3	铁桥		0.15	1.25				147.8 右铁			
4	人民钢厂		0.80	2.05				144.6			
5	横06		0.20	2.25	132.8	136.82	141.9		143.55	143.83	
6	清水河		0.15	2.40							
7	水7		0.20	2.60		136.53					
8	水6	H-48-5-B-2	0.90	3.50	131.8	136.09					
9	水5		0.20	3.70		136.02					
10	横05		0.20	3.90	131.3	136.00			142.57	142.87	
11	水4		0.75	4.65		135.48					
12	红水河		0.10	4.75							
13	水3		0.10	4.85	131.0	135.39	140.22				
14	红旗镇		0.05	4.90				143.2			
15	横04		0.25	5.15		135.17			142.20	142.34	
16	横03		0.45	5.60	130.8	134.75			142.15	142.05	
17	水2	H-48-5-B-4	0.55	6.15	133.7	134.56					
18	水1		0.25	6.40	133.7	134.41					
19	横02		0.40	6.80	133.0	133.85		145.4 左铁	141.53	141.38	
20	洪迹点		0.75	7.55			138.5				
21	横01		0.45	8.00	130.3	133.32		145.8 左铁	140.88	140.36	

表 9-5 纵断面测量中的比例尺要求

比降	间距 L/km	要求地形图的比例尺	实际选用的比例尺
1∶200	0.4	1∶13800	1∶10000
1∶500	0.8	1∶27000	1∶25000
1∶1000	1.0	1∶34000	

续表

比降	间距 L/km	要求地形图的比例尺	实际选用的比例尺
1∶2000	1.6	1∶55000	
1∶4000	2.0	1∶69000	1∶50000
1∶5000	2.5	1∶86000	

纵断面成果表编制完毕后，即可根据成果表绘制纵断面图。如图 9—8 所示，纵断面图一律由上游向下游绘制，在图上应注明垂直比例尺和水平比例尺。

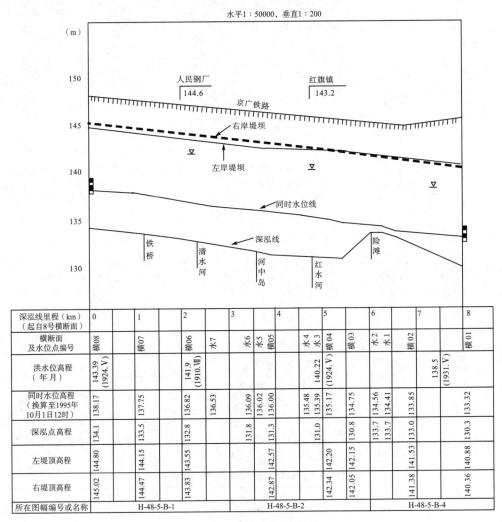

图 9—8　纵断面图的绘制

注：高程以 m 为单位。

9.5　水下地形测量

在水利工程建设中，不仅需要提供陆上地形资料，而且需要提供水下地形资料。水下地形图也是采用等高线表示水下地形的起伏情况。对于航道部门用图,常用等深线来表示。水下地形测量与陆上地形测量相比,其施测原理和控制测量方法基本相同,但测图的作业方法有差异。水下地形测量的工作内容一般包括控制测量、水深测量、测深点的平面定位和内业绘图,现分述如下。

9.5.1　控制测量

水下地形测量的平面和高程控制应尽可能与陆上地形测量构成统一的整体,只有在某些不需要进行陆上地形测量的情况下,才能单独为水下地形测量建立平面和高程控制。

根据河流大小和测区范围,平面控制网可沿河流两岸布设成小三角锁或导线,其等级和精度应与陆上地形相应比例尺地形图的要求相同,并尽可能与国家控制点或高级控制点联测。

高程控制尽可能与干线水准结合起来进行方案设计,如单独施测基本等高距为 0.5 m 的水下地形图时,可按 1 m 基本等高距的要求布设高程控制。在有条件时,尽量采用水准测量的方法联测平面控制点的高程。

9.5.2　测深断面和测深点的布设

在水下地形测量中,由于水下地形的起伏变化是看不见的,不可能像陆上选择地形特征点进行测绘,因此只能按均匀分布的原则布设水下地形点(又称测深点)。水下地形点的间距一般为图上 1~3 cm,考虑到河槽特征及水工建筑物等地物因素,河道纵向和河流中间测深点的间距可稍大;河道横向、岸边及地形变化复杂或建筑物地区测深点的间距应适当缩短。为此,进行水下地形测量之前,应根据测区水面的宽窄、水流缓急等情况拟定测深点的布设方案,常采用的有断面法和散点法。采用断面法布设测深点时,如图 9-9 所示,测深断面的方向应与河床主流或岸边线垂直。河流转弯处的测深断面应布设成辐射线形状。测深断面间距 d 可用钢尺、皮尺或视距等方法测定,在断面延长线上设立两个临时断面点并插上大旗,作为测船航行的标志(导标)。当测船沿断面行驶时,每隔一定的间距测量水深,同时在岸上测定该点的平面位置。

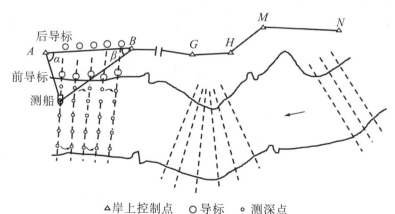

△岸上控制点　○导标　。测深点

图 9-9　断面法测深断面和测深点的布设

当河流较窄,流速大,测船难以沿断面线航行时,可采用图 9-10 所示的散点法,这时，由测船本身来控制测线间距和测深点的间距；在测船上进行测深时，岸上同时测定其平面位置。

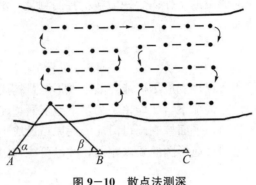

图9-10 散点法测深

9.5.3 测深点的高程测定

当测区水浅且流速平缓时，测深点的高程可直接用地形尺立于水底，读取视距和垂直角，求得测深点的高程。当测区水域面积较大且较深时，测深点的高程可以通过测量水深和水面高程的方法求得，这时测深点高程等于水面高程减去水深。

水面高程测定的方法较多，可将水准尺或地形尺立于水边，用直接水准或以测定地形点的方法测定水面高程。若测区内没有水尺，可以通过水位观测计算工作水位。水面高程测定的时间间隔应视测区水位变化大小而定。对非潮汐河段，当水位的日变化小于 0.1 m 时，应在每日工作开始之前和结束之后，于河流测区的两端各测一次水面高程；当水位的日变化超过 0.1 m 时，应增加水面高程的测定次数，以便按时间内插计算各断面的水面高程。冰冻地区测深时，可以通过测定冰面高程和冰面以下的水深，计算测深点的高程。

水深测量常采用的工具有测深杆、测深锤和回声测深仪。测深杆是用长 4~6 m 的竹竿、木杆或铝杆制成的，如图 9-11 所示。杆的表面涂有红白相间、间距为 10 cm 的分划，并标有数字注记。为防止测深杆端部插入水底泥沙之中而影响水深测量的精度，杆的端部装有铁垫。测深杆仅适用于水深在 5 m 以内的浅区。

测深锤由一根标有长度标记的测绳和重锤组成，如图 9-12 所示。测深之前应将测绳在水中浸泡一段时间，并对长度标志进行校准。测量时为防止水流对测深的影响，应逆水流方向抛掷重锤，以使重锤落入河底时测绳正好处于铅直状态。这种方法只适用于流速小于 1 m/s、水深小于 15 m 的情况。

回声测深仪是目前应用较广的一种水深测量仪器，其型号颇多，技术性能和规格也各不相同，但它们的基本原理和基本结构是相同的，如图 9-13 所示。仪器的基本结构包括电源、激发器、发射换能器、接收换能器、接收放大器和显示设备。仪器在电源作用下，使激发器输出一个电脉冲至发射换能器的发射晶片，将电脉冲转换为机械振动，并以超声波的形式向水底发射，如图 9-14 所示。超声波到达水底或遇到水中障碍物时，一部分声能被反射回来，经接收换能器接收后，将声能转变成微弱电能信号，该信号经接收放大器放大后，使显示设备的氖灯起辉，或使专用记录纸被击留下黑点，该点即表示发射换能器到水底（或反射物）的深度，其值为

$$H = \frac{1}{2}ct \qquad\qquad (9-7)$$

式中，c 为超声波在水中传播的速度，$c = 1500 \text{ m/s}$；t 为超声波在水中往返所需要的时间。

实际上，水深 H 是根据记录纸上留下的黑点（图 $9-15$），用弧形水准尺直接量取测深零线至水底线之间的距离 H。测深零线表示换能器至水面的距离 h，这时，测深点至水面的深度为 $H + h$。

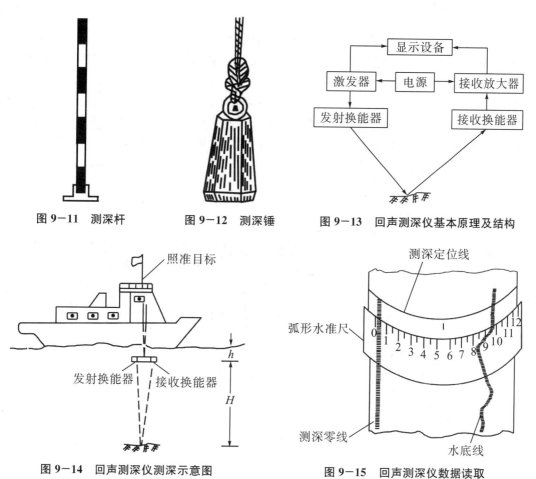

图 9—11　测深杆　　　　图 9—12　测深锤　　　　图 9—13　回声测深仪基本原理及结构

图 9—14　回声测深仪测深示意图　　　　图 9—15　回声测深仪数据读取

回声测深仪的显示设备借助转速一定的电机的转动来指示超声波往返的传播时间，若电机的转速与设计值不符，将会给测深值带来误差。同样，在式（$9-7$）中，c 是超声波在水中传播的标准速度，由于水的含沙量、水温等物理条件不同，作业时的 c 值将与标准速度不同，也会给测深值带来误差。这些误差都具有系统性。因此，在作业前后和作业中间都要对回声测深仪进行检查和校核。其方法是将测船开至浅水区域，用测深仪和测深杆同时进行测深，并进行比较，其差值小于 0.2 m 时可认为合格；反之应调整电机转速，使两种方法测得的水深差值小于 0.2 m。

目前，采用船模遥控测深系统测深。该系统由遥控测深艇（船模）、遥控机、遥测仪等几部分组成，其工作原理是用遥控测深艇代替原来的测深船进行测深，用传统的岸上交会定位法或岸上测距仪来确定遥控艇的航迹。

实际作业时，由岸上的无线电遥测仪发出信号控制测深艇的航行轨迹，安置在测深艇上的水深遥测仪除执行测深任务外，还要将测深信号转换成无线电信号发送至岸上的测站，测站上接收到电信号并恢复成深度信号，输送给数字式测深仪，记录并显示出测深点的水深。由于测深艇的体积小，无须人工操纵，测深点的水深可直接在测站显示，有利于实现测深工作的自动化。

9.5.4　测深点的定位

在测深点测深的同时，应测定其相应的平面位置。目前生产单位常用的定位方法有临时断面索法、经纬仪前方交会法、无线电定位法；根据测区水域面积大小、流速、水深、通航要求及技术设备等条件，可选用相应的方法。前方交会法如图 9-9 所示，在岸上 A、B 两测站上分别安置全站仪，在测船上的测深仪测定测点水深的同时，岸上的两台仪器测定交会角 α 和 β。为了使测深与定位同步进行（即两者一一对应），通常在船上用旗语或者音响信号指挥岸上同时进行定位观测，并在测深记录纸上留下定位线（如图 9-15 所示），以便内业整理核对。对于较大水域的水下地形测量，在具备设备条件时可采用无线电定位法。有关该法的知识可参阅有关专业书籍。

9.5.5　水下地形图的绘制

外业测量工作结束后，应将同一天的观测成果进行整理，其中包括定位观测和水深测量记录的汇总，逐点进行核对，应特别注意防止定位观测记录与水深记录的点号配错；对于外业工作中遗漏的点或记录不完全的点，应及时予以补测；对于已核对的测深点，根据水面高程和水深计算出该点的高程。绘制水下地形图前，先展绘测区的控制点，并尽可能利用陆上地形图内展绘的控制点。

测深点的平面位置可根据外业定位方法而采用相应的展绘方法。

测深点展绘完毕后，在点位旁注记高程，然后用内插法勾绘出水下地形的等高线。图 9-16 为水下地形图的一部分。

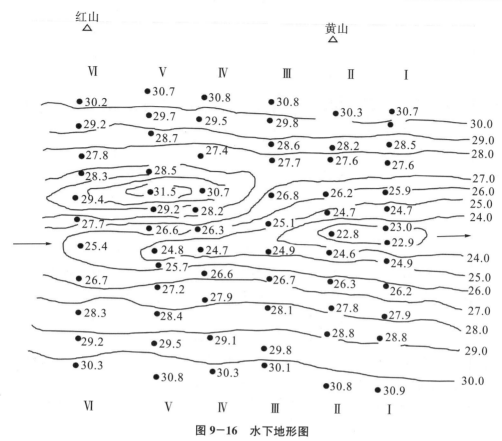

图 9-16　水下地形图

注：1.　Ⅰ～Ⅵ为断面编号。

　　2.　单位：m。

思考题与习题

1. 在河流开发规划时期需要进行哪些测量工作？

2. 为何要测定河流水面高程？如何测定河流水面高程？

3. 瞬时水位测定的主要方法有哪些？分别适用于哪些情况？

4. 水位换算的目的是什么？有哪些方法可以进行水位换算？

5. 如何确定横断面的位置？

6. 测定横断面的方法有哪些？分别简述这些方法的测定思路。

7. 河流纵断面包含哪些内容？简述河流纵断面绘制的步骤。

8. 水下地形测量主要包括哪些内容？

9. 测深断面和测深点如何布设？

10. 有哪些方法可以获得测深点高程？

第10章　水利工程设计阶段的测量工作

10.1　概　述

在水利工程设计阶段，测量工作的主要任务是为设计工作提供各种比例尺的地形图，而控制网则是绘制各种比例尺地形图的依据，同时为地质、水文勘探等工作提供必要的起算数据。一般来讲，设计人员需要在地形图上进行工程布置：确定某点的坐标和高程，量测某一线段的长度、方向、坡度，测定某一区域的面积；为了计算土方工程量、进行建筑物的竖向设计，需要绘制地形起伏的剖面图和断面图；在进行水库设计时，需要利用地形图量取水库的汇水面积、水库淹没边界线，计算水库库容等。

在初步设计阶段，设计人员要在地形图上绘制水利枢纽总平面布置图，布置下述各类建筑物：

（1）水利枢纽主要的永久性建筑物——发电站、钢筋混凝土溢水坝及拦河土坝、船闸、进水渠、引水渠及灌溉渠道等；

（2）水利枢纽各临时性的辅助建筑物——围堰、施工期间导流用的渠道、临时性土方工程用的取沙坑；

（3）长期的和临时性的铁路专用线、公路及铁索道、输电线；

（4）施工期间所需的各种附属企业；

（5）长期的或临时性的工人住宅区等。

为了最终确定坝段和建筑物的位置，应对可能的比较方案以同等精度进行勘测。

根据我国长期施工实践所积累的资料，为满足上述设计需施测的地形图比例尺，可在表10-1所列范围内选定。

表10-1　工程设计常用地形图比例尺

工程设计项目	采用比例尺
水库区	1：10000～1：50000
坝段	1：5000～1：10000
防护工程区、坝址、闸址、渠首、溢洪道	1：1000～1：5000
隧洞和涵管进出口、调压井、厂房等	1：500～1：1000
铁路、公路、渠道、隧洞、堤线等带状地物	1：2000～1：10000

工程设计项目	采用比例尺
天然料场、施工场地	1∶2000～1∶5000

由表 10—1 可见，在初步设计阶段，水利枢纽建筑区大量需要的是 1∶2000 比例尺地形图，因此基本平面控制的布设至少应能满足 1∶2000 比例尺测图的要求。

实践表明，对于复杂而割裂的河滩地形，1∶2000 比例尺地形图可以保证建筑物的细部得到显示。在计算深度为 3 m 的基坑或高度为 3 m 的土堤的土方工程量时，若地形图的等高距为 1.0 m，可以使工程量的计算精度达 5% 左右。当基坑的深度小于 3 m 时，为了确保工程量的计算精度，要求等高距的间隔为 0.5 m。

根据我国水利水电建设实践，对大量地势特别平坦的地区，如果仅采用 1.0 m 的一种基本等高距，则往往在 3～4 幅图中也没有一根基本等高线，无法正确地显示地貌。除此之外，对长期的或临时性的工人住宅区，设计中也常需要提供 0.5 m 的等高距。

基于以上原因，在水利枢纽地区所用的基本等高距比国家基本图规定的要求更高。目前我国水利枢纽地形图常用基本等高距见表 10—2。

表 10—2　我国水利枢纽地形图常用基本等高距

地形类型	测图比例尺				
	1∶500	1∶1000	1∶2000	1∶5000	1∶10000
	基本等高距/m				
平地	0.5	0.5	0.5 或 1.0	0.5 或 1.0	0.5 或 1.0
丘陵地	0.5	0.5 或 1.0	1.0	1.0 或 2.0	1.0 或 2.0（2.5）
山地	0.5 或 1.0	1.0	1.0 或 2.0	2.0 或 5.0	5.0
高山地	1.0	1.0	2.0	5.0	5.0 或 10.0

当水利枢纽位于地形陡峭、树木丛生的地区，采用小三角法建立测图控制遇到困难时，应尽可能布设电磁波测距导线作为测图控制。为了克服地形陡峭给水准测量作业带来的困难，可以采用三角高程路线代替五等水准测量，以作为加密高程控制；为了减弱地球曲率、大气折光以及垂线偏差的影响，规定三角高程路线中垂直角（或天顶距）应进行双向观测，推算高程每条边的长度和路线长度，见表 10—3。

水利枢纽地区测图时，为了克服过大的俯仰角，应考虑在不同的高程处层层设站，以便在每一测站施测附近的地形、地物时，其俯仰角均不超过 10°。在某些山高谷深、立尺困难的地区，我国较普遍地采用了地面摄影测量的方法，积累了很多经验。

除地形测量工作外，在水利枢纽建筑区，往往需要施测详尽的河道纵断面图。此外，为了较精确地估算工程量，当在地形图上不能获得满意的结果时，需沿着可设计建筑物主轴线的附近地区（如坝轴线）进行纵、横断面测量。为了满足地质勘探工作的需要，有时还应进行相应的地质勘察测量。

表 10-3　水利枢纽三角高程测量中的边长及路线长度要求

等级	每条边的长度/m	路线长度/km	
	对向观测	$h=0.5\,\text{m}$	$h\geqslant0.5\,\text{m}$
三等	700	40	120
四等	1500	20	60
五等	2000	15	40
图根	1300	7	30

注：1. h 为基本等高距。

2. 当路线组成节点时，起始点至起始点的路线长度不应大于表 10-6 中规定的 1.5 倍，起始点至节点和节点至节点的路线长度不应大于表 10-6 中规定的 0.7 倍。

10.2　水利工程控制网

10.2.1　工程控制网层次及精度梯度的确定方法

随着工程设计进程的逐步深入，设计内容越来越详细，要求测图的范围逐渐缩小，而测绘的内容则要求更加精确、详细，因此，测图比例尺随之扩大，而这种大比例尺的测图范围又是局部的、零星的。针对水利枢纽工程设计阶段的这种特点，作为测图依据的测图控制网常采用分级布设的方案，即首先在测区布设控制全测区的第一级控制网，以后再根据测图工作的进程，分期分批逐块布设第二级、第三级加密网。

在进行流域规划或水利枢纽工程设计涉及的范围较大时，其测图面积和工作量都较大，其成图资料应作为国家基本图的一部分。例如，《水利水电工程测量规范》（SL 197—2013）规定，对比例尺为 1∶5000 和 1∶10000 的测图，当连续满幅的面积在 50 km² 以上时，应按照国家规范施测。因此，平面控制网的坐标系统应采用国家平面坐标系。对于上述情况以外的其他比例尺和局部地区的测图，在布设测图控制网时，在可能的条件下应尽量利用测区已有的国家控制点或与其进行联测；对于没有国家控制点的测区也可建立独立坐标系统，其起算点的坐标和方位角可以从国家地形图上量取概略值，或采用其他坐标系统。但是，对同一工程的各个设计阶段所进行的测量工作则应采用同一坐标系统。

与平面控制相类似，高程控制一般也分级布设，并尽量利用国家水准点或从国家水准点上引测高程作为起算数据，同一河流各设计阶段的测量工作也应采用同一高程系统。

在布设水利枢纽地区的基本平面控制和高程控制时，不仅应满足当前测图精度的要求，而且应考虑到以后更大比例尺测图的需要。

目前我国水利枢纽地区测图平面控制网一般分为三级：基本平面控制、图根控制和测站点。与此相应，高程控制在四等水准以下也分成基本高程控制、加密高程控制和测站点高程三级。

为了确保地形图满足精度要求，对各级控制之间的精度梯度必须经济合理地加以确定。

当由上一级控制发展下一级控制时，下一级控制的点位误差（或边长相对误差）将受上一级控制的误差和下一级控制本身的测量误差影响，近似地可以写成

$$m_{i+1}^2 = m_i^2 + m_{测}^2 \tag{10-1}$$

式中，m_i 为上一级控制的误差；$m_{测}$ 为下一级控制的测量误差；m_{i+1} 为下一级控制的误差。

若令上一级测量与下一级测量的精度比值为

$$n = \frac{m_i}{m_{测}} \tag{10-2}$$

则得

$$m_{i+1} = m_{测} \sqrt{1+n^2} \tag{10-3}$$

由式（10-2），得

$$m_i = n \cdot m_{测} \tag{10-4}$$

顾及式（10-3），可得

$$m_i = \frac{n}{\sqrt{1+n^2}} \cdot m_{i+1} \tag{10-5}$$

这时两级控制网之间的精度梯度为

$$v = \frac{m_i}{m_{i+1}} = \frac{n}{\sqrt{1+n^2}} \tag{10-6}$$

此外，若忽略上一级控制的误差，有

$$m_{i+1} = m_{测} \tag{10-7}$$

式（10-3）与式（10-7）之间的差为

$$m_i' = (\sqrt{1+n^2} - 1) \, m_{测} \tag{10-8}$$

它反映了忽略上一级控制误差时引起下一级控制误差的差值。

令

$$u = \frac{m_i'}{m_{i+1}} = \frac{\sqrt{1+n^2} - 1}{\sqrt{1+n^2}} \tag{10-9}$$

它表示忽略上一级控制误差时引起下一级控制误差的差值与下一级控制总误差的比率。

表 10-4 为根据式（10-2）、式（10-6）、式（10-9）计算的 n、v、u 值。若以 v 为横坐标、u 为纵坐标，可绘制出如图 10-1 所示的 v、u 关系曲线。由此曲线可以看出精度梯度 v 变化时 u 值的变化情况。

表 10-4　n、v、u 关系表

n	5	3	2.5	2.2	2	$\sqrt{2}$	1	$\frac{1}{\sqrt{2}}$
v	0.981	0.949	0.928	0.910	0.894	0.816	0.707	0.577
u	0.804	0.684	0.629	0.586	0.553	0.423	0.293	0.184
n	$\frac{1}{2}$	0.45	0.40	$\frac{1}{3}$	$\frac{1}{4}$	$\frac{1}{5}$	$\frac{1}{8}$	$\frac{1}{10}$
v	0.447	0.410	0.371	0.316	0.243	0.196	0.124	0.100
u	0.106	0.088	0.072	0.051	0.030	0.019	0.008	0.005

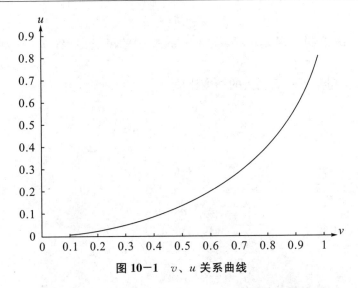

图 10-1 v、u 关系曲线

由式（10-3）、式（10-9）可知，$u=f(v)$ 是一个单调递增函数（利用函数求导，不难证明 $\dfrac{\mathrm{d}u}{\mathrm{d}v}\geqslant 0$）。由表 10-4 可知，当 $v<0.32$ 时，u 值减小极微，当 $v>0.71$ 时，u 值迅速增大，因而从经济合理考虑，在确定上、下两级控制的精度梯度 v 时，应取区间为 $(0.32,0.71)$，相应地取 n 的区间为 $\left(\dfrac{1}{3},1\right)$。

由于 n 的取值小于 1，故可将式（10-3）展开并取前两项，得

$$m_{i+1}=m_{测}\left(1+\frac{1}{2}n^2\right) \tag{10-10}$$

相应地，式（10-5）可以写成

$$m_i=\frac{n}{1+\dfrac{1}{2}n^2}\cdot m_{i+1} \tag{10-11}$$

利用式（10-10）和式（10-11），可以根据下一级控制的精度要求推求上一级控制的精度要求；同样，也可以计算下一级控制的观测精度要求。

例如，要求上一级控制的误差影响下一级控制增加的误差不超过 10%，则上一级控制的精度要求计算如下：

根据要求，即 $\dfrac{1}{2}n^2=0.1$，得 $n=0.45$，故要求 $m_i=\dfrac{0.45}{1.1}\cdot m_{i+1}=0.41m_{i+1}$。

我国《水利水电工程测量规范》对各级平面控制网点位误差的规定（参见表 10-5）采用了 $v=\dfrac{1}{2}$。

在高程控制测量中，由于加密高程控制发展的层次较多，故采用了 $v=\dfrac{1}{\sqrt{2}}$。

表 10-5　　《水利水电工程测量规范》中各级平面控制网点位误差的规定

平面控制等级	精度要求（图上 mm）
基本平面控制	五等三角锁（网）最弱边边长中误差应≤0.05，五等导线最弱点点位中误差应≤0.05
图根控制	最后一次图根点对于邻近基本平面控制点的点位中误差≤0.1
测站点	测站点对于邻近图根点的点位中误差≤0.2

10.2.2　水利工程建筑区的平面控制

水利工程建筑区的平面控制，在开阔地区一般可布设成如图 10-2 所示的五等三角锁、网或以线形锁作为五等三角控制。进行控制网设计时，应保证最弱边边长中误差小于图上 0.05 mm。根据我国水利水电测量各单位历年实测资料统计，五等三角的平均边长相当于图上的距离为 500 mm，因此，为了保证最弱边边长中误差小于图上 0.05 mm，应使最弱边边长相对中误差小于 1/10000。

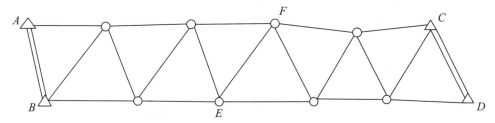

图 10-2　水利工程建筑区的平面控制三角网

当水利工程建筑区位于较为隐蔽的地区时，通常以五等导线测量代替五等三角。导线测量的边长用电磁波测距仪施测。当五等导线附合到国家四等以上的三角点时，为了满足1∶2000 和 1∶1000 比例尺测图，则需采用一定的措施，譬如缩短四等点之间的边长，使四等边长中误差小于图上 0.025 mm。

进行平面控制测量的设计，主要是控制网的图形与观测仪器及方法的选择，设计的依据则是保证最弱边边长的必要精度（对于三角网）或确保最弱点的点位精度（对于导线测量）。

为了使读者对平面控制测量的设计有更清楚的了解，现以三角锁为例介绍如下：

首先根据测区小比例尺地形图进行控制网的网形设计。在网形设计过程中，必要时需进行野外踏勘，确定网点的位置。当控制网按三角锁形式布设时，三角锁的三角形各内角应尽量接近于 60°，其求距角不应小于 30°，困难情况下个别角不应小于 25°。

为了确保最弱边边长相对中误差不小于 1/10000，根据前节的讨论，当精度梯度取1/2 时，三角锁起算边边长相对中误差应不小于 1/20000，若起始边是由基线扩大推得的，则基线相对中误差应不小于 1/40000。

为了确保三角锁最弱边边长相对中误差满足所要求的精度，可利用相应公式对三角锁的网形（包括锁长、三角形形状）及测角精度进行设计。

当三角锁只有一端有起始边时，最弱边边长相对中误差可按下式估算：

$$\left(\frac{m_s}{s}\right)^2 = \left(\frac{m_b}{b}\right)^2 + \frac{2}{3}\left(\frac{m_\beta}{\rho}\right)^2 \sum (\cot^2 A + \cot^2 B + \cot A \cdot \cot B) \quad (10-12)$$

式中，$\frac{m_b}{b}$ 为起算边边长相对中误差；m_β 为角度观测中误差，以″为单位；A、B 分别为三角锁中各三角形的传距角。

为了根据式（10－12）进行设计，可以通过角度观测中误差与三角锁图形的匹配来保证必要的精度。角度观测中误差的选择取决于仪器设备，根据我国水利水电生产单位过去的经验与资料统计，通常五等三角的角度观测中误差取$\pm 5''$和$\pm 10''$。

在规定了测角精度后，根据所选定的网形，量取各三角形的传距角A、B，即可按式（10－12）估算最弱边边长相对中误差。当估算的最弱边边长相对中误差小于$1/10000$时，则需考虑适当变动点位来改善图形，必要时可考虑加测起始边。

当两端有起始边时，最弱边边长相对中误差可按下式估算：

$$\left(\frac{m_s}{s}\right)^2 = \frac{m_{sa}^2 \cdot m_{sb}^2}{s^2(m_{sa}^2 + m_{sb}^2)} \tag{10-13}$$

式中，m_{sa}、m_{sb}分别为由两条基线a、b推算得出的边长s的中误差［可按式（10－12）计算求得］。

为了估算，也可不初定最弱边的位置，而用下式直接估算：

$$\left(\frac{m_s}{s}\right)^2 = \frac{1}{4}\left[\left(\frac{m_a}{a}\right)^2 + \left(\frac{m_b}{b}\right)^2\right] + \frac{1}{6}\left(\frac{m_\beta}{\rho}\right)^2 \sum (\cot^2 A + \cot^2 B + \cot A \cdot \cot B) \tag{10-14}$$

式中，$\frac{m_a}{a}$、$\frac{m_b}{b}$分别为两端起算边边长相对中误差；m_β为角度观测中误差，以$''$为单位；$\sum (\cot^2 A + \cot^2 B + \cot A \cdot \cot B)$为由整条三角锁中传距角求得的图形强度系数之和。

当用线形锁来布设控制网时，其设计思想与设计三角锁时相同，此时需利用线形锁最弱边（端边）的精度估算式：

$$\left(\frac{m_s}{s}\right)^2 = \frac{m_\beta}{\rho}\sqrt{\frac{2}{9}\sum (\cot^2 A + \cot^2 B + \cot A \cdot \cot B)} \tag{10-15}$$

式中各符号的意义同前。

当用五等导线测量代替五等三角布设控制网时，可用导线最弱点点位中误差（未包括起始误差）的公式：

$$m = \pm\frac{1}{2}\sqrt{\mu^2 L + \left(\frac{L \cdot m_\beta}{\rho}\right)^2 \cdot \frac{n+6}{48}} \tag{10-16}$$

式中，L为附合直伸导线的全长；μ为量距的偶然误差系数（单位长度的偶然中误差）；n为导线边数；m_β为导线转折角的角度观测中误差，以$''$为单位；ρ为常数，$\rho = 206265''$。

利用式（10－16）即可对导线长度、边长丈量与角度观测的精度进行设计。在导线测量设计中，较多采用的是令纵向中误差与横向中误差相等，然后再用三角锁类似的方法进行设计。

利用计算机进行优化设计时，直接输入所选控制网网点位置信息和初步拟定的观测精度信息，由计算机直接计算并输出有关元素的权倒数及最弱边边长相对中误差或最弱点点位中误差，当它们不满足精度要求时，可通过调整观测精度或改变网形进行重新计算，直至满足规定的精度要求为止。

10.2.3　水利工程建筑区的高程控制

水利枢纽工程设计阶段建立的高程控制，主要是为各种比例尺测图之用。但水利水电用图本身具有特殊的要求，它对地形图的高程精度要求较高，在库区地形图中要求居民地有较多的高程点，以便正确估计淹没范围；水库高水位边界地带的垭口（鞍部）高程必须仔细测定与注记，以便判定是否修建副坝。高程注记点相对于邻近加密高程控制点的高程中误差不应大于 1/3 基本等高距。从测图要求来看，等高线对于邻近加密高程控制点的高程中误差，在平地、丘陵地为 1/2 基本等高距。由此可知，设计水利工程建筑区的高程控制时，必须从满足测定高程注记点要求的角度来考虑。

　　为了满足高程注记点对于邻近加密高程控制点的精度要求（即 1/3 基本等高距），要求测站点高程相对邻近加密高程控制点的高程中误差不大于 1/6 基本等高距。

　　由于高程控制加密的层次较多，因此除四等水准以下发展的首级加密高程（即第一次发展的五等水准）采用 1/2 作为精度梯度系数外，再往下发展的几次五等水准（加密高程控制）以及加密高程控制与测站点高程之间，就不再采用忽略起始数据误差的递推方式，而采用 $1/\sqrt{2}$ 作为精度梯度系数。

　　采用的基本等高距不同，加密高程控制发展的次数也不相同，但不论发展几次，其最终一次发展的点相对邻近基本高程控制点的高程中误差都不应超过 1/10 基本等高距。为了避免粗差，当基本等高距大于 5 m 时，还要求高程中误差不大于 0.5 m。

　　水利枢纽地区五等水准路线以下的加密常用三角高程路线来代替（有条件时也可用测距三角高程导线），如图 10-3 所示，三角高程单向观测高差的计算公式为

$$H_2 - H_1 = s \cdot \tan\alpha + \left(\frac{H_m}{R} - \frac{y_m}{2R^2}\right) \cdot s \cdot \tan\alpha + \frac{1-K}{2R} \cdot s^2 + i_1 - i_2 \quad (10-17)$$

式中，H_1、H_2 分别为三角边两端点的高程；s 为三角边的边长；α 为垂直角；i_1 为仪器高；i_2 为觇标高；y_m 为两端点横坐标的平均值；H_m 为两端点的平均高程；K 为光程曲线 $\overset{\frown}{AB}$ 在 B 点的曲率半径 R' 与地球曲率半径 R 之比，即 $K = R/R'$。

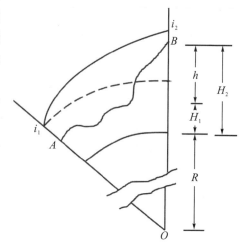

　　三角高程路线的设计首先应确定各项误差的数值，确定时可利用各生产单位实际的统计资料。例如，用 J_2 型经纬仪观测垂直角三测回时，根据我国水电测量单位的经验，测角中误差 $m_\alpha = \pm 5''$。在估算求得三角高程测量的精度后，再由测设高程注记点的精度要求推算对基本高程控制的要求，进而对三角高程路线进行设计。读者可以按此思路验证我国《水利水电工程测量规范》对三角高程测量的规定（见表 10-3）。

图 10-3　三角高程测量单向观测高差的计算

　　四等以上水准测量按现行的国家水准测量规范要求作业，但当采用 0.5 m 基本等高距测图时，三等水准路线不得长于 50 km，四等水准路线不得长于 20 km，五等水准按与四等水准 1/2 的精度梯度递减。五等水准路线（基本高程控制）应尽量沿测区主要河流、渠道敷设。表 10-6 为我国《水利水电工程测量规范》规定的各级水准路线长度及相应的最弱点高程中误差。

表 10-6　各级水准路线长度及最弱点高程中误差

水准等级	每公里高差中数的全中误差 τ/mm	水准路线长度 L/km		水准路线最弱点高程中误差 m_h/mm	
		基本等高距=0.5 m	基本等高距≥1 m	基本等高距=0.5 m	基本等高距≥1 m
Ⅲ	±6	50	200	±21	±42
Ⅳ	±10	20	100	±22	±45
V-1	±20	16	45	±35	±55
V-2		16	45	±43	±67
V-3		16	45	{施工期 运营期	±73

在各级高程控制中，由于采用了 $1/\sqrt{2}$ 的精度梯度，所以两水准点经过平差后的水准点高程总误差 m_H 应按下式计算：

$$m_H = \pm \frac{1}{2}\sqrt{m_h^2 + m_A^2 + m_B^2} \qquad (10-18)$$

式中，m_A、m_B 分别为两起算水准点的高程中误差；m_h 为该水准路线的测量中误差。

在设计高程控制网时，为了便于估算水准网内各点的高程误差（可以相对于起始点，也可以是任意两点间的高差），可以根据设计的网形和初步拟定的观测精度求出网中各点的高程权倒数（或高程误差）、任意两点间的高差中误差，当它们不满足要求时，可以适当改善网形或改变观测精度，重新求出各点的权倒数，直至最后满足要求，从而可以确定水准测量的等级。

形状简单的水准网可以采用普通的等权代替法来进行方案设计并确定水准测量等级，如图 10-4 所示。

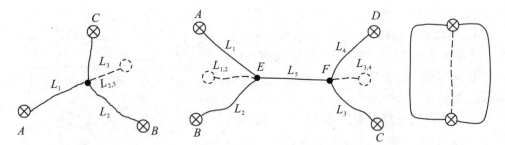

图 10-4　简单水准网的等权代替法确定水准测量等级

但在某些特殊情况下，可运用特殊的等权代替原则，如图 10-5 将三条水准路线 L_A、L_B、L_C 所组成的闭合环用带有一个节点的三条路线（称为三线束）L_A'、L_B'、L_C' 作等权替代，此后即可用普通的等权替代进一步简化。

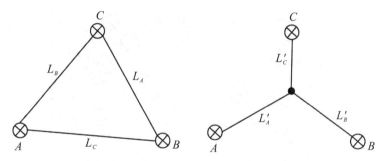

图 10-5　特殊等权代替法确定水准测量等级

下面给出这种替代路线的计算式。

由图 10-5 可以看出：

$$L_A' + L_B' = L_{AB} = \frac{(L_B + L_A)L_C}{(L_B + L_A) + L_C} = \frac{(L_B + L_A) \cdot L_C}{[L]} \quad (1)$$

$$L_C' + L_A' = L_{AC} = \frac{(L_C + L_A)L_B}{(L_C + L_A) + L_B} = \frac{(L_C + L_A) \cdot L_B}{[L]} \quad (2)$$

$$L_B' + L_C' = L_{BC} = \frac{(L_C + L_B)L_A}{(L_C + L_B) + L_A} = \frac{(L_C + L_B) \cdot L_A}{[L]} \quad (3)$$

$(10-19)$

$$\frac{(1) + (2) - (3)}{2} \quad 得 \quad L_A' = \frac{L_B \cdot L_C}{[L]}$$

$$\frac{(1) + (3) - (2)}{2} \quad 得 \quad L_B' = \frac{L_C \cdot L_A}{[L]}$$

$$\frac{(2) + (3) - (1)}{2} \quad 得 \quad L_C' = \frac{L_A \cdot L_B}{[L]}$$

$(10-20)$

式（10-20）称为正替代式，可以用它推求出反替代式：

$$L_A = \frac{L_A' L_B' + L_B' L_C' + L_C' L_A'}{L_A'}$$

$$L_B = \frac{L_A' L_B' + L_B' L_C' + L_C' L_A'}{L_B'}$$

$$L_C = \frac{L_A' L_B' + L_B' L_C' + L_C' L_A'}{L_C'}$$

$(10-21)$

10.3　水库库容计算

在设计水库时，常根据地形图确定汇水面积、淹没范围和水库库容。

所谓汇水面积，是指河道或沟谷某断面以上的分水线所包围的面积。因此，为确定汇水面积，应先确定汇水面积的边界线，这一边界线是由一系列山脊的分水线连接而成的。如图 10-6 所示，AB 为在河流狭窄处设计的大坝轴线，为确定坝轴线以上汇水面积的大小，可以从大坝轴线的某一端开始（如图 10-6 中的 A 点），通过一系列山脊、山顶和鞍部等部位的最高点，最后回到大坝的另一端点 B，形成一条闭合曲线（即图中的虚线）。由图 10-6 可以看出，汇水边界线处处与等高线垂直，并且只有在山顶处才改变方向。由上述曲线所包围的面积，即为坝轴线上游的汇水面积。

图 10-6　汇水面积的确定

水库库容是水库蓄水后的存水体积，它是水库设计中的一项重要技术指标。库容的大小和水库的设计水位、库区地形有关。进行库容计算时，首先是根据地形图量取设计水位和等高线与坝轴线围成的面积，然后根据库容计算的精度要求，并按相应的方法计算出库容。

在计算水库的淹没范围时，则是根据设计水位和设计的回水高程，在地形图上内插出淹没线，然后量取它与坝轴线形成的闭合曲线的面积。

水库库容可以根据在地形图上量得的各层等高线所包围的面积进行计算。一般来讲，在河谷内形成的水库，由于河谷地形复杂，各等高线所围成的面积具有不同的形状，而由相邻两等高线构成体积的几何形状也是不规则的。为了计算库容，可以按如下方法依次计算两相邻等高线间的体积，然后累加求和，即得水库库容。

（1）将两等高线间所夹的一块体积用平均面积法计算，即

$$V=\frac{A_1+A_2}{2}\cdot h \qquad (10-22)$$

式中，A_1、A_2 分别为由两等高线围成的面积；h 为两等高线间的间距。

这是一种近似而比较简单的计算公式。

（2）将两等高线间所夹的一块体积看成是截头锥体，用下式计算：

$$V'=\frac{A_1+A_2+\sqrt{A_1\cdot A_2}}{3}\cdot h \qquad (10-23)$$

式（10-23）是一种较为严密的计算公式。

比较式（10-22）和式（10-23）可以看出：当 $A_1=A_2$ 时，由它们计算的 V 和 V' 相

等；当 A_1 与 A_2 相差较大时，两式计算的体积差为

$$\Delta V = V' - V = \frac{A_1 + A_2 + \sqrt{A_1 \cdot A_2}}{3} \cdot h - \frac{A_1 + A_2}{2} \cdot h = \frac{-(\sqrt{A_1} - \sqrt{A_2})^2}{6} \cdot h$$

(10-24)

由此可以看出：当 $A_1 \neq A_2$ 时，采用不同公式计算体积的误差是系统性的，由式 (10-22) 计算的体积偏大。为了保证体积计算的精度，应采用式 (10-23) 进行计算，或按式 (10-22) 计算后再根据式 (10-24) 进行改正。在体积计算误差允许的范围内，可采用式 (10-22) 作近似计算。

(3) 对库区底部的凹地或被淹没的凸顶地带，可以按图 10-7 所示的球缺体积计算公式进行计算，即

$$V'' = \frac{1}{6} \pi h_0 (3r^2 + h_0^2)$$

(10-25)

式中，h_0 为球缺的高度，一般为等高距；r 为球缺底面圆的半径，它可由底部面积 A 求得，即 $r = \sqrt{\dfrac{A}{\pi}}$。

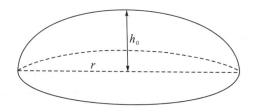

图 10-7　按球缺体积计算库区底部凹地或被淹没凸顶地带的体积

若用面积表示式 (10-25)，得

$$V'' = \frac{1}{6} \pi h_0 \left(3 \cdot \frac{A}{\pi} + h_0^2\right) = \frac{1}{2} h_0 A + \frac{1}{6} \pi h_0^3$$

(10-26)

一般来讲，等式右边的第一项远大于第二项，所以式 (10-26) 可以化简为

$$V'' \approx 0.5 h_0 A$$

(10-27)

式中的 h_0 可以根据地形图上洼地最深处或高地最顶部的高程注记求得。

在计算水库库容时应仔细研究地形，区别高地（包括岛屿）及洼地，并做出相应的标记，以便从相应的体积中减去凸形球缺的体积而加上凹形球缺的体积。对于地形比较复杂而体积计算精度要求不高的情况，可以省略球缺的体积计算。

实际计算中，一般是按式 (10-22) 先计算出相邻两等高线间的体积 V，然后求出水库库容，为

$$\begin{aligned}
W &= V_1 + V_2 + \cdots + V_n \\
&= \left[\frac{1}{2}(A_1 + A_2) + \frac{1}{2}(A_2 + A_3) + \cdots + \frac{1}{2}(A_n + A_{n+1})\right] \cdot h \\
&= \left[\frac{1}{2}(A_1 + A_{n+1}) + A_2 + A_3 + \cdots + A_n\right] \cdot h
\end{aligned}$$

(10-28)

式中，h 为计算库容时的分层高度，一般等于地形图的等高距，如图 10-8 所示；n 为计算库容时的层数。

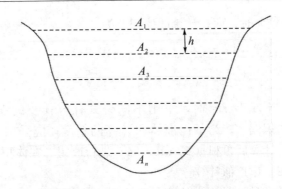

图 10-8　库容计算中的分层高度确定

在地形图上根据量取等高线围成的面积来计算库容的主要误差来源，包括地形图等高线的误差和量测面积的误差。一般来讲，在地形图上量测面积的误差不仅与根据地形图量测面积时的量测误差和图纸的变形有关，而且与测定地形图等高线的平面位置误差有关。为了提高库容的计算精度，应选用等高距 h 小一点的地形图，这时，其分层数也相应增大，使相邻层的体积误差减小。

10.4　水库地区的测图工作

水库是水利枢纽的重要组成部分之一，在天然河道上建坝后，其上游地区则形成水库。水库库容和面积的大小视地形与设计水位高程而定。一般来讲，大型水库长达几十至几百公里，淹没面积为几百甚至上千平方公里，库容可达几十亿至几百亿立方米；中小型水库的长度往往小于几十公里，淹没面积也不超过几十平方公里，库容可能为几亿立方米。

水库形成后，可以在防洪、灌溉、发电、航运、供水、养殖等方面得到综合利用，促进国民经济发展。但是，它也会造成一定的损失，并产生一些新的问题。在水库蓄水后，原有的城镇、交通、工矿企业和地下资源、耕地等可能被淹没或部分淹没；随着河床水位和地下水位的升高，将会引起库岸的崩塌；下游某些地区可能受到冲刷，而另一些地区则可能由于水库冲沙而产生河道的淤积。因此，在进行水库设计时，应综合上述利弊，全面考虑，最后选定库容较大、工程量小、淹没损失少的地区。在进行水库设计时，地形图是最基本的资料之一，设计人员需要在地形图上解决以下几个主要问题：

（1）确定水库淹没、浸润和坍岸范围；

（2）量测淹没面积，计算总库容和有效库容；

（3）确定库区或库岸边缘可能被淹没或浸没地区的城市、工矿企业和耕地等，估算淹没损失，并拟定相应的工程防护措施，设计库岸加固工程；

（4）设计航运码头的位置；

（5）研究库底清理、居民迁移等有关措施。

设计内容不同，对地形图的要求也不完全一致。例如，在计算库容时，往往需要全库区同一精度、同一比例尺的地形图，而某些防护工程、航运码头等局部地区则要求提供精度较高、比例尺较大的地形图。因此，库区的测图工作应根据工程项目设计的要求，有计划、有区别地对待。针对不同的要求，恰当地选择地形图的测图比例尺和等高距，满足设计对地形图的精度要求。

库区同一比例尺地形图的提供，由于库区范围较大，在现有的条件下应尽可能收集已有的国家基本比例尺图或其他测量单位施测的地形图，但应对已有成果进行精度评定；当地形变化较大、成果较久或比例尺和精度不能满足设计要求时，应进行修测或补测；对于大面积的测图，应尽量采用摄影测量方法成图。

库区测图的平面控制一般分为基本控制、图根控制和测站点三级，高程控制一般分为基本高程控制、加密高程控制和测站点高程三级。控制点布设的密度和精度应兼顾满足大比例尺测图的要求。布设基本高程控制时，应尽可能与河流沿岸的干线水准路线联系起来并兼顾作为库区淹没线测设时的高程控制。

在水库地区测图时，应按《水利水电工程测量规范》施测，并仔细表示出水系及有关建筑物，如湖泊、河流、小溪、险滩、瀑布等水系及池塘、水库、水坝、水闸、堤防、护岸、渠道、渡槽、码头港口等水利工程及水上运输建筑物。对于水深大于 1 m 或水面宽度大于 5 m 的河流，在图上每隔 10~15 cm 应测注一个水位点，并注明施测日期。水位点应尽量分布在水位变化较大处、河道汇合处、城镇及大居民地、桥梁、渡口和其他特征地点，在图廓边上也应测注水位点。所有河流（包括在施工时可以用作施工导流的干涸河流）、湖泊、险滩均应调查其名称，并注记在原图上。

对于测区内的新旧水利设施，均应仔细测定其顶部或底部高程。对于过水断面面积大于 1 m^2 的桥涵、闸，应注明孔口尺寸。

根据设计要求，在重要城镇、工业企业、水工建筑物等处，有时应调查洪水（渍水）的痕迹点，测注洪（渍）水位和发生的时间，一般以分式表示，分子表示水位高程，分母表示发生年月日。

等高线是水库库容计算的依据，因此，在库区测绘地貌时，应使等高线正确地表示出测区的地形变化特征，包括测区的分水系统和集水系统，冲沟的断面特征，在山地的顶部、垭口、鞍部都应有相应的注记点，并应表示出鞍部的长度和宽度，对于测区的地下水系、泉水等也应在图上予以表示。

总之，在库区测图工作中，各种地物、地貌的高程要素应特别仔细地测绘。

10.5　水库边界线的测设

水库的设计水位和回水曲线的高程确定后，即可根据设计资料在实地确定水库未来的边界线。水库边界线一般是在水库设计批准以后或大坝开始施工时才进行实地测设。

水库边界线测设的目的在于测定水库淹没、浸润和坍岸范围，由此确定居民地和建筑物的迁移、库底清理，调查和计算由于水库修建而引起的各种赔偿，规划新的居民地、确定防护界线等。边界线的测设工作通常由测量人员配合水工设计人员和地方政府机关共同进行。其中，测量人员的主要任务是用一系列的高程标志点（常称为界桩）将水库的设计边界线在实地标定下来，并委托当地有关部门或村民保管。根据界桩的使用性质和期限，可分为永久界桩和临时界桩两种。永久界桩以混凝土桩或经涂上防腐剂的大木桩或在明显易见的天然岩石上刻凿记号作为标志，临时界桩可用木桩或明显地物点（如明显而突出的树干或建筑物的墙壁等）作为标志，所有界桩都应编号。水库边界线测设的实质就是利用这些界桩在实地放样出一条设计高程线。因此，库区边界线测设的重点是界桩高程测设的精度，它们的平面位置可用野外目测的方法展绘在库区地形图上。

库区边界线按其用途可分为移民线、土地征用线、土地利用线和水库清理线等，它们对测量工作的要求不一致。因此，在库区边界线测设以前，根据主管部门对各界线所需测设的高程范围、各类界桩的高程表及测设界线的种类等提出的要求，确定对其是全部测设还是部分测设，然后将回水高程以及界桩测设的高程范围分段绘在图上。在此基础上进一步收集测区已有的高程控制分布情况和精度，分析它们是否能够满足界桩测设的要求。在为边界线测设建立高程控制时，应尽可能利用库区已有的高程控制点。对于库区内将被淹没的四等以上的水准点标石，在测设界桩前或与此同时，应将其移测至淹没线以上。沿库边设立的高程控制一般分为基本高程控制和加密高程控制，其布设方法和精度要求与测图高程控制相同。

水库边界线的测设，视边界种类及现场条件，常采用几何水准测量法和三角高程测量法。采用几何水准测量法测设时，常用间视法测设界桩的高程。如图 10-9 所示，欲测设移民线上的两个界桩点 76 人—105 和 76 人—106，可先从附近的水准点 BM_5 开始，将高程引测至边界附近的 A 点上，然后以 A 点为后视，读取后尺读数，并按下式依次计算两界桩点的前尺读数 b，即

$$b = H_a + a - H_0 \tag{10-29}$$

式中，H_a 为后视点的高程；a 为后尺读数；H_0 为待测界桩点的高程。

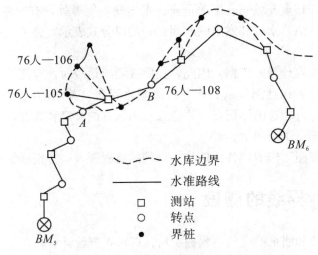

图 10-9　几何水准测量法测设水库边界线

由观测员指挥前视尺沿河谷的斜坡方向移动，直至望远镜中丝照准水准尺黑面的读数 b，并在此埋设相应的界桩，再用黑红面读数精确测定界桩高程，记录在表 10-7 中。对于能够纳入高程作业路线的永久界桩或临时界桩，均应作为转点纳入路线（如图 10-9 中的 76 人—108，即 B 点），这时应注意使转点到测站的前后视距相等。

表 10-7　水库界桩测设记录表

界桩所在地段：××县××乡××村　　　　　　土地征用线：112.30 m

应测设的界桩高程：移民线 116.90 m　　　　　观测者：

施测日期：××年××月××日　　　　　　　　记录者：

天气：　　　　　　　　　　　　　　　　　　检查者：

后视点或测站点	前视界桩编号	界桩所在地	界桩类别	观测读数						高差	实地土高差	起算点高程/m 界桩高程/m	备注
				后视距 前视距	后视	黑面 红面 红-黑(或垂直角)	前视	黑面 红面 红-黑(或垂直角)					
A	76 人—105	王村张河屋墙	屋墙	178 248	1390 6180 4790	0288 5070 4782	+1102 +1110 +1106				115.78 116.89		
A	76 人—106	王村河边路上	木桩			0272 5056 4784	+1118 +1124 +1121					116.90	
…	…	…	…	…	…	…	…	…	…		…	…	

采用三角高程测量法测设界桩高程时，可将望远镜视线安置在水平视线位置，然后按上述几何水准测量法测设；当采用测定前后尺的视距和垂直角进行测设时，其相应的观测数据记入表 10-7 中的观测读数栏中，并计算出界桩的高程填入表中。利用这种方法施测时，其视线长度一般小于 250 m，垂直角观测一测回。

利用上述方法测定界桩高程时，其路线长度可以根据界桩高程测定的精度要求确定。例如，采用几何水准测量法测定界桩高程时，由间视法作业过程可知其误差来源有加密高程控制点的中误差 $m_{起}$，由于仪器 i 角和后视与前视视距不等引起的高程误差 m_i，测站观测高差的中误差 $m_{站}$ 以及由加密控制点把高程引测到测站后视点上的高程中误差 $m_{测}$。这时有

$$m_{界}^2 = m_{起}^2 + m_i^2 + m_{站}^2 + m_{测}^2 \qquad (10-30)$$

而 $m_{测}$ 与水准路线的等级和长度有关，即

$$m_{测} = \tau \cdot \sqrt{L} \qquad (10-31)$$

式中，τ 为相应等级水准每公里的全中误差，单位为 mm；L 为引测高程的水准路线长度，单位为 km。

由上述二式可以求得引测高程的水准路线长度为

$$L = \frac{1}{\tau^2}(m_{界}^2 - m_{起}^2 - m_i^2 - m_{站}^2) \qquad (10-32)$$

界桩高程测定的精度要求与水库边界线的类别和用途相适应，一般分为三级，$m_{界I} = 0.1$ m，$m_{界II} = 0.2$ m，$m_{界III} = 0.3$ m。例如，测设回水曲线时，界桩高程的精度要求应与计算回水曲线的高程精度要求（0.1 m）相适应，即应采用 I 类界桩的精度要求。界桩测设时，常以加密的五等水准点作为起始点，若该点为发展两次的五等水准的最弱点，它相对于邻近基本高程控制点的高程中误差 $m_{起} = \pm 67$ mm；若以间视法用 S_3 型水准仪测设 I 类界桩，顾及前后视距差最大为 100 m，由仪器 i 角产生的高程误差为 $m_i = \pm 5$ mm；

在最大视距为 250 m 时，一测站高差测定的中误差为 $m_\text{站} = \pm(2 \sim 3)$ mm，这时，求得测设 I 类界桩时用五等水准精度引测测站点的最大路线长度为

$$L = \frac{1}{20^2} \times (100^2 - 67^2 - 5^2 - 3^2) = 13 \ (\text{km})$$

按照上述基本思想，类似式（10-32）可以计算 II、III 类界桩分别用几何水准测量或高程导线引测时的允许长度。

测定界桩的密度要求视界桩的种类和测区情况区别对待。水库的边界线是一条形状十分复杂的连续曲线，而界桩在实地标定的边界线是一条折线，为使界桩的密度能表示水库的边界曲线，一般来讲，对于经济价值较高的农田、森林地区，每 2~3 km 应设立一个永久界桩，其间用临时界桩加密，间距为 50~200 m，并要求相邻界桩能互相通视；对于居民地、工业厂矿区，应在两端各设立一个永久界桩，中间每隔 50 m 左右用临时界桩加密；对于经济价值较低的山区或沼泽区域，间距可适当放宽，甚至不测其边界线。

采用全站仪，用极坐标法在测站上直接测定并显示出界桩的平面位置和高程。

10.6 水利工程建筑区的地形测量

目前我国水利工程建筑区的地形测量多采用人工测绘方法成图，如全站仪数字化测图、RTK 测图等。在测绘地形地物时，一般应直接根据图根点施测。当图根点密度不足时，对于 1:5000 比例尺测图，可从图根点上引测一站的复觇支点，边长不得超过 250 m，在个别困难情况下，允许从图根点上连续引测两点的支导线，其全长不超过 300 m；对于 1:2000 比例尺测图，可从图根点上引测一站的复觇支点，在个别困难情况下，允许支两点，但支导线长也不得超过 200 m；对于 1:1000 比例尺测图，仅允许从解析图根点上引测一站的复觇支点，其最大边长不超过 100 m；对于 1:500 比例尺测图，必须直接在解析图根点上进行，若施测 1:500 比例尺的实测放大图时，可按 1:1000 比例尺的测图要求进行施测。

关于图根点的布设密度，对于地形平坦、地物稀少地区，在理论上可以按图 10-10 的均匀布点进行估算，此时每一测站所控制的面积（如图中测站 O 控制 $ABCDEF$ 六边形的面积）为

$$a = 2.6D^2 \tag{10-33}$$

式中，D 为视距长度。

由图 10-10 可知，按这种理想方案布设控制网时，上、下级控制网边长的比例为

$$S_\text{上} = \sqrt{3} \cdot S_\text{下} \tag{10-34}$$

且图根点控制的面积与图根点边长的关系为

$$A = 0.866 \cdot S^2 \tag{10-35}$$

显然，由式（10-34）或式（10-35）不难求得每平方公里所需的控制点数。例如，1:1000 比例尺测图时，视距最大长度为 120 m，则每平方公里所需的控制点数 $n = 1/A = 27$。而在实际作业中，控制点的布设不可能如图 10-10 所示的那样均匀和理想，根据统计，一般地区测图较理想的布点方案所需控制点数约增加 50%，隐蔽困难地区将增加一倍以上。我国《水利水电工程测量规范》对每平方公里的图根点点数做了规定，不宜小于表 10-8 的规定。

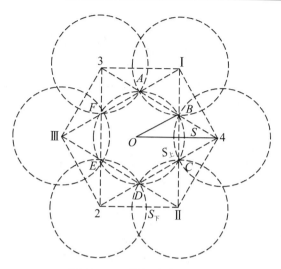

图 10－10　图根点布设密度

表 10－8　每平方公里图根点点数

测图比例尺	1：500	1：1000	1：2000	1：5000	1：10000
图根点点数	32	12	4	2	1

水利水电专业测图的地物测绘主要内容包括测量控制点、居民地、水系及其附属建筑物、道路及管道、输电线路及通信线路、独立地物、地质勘探及水文、气象设施、境界、地类界及垣栅等。

测量能依比例尺描绘的地物，其主要轮廓应用仪器测绘，其余部分可用丈量方法测定。测量半依比例尺或不依比例尺描绘的地物，应测绘其中心位置和定位点。当地物过于繁杂而需要进行取舍时，应注意保留与水利水电建设有关的地物和方位物。

陆上部分地形测图应遵循"看不清不测绘"的原则，其视距长度、地形点间距见表 10－9。

表 10－9　地形图测绘要求

测图比例尺	视距长度/m	地形点间距（图上 cm）	备注
1：500	70	1～3	在地物、地貌简单，垂直角小于2°，水准尺读数清晰的情况下，视距长度允许放大 1/4
1：1000	120		
1：2000	200		
1：5000	300	1～1.5	
1：10000	400		

狭谷困难地区，在本岸测图的垂直角太大而必须在对岸施测时，可按表 10－9 规定的视距长度放大 1/2；如仍不能满足测图的需要，可采用全站仪、倾斜摄影测量、激光雷达等方法成图。

思考题与习题

1. 在水利工程设计阶段，测量工作的主要任务是什么？

2. 根据我国长期施工实践所积累的资料，为满足不同的设计要求，施测地形图的比例尺该如何选择？不同比例尺的等高距选择需要注意什么？

3. 水利工程控制网的布设一般采用什么方案进行？

4. 请简述水利工程控制网层次及精度梯度的确定方法。

5. 水利工程建筑区的测图平面控制网有哪些布设形式？控制网设计有哪些要求？

6. 水利枢纽工程设计阶段的高程控制网有哪些具体要求？

7. 什么是汇水面积？什么是水库库容？如何确定汇水面积和水库库容？

8. 水库地区测图工作与普通测图工作有哪些不同之处？

9. 水库边界线测设的目的是什么？水库边界线测设有哪些方法？如何进行水库边界线测设？

10. 水利工程建筑区的地形测量方法有哪些？进行建筑区地形测量时，图根点密度如何确定？

第11章 水利工程施工控制测量

11.1 概　述

水利枢纽的技术设计批准后，即着手编制各项工程的施工详图。此时，在水利枢纽的建筑区开始进行施工前的准备工作，测量人员则开始施工控制网的建立工作。施工控制网是直接为施工放样服务的，所以必须根据施工总布置图和有关测绘资料来布设。与测图控制网相比，施工控制网具有以下特点：

（1）控制的范围小，控制点的密度大，精度要求高：施工阶段所有工作均集中在枢纽建筑区，大型水利枢纽主体工程所占面积一般不超过 10 km²，中小型水利枢纽则只有 1 km² 左右。为了控制施工，通常包括附属企业在内的施工控制网的控制面积，大型水利枢纽也不过十几平方公里（个别达几十平方公里），中小型水利枢纽一般只有几平方公里。在主体工程地区，由于建筑物很高（如大坝、闸等），而施工中又必须对不同高度进行放样，所以要求把控制点布设成平面和立体交叉，以便放样时至少有 3~4 个方向可供选择。

水利枢纽施工控制网除用于主要轴线放样外，还经常直接用于主要建筑物轮廓点放样。主要水工建筑物轮廓点放样的点位中误差要求为±20 mm，因此要求最低一级控制网的点位相对于坐标起算点的中误差不得超过±10 mm。由此可见，施工控制网比测图控制网精度要求高得多。

（2）使用频繁：在水利枢纽建筑区，主要建筑物如坝、闸等一般很高，而一个大坝又分成 10~20 个坝段，一个坝段每浇高 1.5~3 m 即需进行一次施工放样；据统计，我国葛洲坝第一期工程为浇筑坝、闸所进行的施工放样超过 17000 次，由此可见水利枢纽建筑区放样控制点使用得很频繁。这就对控制点点位的稳定性、方便性和精度提出了较高要求。

（3）受施工干扰：水利工程施工采用平行交叉作业，建筑物高度悬殊；施工机械多，以及施工过程中的临时建筑物等，都可能成为视线的障碍。因此，放样控制点的位置应分布恰当，密度也应较大，以便有所选择。对于峡谷建坝地区，要求控制点在不同高程上进行布设，形成一个平面立体交叉的控制网。

根据上述特点，施工控制网常分成基本网和定线网两层布设。基本网的点位尽量选在地质条件好、离爆破震动远、施工干扰小的地方，以便能长期保存和基本稳定。在此基础上用插点、插网、交会定点等方法在靠近建筑物的地方扩展定线网点，供直接放样使用。

为了保证放样用的控制网点具有足够精度，同时又避免对基本网过高的精度要求，我国生产单位根据水工建筑物之间既有联系又相互独立的特点，采用了局部加强的方法。即在低精度的上一级控制网下，加密精度高于上一级加密控制网；或者采用控制网全面布网，以提高控制网精度。

本章就水利枢纽建筑区施工控制网的精度要求、布设方案、控制网的优化设计和施测特点作较详细的介绍。

11.2　水工建筑物放样顺序和精度要求

与一般测图工作相反，放样的目的是将设计建筑物的位置、形状、大小和高程在地面标定出来，以便进行施工。

设计建筑物须先作出总体布置，确定各建筑物位置间的相互关系，即主轴线间的相互关系，再设计辅助轴线，然后设计细部的位置、形状、尺寸。例如图 11-1 的水利枢纽，经设计后在地形图上给出大坝轴线 AB，3#船闸轴线 CD（与大坝轴线垂直），2#船闸轴线 EF（与大坝轴线交角为 $90°-\alpha$），1#船闸轴线 GH（与大坝轴线垂直），1#厂房主轴线 KL（平行于大坝轴线，与大坝轴线之间的距离为 b），2#厂房主轴线 IJ（平行于大坝轴线，与大坝轴线之间的距离为 a）。除此之外，设计还给出环绕各轴线设计的各建筑物的细部位置、形状、尺寸等。

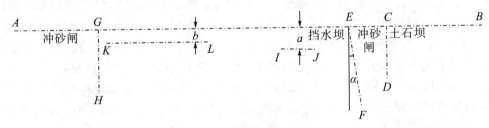

图 11-1　水工建筑物放样顺序

水工建筑物放样顺序也应遵循从总体到局部的原则。例如对图 11-1 所示的水利枢纽，首先放样出大坝轴线 AB（实际工作中，往往将它作为施工控制网的一条边），根据大坝轴线可以直接放样冲砂闸、泄水闸、非溢流坝各坝段的分跨线（垂直于大坝轴线）和分仓线（平行于大坝轴线），以便分层、分块进行混凝土浇筑。在进行船闸与厂房施工时，则首先放样出船闸和厂房的主轴线，再根据这些主轴线放出各辅助轴线，最后确定各建筑物的细部结构。必须指出，上述原则往往由于条件限制而无法实行。这时就用控制点直接放样。有时同一建筑物不同部位（尤其是不同高程上）的放样需要用到不同的控制点。因此，对测量控制点密度和精度的要求就都明显提高了。

水工建筑物的放样精度可以分为两种：一种是绝对精度，主要对整体建筑物的位置放样而言。水工建筑物一般建于高山峡谷，即使平原地区的水利枢纽，其大坝位置也都选在河谷地带，不受先期建筑物的约束，因此，确定放样精度只需考虑建筑区的地形地质条件，一般精度要求不高。船闸、水电站厂房等轴线的放样除考虑自然条件外，还需考虑与已放样建筑物（如大坝）的相对关系，但通常这些建筑物之间没有特殊的联系，所以它们的放样精度要求也不是很高。另一种是相对精度，这是对建筑物的细部或有相互关联的建筑物的放样而言的。建筑物各部分之间由于连续生产过程需要，具有一定的几何联系。如图 11-2 所示，由进水口到水轮机的引水钢管的剖面图，这种钢管的安装是随坝体施工升高过程进行的，因此钢管的安装轴线不可能固定，其每次定位中误差要求为±5 mm。有些工程的结构也要求一定的几何联系，例如溢流坝面的放样，为了克服高速水流冲刷下可能发生的气融，施工后的溢流曲线与设计曲线的吻合度要求很高。此外，相对精度的要求也有完全基于美观考虑提出的，例如要求各坝墩尽可能位于同一直线，坝面必须光滑、整齐等。

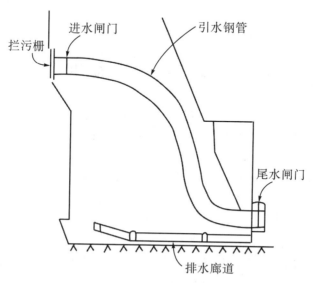

图 11－2　引水钢管剖面图

综上所述，水工建筑物放样的绝对精度要求不高，如主要水工建筑物轮廓点放样精度要求为±20 mm，但相对精度要求较高。安装工程项目精度要求见表 11－1。测量人员必须了解放样误差可能对水工建筑物功能的影响，设法创造由轴线放样的条件。

表 11－1　安装工程项目精度要求

安装工程项目		测量中误差 /mm	说明
闸门安装：平面闸门底槛（主测反轨等）平面		≤±2	相对于门槽中心线和孔口中心线
平面闸门门楣对门槽中心线距离		±1	
弧门底槛（侧止水座板及侧轮导板）平面		±2	相对于孔口中心线的距离
门楣	里程	±1	门楣中心至底槛面的高差
	高程	±2	
弧门铰座的基础螺栓中心和设计中心位置偏差		±2	与底槛的距离
人字闸门底框蘑菇头	中心偏差	±1	相对于中心线
	高程偏差	±2	相对于邻近安装高程点
钢管始装节及弯管起点里程偏差（包括在腰线上的测点）		±3～6	相对于钢管安装基准里程点

续表

安装工程项目		测量中误差 /mm	说明
水轮发电机基础环、 座环安装	中心	±1	相对于既定轴线
	高程	±2	
座环上水平面水平度		0.1~0.5	

11.3 水工工程施工控制网的布设原则

水利工程勘测设计阶段建立测图控制网的设计精度取决于测图比例尺的大小，点位采取均匀分布。测图控制网的点位精度和密度一般不能满足施工要求，需重新建立施工控制网。

分析水工建筑物放样的精度要求，可以看出有以下两个特点：一是松散性，一个水利枢纽建筑物可以分成不同的整体，各整体（如坝、溢洪道、船闸等）之间具有松散的联系。不仅如此，在松散联系的各整体内部，如电站中各机组之间，它们的联系也是松散的。我们可利用这些松散部位作误差调整或吸收误差，如图11-3所示。二是整体性，一些相互关联的水工结构物之间和金属结构的建筑物都具有较高的相对精度要求，需尽可能采用相同的控制点或建筑物轴线、辅助轴线进行放样。

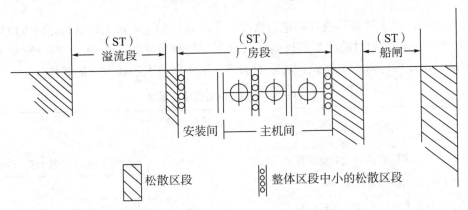

图11-3 放样精度区段划分示意图

注：ST代表整个区段要求整体性。

根据水工建筑物放样要求的上述特点，在考虑布设施工控制网时首先应划分工程部位的松散区段和整体区段：将闸门区段、水电厂房、船闸段、溢流段等作为整体区段，而将这些建筑物的连接处作为松散区段，将有金属结构联系的建筑物作为整体区段，否则为松散区段，由此区分开各部分对放样精度的不同要求，然后确定设计方案。

根据所划分的整体区段的多少、彼此相距的远近、面积的大小，以及所占整个施工区面积的比例，来考虑施工控制网的布设方案。当整体区段相距较近，且合并面积占整个施工区面积的比例较大，而整个主要建筑区的面积又不大（1 km²左右）时，可考虑采用全面提高整个施工控制网精度的方案。采用这种布网方案的控制网精度，需根据整体性要求最高的建筑物来设计。当整体区段相距较远，或整体性建筑物虽相距较近但它们联合后的面积较大时，则以不合并为宜。此时，整个施工场地的控制网可只考虑放样各整体区段的轴线（即只考虑绝对精度），而对局部的整体区段则通过加密控制网来进行放样；根据首级控制网（基本网）的精度（取决于仪器设备）及欲放样的整体区段的放样要求来决定加密控制网作为附合网或独立加强网（即在精度上可高于首级控制）。

　　根据上述施工控制网的特点与水工建筑物对放样精度要求的特性，施工控制网布设时应遵循以下原则：

　　（1）施工控制网应作为整个工程技术设计的一部分，所布设的点位应画在施工设计总平面图上，以防止标桩被破坏。

　　（2）点位的布设必须顾及施工顺序和方法、场地情况、对放样的精度要求、可能采用的放样方法以及对控制点使用的频繁性等；以考虑放样精度要求高的主要建筑物密集处为主。一般来说，随着坝身的升高，上、下游间通视将被阻挡而使一部分上游的点位失去作用，故在布网时点位的分布应以坝的下游为重点；但为了放样方便，布点时仍应适当照顾上游。

　　（3）河面开阔地区的大型水利枢纽以分级布设基本网和定线网为宜。对于高山峡谷、河面较窄地区的大中型水利枢纽，在条件允许时可布设全面网，条件不具备则可采用分级布网。根据具体情况，也可布设精度高于上一级的加密网。

　　（4）在设计总平面图上，建筑物的平面位置以施工坐标系表示。此时，直线型大坝的坝轴线通常取作坐标轴，所以布设施工控制网时应尽可能把大坝轴线作为控制网的一条边。

　　（5）施工放样需要的是控制点间的实际距离，所以控制网边长通常投影到建筑物平均高程面上，有时也投影到放样精度要求高的高程面上，如水轮机安装高程面上。

11.4　水工工程施工控制网的精度设计

11.4.1　设计施工控制网的依据

　　施工控制网的任务是按一定精度要求将各建筑物的轴线放样到实地，在某些情况下还需满足主要建筑物轮廓点的放样要求。施工控制网的任务在很大程度上决定了施工控制网网点的选择，即根据施工总布置图和有关测绘资料初步选择布网方案。一般要求选择两个以上方案，以便进行分析比较，选出最佳图形方案。

　　设计施工控制网精度的依据是主轴线和主要建筑物轮廓点的放样要求。根据《水利水电工程施工测量规范》（SL 52—2015）的相关规定，大坝、厂房、船闸、水闸等建筑物的主要轴线点均应由等级控制点进行测设。主要轴线点相对于邻近控制点的点位中误差不应大于 10 mm。表 11-2 为《水利水电工程施工测量规范》中施工测量的主要精度指标。由表 11-2 可知，施工测量中精度要求最高的是机电与金属结构安装（详见表 11-1）；但安装测量的实践表明，安装工作一般均能根据安装轴线进行，因而在设计施工控制网时可以不考虑机电与金属结构安装的要求。由表 11-2 可知，施工控制网应满足混凝土建筑物轮廓点放样的要求，即保证放样点位中误差（m_0）在 ± 20 mm 以内。《水利水电工程施工测量规范》规定主要轴线和主要建筑物轮廓点放样的精度要求是相对于邻近控制点的精度要求，这体现了水工建筑物对放样要求的松散性和整体性特点。

表 11-2　施工测量的主要精度指标

序号	项目		内容	平面位置中误差/mm	高程中误差/mm	说明
1	混凝土建筑物		轮廓点放样	±(20~30)	±(20~30)	相对于邻近基本控制点
2	土石料建筑物		轮廓点放样	±(30~50)	±30	相对于邻近基本控制点
3	机电与金属结构安装		安装点放样	±(1~10)	±(0.2~10)	相对于建筑物安装轴线和相对水平度
4	土石方开挖		安装点放样	±(50~100)	±(50~100)	相对于邻近基本控制点
5	局部地形测量		地物点	±0.75（图上）		相对于邻近测站点
			高程注记点		1/3 基本等高距	相对于邻近高程控制点
6	外部变形观测		水平位移测点	±(1~3)		相对于工作基点
			垂直位移测点		±(1~3)	
7	隧洞贯通	相向开挖长度小于 4 km	贯通面	横向±50纵向±100	±25	横向、纵向相对于隧洞轴线，高程相对于洞口高程控制点
		相向开挖长度为 4~8 km	贯通面	横向±75纵向±150	±38	

当施工控制网采用两级（基本网和定线网）布网时，可以根据建筑物轮廓点放样的精度要求来确定定线网的精度要求。

11.4.2　定线网精度设计

定线网直接用于建筑物放样，选择点位应尽量便于施工放样，在可能的情况下，点位应选在厂房、船闸、水闸等建筑物的主要轴线上。

从定线网点放样建筑物轮廓点常用的方法是前方交会法。如图 11-4 所示，当从控制点 A、B 放样轮廓点 P_0 时，轮廓点的点位误差为

$$m_{P_0}=\sqrt{m_{\text{控}}^2+m_{\text{放}}^2}\qquad(11-1)$$

式中，$m_{\text{控}}$ 为控制点 A、B 的测定误差对放样点 P_0 的影响误差；$m_{\text{放}}$ 为放样误差。

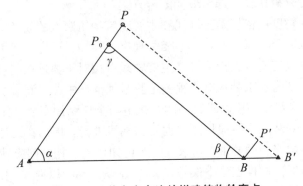

图 11-4　前方交会法放样建筑物轮廓点

由 10.2.1 可知，欲使控制点误差对放样点位的影响可忽略（仅占总误差的 10%），则要求

$$m_{控} = 0.4m_0 = \pm 8 \text{ mm} \tag{11-2}$$

式中，m_0 为放样点位中误差。

对于用前方交会法放样，在不考虑交会基线方位误差的情况下，控制点误差对放样点位的影响 PP_0（参见图 11-4）可推证如下：

从相似三角形 $BP'B'$ 中，可得

$$PP_0 = P'B = m_s \frac{\sin\beta}{\sin\gamma} \tag{11-3}$$

式中，m_s 为两个放样控制点间的边长误差。

一般情况下，可以选择合适的放样控制点，使 $\sin\gamma \geqslant \sin\beta$，故有 $PP_0 \leqslant m_s$，因此可把 m_s 看作控制点误差对放样点位的影响，由此提出最低一级加密网的 $m_s = \pm 8$ mm。

根据经验，用控制点交会放样时，交会边长一般为 200～400 m，因此施工控制网最低一级定线网的最弱边边长相对中误差为 1/2.5 万～1/5 万。

11.4.3　基本网精度设计

基本网精度设计可按两种不同思路进行：一种是按传统的测量布网原则，即逐级控制；另一种则是考虑到水利枢纽不同水工建筑物之间仅存在松散联系，而基本网的作用主要是统一整个枢纽的坐标系统，此时，为放样不同建筑物而加密的定线网可以看成是相应建筑物放样的首级控制网。

11.4.3.1　按逐级控制的原则设计基本网

（1）由基本网用插网（或插锁）方式加密定线网时，基本网必要精度的推算如下：

当用基本网分级加密定线网时，基本网的精度取决于加密级数和精度梯度。根据经验，施工控制网布设梯级以不多于三级为宜，故以三级布网来讨论基本网的必要精度。

若取精度梯度为 1/2，则由最低一级定线网的精度要求可以对各梯级提出表 11-3 的精度要求。

表 11-3　各级控制网的精度要求

控制网等级	起始边边长相对中误差	最弱边边长相对中误差
基本网		1/10 万～1/20 万
一级定线网	1/10 万～1/20 万	1/5 万～1/10 万
二级定线网	1/5 万～1/10 万	1/2.5 万～1/5 万

（2）由基本网用插点方式加密定线网时，基本网必要精度的估算如下：

当直接由基本网用插点方式加密定线网时，最不利情况为两相邻插点间无直接联系（图 11-5）。此时，先假设点 2 没有误差而点 1 具有中误差 M_1，则对于边长的影响（图 11-6）可推导如下：

$$\Delta = X - X_1 \approx M_1 \cos\alpha \tag{11-4}$$

$$\frac{[\Delta^2]}{n} = \frac{[M_1^2 \cos^2\alpha]}{n}, \quad n = \frac{2\pi}{d\alpha} \tag{11-5}$$

169

故得

$$m_1^2 = \frac{M_1^2}{2\pi} \int_0^{2\pi} \cos^2\alpha \, d\alpha = \frac{M_1^2}{2\pi} \left(\frac{\alpha}{2} + \frac{1}{4}\sin 2\alpha \right) \Big|_0^{2\pi} = \frac{M_1^2}{2} \tag{11-6}$$

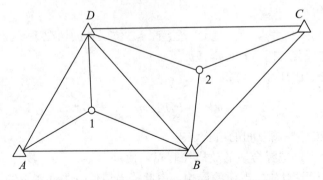

图 11−5　由基本网插点加密定线网的最不利情况

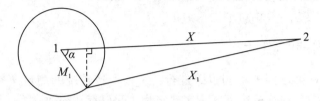

图 11−6　插点对边长的影响

同理可得，当点 1 没有误差，点 2 具有中误差 M_2 时，对边长的影响为

$$m_2^2 = \frac{M_2^2}{2} \tag{11-7}$$

当认为点 1、点 2 的误差独立，且假设 $M_1 = M_2 = M$ 时，则边长误差为

$$m_s = M = \pm 8 \text{ mm} \tag{11-8}$$

即直接由基本网用插点加密定线网时，应从保证插点点位中误差不大于 8 mm 来确定基本网的精度。

用插点方式加密定线网时，插点点位中误差可近似地表示为

$$M^2 = \pm M'^2 + \left(\frac{m_b}{b} s \right)^2 \tag{11-9}$$

式中，M' 为插点时的测量误差；$\dfrac{m_b}{b}$ 为基本网边长相对中误差；s 为插点时边长。

显然，理想情况是插点在等边三角形的中心，如图 11−7（a）所示，此时

$$s = \frac{b}{\sqrt{3}} \tag{11-10}$$

插点在三角形外 [图 11−7（b）] 较为不利，此时

$$s \approx b \tag{11-11}$$

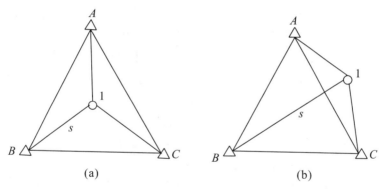

图 11-7　插点加密定线网时的边长情况

考虑一般情况，取

$$s=\frac{b}{\sqrt{2}} \tag{11-12}$$

则式（11-9）可写成

$$M^2=\pm M'^2+\frac{m_b^2}{2} \tag{11-13}$$

假设

$$\frac{m_b}{\sqrt{2}}\cdot\frac{1}{M'}=\frac{1}{2}$$

故

$$M'=\sqrt{2}m_b \tag{11-14}$$

代入式（11-13），得

$$m_b=\sqrt{\frac{2}{5}}M=\pm 5 \text{ mm} \tag{11-15}$$

表 11-4 为相对于基本网平均边长所计算的基本网最弱边边长相对中误差。

表 11-4　基本网最弱边边长相对中误差

平均边长/m	最弱边边长相对中误差
300	1/6 万
400	1/8 万
600	1/12 万
800	1/16 万
1000	1/20 万
1600	1/32 万

考虑到基本网平均边长大于 1 km 是极个别情况，故可以认为，当用插点方式加密定线网时，基本网最弱边边长相对中误差应为 1/6 万～1/20 万。

11.4.3.2　考虑到水工建筑物之间的松散联系来设计基本网

在考虑到水工建筑物之间的松散联系时，则可以把不同类的水工建筑物（如电厂、船闸等）看成是独立的建筑物。当用基本网加密定线网后，定线网可以看成是该独立建筑物的首级控制网，定线网相对于基本网的误差在施工放样中可不予考虑。

按照这一思想设计基本网时，可以从放样建筑物主要轴线点的误差不大于±10 mm 考虑（主要轴线一旦放出，即可作为该建筑物的放样依据，主要轴线本身放样的误差对建筑物放样的影响可不予考虑，但考虑到在施工过程中还存在对主要轴线点复测和恢复的可能，所以提出±10 mm 的要求是必要的）。通常放样主要轴线点的距离不超过 400 m，所以可按最弱边边长相对中误差不超过 1/4 万的要求来设计基本网。在实际工作中，也可按主要建筑物附近的基本网边长相对中误差不超过 1/4 万进行设计。

分析上述两种基本网的设计方法可知，逐级控制可免去加密的精度分析，给施工放样带来方便，但对基本网要求较高。考虑建筑物间松散联系的设计方法，则要求对施工放样随时作精度分析，必要时还需建立高精度加密网，但对基本网的要求可以降低，且在某些情况下还可以将测图阶段建立的控制网直接作为施工控制网。

表 11-5 为《水利水电工程施工测量规范》规定的各等级测角网的技术要求。若将表 11-5 中所列各级网的精度要求与按逐级控制的原则设计基本网所推得的精度要求（表 11-4）做比较，可以看到前者略低于后者，这是由于《水利水电工程施工测量规范》制定时考虑了精度相对性的要求（见表 11-2）。当考虑水工建筑物间松散联系时，则按表 11-5 要求布设的基本网在满足放样精度上是绰绰有余的。

表 11-5　测角网（锁）的技术要求

等级	平均边长/m	平均边长相对中误差	测角中误差/″	三角形最大闭合差/″	测回数 J₁	测回数 J₂
二	500～1500	1/25 万	±1.0	±3.5	9	
三	300～1000	1/15 万	±1.8	±7.0	6	9
四	200～800	1/10 万	±2.5	±9.0	4	6

11.5　引水隧洞施工控制网的精度设计

引水式电站的蓄水闸与厂房相距较远，当通过隧洞引水且隧洞很长时，施工控制网的主要作用在于确保引水隧洞的贯通，故其精度要求应从隧洞贯通精度出发进行推算。

在隧洞施工中，施工控制网、地下导线测量及细部放样的误差影响，使得两相向开挖的工作面中线错开，即产生贯通误差。贯通误差在隧洞中线方向的投影长度称为纵向贯通误差（简称纵向误差），在垂直于中线方向的投影长度称为横向贯通误差（简称横向误差），在高程方向的投影长度称为高程贯通误差（简称竖向误差）。由表 11-2 可知有关隧洞贯通误差的要求：当隧洞相向开挖长度小于 4 km 时，对横向误差的要求为±50 mm，对纵向误差的要求为±100 mm，对竖向误差的要求为±25 mm。由于纵向误差对工程的影响一般不大，所以本节重点对横向误差进行分析（竖向误差将在 11.7 节讨论）。

引水隧洞横向误差如图 11-8 所示。

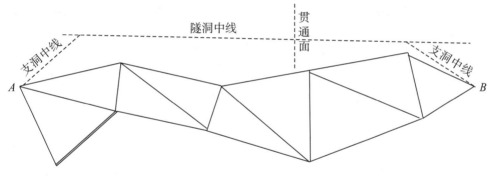

图 11-8 引水隧洞横向误差

由图 11-8 可知，横向误差包括地面控制网误差 $m_控$ 及左边开挖的地下导线测量误差 $m_左$ 和右边开挖的地下导线测量误差 $m_右$。由误差传播定律知，横向误差 m_q 可表示为

$$m_q^2 = m_控^2 + m_右^2 + m_左^2 \tag{11-16}$$

由式（11-16）所计算的横向误差不应超过表 11-2 的规定。

综上所述，引水隧洞施工控制网精度设计包括两方面内容，即地面控制网精度设计和地下导线精度设计。

11.5.1 地面控制网精度设计

在开挖隧洞时测量地下导线只能随开挖过程逐渐延伸，且地下条件比地面条件差。现将左、右两边的地下导线测量误差和地面控制网误差同等看待，即令

$$m_左 = m_右 = m_控 \tag{11-17}$$

由此得

$$m_控 = \frac{m_q}{\sqrt{3}} = \pm 28.8 \text{ mm} \tag{11-18}$$

对于河床式电站的水利枢纽，由于主要建筑物轮廓点放样没有方向的特定要求，因此在设计施工控制网时，可从最弱边精度要求出发来考虑施工控制网的设计。

当施工控制网用于隧洞放样时，由于隧洞贯通具有方向要求，因此在设计施工控制网时必须考虑它在贯通要求最高的方向的影响，即施工控制网对隧洞横向贯通误差的影响。

当沿隧洞在地面布设导线测定两洞口点 A 和 B 的相对位置时（参见图 11-9），A 点、B 点的测量误差对横向贯通的影响可按下式表示：

（1）由导线测角误差而引起的横向贯通误差为

$$m_{y_\beta} = \pm \frac{m_\beta}{\rho} \sqrt{\sum R_x^2} \tag{11-19}$$

式中，m_β 为导线测角中误差，以″计；$\sum R_x^2$ 为测角的各导线点至贯通面的垂直距离的平方和；ρ 为 206265″。

（2）由导线测量边长误差而引起的横向贯通误差为

$$m_{y_l} = \pm \frac{m_l}{l} \sqrt{\sum d_y^2} \tag{11-20}$$

式中，$\frac{m_l}{l}$ 为导线边长相对中误差；$\sum d_y^2$ 为各导线边在贯通面上投影长度的平方和。

将式（11-19）和式（11-20）合并，即得导线测量总误差在贯通面上所引起的横向中误差，为

$$m = \pm\sqrt{\left(\frac{m_\beta}{\rho}\right)^2 \sum R_x^2 + \left(\frac{m_l}{l}\right)^2 \sum d_y^2} \qquad (11-21)$$

式（11-21）是按照支导线的情况考虑的，是近似的，但可以放心应用。

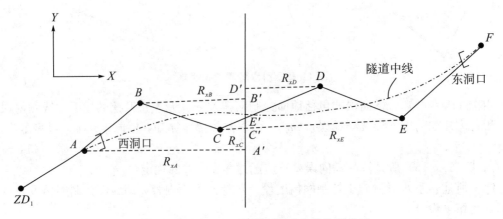

图 11-9　隧洞洞口位置与隧道中线位置关系

当沿隧洞在地面布设三角锁（网）时，可取三角锁（网）中最靠近隧洞中线的一条线路作为支导线。按三角测量等级相应的测角中误差为 m_β，三角测量等级相应的最弱边边长相对中误差为 $\frac{m_l}{l}$，再利用式（11-21）进行估算。显然这比上述导线更为近似，但仍可以放心应用。

为了较严密地估算地面控制网误差对贯通的影响，可利用相对误差椭圆的方法，此法不赘述。

采用导线方法比三角锁（网）更容易克服通视困难，因此得到广泛使用。表 11-6 为隧洞地面电磁波测距导线的技术要求。

表 11-6　隧洞地面电磁波测距导线的技术要求

隧洞相向开挖长度/km	导线等级	导线长度/km	全长相对闭合差	最多转折角个数	转折角测角中误差/″	垂直角测回数	测距测回数（测距仪精度≤10 mm）	方位角闭合差/″	往返测距离较差相对中误差
1~4	三	6	1/4万	10	±1.8	2	2	±3.6$\sqrt{n}$	1/6.5万
	四	4	1/3万	10	±2.5	2	2	±5.0$\sqrt{n}$	1/4.5万
4~8	三	10	1/4.5万	10	±1.8	2	2	±3.6$\sqrt{n}$	1/7万
	四	7	1/3万	10	±2.5	2	2	±5.0$\sqrt{n}$	1/5万

顾及隧洞一般为直线型，分析式（11-21）不难看出，地面导线对横向贯通误差的影响主要是由测角误差引起的。为了减少测角误差的影响，由式（11-19）可知应尽量减少导线点数。所以在实地布设导线时，导线的点数绝不应超过表 11-6 的规定，否则应利用式（11-21）对地面导线的影响值做具体计算，以决定是否需要提高导线的等级。

11.5.2　地下导线精度设计

洞内平面控制测量布置的地下导线一般分为基本导线和施工导线。施工导线的作用是为开挖指出方向。导线点的距离一般为 50 m，当隧洞开挖到一定长度时，则敷设边长较长的基本导线，一般每隔 3~5 个施工导线点布设一个基本导线点，即随着隧洞的向前开挖，需要选择一部分施工导线点组成边长较长的基本导线。由此可知，隧洞地下导线精度设计实质上是基本导线精度设计。

由于地下导线是随隧洞开挖逐步向前延伸的，因此，地下导线以支导线形式向前敷设。对于直线隧洞，地下导线对横向贯通误差的影响可按等边直伸支导线端点横向误差计算式进行估算：

$$m_\mu^2 = [s]^2 \cdot \left(\frac{m_\beta}{\rho}\right)^2 \cdot \frac{n+1.5}{3} \tag{11-22}$$

式中，$[s] = ns$，s 为地下导线平均边长。显然，m_μ 不应大于 $\frac{m_q}{\sqrt{3}}$。

由式（11-22）可知，为了减少地下导线对横向贯通的影响，除提高导线角度观测精度外，还应增加导线的边长。

表 11-7 为洞内基本导线的技术要求。

表 11-7　洞内基本导线的技术要求

技术要求	洞内基本导线等级		
	一	二	三
相向开挖长度/km	2.5~4	1~2.5	<1
导线边长/m	250	200	150
测角中误差/″	±1.8	±2.5	±5
仪器型号	J₂	J₂	J₂
测回数	9	6	3
边长相对中误差	1/20000	1/15000	1/10000

地下导线精度设计除采用式（11-22）外，也可按式（11-21）进行。式（11-21）中 R_x 和 d_y 可以在隧洞平面图上直接用图解法求得。

由于隧洞一般为直线型，在实际测量时施工导线的边长丈量按基本导线边长丈量的精度要求进行，而基本导线的边长则可用间接方法求得。如图 11-10 中，$P_1, P_2, \cdots, P_{n+1}$ 为施工导线点，S 为基本导线边长，β_1, β_{n+1} 为连接角，$\beta_2, \beta_3, \cdots, \beta_n$ 为施工导线的转折角，$s_1, s_2, \cdots, s_n$ 为施工导线边长，则在以基本导线边为 x 坐标轴的假定坐标系中，可求得基本导线边长为

$$S = s_1\cos\beta_1 + s_2\cos\beta_2 + \cdots + s_n\cos\beta_n \tag{11-23}$$

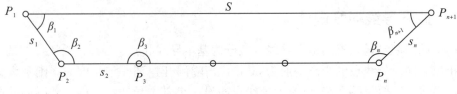

图 11-10　隧洞施工导线

可以证明，当施工导线的边长丈量偶然误差为 μ 时，由式（11-23）计算求得的基本导线边长精度 $m_s = \mu \sqrt{\sum s_i}$ ，所以当按基本导线边长丈量的精度要求来丈量施工导线时，基本导线边长不必另行丈量，可按式（11-23）间接求得。

11.6　施工控制网外业工作的特点

水利枢纽施工控制网的选点、造标埋石、观测等外业工作都具有一些特点，现分述如下。

11.6.1　选点工作的特点

施工控制网的选点应根据各建筑物的设计要求、施工措施及地形条件等，首先确定布网方案为分级布网、分层布网或全面布网，然后根据设计图在实地选点。对于分级布网，基本网点的选择主要考虑其是否稳定，同时应考虑定线网扩展条件，点位大多应分布在建筑物附近，坝轴线下游的点位密度应大于上游，基本网应设法将坝轴线作为一条边，同时使各建筑物轴线有可能被选为定线网的网点。对于分层布网或全面布网，选点时应既突出重点（大坝）又照顾一般（坝区其他建筑物）。为了避免控制网观测时视线产生过大的倾斜角，原则上应分台阶选点，台阶的高度可结合大坝施工来确定。

选点中必须注意视线通过的外界条件，特别要避免旁向折光的影响。控制网相邻点之间应有良好的通视，视线高出或偏离障碍物均应在 1.3 m 以上。

11.6.2　造标埋石工作的特点

水利枢纽施工控制网边长较短（一般为几百米长，短的仅 200～300 m），但网的精度要求很高，因此在观测过程中，无论是仪器或所瞄准的目标都不应有微小的移动。若需作测站或觇标的归心改正，则线长元素测定的精度应达到 ±0.3 mm～±0.4 mm。通常国家三角测量中采用的木质锥形标对水利枢纽施工控制网是不适用的。这是因为木质锥形标在气温和湿度改变时会产生扭曲，最大扭曲可达数厘米，而且扭曲的速度及大小没有一定的规律，无法加以改正。

水利枢纽施工控制网的另一个特点是在施工放样中使用频繁，为了满足施工要求，必须方便使用又保证精度。

根据上述特点，国内外水利枢纽地区大多采用钢筋混凝土观测墩，尤其是位于主要建筑物附近的控制网点必须采用这类观测墩。观测墩采用六角形、八角形、圆台形柱状为宜（图 11-11）。方形柱状观测墩使用过程表明，当观测员站在角棱时，将给观测带来不便。

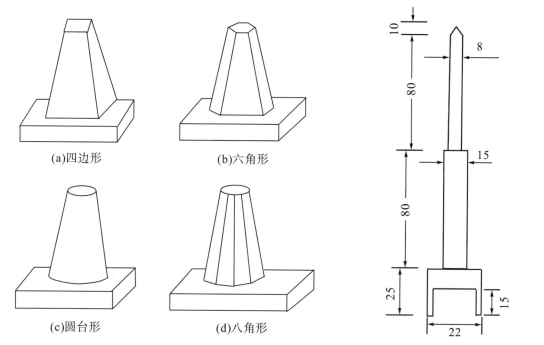

（a）四边形　　　　　　　（b）六角形

（c）圆台形　　　　　　　（d）八角形

图 11－11　施工控制点观测墩的形式

图 11－12　塔式垂直杆（单位：mm）

观测墩顶面一般埋设有仪器与觇标强制对中的设备，既为使用提供了方便，也确保了仪器与标志的对中精度。

由于控制网边长较短，故对标志的结构提出了较高要求。我国一般采用塔式垂直杆或照准觇牌。由于塔式垂直杆或觇牌与观测墩均有螺栓联结装置，因而可以保证置中精度达 0.2 mm 左右。

图 11－12 为塔式垂直杆。根据不同的边长，塔式垂直杆的尺寸可参考表 11－8。有些单位为了使垂直杆适应更大的边长范围，采用了四段不同直径的塔式垂直杆（参见图 11－13）。垂直杆每段涂红白两色。

表 11－8　塔式垂直杆的尺寸

观测边长/m	垂直杆下部直径/mm	垂直杆上部直径/mm	垂直杆高度/m
500	40	10	0.4
400	30	8	0.3
200	20	5	0.2

混凝土观测墩浇筑时，应特别注意强制对中金属座盘的水平度。因为垂直杆不附带整平设备，金属座盘不水平将导致垂直杆的倾斜，从而产生目标偏心误差。为了确保金属座盘的水平偏差不大于 $7'$，观测墩以分三次浇筑为宜。第一次浇盘石。第二次浇柱石的下部（浇筑高度为 1.14 m），并同时埋设立柱螺栓。第三次用小骨料砂浆灌满柱石上部，并安装金属座盘，金属座盘应用水准器检查并及时（在开始 24 小时内）调整（参见图 11－14）。

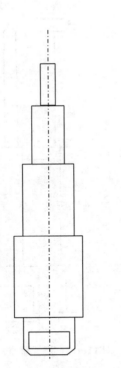

图 11−13　四段不同直径的塔式垂直杆

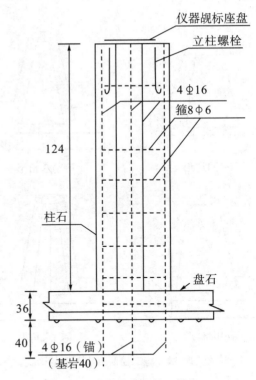

图 11−14　观测墩的浇筑（单位：mm）

11.6.3　观测工作的特点

水利枢纽施工控制网由于边长较短，而各三角点的高度悬殊，因此观测时应特别注意仪器竖轴的垂直性。为了减少仪器竖轴倾斜对水平方向观测成果的影响，可以采取以下措施：

（1）读记水准器，并按下列公式进行改正：

$$\left.\begin{array}{l} N_R = R + \dfrac{J_R}{\tan Z} \\[2mm] N_L = L + \dfrac{J_L}{\tan Z} \end{array}\right\} \tag{11−24}$$

式中，N_R、N_L 分别为改正后的盘右、盘左读数；R、L 分别为盘右、盘左读数；J_R、J_L 分别为盘右、盘左水准气泡偏离值，等于水准气泡格值与偏离格数的乘积；Z 为天顶距。

（2）每测完一测回，重新整置仪器，使仪器竖轴倾斜变成随机量，通过多测回观测来削弱仪器竖轴倾斜对水平方向观测成果的影响。

由于水利枢纽经常位于崇山峻岭之中，上、下午光线方向不一致，因此最好上午在东方设站观测西方目标，下午在西方设站观测东方目标。观测时，照准标志的背景往往不是天空而是地面（背后的山坡等）或水面，这时为了提高标志的反差，可在照准目标背后放一块黑色挡板。

在水利枢纽施工控制网中，由于边长较短，加上各方向边长悬殊，因此不可避免地在观测中要进行调焦。根据生产单位作业人员的经验，只要观测员能使调焦螺旋基本回到某一相应位置，则测回平均值中调焦影响不会严重。调焦可能引起各方向 $2C$ 值的变化，加上各方向俯仰角的不同，因而 $2C$ 变化的极限值可能超出国家三角测量规范的规定。当出现这种现象时，对 $2C$ 变化超限的原因应做分析。《水利水电工程施工测量规范》规定，当观测方向的垂直角超过 $\pm3°$ 时，该方向的 $2C$ 较差按相邻测回进行比较。

水利枢纽施工控制网由于边长较短，故水平角观测一般采用方向法进行。

11.7 水利工程的高程控制网

测图时所建立的高程控制网，在点位分布和密度方面一般不能完全满足施工时的需要，因此必须适当加强与加密。

施工期间，高程控制直接为高程放样服务，由于各处工程建筑物对高程精度的要求不完全一致，因此在设计和敷设高程控制时，应结合工程要求进行考虑。高程控制的密度应能做到在建筑物近旁的不同高度上都布设有临时水准点，以确保只需设一个测站就能将高程传递到建筑物。

高程控制网通常分两级布设，即布满整个施工场地的基本高程控制网和根据各施工阶段放样需要而布设的加密网。对混凝土建筑物基本（首级）高程控制要求不低于三等水准，土石建筑物则不低于四等水准。首级高程控制等级的要求可参考表 11-9。一般情况下，由于水利枢纽建筑物位于山区，所以平面控制网点和高程控制网点采用各自独立布设。对地形起伏大的地区，常用电磁波测距高程测量或解析三角高程测量代替四等水准测量。

表 11-9 首级高程控制等级的要求

工程规模		混凝土建筑物	土石建筑物
大型工程		二或三等	三等
中型工程		三等	四等
水工隧洞	<4 km	四等	
	4~8 km	三等	

加密网点一般均为临时水准点，它可直接在岩石露头画上记号作为天然的临时水准点。为了放样方便，往往在已浇筑的混凝土上布设临时水准点。这些水准点一开始作为沉陷的观测点使用，当所浇筑的混凝土块的沉陷基本停止以后，即可作为临时水准点使用。加密网一般用四等水准施测，根据各阶段施工需要，布设附合水准路线或节点网。对精度要求不高的施工区，也可用五等水准敷设高程控制点。整个施工期间对临时水准点应经常进行复测，以检查其高程变化；特别是在安装重要构件时，更必须对临时水准点高程进行事先检测。

当控制网的作用在于确保引水隧洞的贯通时，高程控制一般分成地面高程控制和地下高程控制两部分。考虑到洞内的水准线路短，高差变化小，这些条件比地面要好，但洞内有烟尘、水气、光亮度差以及施工干扰等不利因素，所以将地面和地下水准测量的误差对于高程贯通误差的影响按相等的原则分配。对于长度小于 4 km 的水工隧洞，由表 11-2

可算得地面高程控制测量对高程贯通中误差的影响值为

$$m_h = \pm \frac{\Delta h}{\sqrt{2}} = \pm \frac{25}{\sqrt{2}} \approx \pm 18 \ （\text{mm}）$$

根据这一要求即可设计应选择的水准测量等级。

思考题与习题

1. 在水利工程施工阶段，施工控制网相对于测图控制网有什么特点？

2. 水工建筑物的放样顺序是什么？绝对放样精度和相对放样精度的具体要求是怎么规定的？

3. 水工建筑物放样的要求有什么特点？据此，施工控制网设计应该如何进行？

4. 水利工程施工控制网的布设原则有哪些？

5. 设计施工控制网精度的依据是什么？

6. 定线网的点位如何选择？基本网的精度设计思路有哪两种？

7. 简述按逐级控制的原则设计基本网时如何估算基本网的必要精度。

8. 引水隧洞施工控制网的主要作用是什么？

9. 引水隧洞施工控制网精度设计包括哪些内容？

10. 地面导线对横向贯通误差的影响主要由什么原因引起？应如何减少该影响？

11. 隧洞内平面控制测量布置的地下导线分为哪两种？隧洞地下导线精度设计的实质是什么？

12. 水利枢纽施工控制网的外业工作有什么特点？

13. 水利工程施工中的高程控制网应如何布设？

第12章　水利工程施工放样

12.1　放样方法概述

放样工作是按照设计将建筑物的位置、大小及高程在地面上标定出来，以便进行施工。它的任何一点差错，将影响施工的进度和质量。因此，测量人员必须具有高度的责任心，对所放样的点、线力求有一定的检核措施。

为了确保施工放样的质量，测量人员必须依据下列图纸、资料：

（1）建筑物平面图及断面图；

（2）基础平面图及断面图；

（3）设计修改通知；

（4）施工区域控制点成果。

在熟悉图纸的基础上，根据现场情况选择放样方法。在选择放样方法时应考虑放样时的校核，例如用前方交会法放样时，转角放样须有两个以上三角点作后视。

在放样过程中必须有可靠的校核，例如由经纬仪定方向时需用正倒镜取平均值，量距时应往返一次。用钢尺量距的长度一般以一尺段为限，在量距时往返测均应在钢尺两端移动读数（两次丈量结果不得超过±2 mm）。

任何一个工程建筑物，为了将它从图上的设计转移到实地，都是通过放样它的主要轴线和一些主要点来实现的。测量人员要能把工程建筑物具体转化为一些点、线，必须熟悉建筑物的总体布置图和细部结构设计图，并详细核对相互部位之间的尺寸。

12.2　基坑开挖施工测量

当上、下游围堰修成，围堰内的水排尽后，即需进行清基开挖工作。由于混凝土相对密度大，坝底面积小，作用于地基单位面积上的压力大。在混凝土坝清基时不但要求清除表面覆盖层，而且对风化或半风化的岩层也要全部清除，直至新鲜基岩。

在基坑开挖初期，测量人员需放样出覆盖层开挖线（图 12−1 中的 dd' 线）。覆盖层开挖的主要轮廓放样定位精度为±0.50 m，可利用在开挖区附近加密的控制点用前方交会法放样。当基坑开挖至基岩时，需进行基岩开挖线（图 12−1 中的 ee' 线）的放样。它的主要轮廓点放样定位精度为±0.10～±0.20 m，特殊部位只允许起挖+0.1 m，不允许欠挖。基坑开挖线一般用前方交会法进行放样。

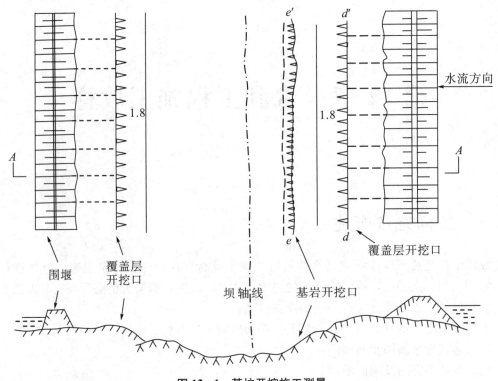

图 12-1 基坑开挖施工测量

在基坑开挖中，测量人员除放样清基开挖线外，每个月还需进行收方测量。收方测量主要通过横断面测量来实现。

在基坑开挖后需进行竣工断面测量。

位于深山峡谷的水利枢纽，通常由于河床较窄、地形陡峭，给基坑开挖线放样、横断面测量和竣工测量带来困难。为了克服这些困难，可采用激光经纬仪交会或地面摄影测量方法。

12.3　各类坝型的施工放样

12.3.1　混凝土重力坝的立模放样

如图 12-2 所示，混凝土重力坝从水平剖面上看，在混凝土浇筑时，整个坝沿纵向将分成很多坝段，每一坝段在横向又分成坝块，如图上第 6 坝段最底层分成甲、乙、丙三个坝块。随着坝体向上浇筑，大坝宽度变窄，坝块可能减少，但对不同的水平层，每一块的形状都呈矩形。顾及大坝浇筑，每层厚度一般为 1.5~3 m，对于 100 多米高的坝，重复放样的次数很多。为了混凝土浇筑的立模放样，通常在每岸建立标志，形成平行坝轴的方向线，在上、下游围堰上建立垂直坝轴线的方向线，然后用方向线法放样立模控制线。根据所建立的方向线放样立模点的顺序：在一条方向线的一个端点（图 12-3 中的 A 点）安置经纬仪或全站仪。照准该方向线的另一个端点（B 点）上的标志，在 P 点附近根据经纬仪或全站仪标志出这一方向线 ab；在另一方向线的一端点（C 点）安置经纬仪或全站仪，照准 D 点上的标志，在 P 点附近再标出一方向线 cd。两条方向线的交点即为欲放样的立模点 P。

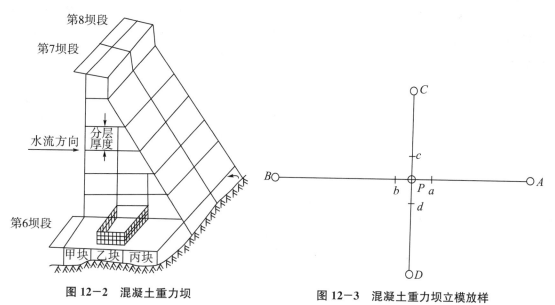

图 12-2　混凝土重力坝　　　　　　　　图 12-3　混凝土重力坝立模放样

在实际作业时，一般每一坝块（图 12-2）放样时，用方向线法放出 1~2 个点（图 12-4 中的○），再由它们用直角坐标法或极坐标法放样出坝块的细部。

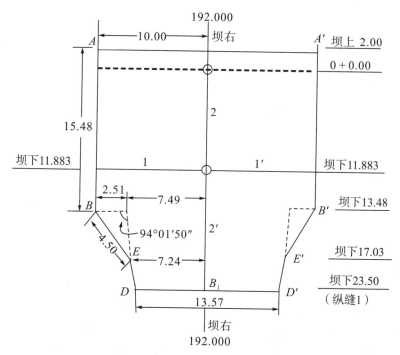

图 12-4　混凝土重力坝某一坝块放样

随着坝体的升高，上、下游围堰上各点之间的通视可能被阻挡，或者上游围堰可能被水淹没，这时用作方向线交会的一个方向（垂直坝轴方向）不再存在。为了建立立模控制点线，可以采用轴线交会法。如图 12—5 所示，A、B 为坝轴线（或平行坝轴线）上的方向线标志，在施工坐标系中（通常取坝轴线方向为 Y 轴，垂直于坝轴线方向为 X 轴）方向 AB 的 x 坐标是已知的（设为 x_0）。当利用 AB 方向线标定出轴线上的 P 点后（在欲放样的坝块上），再在 P 点安置经纬仪或全站仪，用轴线两侧的平面控制点 M、N 可测定 P 点坐标。根据所测得的角度 α_1、α_2 可求得两组 P 点的坐标。

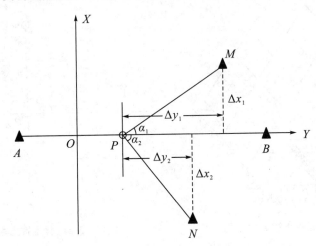

图 12—5 坝体上升后的放样

由 M 点求得：

$$\left. \begin{array}{l} x'_P = x_0 \\ y'_P = y_M \pm | \Delta x_1 | \cdot \cot \alpha_1 \end{array} \right\} \tag{12—1}$$

式中，$| \Delta x_1 | = | x_M - x_0 |$。

由 N 点求得：

$$\left. \begin{array}{l} x''_P = x_0 \\ y''_P = y_N \pm | \Delta x_2 | \cdot \cot \alpha_2 \end{array} \right\} \tag{12—2}$$

式中，$| \Delta x_2 | = | x_N - x_0 |$。

取两组结果的平均值：

$$\left. \begin{array}{l} x_P = x_0 \\ y_P = \dfrac{1}{2}(y'_P + y''_P) \end{array} \right\} \tag{12—3}$$

即为 P 点的坐标值。

在方向线交会法和轴线交会法中，为了把待定点安置在方向线上，通常采用的方法是在方向线的一个端点上安置经纬仪或全站仪，在另一个端点上安置照准标志；经纬仪或全站仪照准标志后即建立起方向线；观测员指挥在待定点附近的作业员，使 P 点位于此方向线上。这种操作需要较多的观测人员和仪器（方向线交会法中，建立两条方向线需两台经纬仪或全站仪），或放样时间较长（轴线交会法中，在初定 P 点后，经纬仪或全站仪需要从方向线端点搬到 P 点），而且仪器观测员与待定点处人员的联系也给放样带来困难。为了克服上述困难，可选用定角秒差定点法进行放样。这一方法的原理是对方向线上任一点，当以它为顶点，由该点到两端方向的夹角应为平角（180°），故在欲放样的部位上选择靠近方向线的适宜点架设经纬仪或全站仪，测其至两方向线端点的夹角与 180°的差值（称为秒差）。由此差值，利用欲测点到端点的距离，可计算仪器位置偏离方向线的位移量，即可将仪器移置到方向线上。

如图 12-6 所示，A、B 为某施工部位轴线（方向线）上的固定端点。欲放样某一点 P，将经纬仪或全站仪置于 P 点附近的 P' 点，以远点 A 后视测其顺时针方向到 B 点的夹角 β_1。

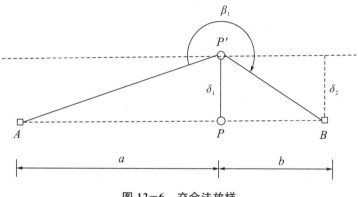

图 12-6　交会法放样

设 P 点到 A 点的距离为 a，到 B 点的距离为 b，则仪器偏离 AB 线的距离为

$$\delta_1 = \frac{ab}{a+b} \cdot \frac{1}{\rho}(\beta_1 - 180°) \qquad (12-4)$$

根据 δ_1，可以将仪器移置到方向线 AB 上。

当采用方向线交会法放样时，在将仪器安置在 AB 方向线上后（图 12-7），可再以远点 A 为后视观测至 C 点的夹角 β_2，设 C 点到 AB 方向线的距离为 c，则 P 点到 CD 方向线的距离为

$$\delta_2 = \frac{90° - \beta_2}{\rho} \cdot c \qquad (12-5)$$

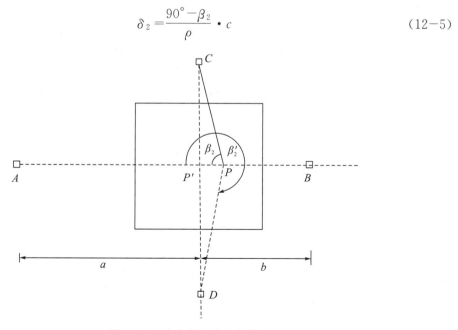

图 12-7　方向线交会法放样

如果 C 点不通视，可以观测 D 点，根据 D 点到 AB 方向线的距离 d，可以计算 P 点到 CD 方向线的距离：

$$\delta_2' = \frac{270° - \beta_2'}{\rho} \cdot d \tag{12-6}$$

实际作业中，最好同时观测 C、D 两点，由式（12-5）、式（12-6）计算 δ_2、δ_2' 以便校核。

12.3.2 混凝土拱坝的立模放样

拱坝的立模放样一般采用前方交会法。图 12-8 为某水利枢纽由 115° 夹角组成的圆弧形混凝土重力拱坝，坝轴半径为 243 m，坝顶弧长为 488 m。该坝共分 27 个坝段，各坝段按宽度分成坝块浇筑。根据欲放坝块的位置，由设计图可求出放样点的设计坐标，选择合适的定线网点后，即可计算放样数据，在实地用前方交会法进行放样。

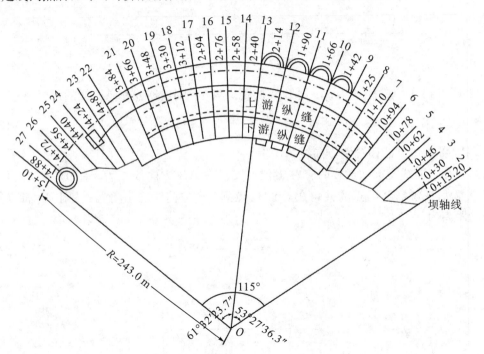

图 12-8 某混凝土重力拱坝

在实际工作中，每一坝块上需要放样的点很多。如图 12-9 所示，某拱坝第 10 坝段高程为 162.8 m 截面上的放样块，该块上游在结构上为闸门门槽。图中实线为坝块设计轮廓线，虚线为欲放样的立模控制线。为了立模时不掩盖所放的点线，通常立模控制线偏离实际立模位置 0.5 m 左右。

由图 12-9 可知，拱坝每一坝段每一浇筑层需要放样的点是很多的。图 12-9 中需放样的点多达 25 个。这么多个点全部用前方交会法进行放样，会给放样工作带来很多不便，使得放样工作时间延长，影响施工速度。这时可以采用"交极法"放样，就是把交会法和极坐标法相结合的放样方法：首先用前方交会法（也可用后方交会法）在欲浇筑层测设 1~2 个固定设站点，一般只需测设 1 个，如图中的点 10 站；然后建立以待测点为极点，以该点到某三角点为轴的极坐标系，用极坐标法进行坝块的细部放样。当用"交极法"放样时，常把交会定点与施工放样分组进行，以加快放样速度。放样工作必须有检核。

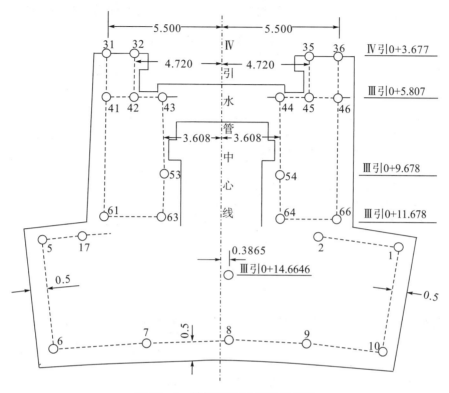

图 12－9　某拱坝第 10 坝段放样块

"交极法"放样的具体步骤如下：

（1）交会定点（参见图 12－10）。

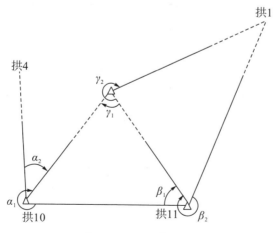

图 12－10　交会定点

①在欲浇筑层现场选择合适的测站点，当选择一个测站点就能满足放样该浇筑块所有细部时，则可只选择一个测站点，否则需选择两个测站点；

②根据现场所选测站点位置，在设计图上量取施工坐标；

③根据所选测站点（点 10 站）的坐标和三角点（拱 10、拱 11、拱 4、拱 1）的坐标，计算放样点 10 的数据 α、β 及检核角度值 γ，表 12-1 为所计算的放样数据与检核数据；

表 12-1　测量控制放样通知单 1

测站：拱 10	后视点：拱 11（$0°00'00.0''$）			测站：拱 11	后视点：拱 10（$0°00'00.0''$）		
视点	顺转角	距离	备注	前视点	顺转角	距离	备注
点 10 站	$299°22'26.1''$		α_1	点 10 站	$51°11'45.9''$		β_1
测站：拱 10	后视点：拱 4（$0°00'00.0''$）			测站：拱 11	后视点：拱 4（$0°00'00.0''$）		
点 10 站	$41°27'46.6''$		α_2	点 10 站	$235°03'21.8''$		β_2
	校核参数：						
测站：点 10 站	后视点：拱 11（$0°00'00.0''$）						
拱 10	$68°10'40.2''$		γ_1				
拱 1	$250°23'03.2''$		γ_2				
承担小组名称		大坝一组		测量项目名称		10# 坝段前方交会定站起用	
制表者		校检者		复查者		审查者	

④分别在拱 10、拱 11 设站，用前方交会法放样点 10 站；

⑤在点 10 站安置经纬仪或全站仪，测 γ_1、γ_2 角，并与计算值比较，当两者差值不大于 $30''$ 时，则认为交会点无误。

（2）细部放样。

①用极坐标法放样浇筑块各细部点，表 12-2 给出了放样时所需的放样数据；

②丈量细部点之间的距离，将所量距离与计算值（参见表 12-2）进行比较以做检核。

表 12-2　测量控制放样通知单 2

测站：点 10 站	后视点：拱 10（$0°00'00.0''$）			测站：点 10 站	后视点：拱 10（$0°00'00.0''$）		
前视点	顺转角	距离	备注	前视点	顺转角	距离	备注
拱 4	$44°32'30.9''$	131.494		45	$169°39'18''$	9.861	
拱 5	$235°45'44.3''$	125.671		46	$173°35'00''$	10.228	
拱 99	$284°44'09.2''$	224.542		54	$176°26'50''$	5.937	
31	$115°24'22.0''$	12.465		64	$190°45'03''$	4.393	
32	$118°39'30''$	12.116		66	$203°17'50''$	5.922	
41	$109°58'45''$	10.635		2	$205°02'49''$	5.105	
42	$113°37'19''$	10.224		1	$220°02'49''$	9.327	
43	$119°18'43''$	9.717		10	$265°13'18''$	10.104	
53	$104°53'22''$	6.389		9	$283°30'41''$	6.687	

续表

测站：点 10 站　后视点：拱 10（0°00′00.0″）			测站：点 10 站　后视点：拱 10（0°00′00.0″）		
61	80°29′16″	6.601	8	323°32′29″	5.071
63	90°22′14″	4.988	7	3°21′20″	6.717
35	165°06′36″	11.811	6	21°29′00″	10.413
36	168°32′32″	12.119	5	66°27′32″	9.371
44	163°34′18″	9.425	17	71°33′44″	7.215

边长检查：

2~64：	1.433	9~10：	4.301	42~43 44~45 }	1.112	61~64 66~46 }	5.871
17~61：	1.237	10~1：	7.498				
1~2：	4.554			43~53 44~54 }	3.871	31~41 32~42 35~45 36~46 }	2.130
17~5：	2.277	31~32 41~42 35~36 45~46 }	0.780				
5~6：	7.498			53~63 54~64 }	2.000		
6~7：	4.301						
7~8：	4.302						
8~9：	4.302						

承担小组的名称	大坝一组	测量项目名称	10# 坝段 V162.8 形体上游门槽放样		
制表者		校核者		复查者		审查者	

　　随着数字化技术的发展，在拱坝放样中开始采用"归心法"。此法是先在待放样坝块上选一合适位置 O，架设仪器，观测附近控制点，用事先编制的"后方交会"程序计算出 O 点坐标。在现场用已编制的程序计算 O 点与欲放样坝块重心点 O' 的方向角与距离，用极坐标法放出 O' 点（参见图 12—11），将仪器搬至重心点 O'，放样坝块细部。

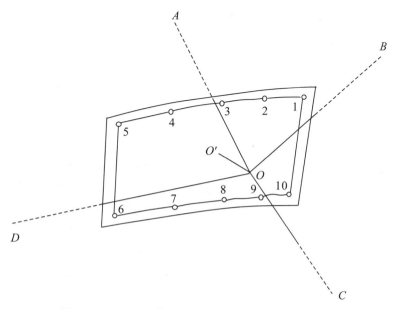

图 12—11　采用"归心法"放样某坝块立模点示意图

12.4 水工隧洞施工测量

隧洞施工测量包括进洞开挖、敷设地下导线、设立隧洞的中线点，以及开挖断面和衬砌断面的放样。

12.4.1 进洞关系数据的推算

地面控制测量完成后，即可根据这些观测成果指导隧洞的进洞开挖。如图 12－12 所示，APC 是隧洞中心线，A 是隧洞的西口，C 是隧洞的东口，P 是转折点，三点的坐标已知。为了给出两洞口的掘进方向，必须算出 β_1、β_2，显然

$$\beta_1 = \alpha_{AP} - \alpha_{A1}$$

$$\beta_2 = \alpha_{CP} - \alpha_{C6}$$

根据 β_1、β_2 就可以分别定出两洞口的掘进方向。

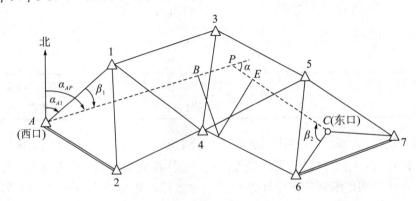

图 12－12　隧洞进洞开挖示意图

为了确定洞口开挖高程，施工前必须在洞口附近不受施工影响的地方埋设两个以上的作业水准点。由作业水准点引测洞口点的高程，即可计算洞口的开挖高程，并作为洞内测设坡度的高程依据。

12.4.2 开挖方向的测设

确定开挖方向时，根据施工方法和施工程序，一般采用中线法和串线法。

12.4.2.1 中线法

中线法是根据随隧洞开挖所敷设的导线点，用经纬仪或者全站仪设置中线点。如图 12－13 所示，P_4、P_5 为导线点，A 为隧洞中线点，已知 P_4、P_5 的实测坐标以及 A 的设计坐标和隧道中线的设计方位角 α_{AD}，根据这些已知数据即可推算出放样中线点所需的有关数据 β_5、L、β_A，然后用经纬仪或全站仪测设中线点 A。在 A 点上埋设与导线点相同的标志。标定开挖方向时可将仪器置于 A 点，后视导线点 P_5，拨角 β_A 即得中线方向。随着开挖面向前推进，A 点距开挖面越来越远，这时便需要将中线点向前延伸，埋设新的中线点，如图 12－13 中的 D 点。此时，可将仪器置于 D 点，后视 A 点，用正倒镜或旋转 180°的方法继续标定中线方向，指导开挖。A、D 之间的距离在直线段不宜超过

100 m，在曲线段不宜超过 50 m。当用中线法延长中线达到上述限值时，则需延长导线，然后再根据导线点用经纬仪或者全站仪设置中线。

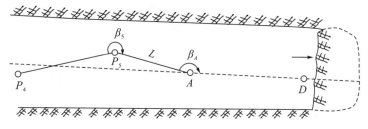

图 12-13　中线法确定隧洞开挖方向

12.4.2.2　串线法

当隧洞采用开挖导坑法施工时，可用串线法指导开挖。此法是利用悬挂在两个临时中线点上的锤球线，直接用眼睛标定开挖方向（图 12-14）。采用这种方法时，首先需要用类似上述设置中线点的方法，设置三个临时中线点（设置在导坑顶板或底板上），两个临时中线点的间距不应小于 5 m。标定开挖方向时，在三个点上悬挂锤球线，一人在 B 点指挥，另一人在工作面持手电筒（可看成照准标志）使其灯光位于中线点 B、C、D 的延长线上，然后用油漆标出灯光位置，即得中线位置。

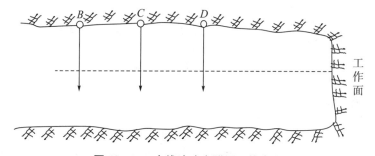

图 12-14　串线法确定隧洞开挖方向

采用这种方法定向延伸中线的误差较大，所以 B 点到工作面的距离不宜超过 30 m。当工作面继续向前推进时，可继续用经纬仪或全站仪将临时中线点向前延伸，再引测两个临时中线点，继续用串线法延伸中线，指导开挖方向。

随着开挖面的不断向前推进，中线点随之向前延伸，地下导线就紧跟着向前敷设。

12.4.2.3　激光指向

利用激光指向仪测设开挖方向。仪器的指向部分通常包括气体激光器（氦氖激光器），聚焦系统，提升支架，整平、旋转指向仪用的调整装置等。有的指向仪还配置有水平角读数设备。由激光器发射的红色激光束经聚焦系统发出一束恒定的红光，当测量人员将指向仪配置到所需的开挖方向后，施工人员即可根据需要开启激光电源，找到开挖方向。

12.4.3　掘进中的高程测量

在隧洞开挖过程中，测量人员除指出开挖方向外，还应定出坡度，以保证高程的正确贯通。通常是用腰线法放样坡度及各部位的高程。此法比较简单，如图 12-15 所示，将水准仪置于欲放样的地方，后视水准点（有高程的导线点）即得仪器视线高程，根据腰线

点 A、B 的设计高程，可分别求出 A、B 点与视线间的高差 Δh_1、Δh_2，便可很快在边墙上放出 A、B 两点。两点之间的连线称为腰线，故此法称为腰线法。

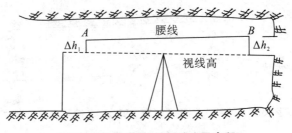

图 12-15　腰线法放样坡度及高程

在隧洞施工中，高程测量次数频繁，测设高程时的观测和计算工作量较大，故有些施工单位采用腰桩来标志腰线。腰桩是在两边洞壁上每隔 5 m 左右标出高于地坪一定高度（例如 1.2 m）的记号，如图 12-16 所示。腰桩连线即为腰线，腰线的坡度与设计地坪相同。

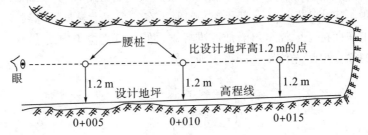

图 12-16　腰线法中的腰桩

12.4.4　断面放样与施测

在隧洞施工中，为了给断面开挖指出范围，需按设计断面的尺寸在岩石面上放出开挖断面。为了随时掌握完成的土石方工程量并检查断面是否合乎设计要求，需进行横断面测量。横断面测量通常采用如下方法。

12.4.4.1　支距法

图 12-17 中以中线 AB 作轴线，自拱顶 A 向下每隔一定距离（根据断面大小而定），用皮尺向中线左、右两边分别量测支距 $l_1, l_2, \cdots$，并在岩石面上做标记，如 $1, 2, \cdots$ 与 $1'$、$2', \cdots$点。

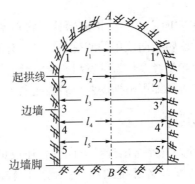

图 12-17　支距法横断面测量

如图 12—18 所示，隧洞的断面呈圆形，放样时可先定出立模线，其位置在水平直径（图中的双线）向下或向上 0.2～0.5 m 处。每隔一段距离 b，由立模线向上或向下量出垂直支距 $l_1, l_2, \cdots$（垂直支距可从设计断面图上量取），得 $1, 2, \cdots$ 与 $1', 2', \cdots$ 点，即给出了开挖断面。

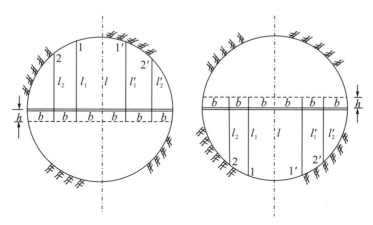

图 12—18　支距法确定隧洞开挖断面

12.4.4.2　激光交会法

在水利枢纽建筑物中，隧洞被广泛用于导流、通风、灌溉、排水、交通、变压器、引水、尾水、地下厂房等工程。有的隧洞高达几十米，在这种情况下，采用激光交会法测量隧洞横断面可以收到安全、迅速、精度高的效果。

激光交会法的原理实质上是前方交会法。它使用一架激光经纬仪和一架普通经纬仪或全站仪。激光经纬仪安置在基线的一端（在欲测断面方向上），由它向断面方向发射可见红色激光束。在基线的另一端架设普通经纬仪或全站仪，瞄准激光光斑后读取水平角和垂直角。通过解算两个直角三角形，即可求得交会点的水平位置和高程，如图 12—19 所示。为了校核，激光经纬仪在发射激光的同时，也读取交会点垂直角，以便再求一次高程；取两站所算交会点高程的平均值，可提高交会点的高程精度。

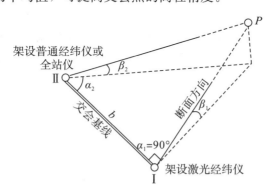

图 12—19　激光交会法测隧洞横断面

12.5　设备安装测量

机械设备安装位置的相对精度要求往往很高，因而测量人员必须创造从建筑物主轴线或辅助轴线进行放样的条件。

12.5.1 大型人字闸门的测量放样

某水利枢纽的船闸闸室净宽 34 m，上、下闸首的工作门采用人字闸门。上闸首人字闸门高 34.55 m，单扇门宽 19.70 m，自重 200 t，闸门跨距 35.596 m，允许误差±2 mm，蘑菇头顶高设计为 55.210 m，相对高差允许误差≤1 mm，要求底枢中心与顶枢中心铅垂偏差≤2 mm。

根据人字闸门的上述要求，可知闸门安装中主要有以下工作：

（1）测定底枢中心点（参见图 12-20），测定时关键在于保证两底枢中心之间的跨距为 35.596 m。

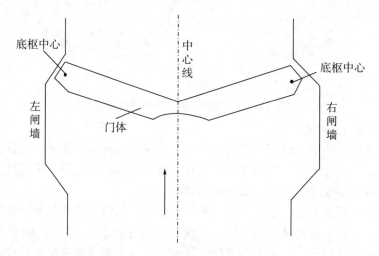

图 12-20 人字闸门底枢中心点测定

（2）顶枢中心点的投影。

（3）高程传递时主要应保证两蘑菇头的相对高差（控制两蘑菇头的不平度），但绝对高程只需与一期混凝土保持一致。

测定底枢中心点时，为了确保该中心点与一期混凝土的相对关系，可根据底枢中心点的设计坐标，先用原土建时的施工控制点进行初步放样。放样后检查两点连线与船闸中心线是否垂直平分，若不满足，则应使其垂直平分。

为了满足两底枢中心距离为 35.596 m，应进行精确丈量。

测定底枢中心点后还不能作为放样的依据，因为底枢座（俗称蘑菇头）安装时会将此点压住，因此必须用三个方向进行标定。其中一个方向为两底枢连线方向（图 12-21 中的Ⅰ-Ⅰ）。图中的Ⅱ-Ⅱ、Ⅲ-Ⅲ为底枢座的控制方向。三条控制线之间的夹角需要反复测定。每条控制线的两端均做好控制点，安装即以此为依据。

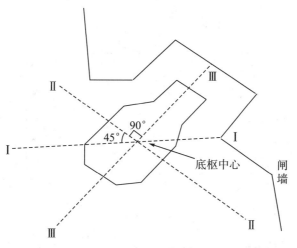

图 12－21　底枢中心距离的精确丈量

顶枢中心位置可直接从底枢中心向上投影。投影可用经纬仪或精密投影仪。图 12－22 为用经纬仪交会投影的示意图。由于现场条件的限制，投影面的交角只能选为 45°。

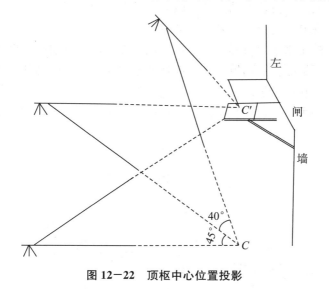

图 12－22　顶枢中心位置投影

为了保证蘑菇头的相对高差，在安装进程中，两蘑菇头的高程放样必须用同一个基准点。

12.5.2　水力发电机组安装测量

图 12－23 是某水电站剖面图。发电水流冲击水涡轮后经尾水管排入下游河道。尾水管的形状和大小与水流流态相适应。尾水管与水轮机之间的相对位置直接影响水流流态。

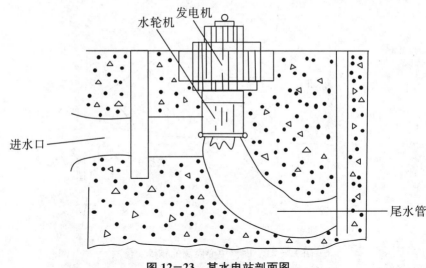

图 12-23 某水电站剖面图

对于水力发电机组来说，由于各部分之间均处于发电系统的流程中，为了保证系统正常运转，各部分之间的相对位置精度要求较高，故从下到上的十几米（有的高达几十米）高程处的建筑物，在放样时应设法有统一的放样基准。

在高程比较低的尾水平台放样时，采用方向线交会法先放出纵、横机中线的交点（参见 12.3.1 小节），再根据交点用极坐标法放样尾水管相应高度的细部。为了便于放样数据的推算和现场放样，在尾水管部分放样时采用了尾中坐标系统，但为了保证尾水管与水轮发电机的同心度，采用以纵、横机中线交点作为尾中坐标系原点，如图 12-24 所示。

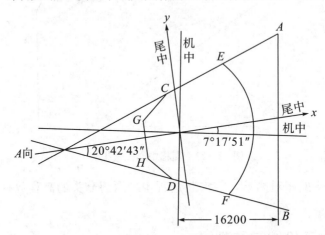

图 12-24 水力发电机组放样的坐标原点确定

水力发电机组安装中除上、下高度各建筑物同心度要求外，不同建筑物本身还有其自身的要求，这时放样精度只是相对于各部分建筑物。例如水轮机座环安装时，对座环水平面的水平度要求为 0.1～0.5 mm，测量人员在进行这一安装测量时，必须区别座环水平度和座环平面高度这两项不同要求。由于安装工作要求的是水平度，所以在高程放样时主要保证座环水平面上各点高度的一致，这时，高程放样基点的误差可以不予考虑。

为了确保座环水平度，在初步放样后可进行最终修正操作（参见图 12—25）：

（1）将精密水准仪安置在座环的中心或座环的旁边，并建立专门的仪器墩，观测者所站的地板应与仪器墩隔开。将安置在仪器墩上的水准仪整平并选择一个适中的对光状态，以后在工作中不再改变对光状态。

（2）测定座环坐标轴上四个互相对称的点的高程，为此，依次将置放式水准尺放于每点上进行读数。

（3）由最近的水准点传递高程，选择最接近设计高程的一点作为依据，指示安装工人抬高或降低座环的其他部分（利用地脚螺丝），使座环严格位于水平位置（这是主要的），同时又接近设计高程且位于限差内。

当座环上各点的高程及平面位置均已修正后，即可进行座环和地脚螺丝的浇固，在浇固过程中必须进行周期性的检测。

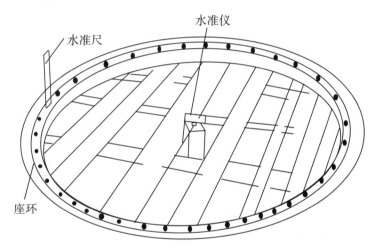

图 12—25　水轮机座环安装测量

12.6　放样方法的选择

从以上各节所介绍的不同建筑物及其不同部位的放样可以看出，放样方法的选择与建筑物的施工现场条件、控制点的布设状况、所用测量仪器设备以及欲放样建筑物所要求的精度等均有关系。

在进行建筑物放样时，对放样方法的选择起决定作用的实际上是其近旁拉制点的分布情况。因此，放样方法的选择并不是在放样建筑物某一部位临时考虑，而是在设计施工控制网时就应当考虑。

在目前全站仪大量普及的情况下，在水利枢纽现场进行较长的距离丈量变得容易，因而广泛采用的是距离交会法、极坐标法等。

为了减少施工放样的工作量，对于建筑物各放样块的具体形状，常用的方法是根据交会定出的点子，采用直角坐标法和极坐标法放样。例如在闸墩放样时，在用交会法放出闸墩轴线后，即可依据闸墩轴线来测设闸墩的立模线。在拱坝、混凝土重力坝立模放样时，先用交会法放出该立模块中的 1～2 个点，再用直角坐标法和极坐标法放出立模线。

仪器设备的改进对放样方法产生了极大的影响，例如使用全站仪，当将自由平面设站程序与放样程序配合使用时，则可根据事先存入仪器内存中的欲放样点坐标和用作放样的控制点坐标进行放样。具体操作步骤：在现场合适的位置（图 12—26 中的 A 点）架设仪器，对放样控制点（点 15、260、561、622）进行观测后（此时自由平面设站程序即给定设站点 A 的坐标），再对置于欲放样点概略位置 B 的棱镜进行观测，仪器上即显示出概略位置到欲放样点位 P 的方向角 α 和距离 S（参见图 12—26）。仪器观测员可用步话器告诉镜站观测员，由镜站观测员根据 α、S 移动棱镜位置继续观测，再移动棱镜，最终可定出欲放样的点位。从所介绍的操作程序可知，仪器在一次架设中即可完成控制点加密（插点）和用极坐标法放样两种操作。它可以使施工控制网的层次减少，广泛替代角度交会法。

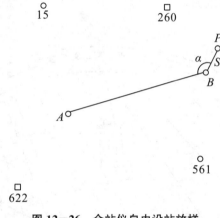

图 12—26　全站仪自由设站放样

当采用全站仪进行拱坝立模放样时，在放样图 12—9 的上游门槽时，可以把全站仪直接架设到点 10 站上，观测拱 1、拱 4、拱 10、拱 11（它们的坐标事先已存入仪器内存中），由自由设站程序可计算出点 10 站的坐标。再根据欲放样的细部点（参见图 12—9）坐标（也已存入仪器内存中），即可用极坐标法放样出各细部点。显然，放样工作简化很多，这将大大压缩放样时间，为施工创造更多方便。

为了保证建筑物放样的精度要求，在设计施工控制网时就应当考虑放样方法，如果准备采用前方交会法，则应考虑可能达到的角度测设精度条件下的交会基线允许的长度，从而结合施工现场建筑物和地形条件来考虑控制网的分级和网点密度。在必要时，可根据建筑物对放样精度的要求和放样方法可能达到的精度来反推控制网误差对放样点位影响的允许值，由此作为控制网精度设计的依据。

12.7　施工验收和竣工测量

在建筑物施工过程中，测量人员除进行放样工作外，为了保证施工有计划、高质量地完成，还需进行验收测量工作。12.2 节中提到的收方工作即为基坑开挖过程中的验收工作，它是制订施工计划、编制预算、安排劳力的依据。

在混凝土浇筑中，测量人员在放样出立模控制线后，立模工人根据立模线树立模板，在模板树立后到混凝土浇筑前，测量人员应该对模板位置进行验收测量，确认符合要求后再进行混凝土浇筑，这是确保工程质量的措施之一。

竣工测量是为日后工程运营管理，维修、改建、扩建提供必要资料的一项工作，它贯穿于整个工程的始终。对整个水利枢纽工程而言，竣工测量应提供枢纽的竣工图；图上应反映出场地的边界和地形起伏，表示出场地上现有全部建筑物、构筑物的平面位置和高程。

竣工图通常直接用施工控制网作为测图控制。对于细部测量，正方形或矩形建筑物要求测三个以上的测点，但遇到行列整齐的非生产性建筑物时，可测其周围的坐标，而其间的相对位置可用丈量距离的方法测定。

对大坝来说，竣工测量资料应包括坝基状况，为此当坝基覆盖层挖除后即应施测 1∶1000 基岩地形图。与一般地形测量不同的是，基岩地形图不能成片施测，而只能测基岩露头，一点一点地测，因此基岩图施测的持续时间很长，贯穿于整个开挖进程。

当基坑开挖至新鲜基岩后，经过修正、冲洗即开始混凝土浇筑。在浇筑前，测量人员必须收集竣工建基面的资料，为日后大坝运行维护服务，为此还要施测 1∶200 基岩竣工地形图；图上应反映出建筑物与基础接触的平面轮廓线和分块线。

为了对最终完工的大坝提供坝体实际形体资料，在大坝混凝土浇筑过程中应及时进行已浇筑坝体块形体的检查测量。图 12-27 为这种检查测量所绘制的平面图。表 12-3 为与图 12-27（a）相应的检查部位的测量结果。这些资料最终可用于编制完善的坝体形体图。

表 12-3　竣工测量的检查测量成果表

检查部位的测量成果									
点名	高程/m 上游	设计尺寸 L_i/cm 坝面	实际尺寸 S_i/cm	较差 L_i-S_i/cm	点名	高程/m 下游	设计尺寸 L_i/cm 坝面	实际尺寸 S_i/cm	较差 L_i-S_i/cm
1	132.5	50.0	52.0	−2.0	6	132.5	50.0	55.0	−5.0
2	132.5	50.0	53.0	−3.0	7	132.5	50.0	53.0	−3.0
3	132.5	50.0	53.0	−3.0	8	132.5	50.0	50.0	0
4	132.5	50.0	48.0	+2.0	9	132.5	50.0	46.0	+4.0
5	132.5	50.0	48.0	+2.0	10	132.5	50.0	49.0	+1.0
⑭缝					⑮缝				
14+00.0	132.5	50.0	51.0	−1.0	15+00.0	132.5	50.0	53.0	−3.0
14+05.0	132.5	50.0	53.0	−3.0	15+05.0	132.5	50.0	52.0	−2.0
14+10.0	132.5	50.0	54.0	−4.0	15+10.0	132.5	50.0	52.0	−2.0
14+14.4	132.5	50.0	47.0	+3.0	15+15.4	132.5	50.0	48.0	+2.0
说明									
测量		制表			校核			审查	

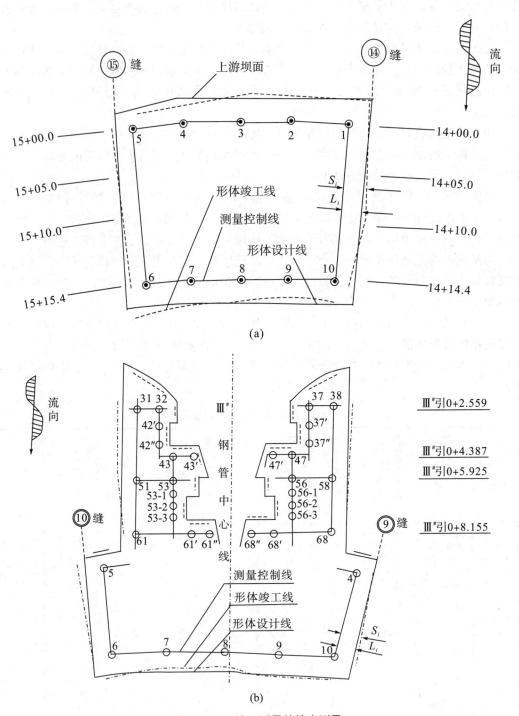

图 12—27 竣工测量的检查测量

在施工过程中如果未能及时收集到形体资料，则在工程完工后需及时进行竣工测量。可尽量利用原施工放样的控制点（线）发展竣工测量的测站点。

图 12—28 为某枢纽泄水闸竣工测量测站点布设示意图。图中 AB 线为施工过程在闸室底板上放出的中心线，而 $A'B'$、$A''B''$ 则是根据所测断面位置而放出的竣工测量的测站点。

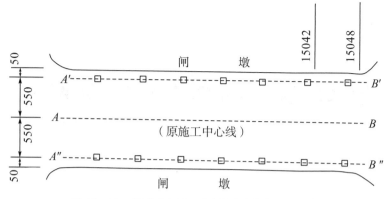

图 12-28　某泄水闸竣工测量测站点布设示意图

　　测站点的布设应视现场情况而定：当施工时所用的脚手架尚未拆除，且作业人员易攀登时，可用全站仪直接测定建筑物的形体数值；当无脚手架可以攀登时，可用直角前方交会法施测。

思考题与习题

1. 基坑开挖施工时的测量工作有哪些？
2. 混凝土重力坝立模放样时可以采用哪些放样方法？试简述混凝土重力坝立模放样的过程。
3. 拱坝立模放样一般采用什么方法？简述"交极法"放样的具体步骤。
4. 隧洞施工测量包括哪些工作？水工隧洞的进洞关系如何计算？
5. 隧洞开挖方向的测设方法有哪些？简述各方法的实施步骤。
6. 水工隧洞掘进中的高程测量如何进行？
7. 水工隧洞施工中的横断面测量方法有哪些？如何施测？
8. 闸门安装过程中的测量工作有哪些？
9. 如何进行水力发电机组的安装测量？
10. 水利工程施工中如何选择放样方法？
11. 竣工测量的目的是什么？水利工程中如何进行竣工测量？

第 13 章　水利工程安全监测

13.1　概　述

大坝所拦蓄的水在正常利用时会带来显著的经济效益和社会效益，但是如果出现安全问题，失控的水流将给下游广大地区人民的生命财产、国家经济和社会发展带来巨大灾害。因此，保证水利工程安全是至关重要的。用测量的方法观测大坝及其他建筑物在空间几何形状的变化（即确定其水平位移、垂直位移、倾斜、挠曲等），称为外部变形观测。为了了解坝体内部结构及其变化情况，如混凝土的应力、钢筋应力、温度等，常在坝体内埋设一些电学仪器或者传感器进行定期观测，这些工作称为内部变形观测。外部变形观测由测量人员完成，通过对观测对象进行定期或不定期的观测，求出各周期间的变化量。按观测对象，外部变形观测可分为地表形变观测和建筑物及其基础的变形观测。建筑物及其基础是水利工程变形观测的主要对象，通过变形观测了解大坝与基岩相互作用的形式和边界，变形的范围和深度，大坝及其他建筑物的外形变化。

为了更有效地进行变形观测，使其达到预期的目的，在水工建筑物的设计阶段，应将变形观测设计作为整个工程设计的一项内容。根据我国外部变形观测经验，在进行变形观测设计时，应按外部变形观测的目的、设计对象、建筑物的类型和结构、地基的工程地质和工程特征，使外部变形观测设计有一定的针对性，确定重点观测部位。变形观测设计内容包括观测布置方案、观测项目和观测方法，拟定合理的观测精度，确定有利的观测时间和周期，提出观测费用预算，建立观测机构，确定观测人员和编制等。变形观测的精度可以参考《混凝土坝安全监测技术规范》（DL/T 5178—2016）和《混凝土坝安全监测技术规范》（SL 601—2013）。

表 13-1 列举了我国水工建筑物变形观测的经验指标，可供参考。表中数值一般为绝对变形观测的精度，而相对变形观测的精度根据观测方法和观测对象的不同可比表中的数据高几倍。例如，混凝土建筑物的相对变形观测精度可达 0.2~0.3 mm，土工建筑物的相对变形观测精度可达 0.5~1.5 mm。

水工建筑物的变形观测要求速度快、时间短。而各次观测的时间间隔（即观测周期）如何确定，应考虑观测时间和次数能够描述出建筑物的变形程度，这种程度由变形量及变形速度确定。因此，要求观测的次数可以判断变形过程的一般特点但又不错过变形的时刻。为此，变形观测的周期分为正常情况下的系统观测和特殊情况下的瞬时观测。

表 13-1 我国水工建筑物变形观测的经验指标

观测对象		确定变形值的中误差/mm	
		沉陷	水平位移
修建在基岩上的混凝土建筑物		2	1
修建在土层上的混凝土建筑物		2	2
土工建筑物	施工期	10	5~10
	运营期	5	3~5
施工基坑底部回弹	施工期	1~2	—
	运营期	5	—
滑坡		30~50	10
具有块状岩层的堤坝段		1~2	1~2

系统观测的周期取决于变形观测的目的、变形速度，而变形速度与工程建设所处的阶段、建筑材料、工程地质等因素有关。根据国内外变形观测的经验，在水库蓄满水时，大坝基础沉陷完成 80%~90%，在以后的几年内仍有缓慢沉陷；在施工期间，施工荷载和沉陷有迟滞现象，并显示出双曲线关系。因此，施工期间变形速度快，变形值大，观测周期应短一点；运营期间变形缓慢，观测周期可适当延长。表 13-2 列举了不同类型建筑物的观测周期。

表 13-2 不同类型建筑物的观测周期

建筑物类型	变形种类	周期			
		水库蓄水前	蓄水三年以内	蓄水三年以上	运营
混凝土坝、闸	沉陷	1次/月	1次/月	1~2次/季	2次/年
	相对水平位移	2次/月	1次/周	2次/月	1次/月
	绝对水平位移	1~2次/月	1次/季	1次/季	1~2次/年
堆石坝	水平位移和沉陷	1次/季	1次/月	1次/季	1~2次/年
坝后式、引水式发电站	沉陷	1次/季	1~2次/年		
	水平位移	1~2次/季	2~4次/年		

特殊情况下的瞬时观测一般包括外界条件突然变化（如水库水位急剧变化、洪水到达前后）的各种观测。这种观测能了解建筑物在某一时刻的瞬时状态。

在变形观测中，确定第一周期的观测时间，及时获得正确可靠的首次观测成果十分重要；否则，延误变形开始的时刻可能对变形做出不正确的解释，增加资料分析的难度。在首次观测中，应该注意尽可能排除外界条件的影响。

13.2 水工建筑物的垂直位移观测

水工建筑物的垂直位移观测包括地基回弹观测、建筑物及其基础的垂直位移观测。为了测定它们的变形，应设置一些相应的标点。这些标点常分为设置在变形体上的观测点和设置在变形体外、认为是相对稳定不动的基准点。当基准点离观测点很远时，为便于观测或从精度因素考虑，可设置一些过渡的工作基点。

13.2.1 垂直位移观测的布置方案

垂直位移观测的布置方案包括观测点的布置方案和基准点的布置方案。布置观测点的时候应考虑建筑物的规模、类型和结构特征，建筑区域的工程地质、水文地质等条件，同时还应顾及观测方法、观测设备和观测内容。观测点应有足够的数量，其位置应有代表性，它们的变化应能反映出整个建筑物的空间状态和变形特征。

以下为各类水工建筑物及其不同观测内容的观测点布置。

混凝土重力坝的垂直位移观测内容包括基础沉陷和坝体本身在垂直方向的伸缩，其中基础沉陷是影响大坝稳定性的重要因素。其观测点一般布置在纵向基础廊道中心线与坝段中心线的交点处。对于重点坝段如坝段基础位于地质破碎地带或坝体较高的坝段，都应适当增加布点。为了观测大坝基础的转动，应在垂直于坝轴线的横向基础廊道两端各布设一点。为了观测坝体倾斜变化，可在坝顶分别距上、下游面 1 m 处布置两排坝顶垂直位移观测点。根据对应坝段坝顶和基础廊道垂直位移观测点的沉陷值，可求得坝体本身在垂直方向的伸缩值。

混凝土拱坝垂直位移观测点可类似于重力坝布设在坝顶和基础廊道内。

对于大型水闸，一般在闸墩上布设一排垂直于水流方向的观测点，原则上每墩一点。若闸身较长，则在闸墩伸缩缝两侧各布设一点，或在闸墩上、下游各布设一排点。

为了研究水轮机运转时的振动对坝体沉陷的影响，在电站厂房相应的平台和基础廊道内也布置一定数量的观测点。

船闸是水利枢纽的一项重要建筑物，它的变形主要表现在闸墙的张合和闸体及基础的沉陷，垂直位移观测点常均匀布设在船闸的基础廊道内和闸顶。

土石坝的结构比混凝土坝简单，仅在坝体内设有心墙，可以在心墙内设观察廊道以观测心墙内部的变形。对于无廊道的土坝，一般在坝面上均匀布设垂直位移观测点，坝顶部的观测点尽可能位于心墙顶部；对于设有观察廊道的土坝，除在坝面上布设观测点外，还应在廊道中布设相应的观测点。有时，位于坝面上的垂直位移观测点同时也是水平位移观测点。观测点应尽量选在有代表性的地方，对于最大坝高处、合龙段、坝内有泄水孔底处、坝基地质不良以及坝底地形变化较大处，都应增加布点。为了了解大坝变化的全貌，观测点应有足够的数量，以便根据观测点的沉陷绘制大坝等沉陷值曲线。此时，观测点可以按横断面的形式从河床中心最大坝高处开始，沿坝轴线向两岸布设。横断面的间距一般为 40~80 m，横断面的数量一般不得少于 3 个。每段面上的观测点数不得少于 4 个，并尽可能使各横断面上相应的观测点位于平行于坝轴线的同一纵断面上。图 13-1 为某土坝变形观测布置示意图，在上游坝坡正常高水位以上、心墙顶部或坝顶下游坝肩处，以及大坝下游坡面的马道上均布设有观测点。

基坑回弹观测点的布设应根据建筑物地基的地质条件、覆盖层深度、地下水的流动率、基坑排水和开挖卸土的速度以及观测目的等来确定。观测点常常布设在开挖边坡的坡缘、基坑的四角、建筑物主副轴线附近。观测点的埋设深度视地表层的结构情况可在 5~20 m 的范围内选定。

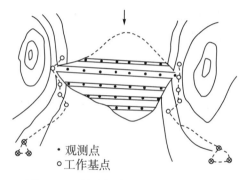

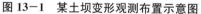

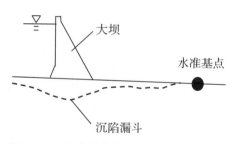

| 图 13－1　某土坝变形观测布置示意图 | 图 13－2　水准基点与沉陷漏斗的位置关系 |

库区及大坝下游地表垂直位移观测点的布设，可结合基准点的布设同时进行。

基准点是确定观测点是否变化的依据，因此要求它们是稳定不动的，或者其变化量可用其他方法予以确定。为此，基准点应尽量选择在不受建筑物影响的地区。在水工建筑物的兴建过程中或竣工后，周围地区的受力情况随着离开建筑物的水平距离和深度的改变而变化。离开建筑物越远、深度越深，地基受施工荷载和水库水压力的影响越小。所以，在布设基准点时，常采用两种方法：一种是远离工程建筑物；另一种是将标点埋得很深，以避开影响范围。然而，基准点离建筑物太远，不仅外业观测工作量大，而且测量误差的累积随之增大，测定位移值的可靠性也差。为解决精度与稳定性的矛盾，可将基准点分为两级布设：在建筑物附近布设工作基点，可以保证观测点相对工作基点位移值的测定精度；在远离建筑物的地区设立基准点，用它们定期检查工作基点的稳定性。若采用深埋的方法来保证基准点的稳定性，则应根据建筑物（或水库）对周围地层的影响深度、设置深埋标志的难易程度和经济消耗等进行综合考虑，合理地选择基准点的布设方法。

由于混凝土大坝多建造在岩石基础上，垂直位移比较小，所以只有用较高的精度进行观测才能显示出变形规律，与此相应，对基准点稳定性的要求也十分严格。为此，在布设垂直位移观测的基准点时，应确定它们到大坝的合适距离。一般来讲，在水工建筑物竣工和水库蓄水后，在大坝地区将形成如图 13－2 所示的沉陷漏斗，这时，水准基点应布设在此漏斗以外。沉陷漏斗的范围与坝型、坝高、库容和地基条件有关，它们之间目前尚无确定的关系，故只能根据上述因素和已有的经验进行预计，并由实际观测资料进行检验。

图 13－3 是某大坝下游地表垂直位移观测点和观测大坝位移的基准点布设实例。它在坝区附近布设了三个工作基点，根据它们测定大坝观测点的相对垂直位移。在大坝下游7~8 km 的范围内，沿河流两岸布设了一条全长 37 km 的一等水准环线，以最远处的宝塔河基点和距坝 3 km 的巴王庙基点作为基准点，沿线共布设了 18 座地表沉陷观测点。该网是坝区水准工作基点稳定性的检验网，同时也是大坝下游地区地表形变监测网。

对于高度较大的混凝土重力坝，为了便于观测，可在坝顶和坝底基础廊道两端附近地区分别布设两层工作基点。

土坝的变形量较大，观测精度要求比混凝土大坝稍低，且它的观测点多位于不同高程的马道上，因此，通常将工作基点布设在两岸与马道同高的稳定处（尽可能与观测点位于同一高程面上）；在离坝较远的下游地区布设1~2组水准基点，每组应有三个以上的水准点，以便对它们的高程进行校核。例如，在图13-1中，分别在马道和坝顶两端布设了五对工作基点，在下游地区布设了两组基准点。

基准点、工作基点和观测点的标志应该按照水准标石的结构要求和埋设方法进行制作和埋设，以确保其稳定、安全并能长期保存。

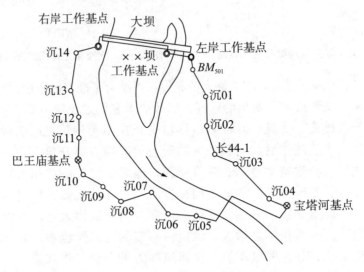

图13-3　某大坝观测点与基准点布设

13.2.2　垂直位移观测

垂直位移观测又称沉陷观测，是定期或不定期地测量观测点相对于基准点或工作基点的高差，求得各观测点的高程，并与不同时期测量的高程进行比较，以求得观测点的沉陷值。

目前，水利枢纽地区和水工建筑物的垂直位移观测仍广泛采用精密几何水准测量的方法。

13.2.2.1　基坑回弹观测

基坑回弹观测包括利用施工高程控制点将高程引测至观测点附近，建立临时水准点（如图13-4中的 A 点），然后按图13-4所示的方法，借助支架和滑轮，采用钢尺导入法将尺端的重锤与观测点标志头顶端接触，但又不得使钢尺弯曲。观测时，以 A 点为后视，采用两次仪器高和"后—前—前—后"的观测程序至少观测两测回，测回间应改变仪器高，并重新拉起和下放钢尺，最后按下式计算测站高差：

$$h = (a-b)_{均} + \Delta l_0 + \Delta L + \Delta l_t \qquad (13-1)$$

式中，a 为后视水准尺读数；b 为前视钢尺读数；Δl_0 为钢尺零点改正数；ΔL 为尺长改正数；Δl_t 为温度改正数。

在回弹观测结束后，应计算各点的回弹量，绘制等值回弹曲线。

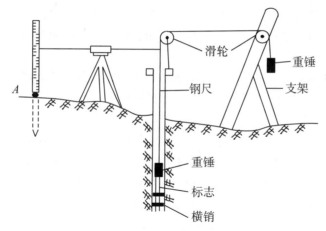

图 13-4　基坑回弹观测

13.2.2.2　观测点观测

观测点观测是指根据两岸的水准基点测定观测点的垂直位移。它包括根据两岸的工作基点测定混凝土大坝坝顶观测点和基础廊道观测点的垂直位移，由两岸的水准基点测定土坝各高程面上观测点的垂直位移。前者的观测精度一般比后者高。基础廊道的沉陷观测在施工开始时实施，由于廊道净空有限，与两岸的连接段常呈阶梯形，不仅使架设仪器、立尺、观测受限制，而且视线很短。布设在坝面上的观测点，其间距较小，视线较短，因此，对于观测点的观测一般采用上述短视线的精密几何水准测量。根据生产经验，为减少观测误差，对混凝土大坝的观测点观测有以下要求：

（1）每次往返观测或各周期观测应在同一条路线上进行，沿线应设置固定的置镜点和立尺点。

（2）各周期尽可能使用固定的仪器和水准尺，并由同一观测员进行观测。

（3）仪器最大视线长度不得超过 40 m，每测站前后视距差不得大于 0.3 m，前后视距累积差不得大于 1 m，基辅差不得超过 0.25 mm。

（4）观测基础廊道观测点的沉陷时，进出廊道前后仪器和水准尺均须晾置半小时以上，然后再进行观测。为保证应有的照明度，在廊道内观测时应司光，以提高照准精度。

（5）每次观测值均应施加水准尺尺长改正数。

（6）对于设有钢管标的观测点，还应根据本次观测时的温度和首次观测时的温度差值，施加钢管温度变化改正数。

根据水准测量成果计算出各观测点的垂直位移，一般规定：下沉为正，上升为负。每次观测工作结束后，应对观测成果进行精度评定，得到各观测点高程的精度、最弱点的精度和位移值的精度，并可以根据位移值的精度要求来设计观测精度，或确定水准路线中容许的最多测站数。通常情况下，我国混凝土坝的观测点采用二等水准测量的技术要求施测，但观测限差要求更严。对于土坝，可根据垂直位移测定的精度要求，采用二等或三等水准测量的技术要求施测。

13.2.2.3　基准点观测

在各次观测点观测中，观测点的高程均以工作基点首次观测的高程作为起算高程；然而工作基点本身也会逐年发生变化，其变化量可根据它们与大坝下游地区的水准基点所组成的水准环线进行施测后求得。由水准基点测定工作基点的垂直位移，称为基准点观测。对于大坝下游地区和水库地区的地表垂直位移观测都具有基准点观测的特点。

基准点观测的时间一般每年一次或两次，对于系统性的周期观测尽可能选择在外界条件相近的固定月份，以减少外界条件对位移值的影响。

基准点观测的作业方法基本上按一等水准测量的规定进行，其精度要求为每公里高差中数的中误差小于 0.5 mm。考虑到每次观测是重复进行，为消除某些误差的影响，通常在固定路线的转点上埋设简便的金属标志头作为立尺点，其测站位置也相应地固定。在可能的条件下，各周期应使用固定的仪器和水准尺，由同一观测员施测。

为满足上述的精度要求，各段往、返高差较差的限差 $d_{限} = 4\mu\sqrt{R} = 2\sqrt{R}$（mm）（$R$ 为测段水准路线长度，以 km 计）。在计算较差前，应对每段往、返高差施加尺长改正数，根据改正后的往、返高差计算较差。高差较差合格后，由施加尺长改正数后的高差中数计算各环线闭合差，经平差后计算出工作基点相对水准基点的高程或地表垂直位移观测点的高程，并求出它们的变化量。

13.2.3 大坝倾斜观测

混凝土大坝的倾斜观测包括大坝坝体及其基础的倾斜观测。倾斜观测的方法有两种：一种是直接测定倾斜，另一种是通过测量相对沉陷计算其倾斜。

对于倾斜角较大或量测局部范围的倾斜，如测定水工建筑物的设备基础和平台的倾斜时，可以采用倾斜仪直接测定倾斜；对于大坝基础倾斜的测定，通常根据横向基础廊道中布置的垂直位移观测点，采用精密几何水准测量法测定两周期观测点的高差变化，再根据两观测点的距离计算出基础的倾斜角，也可以采用液体静力水准测量的方法测定基础的倾斜。

13.3 水工建筑物的水平位移观测

13.3.1 水平位移观测的布置方案

水工建筑物的水平位移观测包括：①大致同一高程面上的不同点在垂直于坝轴线方向的水平位移；②同一铅垂线的不同高程面上各点的水平位移；③任意点在任意方向的水平位移。水平位移观测与垂直位移观测的标点一样分为基准点、工作基点和观测点，其结构随观测内容、观测方法的不同而不同。

水平位移观测的布置方案包括观测点和基准点（包括工作基点）的布置。水平位移观测与垂直位移观测的布置原则一样：①要求观测点有足够数量并能反映出整个建筑物的变化情况；②要求基准点稳定、坚固。

对于混凝土重力坝，若采用视准线法或激光准直法测量坝顶水平位移，观测点可布置在每个坝段的中心线上，并尽可能位于同一直线；对于廊道内采用激光准直法或引张线法观测的水平位移观测点，可布置在坝段中心线附近的廊道侧壁上。

混凝土拱坝是通过拱顶将承受到的水压力由拱座传递给两岸，而不是靠本身的自重起挡水作用，因此，拱冠处的变形较大，拱座处的变形较小。从受力特点来看，在四分之一拱座处受力最大。在测量坝顶水平位移时，常在拱冠和四分之一拱座处布设如图 13-5（a）所示的观测点，采用视准线法进行观测。为了测量坝体的水平位移，常在拱坝廊道内布设如图 13-5（b）所示的观测点，采用导线测量法测定其位移，并在两岸连接处埋设倒锤作为导线端点（即导线测量的基准点）。

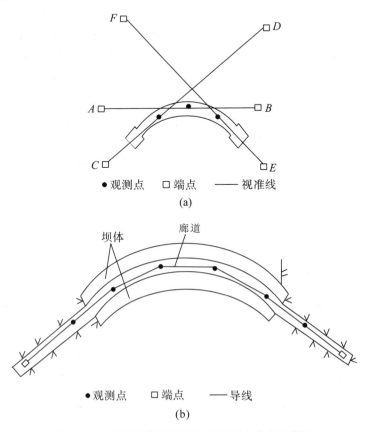

图 13-5　混凝土拱坝水平位移观测点布置示意图

采用前方交会法测定大坝下游面的水平位移时，应在大坝下游面的不同高度层布置观测点；其位置应满足均匀布点与重点布点相结合的原则。观测点的数量视坝体结构和基础情况而定，它们应能反映出整个建筑物的变化特征。

为了测量坝体的挠度，应在大坝竖管或竖井壁上的不同高程处布设观测点，在井内设置正锤线。图 13-6 是某拱坝挠度观测布置示意图。

船闸是水利枢纽中的一项重要建筑物，它的变形除闸体及基础的垂直位移外，还有闸墙的张合（即垂直于水流方向的水平位移）。因

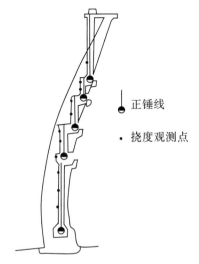

图 13-6　某拱坝挠度观测布置示意图

此，水平位移观测点常布设在靠近闸室的廊道侧壁上或闸顶。

图 13-7 为某水利枢纽挡水建筑物测点布置示意图。目前该坝顶采用视准线观测，共布设两条视准线，从左基 1 至左基 2 为左堆视准线，布设 D25~D28 四个测点；T03 左主轴视准线则主要监测第 1~3 坝段的坝顶变形。

水平位移观测的基准点是测定观测点水平位移的依据，它们应选择在大坝重量和水库荷载对点位稳定性影响可以忽略不计的地区。其观测墩应埋设在地质结构良好、不受自然条件和人工干扰破坏且能长期保存的地点。当现场条件难以满足上述要求时，可将它们分为靠近坝区的工作基点（如前方交会的测站点，视准线端点，引张线、激光准直、导线端点等）和远离坝区的基准点（常在大坝下游地区）。尽可能将它们联系起来，构成各种形状的检验网。采用三角测量法（包括三边、边角测量）测量工作基点相对于基准点的变化，或各工作基点之间的相对变化。

2002 年起，为了提高视准线观测质量，对视准线工作基点进行观测，将图 13-7 中的左基 1、2 和控制点 T03~T06、T08 联测，布设了如图 13-8 所示的视准线基准点监测网；它使大坝左侧的基 1、基 2 与控制网联系起来，构成了大坝变形观测整体控制中的一部分。

图 13-9 为某拱坝基准点和检验网布置示意图。该拱坝拟采用前方交会法，分别在 1、2、3、4 等测站上测定拱坝观测点的位移，又在离坝较远处布置 Ⅰ、Ⅱ、Ⅲ、Ⅳ 等 4 个稳定的点作为基准点，构成大地四边形网，用它来定期测定各测站点的位移。应该指出，作为测定观测点位移值依据的工作基点和基准点的检核测量必须可靠，因此常采用两种完全独立的方法进行观测，以检核观测成果的可靠性。

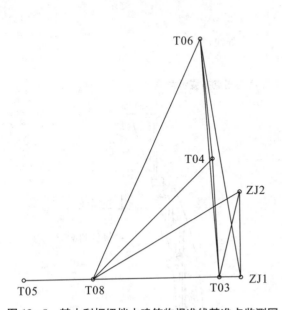

图 13-8 某水利枢纽挡水建筑物视准线基准点监测网

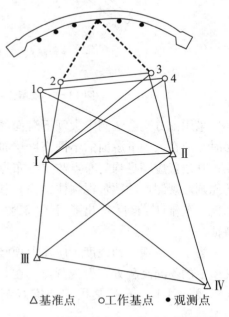

图 13-9 某拱坝基准点和检验网布置示意图

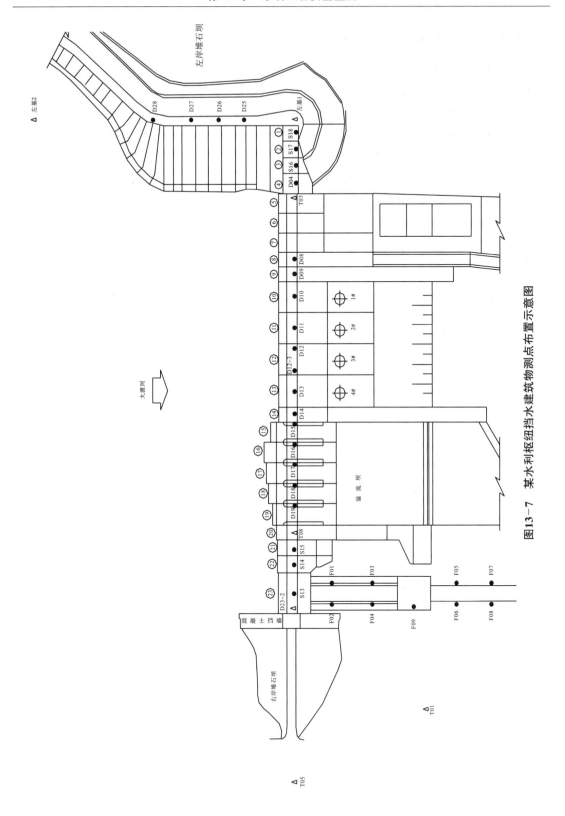

图13-7　某水利枢纽挡水建筑物测点布置示意图

13.3.2 视准线法测定水平位移

直线型水工建筑物的水平位移广泛采用基准线法进行观测。该法的基本原理是以通过水工建筑物轴线（如大坝轴线）或轴线平行线的固定不变的铅直平面为基准面，测定建筑物上的观测点相对于基准面的距离变化（即建筑物在垂直于基准面方向的水平位移），而过基准面上任意两端点的连线都可认为是基准线。

变形观测中常采用的基准线法有光学法和机械法。前者包括利用光学仪器望远镜视准轴作为基准线的视准线法和利用激光束作为基准线的激光准直法，以及利用光干涉原理的波带板激光准直法；后者以拉紧的引张线作为基准线。

采用视准线法测定大坝水平位移时，常在大坝两端设立固定端点（如图 13-10 中的 A、B 点）；在端点 A 上安置仪器，另一端点 B 上安置固定觇牌。过仪器纵轴的铅直线和 B 点觇牌中心即构成了基准面。为保证各周期中基准面固定不动，应在视准线的两端点上埋设观测墩（图 13-11），它们应尽可能稳定不动，或者在变化后能测定其位移。为此，观测墩底座要求直接浇筑在稳定的基岩上。观测墩顶部常埋设强制对中设备（图 13-12），以使安置仪器与标志的偏心误差小于 0.1 mm。在观测点上可以埋设与图 13-11 类似的观测墩，观测墩应与大坝牢固结合。有时，为保证建筑物的美观，直接将观测点标志埋在坝面上，观测时采用精密对中器投影至视线高度。

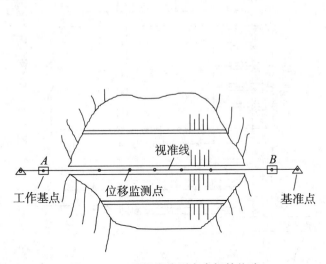

图 13-10 用视准线测定大坝的位移

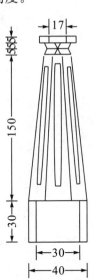

图 13-11 观测墩（单位：mm）

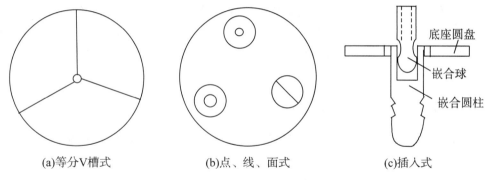

(a)等分V槽式　　　　　(b)点、线、面式　　　　　(c)插入式

图 13－12　强制对中设备

视准线法按其测定偏离值的方法，可以分为活动觇牌法和测小角法两种。

13.3.2.1　活动觇牌法

活动觇牌法的主要仪器设备是经纬仪或高倍率的视准仪、固定觇牌和活动觇牌。如图 13－13 所示，在 A 点安置经纬仪或视准仪，在 B 点安置固定觇牌，仪器照准 B 点的固定觇牌后，将视线严格固定，依次在观测点上放置活动觇牌，根据仪器观测员的指挥，观测点处的作业员移动活动觇牌，直至仪器视线照准觇牌中心时停止移动，根据活动觇牌的零位 M_0 和读数 l_i，求得相应的偏离值：

$$\delta_i = l_i - M_0 \tag{13-2}$$

根据两周期观测的偏离值之差，求得位移值：

$$d_i = \delta_i^j - \delta_i^0 \tag{13-3}$$

式中，δ_i^0 为首次观测的偏离值；δ_i^j 为第 j 次观测的偏离值。

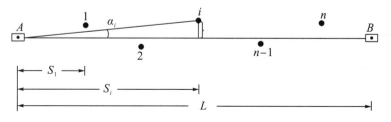

图 13－13　活动觇牌法

活动觇牌法的读数是直接由活动觇牌的读数设备读取，因而它对经纬仪（视准仪）不要求有精密测角设备。由于仪器设备价格低，这种方法是大坝水平位移观测一种较好的方法。

13.3.2.2　测小角法

与活动觇牌法类似，在 A 点放置精密测角仪器，在 B 点放置固定觇牌，中间各观测点上依次放置固定觇牌，测出观测点与基准线 AB 之间的小角度 α_i（如图 13－13 所示），其相应的偏离值为

$$\delta_i = \frac{\alpha_i}{\rho} \cdot S_i \tag{13-4}$$

式中，S_i 为测站 A 到观测点 i 的距离；$\rho = 206265''$。

然后根据两周期观测偏离值之差求得位移值。

按上述方法作业时求得偏离值的精度与仪器的照准误差、仪器和觇牌的对中误差、活动觇牌（或测小角度）的读数误差、外界条件影响等因素有关，其中主要是照准误差的影响。无论是测小角法还是活动觇牌法，当照准观测点上觇牌的次数相同时，照准误差具有相同的影响。

13.3.3 激光准直法测定水平位移

应用激光准直测定水平位移的方法分为激光束准直法和波带板激光准直法，现分述如下。

13.3.3.1 激光束准直法

激光束准直的基本原理与视准线法相同，它是利用激光经纬仪的可见光束（红光）代替视准线法中的视准线——不可见光束，而由中心装有两个半圆的硅光电池组成的光电探测器代替视准线法的活动觇牌。光电探测器的两个硅光电池各接在检流表上，当激光束通过觇牌中心时，硅光电池左、右两半圆上接收相同的激光能量，检流表指针在零位；否则检流表指针就偏离零位。移动光电探测器，使检流表指针指零，即可在读数尺上读取读数。为了提高读数精度，通常利用游标尺，可读到 0.1 mm；若采用测微器，可直接读到 0.01 mm。

激光经纬仪准直与活动觇牌法相似，其主要操作方法如下（参见图 13-14）：

（1）将激光经纬仪安置在端点 A 上，在另一端点 B 上安置光电探测器并将读数配置为零。转动激光经纬仪照准部（即改变激光束的方向），使激光束照射在 B 点的光电探测器上，并使检流表指针指零，这时表示基准面已确定，随即固定照准部，且在整个观测过程中应保持不动。

（2）依次在各观测点上安置光电探测器并在垂直于基准面方向作水平移动，直至激光束照射在光电探测器上且检流表指针指零时停止移动光电探测器，并在读数尺上读取各观测点相对于基准面的偏离值。

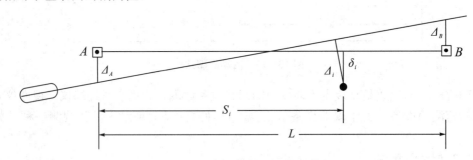

图 13-14　激光经纬仪准直示意图

实际工作中，由激光束建立的基准面可能与过两端点的基准面不重合（如图 13-15 所示），这时还应测量端点 A、B 相对于激光束的偏离值 Δ_A、Δ_B，并按下式计算各观测点相对于基准线 AB 的偏离值：

$$\delta_i = \Delta_i - \Delta_A + (\Delta_A - \Delta_B) \cdot \frac{S_i}{L} \tag{13-5}$$

式中，在 AB 视线的左边 Δ 为正，在 AB 视线的右边 Δ 为负。

为了提高观测精度，在每一观测点上需要利用探测器进行多次探测和读数。

13.3.3.2　波带板激光准直法

波带板激光准直系统由激光器点光源、波带板、探测器三个部件组成。

激光器点光源是该系统的光源部分，包括图 13—15 所示的激光器、短焦距透镜、针孔光栏和使激光形成调制光的微型电机及齿轮片。针孔光栏的位置在变形观测过程中应始终保持不变。

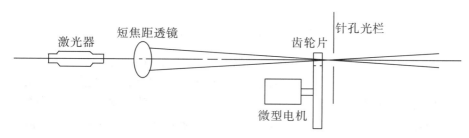

图 13—15　激光器点光源的光源构成

波带板装置包括波带板和基座。波带板有如图 13—16 所示的圆形和方形两种，它们相当于聚焦透镜，其上的小孔是按菲涅耳衍射原理设计的。

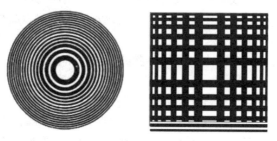

图 13—16　波带板

探测器分为目视探测器和光电探测器。前者是利用刻有方格线的有机玻璃板确定光斑位置；后者则是利用硅光电池、位移传感器、电子元件等确定光斑位置。

波带板激光准直测量方法如下（参见图 13—17）：

在基准线两端点 A、B 分别安置激光器点光源和探测器，在观测点 C 上安置波带板，打开激光电源，激光器点光源就发射出一束激光，照满波带板，通过波带板上不同透光孔的绕射光之间的相互干涉，就在点光源中心和波带板中心的延伸方向线上的某一位置形成一个亮点（对圆形波带板而言）或十字线（对方形波带板而言）。根据每一观测点的相应位置可以设计专用的波带板，使所形成的像恰好落在接收端点 B 的位置上。利用安置在 B 点的探测器，可以测出 AC 连线在 B 点处相对于基准面的偏离值 BB'，则 C 点相对于基准面的偏离值为

$$\delta_C = \frac{S_C}{L} BB' \tag{13—6}$$

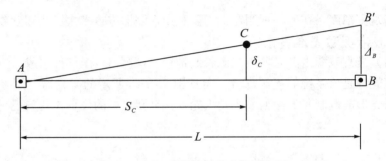

图 13－17　波带板激光准直示意图

该法是利用三点在一直线上进行准直，故有时又称三点法准直。

波带板激光准直系统是利用光的衍射原理进行准直，因此它可以避免对激光束高稳定性的要求，减弱大气折光的影响。但是，空气中的温差、对流、水蒸气的蠕动等都将影响接收光斑的稳定性，降低探测精度。同时，外界其他光源的干扰也会影响探测精度。

13.3.4　引张线法测定水平位移

引张线法是利用一根拉紧的弦线所建立的基准面来测定观测点的偏离值，它不受大气折光的影响。为了解决引张线垂曲过大的问题，可以采用质量轻、抗拉强度高的不锈钢丝或尼龙丝作为引张线。同时，在中间各观测点处设置浮托装置以减少过大的垂曲，保证整个线段的水平投影成为一直线。

引张线的装置由端点、观测点、测线、测线保护管等四个部分组成。

13.3.4.1　端点

引张线端点通常布置在坝体廊道两端，并与倒锤联系。它由墩座、夹线装置、滑轮、重锤连接装置和重锤等部件组成（图 13－18）。夹线装置是端点的关键部件，它起着固定不锈钢丝位置的作用。为了不损伤钢丝，夹线装置的"V"形槽底及压板底部镶嵌铜质类的软金属。拉紧钢丝的重锤质量视钢丝的允许拉力而定，一般为 $10\sim50$ kg。与倒锤联系的端点，其墩座除固定夹线装置外，还安装有观测倒锤线的强制对中基座。

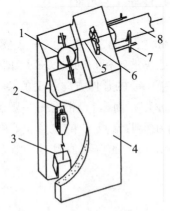

1—滑轮；2—重锤连接装置；3—重锤；
4—混凝土墩座；5—测线；6—夹线装置；
7—钢筋支架；8—保护管

图 13－18　引张线端点装置构成图

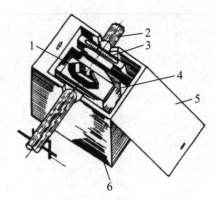

1—浮船；2—保护管；3—水准尺；
4—水箱；5—盖子；6—保护箱

图 13－19　引张线观测点装置

13.3.4.2　观测点

引张线观测点一般布置在坝体廊道的侧墙上。其结构由浮托装置、水准尺（或其他读数设备）、保护箱组成（图 13-19）。

浮托装置由水箱和浮船组成。浮船置于水箱内，用以支承钢丝。浮船的大小（或排水量）可以依据引张线各观测点的间距和钢丝的单位长度质量来计算。一般浮船体积为排水量的 1.2~1.5 倍，而水箱体积为浮船体积的 1.5~2.0 倍。

水准尺由不锈钢制成，长度为 15 cm 左右，最小分划为 1 mm。它固定在槽钢面上，槽钢埋入大坝廊道的侧墙上，并与之牢固结合。对于两端点同高的水平引张线，各观测点水准尺应尽可能在同一高度；对于两端点不同高的倾斜引张线，各观测点水准尺应尽可能与加浮托后的悬链线形状一致，并使水准尺面上的刻划线平行于引张线。

保护箱用于保护观测点装置，同时也起防风作用，以利于提高观测精度。

13.3.4.3　测线及其保护管

测线一般采用直径为 0.6~1.2 mm 的不锈钢丝或尼龙丝，在两端重锤的作用下引张为一直线。保护管保护测线不受损坏，并起防风作用。保护管可用直径大于 100 mm 的塑料管，以保证测线在管内有足够的活动空间。

引张线法因假定钢丝两端固定不动，故引张线是固定的基准线。由于各观测点上的水准尺与坝体固连，所以对于不同的观测周期，钢丝在水准尺上的读数变化值即为该点的位移值。在水准尺上读数的方法很多，目前采用较多的是目视法和光学显微镜法。

目视法是直接用肉眼，在视线垂直于尺面的条件下，分别读出测线左边缘和右边缘在尺上投影的读数 a 和 b（一般估读至 0.1 mm）；这时，测线中心读数 $\delta=\frac{1}{2}(a+b)$。显然，$|a-b|$ 为测线的直径 D，利用它可以检查每测点读数的正确性。

光学显微镜法与上述方法类似，区别在于它是将一个具有测微分划线的显微镜放置在水准尺上。显微镜放大了测线和水准尺分划线，测微分划线的最小刻划为 0.1 mm，可估读至 0.01 mm。

引张线的观测精度可以由大量观测结果按统计方法求得。根据我国生产单位的经验，若以一端点依次测至另一端点为一测回，以三测回观测的平均值作为一次观测值，则由统计资料求得光学显微镜法一次观测的中误差为 0.03 mm。

13.3.5　导线测量法测定拱坝位移

基准线法用于直线型大坝的位移观测具有速度快、精度高的优点，但它只能测定垂直于基准线方向的水平位移。对于非直线型拱坝，一般要求同时测定两个方向（径向和切向）的水平位移，这时可采用导线测量法。

与测量用的一般导线相比较，应用于拱坝变形观测的导线在布设、观测和计算等方面都有相应的特点。

13.3.5.1　导线的布设

该导线是一种两端不测定向角的导线，一般布设在拱坝水平廊道内，其形状与廊道形状相同。导线边长可根据实际情况确定。导线端点的位移常用拱坝廊道内的倒锤线来控制，在条件许可时，应尽量使倒锤点与坝外基准点联测，定期检查倒锤点的稳定性。

图 13－20 为某拱坝水平廊道内导线布置示意图。

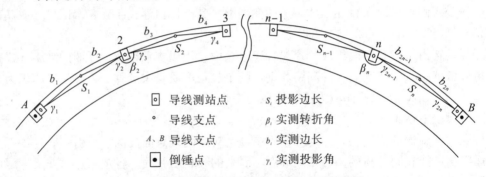

图 13－20　某拱坝水平廊道内导线布置示意图

导线点应尽量选在能代表拱坝变形的地方，并与坝体牢固结合。根据边长丈量和角度测量所采用的仪器，在导线点上应埋设供测量用的相应装置，如强制对中底座、供照准和丈量用的专用标志、拉力设备等。图 13－21 为某拱坝廊道导线点上采用的辅助设备。其强制对中插座具有通用性，可供测角、量边、照准标志等用。

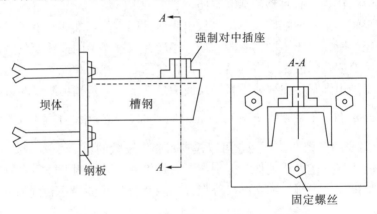

图 13－21　某拱坝廊道导线点上采用的辅助设备

13.3.5.2　导线的观测

在拱坝廊道内，由于条件限制，一般布设的导线边长较短。为减少导线点数和角度观测误差的影响，在拟定观测方案时，可由实测边长 b_i 计算投影边长 S_i，如图 13－20 所示。因此，常采用隔点设站法，实测转折角 β_i 和实测投影角 γ_i。各角度常采用精密测角仪器和微型觇牌施测。

13.3.5.3　导线的平差和位移值的计算

1. 首次观测后的计算

由于该导线是两端不测定向角的导线，根据实测转折角 β_i、实测边长 b_i 和实测投影角 γ_i 计算的投影边长 S_i（图 13－20），在假定坐标系 $x'Ay'$ 中（图 13－22），按支导线法计算 A、B 点的相对位置，AB 的长度 L 和方向角 β_0。按坐标旋转公式计算出各导线点在以 AB 为 x 轴、A 为原点的坐标系中的坐标值，作为基准值。

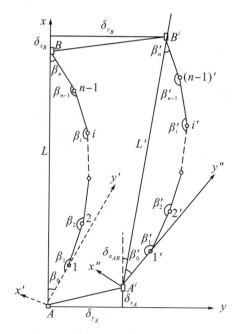

图 13-22　平差计算的假定坐标系

2．复测周期的平差计算

在复测周期中，除观测首次的观测元素外，还要利用倒锤测定两端点的变化量 δ_{x_A}、δ_{y_A}、δ_{x_B}、δ_{y_B}，利用它们和首次的坐标值，可以反算求得本次 AB 的边长 L'；另外，根据观测元素 β_i^j、S_i^j，也可按首次计算同样的方法求出由观测元素计算的 AB 边长 L^j 和方向角 β_0^j。显然，由于观测误差的影响，$L' \neq L^j$，因而便产生了边长条件。在以 A^j 为原点、$A^j B^j$ 为 x 轴的直角坐标系中，其条件式为

$$\sum_1^n \cos \alpha_i \mathrm{d}S_i + \sum_1^{n-1} y_i \frac{\mathrm{d}\beta_i}{\rho} \mathrm{d}S_i + \omega = 0 \tag{13-7}$$

式中，α_i 为各导线边在上述坐标系中的坐标方位角，它可通过 β_i^j 和 β_0^j 求得；ω 为边长条件闭合差，$\omega = L^j - L'$。

式（13-7）中，量边和测角的权分别为

$$\left. \begin{aligned} P_{S_i} &= \frac{c}{m_{S_i}^2} \\ P_{\beta_i} &= \frac{c}{m_{\beta_i}^2} \end{aligned} \right\} \tag{13-8}$$

顾及导线中各角的测量精度相等，即 $m_{\beta_1} = m_{\beta_2} = \cdots = m_{\beta_i} = m_\beta$，若令 $c = m_\beta^2$，则有

$$\left. \begin{aligned} P_\beta &= \frac{m_\beta^2}{m_\beta^2} = 1 \\ P_{s_i} &= \frac{m_\beta^2}{\mu^2 S_i} = \frac{q}{S_i} \end{aligned} \right\}$$

则由条件方程式组成的法方程式为

$$\left\{ \frac{1}{q} [\Delta x \cos \alpha']_1^n + [y^2]_1^{n-1} \frac{1}{\rho^2} \right\} k + \omega = 0 \tag{13-9}$$

其联系数为

$$k = -\frac{\omega}{\frac{1}{q}\left[\Delta x \cos \alpha'\right]_1^n + \left[y^2\right]_1^{n-1}\frac{1}{\rho^2}} \tag{13-10}$$

利用 k 可求得各观测值的改正数，由改正后的观测值计算出 j 周期的坐标值 x_i^j、y_i^j，并与首次观测相比较，则可求出各点相对于首次观测的位移值 δ_{x_i}、δ_{y_i}。

一般来讲，拱坝变形观测要求给出径向和切向的位移值。如图 13－23 所示，δ_{x_i}、δ_{y_i} 为 i 点在以 A 为原点、AB 为 x 轴的直角坐标系中的位移分量。根据 i^j 点的切向 t_i 与 x 轴的几何关系，即

$$\varphi_i = \frac{\theta_i}{2} - \alpha_i = \arcsin\frac{S_i^j}{2R} - \alpha_i \tag{13-11}$$

式中，θ_i 为边长 S_i 所对应的圆心角（近似认为各导线点均位于圆周上）；R 为导线点所位于圆周上的曲率半径。

利用坐标旋转关系式：

$$\left.\begin{array}{l}\delta_{t_i} = \delta_{x_i}\cos\varphi_i - \delta_{y_i}\sin\varphi_i \\ \delta_{u_i} = \delta_{x_i}\sin\varphi_i - \delta_{y_i}\cos\varphi_i\end{array}\right\} \tag{13-12}$$

即可求得 i 点第 j 次观测的切向和径向位移值。

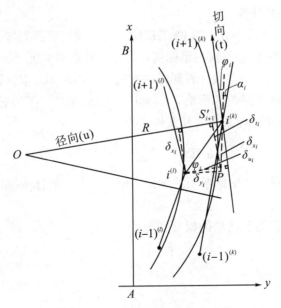

图 13－23　拱坝切向与径向位移值

13.3.6　前方交会法测定水平位移

前方交会法不仅能同时测定观测点在两个方向上的位移，而且能测定观测人员不易到达的观测点（如混凝土坝下游面上的观测点）的水平位移。

前方交会法测定大坝水平位移时，常在大坝下游较稳定的地方设立测站点（工作基点），在距坝较远的地方设立稳固的目标作为定向点，测站点与定向点之间的距离一般要求大于交会边的长度。在测站点上应建立具有强制对中设备的观测墩（参见图 13－11）。

根据观测对象不同，在观测点上也应设置相应的照准标志。

前方交会的外业观测常采用比较精密的测角仪器以全圆测回法进行。为了克服某些系统误差对位移值的影响，力求在各次观测中由同一观测员采用同一仪器按同一观测方案进行。

观测点的水平位移一般根据观测量的变化值，视观测对象的精度要求，分别采用图解法或微分法计算求得。

13.3.6.1　图解法

对于采用两方向前方交会的观测点 P [图 13—24 （a）]，根据首次观测角值 α、β 和交会基线长度 b，可分别计算出交会边长 S_{AP}、S_{BP}。重复观测时，若交会方向的变化为 $\Delta\alpha$ 和 $\Delta\beta$，则它们垂直于相应方向的线变化量分别为

$$\left.\begin{array}{l} d_A = S_{AP} \cdot \dfrac{\Delta\alpha}{\rho} \\[2mm] d_B = S_{BP} \cdot \dfrac{\Delta\beta}{\rho} \end{array}\right\} \tag{13—13}$$

利用 d_A、d_B 和 P 点的交会角 γ 作图 [图 13—24 （b）]，其步骤如下：

（1）过 P 点作出交会角 γ 的两条方向线 AP 和 BP。

（2）按一定的比例尺（一般为 10∶1）分别作 AP 和 BP 的平行线，其相应的距离为 d_A 和 d_B，两平行线之交点 P' 即为 P 点位移后的位置，量取 PP' 的长度，即为 P 点的位移值。

图解法通常在坐标方格纸上进行，有利于简化工作和直接量取 x、y 坐标的位移分量。

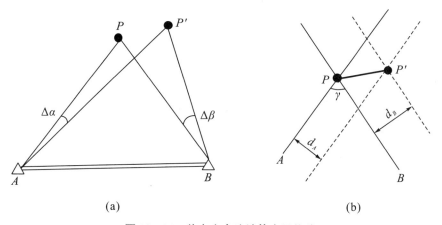

(a)　　　　　　　　　　　　　　　　(b)

图 13—24　前方交会法计算水平位移

13.3.6.2　微分法

如图 13—25 所示，在坝轴线坐标系 xAy 中，观测点 P 的坐标为

$$\left.\begin{array}{l} x = AP\sin(\alpha_1 + \omega) \\ y = AP\cos(\alpha_1 + \omega) \end{array}\right\} \tag{13—14}$$

式中，w 为交会基线与 y 轴的夹角；

$$AP = \frac{b \cdot \sin\beta_1}{\sin(\alpha_1 + \beta_1)}$$

将上式代入式（13-14），可得

$$x = b \cdot \frac{\sin \beta_1 \sin(\alpha_1 + \omega)}{\sin \gamma_1}$$
$$y = b \cdot \frac{\sin \beta_1 \cos(\alpha_1 + \omega)}{\sin \gamma_1} \tag{13-15}$$

为了根据复测的角差 $\Delta \alpha$、$\Delta \beta$ 来计算位移值，可对式（13-15）进行微分，并将无限小转成有限小，可得

$$\Delta x = \frac{b}{\rho}\left\{ \frac{\sin \beta_1 \sin(\beta_1 - \omega)}{\sin^2 \gamma_1}\Delta \alpha + \frac{\sin(\alpha_1 + \omega)\sin \alpha_1}{\sin^2 \gamma_1}\Delta \beta \right\}$$
$$\Delta y = \frac{b}{\rho}\left\{ \frac{-\sin \beta_1 \cos(\beta_1 - \omega)}{\sin^2 \gamma_1}\Delta \alpha + \frac{\cos(\alpha_1 + \omega)\sin \alpha_1}{\sin^2 \gamma_1}\Delta \beta \right\} \tag{13-16}$$

考虑到度盘为顺时针刻划，当交会角 α 增大时，方向值反而减小，反之亦然。因此，$\Delta \alpha$ 还应该改变符号。这时，式（13-16）为

$$\Delta x = \frac{b}{\rho}\left\{ \frac{-\sin \beta_1 \sin(\beta_1 - \omega)}{\sin^2 \gamma_1}\Delta \alpha + \frac{\sin(\alpha_1 + \omega)\sin \alpha_1}{\sin^2 \gamma_1}\Delta \beta \right\}$$
$$\Delta y = \frac{b}{\rho}\left\{ \frac{\sin \beta_1 \cos(\beta_1 - \omega)}{\sin^2 \gamma_1}\Delta \alpha + \frac{\cos(\alpha_1 + \omega)\sin \alpha_1}{\sin^2 \gamma_1}\Delta \beta \right\} \tag{13-17}$$

若令

$$A = \frac{b\sin \beta_1 \sin(\beta_1 - \omega)}{\rho \sin^2 \gamma_1}, \quad B = \frac{b\sin \alpha_1 \sin(\alpha_1 + \omega)}{\rho \sin^2 \gamma_1}$$
$$C = \frac{b\sin \beta_1 \cos(\beta_1 - \omega)}{\rho \sin^2 \gamma_1}, \quad D = \frac{b\sin \alpha_1 \cos(\alpha_1 + \omega)}{\rho \sin^2 \gamma_1}$$

则式（13-17）为

$$\Delta x = -A \cdot \Delta \alpha + B \cdot \Delta \beta$$
$$\Delta y = C \cdot \Delta \alpha + D \cdot \Delta \beta \tag{13-18}$$

而 P 点的位移值为

$$\Delta = \sqrt{\Delta x^2 + \Delta y^2} \tag{13-19}$$

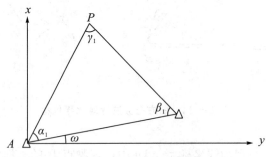

图 13-25 微分法计算水平位移

对于多方向定向的前方交会，可以按控制测量学中未知数的展开式求出各方向变化值的影响系数，由影响系数和两周期方向观测的差数计算其位移值。

需要指出的是，由于变形观测中要求测定的是观测点的位移值，因而对交会基线长度的测定精度要求并不高，但要求测站点是稳定的。因此，前方交会时方向中误差可

以达到的精度将高于一般工程和国家控制测量中所达到的方向观测精度。根据试验，在交会边长为 100 m 左右时，用 J_1 型经纬仪观测六测回，测定位移值的中误差将不超过 ± 1 mm。

13.4　正锤线与挠度观测

在水工建筑物的变形观测中，有时为了将坝体廊道内的工作基点（端点）与坝外基准点联系，或坝顶的端点与倒锤联系，可采用正锤线法，用坐标仪测定它们的相对位置。此外，为了求得坝体垂直面内各不同高程点相对于底点的水平位移（即挠度），也常采用正锤线法。这时，常在大坝竖井中从坝体顶部附近悬挂一根直通坝底的铅垂线，在竖井壁上的不同高程处设立观测点，以坐标仪测出各观测点与铅垂线的相对位移值。

正锤线的主要设备包括悬线装置、固定与活动夹线装置、观测墩、垂线、重锤和油箱等。

（1）固定夹线装置。它是悬挂垂线的支点，该点在使用期间应保持不变，即使在垂线受损折断后，支点也应能保证所换垂线位置不变。当采用较重的重锤时，还应在固定夹线装置的上方 1 m 处设置悬线装置。固定夹线装置应装在坝顶附近人能到达之处，以便调节垂线长度或更换垂线。

（2）活动夹线装置。它是多点夹线法观测时的支点（也是一种观测点标志），要求在每次观测时不改变原支点的位置。当采用多点设站法观测时，则应在该点处设置坐标仪的观测底座以代替活动夹线装置。

（3）垂线。它是一根直径为 1~2.5 mm 的高强度不锈钢丝，粗细由本身的强度和重锤的重量及垂线长度决定。

（4）重锤和油箱。重锤使垂线保持铅直状态，可用金属或混凝土制成砝码形式。当垂线直径为 1 mm 时，重锤的重量为 20 kg；当垂线直径为 2.5 mm 时，重锤的重量为 150~200 kg。为加速重锤的静止，可在其上设置止动叶片。油箱的作用是防止重锤旋转和摆动，即加大阻力以保持重锤的稳定。

目前常用的垂线观测仪有光学坐标仪和垂线遥测仪，它们都可以同时测读垂线在 x、y 方向上的坐标，三维光学坐标仪还可以测定 z 坐标。

根据使用的观测仪器和观测点的结构，利用正锤线测定挠度的方法有两种：

（1）多点观测站法。它适用于每个观测点上都能安置坐标仪进行观测的情况。如图 13-26 所示，由坐标仪测得的观测值 S_0、S'_N 为各观测点与顶点之间的相对位移，于是任一观测点 N 的挠度为

$$S_N = S_0 - S'_N \tag{13-20}$$

（2）多点夹线法。如图 13-27 所示，将坐标仪安置在垂线最低点的观测墩上，根据在各高程处的观测点设置的活动夹线装置将垂线自上而下依次夹紧，在坐标仪上所得观测值 $S_0, S_1, S_2, \cdots$ 即为各观测点相对于最低点的挠度。

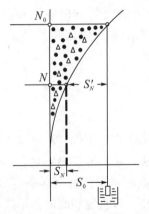

图 13-26　多点观测站法测挠度

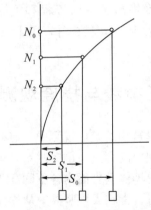

图 13-27　多点夹线法测挠度

13.5　裂缝观测

　　裂缝是建筑物变形的直观现象，由于各种因素的影响，都会引起建筑物产生裂缝。进行裂缝观测可以了解裂缝的现状及其发展情况，根据这些观测资料分析裂缝产生的原因和它们对建筑物安全的影响，以便及时采取有效措施加以处理。

　　观测混凝土坝的裂缝时应对其位置、分布、走向、长度和宽度以及是否形成贯穿缝作出标记。当多处发生裂缝时应对裂缝进行编号。为了便于分析裂缝产生的原因，在观测裂缝的同时还应观测混凝土的温度、气温、水温、水库水位等。

　　裂缝观测的时间：在发生裂缝的初期，每天观测一次；当发展缓慢后，可适当减少观测次数。

　　裂缝观测的方法：对于一般性的裂缝，常以油漆画线作出标志，或在混凝土表面绘制方格坐标用钢尺量测；对于重要裂缝，可在有代表性的位置上埋设两根直径为 20 mm、长约 60 mm 的金属棒。这两根金属棒分别位于裂缝两侧，埋入混凝土内约 40 mm。根据裂缝的宽度，两标志的间距应大于 150 mm，以便于观测。对标志的外露部分常设有保护盖。观测时，利用游标卡尺定期测定两标志间的距离，以此来判断裂缝的发展情况。

　　此外，还可以利用地面摄影测量方法，在适当的距离和高度处设立固定测站进行观测，根据不同时期拍摄的照片，可以量测裂缝的变化方向和大小。

　　土坝裂缝观测可根据情况对全部裂缝或少数重要裂缝进行观测，也可选择有代表性的典型裂缝进行观测。对于缝宽大于 5 mm 或缝宽虽小于 5 mm 但长度较长或穿过坝轴线的裂缝、弧形裂缝、明显的垂直错缝以及与混凝土建筑物连接处的裂缝，都必须进行观测。观测的时间和次数原则上与混凝土坝相同，在水库水位变化较大或暴雨过后都应增加观测次数。对于需要长期观测的裂缝，应尽可能与土坝位移观测的时间和次数相一致。

13.6　变形观测的成果整理

　　为了使变形观测起到指导工程安全使用的作用，除进行现场观测取得第一手资料外，还必须进行观测资料的整理分析，大致有以下工作：

（1）对观测成果进行校核和逻辑分析：在每一周期观测结束后，应对该周期的观测资料进行检查，以确保变形值计算的正确性。在确认计算无误后，可对变形值进行逻辑分析，据此判断变形值是否有异常现象。当发现有异常现象时，应考虑对此变形值进行复测。当复测确认观测无误时，应设法查明突变原因，同时应及时向上级领导汇报，以便组织力量进行分析。

（2）对观测资料进行整编：这一工作通常按年进行，一般电站的观测班在年底时对当年的变形观测成果加以整理，编制成图表，并对建筑物状况作出说明。

（3）对观测资料进行分析：通常在积累了较多的观测数据后才对变形的成因进行定性分析或定量分析。目前国内采用较多的是统计分析法。近年来还提出了采用确定函数法对变形的成因做定量分析。为了更好地表示出变形值与引起变形的有关因素之间的关系，也有人提出采用统计分析法与确定函数法相结合的方法。

13.6.1　观测资料的逻辑分析

在变形观测中，一般只通过对某个量的重复观测进行检核，这样很难避免粗差的发生。粗差将导致人们对建筑物变形的错误判断。为了正常地对建筑物进行监视观测，对变形观测成果进行正确性判断是十分必要的。观测资料的逻辑分析就是为了这一目的。

由于建筑物产生变形值是由很多因素引起的（参见 13.6.3 小节），而各因素的变化又不尽相同，以致在变形值与引起变形的因素之间很难给出类似三角测量中三角形闭合差的确定函数关系。但通过分析可以发现它们之间存在某种相关性，这种相关性为逻辑地检查变形观测成果的正确性提供了依据。例如，拱坝坝顶水平位移主要受温度变化的影响，在夏季由于膨胀一般会产生向上游位移，因而如果在观测中当后一周期观测时的温度比前一周期高而观测值却反映出坝顶向下游位移时，就应怀疑观测成果的正确性，及时组织重测。只有当重测证实了观测成果的可靠性后，才能作为异常变形处理。

对于一个大坝来说，不同坝段会发生几乎相似的温度变化，处于相似水库水位压力之下的各坝段产生的变形也将相似。当然，由于不同坝段结构上的差异及各自基础中的地质、水文地质的不同，会有不同的变形值；但是，各坝段的变形值之间或相邻观测周期的变形值之间应有一定的相似性或相关性。这种相关性为变形观测成果的逻辑检核提供了依据。为了进一步说明这种逻辑分析方法，我们用水平位移为例叙述如下。

表 13-3 为某坝第 10、11、12 坝段于 2003 年至 2005 年所观测的水平位移值。表中给出了相邻观测周期的相对位移值。图 13-28 为以时间顺序为横坐标，以 2003 年相对位移为纵坐标所绘制的过程线。由图可见，三个坝段的相对位移过程线反映了非常相似的变化趋势，因而可以预计不同坝段的相对位移存在着一定的相关性。为了具体了解它们之间相关的密切程度，利用表 13-3 的数据可以算得它们的相关系数：第 10 坝段与第 11 坝段的相关系数 $r_{10\text{-}11}=0.987$，第 11 坝段与第 12 坝段的相关系数 $r_{11\text{-}12}=0.982$。由相关系数显著性检验可知，在 $\alpha=0.01$ 的显著水平下，它们之间是高度线性相关的，为此可以在它们之间配置一元线性回归方程。对于坝 10 与坝 11 相对位移之间的回归方程，由表 13-3 的数据可以求得：

$$y=0.01+0.99x \tag{13-21}$$

式中，x 为坝 10 的相对位移，单位为 mm；y 为坝 11 的相对位移，单位为 mm。

表 13－3　某坝三个坝段水平位移值

观测时间	坝段号					
	No. 10		No. 11		No. 12	
	位移/mm		位移/mm		位移/mm	
	水平位移	相对位移	水平位移	相对位移	水平位移	相对位移
2003.1	−2.24	1.77	−2.56	2.23	−2.54	2.14
2	−0.47	−2.46	−0.33	−2.86	−0.40	−3.09
3	−2.93	0.10	−3.19	−0.12	−3.49	0.38
4	−2.83	−1.13	−3.31	−1.03	−3.11	−1.24
5	−3.96	1.98	−4.34	2.12	−4.35	2.30
6	−1.98	−1.39	−2.22	−1.55	−2.05	−1.97
7	−3.37	−0.08	−3.77	−0.18	−4.62	0.10
8	−3.45	1.36	−3.95	1.26	−3.92	1.23
9	−2.09	0.19	−2.69	0.68	−2.69	0.35
10	−1.90	2.08	−2.01	2.23	−2.34	2.62
11	0.18	0.01	0.22	−0.05	0.27	−0.21
12	0.19	1.97	0.17	1.56	0.06	1.34
2004.1	2.16	−1.74	1.73	−1.49	1.40	−1.69
2	0.42	0.39	0.24	0.45	−0.29	0.52
3	0.81	−2.06	0.69	−2.30	0.23	−2.09
4	−1.25	−5.41	−1.61	−5.30	−1.86	−5.49
5	−6.66	4.42	−6.91	4.51	−7.35	4.71
6	−2.24	−0.86	−2.40	−1.29	−2.66	−0.79
7	−3.10	−2.36	−3.49	−2.29	−3.43	−2.65
8	−5.46	1.29	−5.78	1.12	−6.08	1.21
9	−4.17	1.44	−4.66	1.41	−4.87	1.32
10	−2.73	0.90	−3.25	1.58	−3.53	1.59
11	−1.83	0.83	−1.67	0.49	−1.96	2.05
12	−1.00	0.09	−1.18	0.48	0.09	−1.33
2005.1	−0.91	0.93	−0.70	0.61	−1.24	0.78
2	0.02	−2.54	−0.09	−2.49	−0.46	−2.26
3	−2.52	0.35	−2.58	−0.38	−2.72	−0.28
4	−2.17	−1.01	−2.96	−0.62	−3.00	−0.70
5	−3.18	−0.53	−3.58	−1.01	−3.70	−1.02
6	−3.71	−1.45	−4.59	−0.68	−4.72	−0.79
7	−5.16	0.58	−5.27	0.60	−5.51	0.62
8	−4.58	1.15	−4.67	0.72	−4.89	0.60
9	−3.43	−0.56	−3.95	−0.56	−4.29	−0.36
10	−3.99	0.40	−4.51	0.56	−4.65	1.54
11	−3.59	6.14	−3.95	5.83	−3.11	5.24
12	2.55		1.88		2.04	

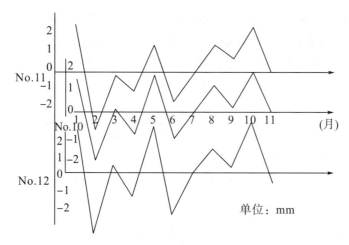

图 13-28　某坝三个坝段水平位移过程线

为了说明逻辑分析的具体应用，用式（13-21）对 2006 年、2007 年的观测成果进行了检核计算，检核成果见表 13-4。

表 13-4　观测成果检核计算表

单位：mm

x （坝 10）	y （坝 11）　 2006 年			x （坝 10）	y （坝 11）　 2007 年		
	观测值	计算值	差值		观测值	计算值	差值
0.02	−0.03	0.03	0.06	1.78	1.27	1.77	−0.50
−2.27	−2.58	−2.24	−0.34	−1.92	−2.22	−1.89	−0.33
−0.38	−0.24	−0.37	0.13	−0.12	0.18	−0.10	0.28
−1.80	−2.41	−1.77	−0.64	−2.96	−2.13	−2.92	0.79
−0.57	−0.19	−0.55	0.36	0.06	0.29	0.09	0.22
0.19	−0.27	0.20	−0.47	2.40	0.06	2.39	−2.33
0	−0.02	0.01	−0.03	−2.74	−4.02	−2.70	−1.32
−0.04	0.33	−0.03	0.36	1.10	1.19	1.10	0.09
1.87	1.58	1.86	−0.28	0.70	1.54	0.70	0.84
−0.21	0.56	−0.20	0.76	1.19	0.73	1.19	−0.46
0.17	0.29	0.19	0.10	−0.64	0	−0.62	0.62

由表 13-4 可知，绝大多数差数〔由式（13-21）计算的坝 11 相对位移与实测值之差〕均在观测精度内，个别值（如 2007 年坝 11 差值＝−2.33 mm）超过观测精度。如果在观测当时即采用式（13-21）进行逻辑检验，则对这些观测值可立即进行复测，以免后来分析时产生疑问。

13.6.2　观测资料的整编

整编工作的主要内容是将变形观测值绘制成各种便于分析的图表。常用的图表有以下几种：

（1）观测点变形过程线。这是以观测点为对象对变形状况的描述。它以某观测点累积变形值（位移、沉陷、倾斜、挠度）为纵坐标，以这些变形值观测的时间为横坐标绘制而成的图。表 13-5 摘录了某坝 5 号观测点在 2005 年所观测的位移值。图 13-29 是根据表 13-5 所绘制的 5 号观测点位移过程线。观测点变形过程线可明显地反映出变形的趋势、规律和幅度，对于初步判断建筑物的运营状况是否正常非常有用。

表 13-5　某坝 5 号观测点的位移观测值

观测点	累积位移值/mm											
	1 月 10 日	2 月 11 日	3 月 10 日	4 月 11 日	5 月 10 日	6 月 10 日	7 月 11 日	8 月 11 日	9 月 10 日	10 月 11 日	11 月 11 日	12 月 10 日
⋮												
5 号	+4.0	+6.2	+6.5	+4.2	+4.3	+5.0	+2.2	+3.8	+1.5	+2.0	+3.5	+4.0
⋮												

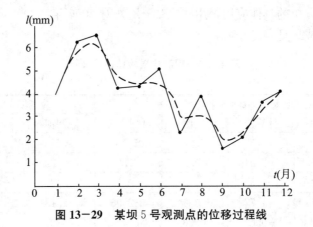

图 13-29　某坝 5 号观测点的位移过程线

在实际工作中，为了便于分析，常在各种变形过程线上画出与变形有关因素的过程线，例如水库水位过程线、气温过程线等。图 13-30 为某土石坝 160 m 高程处上游与下游布设的观测点的沉陷过程线。图上绘出了气温过程线。因为横坐标（时间）是两种过程线共用的，故画在它们中间。

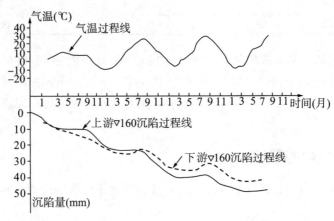

图 13-30　某土石坝 160 m 高程处上、下游沉陷过程线

由图13－30可以看出，土石坝的沉陷具有塑性变形性质，除此之外也存在以年为周期的弹性变形。

（2）建筑物变形分布图。这种图是对建筑物剖面的变形描述。它反映建筑物某一竖直剖面上各观测点的变形，也可以反映某一高程水平剖面上各观测点的变形过程。

图13－31为某坝坝顶水平位移分布图。由图可以看出，坝顶顺河向位移具有较强的规律性，整体呈现河床坝段大于两岸坝段的特征，即0＋240m桩号附近位移最大，向两岸呈递减趋势。右岸坝段顺河向位移略大于左岸。同一断面坝顶上、下游侧顺河向位移不均匀，且上游侧位移明显小于下游侧。

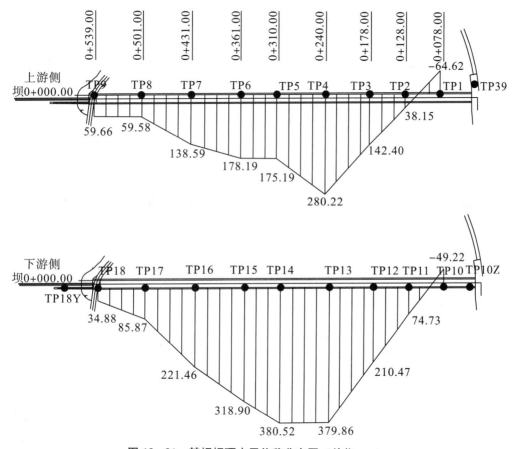

图13－31　某坝坝顶水平位移分布图（单位：m）

图13－32为某坝典型时刻坝顶垂直位移分布图。由图可见，坝顶各测点垂直位移整体表现为沉降变形，呈现出由两岸向河床随坝高升高而逐渐增大的趋势，较大区域集中在0＋178m～0＋361m河床坝段，其中以0＋240m坝体最大断面沉降量最大。左、右岸沉降变形量基本相当，右岸略大于左岸。坝顶上游侧沉降变形大于下游侧，产生明显沉降变形差。

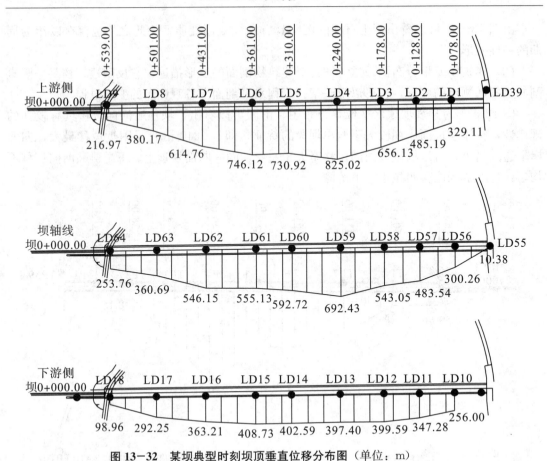

图 13-32 某坝典型时刻坝顶垂直位移分布图（单位：m）

13.6.3 变形值的成因分析

对于大坝来说，上、下游水压力、泥沙压力、坝体自重、坝基渗透压力等力的作用是坝体产生变形的原因。此外，外界温度变化和坝体材料温度变化也是坝体产生变形的主要因素（图 13-33）。

静水压力引起的变形有四种可能的情况：

（1）坝体不同高度处不同水平推力的作用使坝体产生挠曲变形 b，如图 13-34（a）所示。

（2）水库水压和坝基渗透压力的作用使坝体产生向下游转动而引起变形 r，如图 13-34（b）所示。

（3）水库水体重力作用使库底变形而引起坝基向上游转动所产生变形 u，如图 13-34

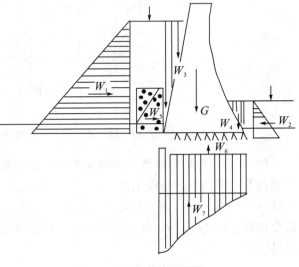

图 13-33 坝体变形原因

（c）所示。

（4）由于剪应力对坝底接触带的作用，在静水压力下产生的滑动 s，如图 13－34（d）所示。对于重力坝来说，绝不允许产生滑动现象。

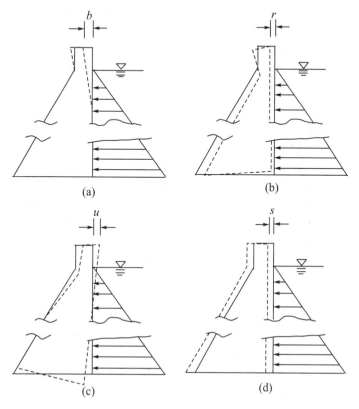

图 13－34　静水压力引起的坝体变形

在建造与运营初期，坝体的温度由于坝体本身混凝土产生的放热升温和冷却降温而产生较大的变化。在坝体运营一定时期后，则主要受气温的季节性影响。由于坝体上、下游面所处的环境不同（上游面大部分混凝土浸在水库水面以下），因而坝体在不同季节产生不同的变形，如图 13－35 所示。

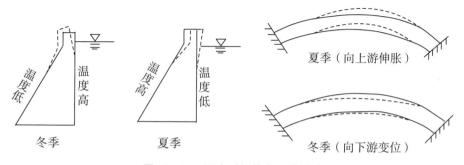

图 13－35　温度对坝体变形的影响

除水压力和温度变化引起坝体变形外，坝体建筑材料的变形（例如混凝土的收缩、徐变）以及基础岩层的变形都会使坝体产生不可逆的变形，这些变形在施工与运营初期比较大，随着时间的推移而渐趋稳定。通常将这类变形称为时效变化。

思考题与习题

1. 水利工程安全监测包括哪些工作？各种工作的主要监测内容有哪些？
2. 水利工程变形观测设计应该包含哪些内容？
3. 水工建筑物的变形观测周期应该如何确定？
4. 水工建筑物垂直位移观测布置方案包括哪些内容？观测点的布置有什么具体要求？
5. 基坑回弹观测点应该如何布置？
6. 水工建筑物垂直位移观测的基准点应该如何布置？
7. 如何进行基坑回弹观测？
8. 观测点的观测内容有哪些？对混凝土大坝观测点的观测有哪些要求？
9. 什么是基准点观测？基准点观测的周期如何确定？作业方式是什么？
10. 倾斜观测的方法有哪些？具体如何进行倾斜观测？
11. 水工建筑物的水平位移观测包括哪些内容？水平位移观测方案布置有哪些原则？
12. 不同的水工建筑物水平位移观测点如何布置？基准点布置要注意什么？
13. 简述水平位移监测基准线法的基本原理。基准线法有哪些类型？
14. 常用的视准线法有哪些方法？简述这些方法的原理。
15. 简述激光准直法测定水平位移的操作方法。
16. 什么是引张线？其装置由哪些部分构成？
17. 直线型大坝和非直线型大坝水平位移观测的方法分别有哪些？
18. 利用导线观测拱坝的水平位移时，导线如何布设？施测时有什么特点？
19. 简述前方交会法测水平位移的原理。
20. 水工建筑物变形观测中正锤线的作用是什么？正锤线的主要设备包括哪些？
21. 正锤线测挠度的方法有哪些？简述各种方法的基本原理。
22. 裂缝观测的方法是什么？观测的时间如何确定？
23. 变形观测资料的整理分析主要有哪些工作？
24. 变形观测资料整编时常用的图表有哪些？
25. 变形值的成因分析应该考虑哪些影响因素？

第2部分 土木工程应用测量

第14章 建筑施工测量

14.1 概 述

14.1.1 施工测量的工作内容

各种工程在施工阶段所进行的测量工作称为施工测量。施工测量的主要工作是测设（施工放样），即把设计图纸上规划设计的建筑物、构筑物的平画位置和高程，按设计要求，使用测量仪器，以一定的方法和精度在实地标定出来，并设置标志，作为施工的依据；同时还包括施工过程中进行的其他一系列测量工作，以衔接和指导各工序的施工。

施工测量的实质是测设点位。放样时，需先求出设计建（构）筑物与控制网或原有建筑物的关系，即求出其间的距离、角度和高程，这些数据又称放样数据。通过对距离、角度和高程三个元素的测设，实现建筑物点、线、面、体的放样。

施工测量贯穿施工的全过程，其工作内容包括：施工前施工控制网的建立；建筑物定位测量和基础放样；主体工程施工中各道工序的细部测设，如基础模板测设、主体工程砌筑、构件和设备安装等；工程竣工后，为了便于管理、维修和扩建，还应进行竣工测量并编绘竣工图纸；施工和运营期间对高大或特殊建（构）筑物进行变形观测等。

14.1.2 施工测量的特点

测设与测定的程序相反，测定是测量实地点位的平面坐标和高程，而测设是按照已知平面坐标和高程在实地确定点位。依据施工测量的工作内容要求，建筑施工测量具有以下特点。

14.1.2.1 精度要求高

一般情况下，施工测量的精度比地形图测绘高，而且根据建筑物、构筑物的重要性、结构材料及施工方法的不同，施工测量的精度也有所不同，可查阅对应工程的施工技术规程。例如，高层建筑的测设精度高于多层建筑，钢结构建筑物的测设精度高于钢筋混凝土结构的建筑物，工业建筑的测设精度高于民用建筑，装配式建筑物的测设精度高于非装配式建筑物。

14.1.2.2　测量人员应具有相关的工程知识

施工测量的对象是设计好的工程，测量工作的质量将直接影响工程质量及施工进度，所以测量人员不仅需要具备测量的基本知识，而且需要具备相关的工程知识。测量人员必须读懂施工图纸，详细了解设计内容、性质及对测量工作的精度要求，对放样数据和依据要反复核对，及时了解施工方案和进度要求，密切配合施工，保证工程质量。

14.1.2.3　测量时注重现场协调

建筑施工现场多为地面与高空多工种交叉作业，并有大量的土方填挖，地面情况变动很大，再加上动力机械及车辆频繁使用，均会造成对测量控制点的不利影响。因此，测量控制点应埋设在稳固、安全、醒目、便于使用和保存的地方，要经常检查，如有损坏应及时恢复。同时，建筑施工现场立体交叉作业和施工项目多，为保证工序间的互相配合、衔接，施工测量工作要与设计、施工等方面密切配合，因此测量人员要事前做好充分准备，制定切实可行的施工测量方案。

14.1.3　施工测量的基本原则

14.1.3.1　从整体到局部，先控制后碎部

该原则在施工测量程序上体现为首先建立施工控制网，然后进行细部施工放样工作。首先在测区范围内选择若干点组成控制网，用较精确的测量手段和计算方法确定出这些点的平面坐标和高程，然后以这些点为依据进行局部区域的放样工作。建立施工控制网的目的是控制误差积累，保证测区的整体精度；同时，也可以提高工效和缩短工期。

14.1.3.2　步步检查

该原则要求施工测量过程中随时检查观测数据、放样定线的可靠程度以及施工测量成果所具有的精度。它是防止在施工测量中产生错误、保证工程质量的重要手段。

14.2　施工控制测量

施工控制测量由平面控制测量和高程控制测量两部分组成。根据施工测量的基本原则，施工前，在建筑场地要建立统一的施工控制网。在勘察阶段所建立的测图控制网主要服务于测图工作，点位的分布和密度往往都不能满足施工放样要求，而且测图控制点通常在场地平整阶段的土方工程施工作业中就已经受到破坏。因此，在施工前，应在建筑场地重新建立施工控制网，以供建筑物施工放样和变形观测等使用。与测图控制网相比，施工控制网具有控制范围小、控制点密度大、精度要求高、使用频率高等特点。

施工控制网一般布置成矩形的格网，这些格网称为建筑方格网。当建筑面积不大、结构又不复杂时，只需布置一条或几条基线作平面控制，这些基线称为建筑基线。当布置建筑方格网有困难时，常用导线或导线网作施工测量的平面控制网。

建筑场地的高程控制多采用水准测量方法。一般采用三、四等水准测量方法测定各水准点的高程。当布设的水准点不够用时，建筑基线点、建筑方格网点以及导线点也可兼做高程控制点。

14.2.1　施工平面控制测量

14.2.1.1　施工坐标系与测图坐标系的坐标换算

在设计的总平面图上，建筑物的平面位置一般采用施工坐标系的坐标表示。所谓施工坐标系，就是以建筑物的主轴线为坐标轴建立起来的坐标系统。为了避免整个工程区域内坐标出现负值，施工坐标系的原点应设置在总平面图的西南角之外，纵轴记为 A 轴，横轴记为 B 轴，用 A、B 坐标标定建筑物的位置。

施工坐标系与测图坐标系往往不一致，因此施工测量前常常需要进行施工坐标系与测图坐标系的坐标换算，即把一个点的施工坐标换算成测图坐标系中的坐标，或是将一个点的测图坐标换算成施工坐标系中的坐标。

如图 14－1 所示，XOY 为测图坐标系，$X'O'Y'$ 为施工坐标系。设 P 为建筑基线上的一个主点，它在施工坐标系中的坐标为 (x'_P, y'_P)，在测图坐标系中的坐标为 (x_P, y_P)。施工坐标系原点 O' 在测图坐标系中的坐标为 $(x_{O'}, y_{O'})$，α 为 X 轴与 X' 轴之间的夹角。将 P 点的施工坐标换算成测图坐标，其公式为

$$\left.\begin{array}{l} x_P = x_{O'} + x'_P \cdot \cos\alpha - y'_P \cdot \sin\alpha \\ y_P = y_{O'} + x'_P \cdot \sin\alpha + y'_P \cdot \cos\alpha \end{array}\right\} \tag{14-1}$$

若将测图坐标换算成施工坐标，其公式为

$$\left.\begin{array}{l} x'_P = (x_P - x_{O'}) \cdot \cos\alpha + (y_P - y_{O'}) \cdot \sin\alpha \\ y'_P = (x_P - x_{O'}) \cdot \sin\alpha + (y_P - y_{O'}) \cdot \cos\alpha \end{array}\right\} \tag{14-2}$$

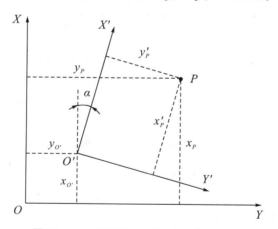

图 14－1　不同坐标系下点位坐标的换算

14.2.1.2　施工平面控制网的基本形式

1. 建筑基线

建筑基线是建筑场地的施工控制基准线，即在建筑场地布置一条或几条轴线。它适用于建筑设计总平面图布置得比较简单的小型建筑场地。建筑基线应平行于拟建主要建筑物的轴线，以便使用比较简单的直角坐标法进行建筑物的放样。若建筑场地面积较小，也可直接使用建筑红线作为场区控制。建筑基线相邻点间应互相通视，点位不受施工影响。为便于复查建筑基线是否有变动，基线点不得少于 3 个。

如图 14－2 所示，建筑基线的布设是根据建筑物的分布、场地地形等因素确定的，常

用的形式有一字形、L形、T形和十字形。

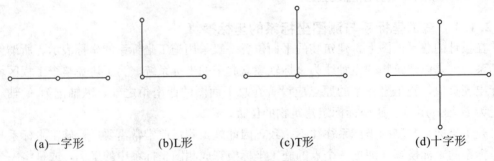

| (a)一字形 | (b)L形 | (c)T形 | (d)十字形 |

图 14－2　建筑基线的布设类型

2. 建筑方格网

建筑方格网的设计应根据建筑设计总平面图上建筑物和各种管线的布设，并结合现场的地形情况而定。设计时，先定方格网的主轴线点（图 14－3 中的 O、A、B、C、D），后设计其他方格点（图 14－3 中的 1、2、3、4、5）。网格可设计成正方形或者矩形。

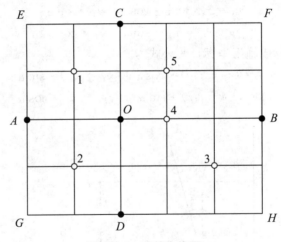

图 14－3　建筑方格网

布设建筑方格网时应考虑以下几点：

（1）方格网的主轴线应位于建筑场地的中央，并与主要建筑物的轴线平行或垂直。

（2）方格网纵、横轴线应互相垂直。

（3）方格网的边应保证通视，点位标石应埋设牢固，以便能长期保存。

（4）方格网的边长、边长的相对精度要求应符合《工程测量标准》（GB 50026—2020）中的相关规定，见表 14－1。

表 14-1　建筑方格网测量的主要技术要求

等级	边长/m	测角中误差/″	测距相对中误差
一级	100～300	5	≤1/30000
二级	100～300	8	≤1/20000

3．导线与导线网

在城镇地区拟建多层民用建筑，一般宜采用导线或导线网为主要形式的施工平面控制网，其布设、施测及计算方法见第 6 章有关内容。在道路、隧道工程施工测量中，也常用导线或导线网形式建立施工平面控制网。

14.2.1.3　建筑基线及建筑方格网的测设

1．建筑基线的测设

根据施工场地的条件不同，建筑基线的测设方法有以下两种：

（1）根据建筑红线测设建筑基线。在城市建设中，新建建筑物均由规划部门给设计或施工单位规定建筑物的边界位置。限制建筑物边界位置的线称为建筑红线，由城市测绘部门现场测定。建筑红线一般与道路中心线相平行。

图 14-4 中的 1、2、3 三点为地面上测设的场地边界点，其连线 1—2、2—3 称为建筑红线。建筑物的主轴线 AO、OB 可以根据与建筑红线的几何关系进行测定。由于建筑物主轴线和建筑红线平行或垂直，所以使用直角坐标法来测设主轴线较为方便。

当 A、O、B 三点在地面上标出后，应在 O 点架设经纬仪，检查 $\angle AOB$ 是否等于90°。AO、OB 的长度也要进行实测检核。如误差在容许范围内，即可做合理的调整。

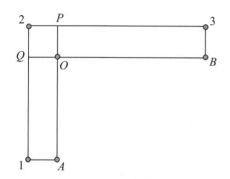

图 14-4　根据建筑红线测设建筑基线

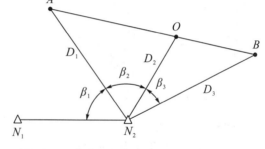

图 14-5　根据附近已有控制点测设建筑基线

（2）根据附近已有控制点测设建筑基线。在新建筑区，可以利用建筑基线的设计坐标和附近已有控制点的坐标，用极坐标法测设建筑基线。

图 14-5 中，N_1、N_2 为场地的测图控制点，A、O、B 为选定的建筑基线点。根据主轴线点的设计坐标和已知坐标点，使用测量仪器进行主轴线点的放样，具体步骤如下：

①测设主轴线点的概略位置。首先，根据已知坐标信息计算放样数据（图 14-5 中的距离 D_1、D_2、D_3 和角度 β_1、β_2、β_3）；然后，用经纬仪配合测距仪放样测设主轴线点的概略位置 A'、B'、O'，并用混凝土制作标志。混凝土标志制作时，在桩的顶部设置一块边长为 100 mm 的正方形不锈钢板，供点位调整用。如果采用全站仪进行点位测设，则可直接使用"坐标放样"功能进行放样，无须计算放样数据。

②测定 $\angle A'O'B'$。由于测量和标定过程中存在偶然误差，标定的 A'、O'、B' 点一般不会在一条直线上，即 $\angle A'O'B'$ 不等于 180°。因此，要精确测量 $\angle A'O'B'$，如果它和180°的差值超过 ±10″，则应进行调整，使其回到一条直线上。

③计算点位调整量 δ。如图 14-6 所示，测设点在垂直于轴线的方向上移动一段相等的微小距离 δ，则 δ 可按下式计算：

$$\delta = \frac{ab}{2(a+b)} \cdot \frac{180° - \beta}{\rho} \tag{14-3}$$

式中，ρ 为弧秒值，$\rho = 206265''$。

在图 14-6 中，由于 μ、γ 都很小，有

$$\frac{\gamma}{\mu} = \frac{a}{b}, \quad \frac{\gamma + \mu}{\mu} = \frac{a+b}{b}, \quad \mu = \frac{2\delta}{a}\rho \tag{14-4}$$

又因为

$$\gamma + \mu = 180° - \beta$$

所以

$$\mu = \frac{b}{a+b}(180° - \beta) = \frac{2\delta}{a}\rho$$

即式（14-3）成立。

④点位调整。按式（14-3）计算出各点的调整量 δ，精确调整主轴线点的位置，注意各点上 δ 的调整方向。调整后的 A'、O'、B' 即是主轴线点 A、O、B 的位置，且三点在一条直线上。

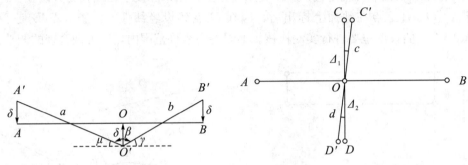

图 14-6 主轴线测设调整   图 14-7 短轴线测设

2. 建筑方格网的测设

建筑方格网的测设分为主轴线测设、短轴线测设和方格网测设三个部分，具体步骤如下：

（1）主轴线测设。主轴线测设与建筑基线测设方法相同，不赘述。

（2）短轴线测设。如图 14-7 所示，建筑方格网的纵、横线相互垂直。在 O 点上安置经纬仪，测设与 AOB 主轴线垂直的另一主轴线 COD。将望远镜瞄准 A 点（或 B 点），分别向左、右两个方向旋转 90°，在实地用混凝土桩标定出 C'、D' 点，然后精确测量 $\angle AOC'$ 和 $\angle AOD'$，并计算出它们与 90° 的差值 Δ_1、Δ_2。如果 Δ_1、Δ_2 超过 $\pm 10''$，则应对 C'、D' 点的位置进行调整，使其角度精确为 90°。

C'、D' 两点沿垂直于 OC'、OD' 的方向调整的微小距离 l_1、l_2 可按下式计算得到：

$$l_1 = c\frac{\Delta_1}{\rho}, \quad l_2 = d\frac{\Delta_2}{\rho} \tag{14-5}$$

式中，c、d 分别为 OC' 和 OD' 的水平距离；ρ 为弧秒值，$\rho = 206265''$。实地调整时应注意移动方向，对移动后的 C'、D' 两点应再次精确测量 $\angle AOC'$ 和 $\angle AOD'$，检查是否满足要求。若仍不满足，则应按此方法重新调整直至满足要求。调整后的 C'、D' 两点即短轴线点 C、D 的位置。建筑方格网测量的主要技术要求见表 14-1。

（3）方格网测设。建筑方格网轴线与建筑物轴线平行或垂直，因此，可用直角坐标法

进行建筑物的定位。如图 14−3 所示，主轴线测设后，分别在主点 A、B 和 C、D 安置经纬仪，后视主点 O，向左、右测设 90°水平角，即可交会出"田"字形方格网点。随后再作检核，测量相邻两点间的距离，看是否与设计值相等，测量其角度是否为 90°，误差均应在允许范围内，并埋设永久标石。标石顶部固定钢板，以便最后在其上归化点位。

14.2.2　施工高程控制测量

14.2.2.1　施工场地高程控制网的建立

建筑施工场地的高程控制测量一般采用水准测量方法，应根据施工场地附近的国家或城市已知水准点，测定施工场地水准点的高程，以便纳入统一的高程系统。

在施工场地上，水准点的密度应尽可能满足安置一次仪器即可测设出所需的高程。而测图时敷设的水准点往往是不够的，因此，还需增设一些水准点。一般情况下，建筑基线点、建筑方格网点以及导线点也可兼作高程控制点。只要在平面控制点桩面上中心点旁设置一个突出的半球状标志即可。

为了便于检核和提高测量精度，施工场地高程控制网应布设成闭合或附合路线。高程控制网可分为首级网和加密网，相应的水准点称为基本水准点和施工水准点。

14.2.2.2　基本水准点

基本水准点应布设在土质坚实、不受施工影响、无震动和便于实测的地方，并埋设永久性标志。一般情况下，按四等水准测量的方法测定其高程，而对于为连续性生产车间或地下管道测设所建立的基本水准点，则需按三等水准测量的方法测定其高程。

14.2.2.3　施工水准点

施工水准点是用来直接测设建筑物高程的。为了测设方便和减少误差，施工水准点应靠近建筑物。

此外，由于设计建筑物常以底层室内地坪高±0 为高程起算面，为了施工引测方便，常在建筑物内部或附近测设±0 水准点。±0 水准点的位置一般选在稳定的建筑物墙、柱的侧面，用红漆绘成顶为水平线的"▼"形，其顶端表示±0 位置。

14.3　多层民用建筑施工测量

民用建筑有低层（1～3 层）建筑、多层（4～6 层）建筑、中高层（7～9 层）建筑和高层（10 层及以上）建筑。由于建筑物的楼层不同、结构不同，其施工方法和对施工测量的精度要求也不相同。但施工测量中的放样过程及内容基本相同，都包括了建筑物的定位和放线、基础和墙体施工测量等。低层和多层建筑施工测量可采用本节介绍的方法，中高层和高层建筑由于楼层较高，在施工测量中另有侧重，应按 14.4 节介绍的方法进行测量。

14.3.1　主轴线测量前的准备工作

14.3.1.1　熟悉设计图纸

设计图纸是施工测量的主要依据，在测设前，应熟悉建筑物的设计图纸，了解施工建筑物与相邻地物的关系，以及建筑物的尺寸和施工的要求等，并仔细核对各设计图纸的有关尺寸。测设时必须具备下列图纸资料：

（1）总平面图。如图 14-8 所示，从总平面图上可以查取或计算设计建筑物与原有建筑物或测量控制点之间的平面尺寸和高差，作为测设建筑物总体位置的依据。

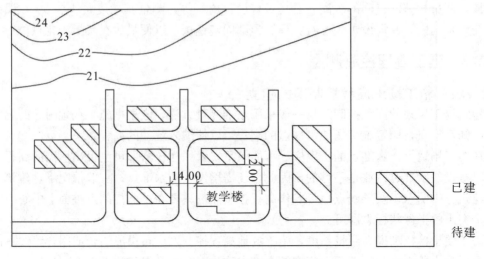

图 14-8　建筑物总平面图（单位：m）

（2）建筑平面图。从建筑平面图上可以查取建筑物的总尺寸，以及内部各定位轴线之间的关系尺寸，这是施工测设的基本资料。

（3）基础平面图。从基础平面图上可以查取基础边线与定位轴线的平面尺寸，这是测设基础轴线的必要数据。

（4）基础详图。从基础详图上可以查取基础立面尺寸和设计高程，这是基础高程测设的依据。

（5）建筑物的立面图和剖面图。从建筑物的立面图和剖面图上可以查取基础、地坪、门窗、楼板、屋架和屋面等设计高程，这是高程测设的主要依据。

14.3.1.2　现场踏勘

全面了解现场情况，对施工场地上的平面控制点和水准点进行检核。

14.3.1.3　施工场地整理

平整和清理施工场地，以便进行测设工作。

14.3.1.4　制定测设方案

根据设计要求、定位条件、现场地形和施工方案等制定测设方案，包括测设方法、测设数据计算和绘制测设略图。

14.3.1.5　仪器和工具

对测设所使用的仪器和工具进行检核。

14.3.2　主轴线测量

建筑物主轴线是多层建筑细部位置放样的依据，通常在施工前，应先在建筑场地上测设出建筑物主轴。一般依据建筑物的布置情况和施工场地的实际条件，按建筑基线的形式进行主轴线的布置，如三点直线形、三点直角形、四点丁字形及五点十字形等。主轴线无论采用何种形式，控制点的数量均不得少于 3 个。

14.3.3　建筑物的定位和放线测量

14.3.3.1　建筑物的定位

建筑物的定位就是将建筑物外廓各轴线交点（简称角桩，即图 14-9 中的 M、N、P、Q）测设在地面上，作为基础放样和细部放样的依据。

由于定位条件不同，定位方法也不同，常见的方法有根据施工场地已有建筑物与拟建建筑物的位置关系定位、根据已有控制点定位、根据施工场地已有的建筑方格网定位、根据建筑基线或建筑红线定位。下面介绍根据已有建筑物测设拟建建筑物的方法。

（1）如图 14-9 所示，用钢尺沿宿舍楼的东、西墙延长出一小段距离 l 得 a、b 两点，作出标志。

（2）在 a 点安置经纬仪，瞄准 b 点，并从 b 点沿 ab 方向量取 14.240 m（因为教学楼的外墙厚 370 mm，轴线偏里，离外墙皮 240 mm），定出 c 点，作出标志，再继续沿 ab 方向从 c 点起量取 25.800 m，定出 d 点，作出标志，cd 线就是测设教学楼平面位置的建筑基线。

（3）分别在 c、d 两点安置经纬仪，瞄准 a 点，顺时针方向测设 90°，沿此视线方向量取距离 $l+0.240$ m，定出 M、Q 两点，作出标志，再继续量取 15.000 m，定出 N、P 两点，作出标志。M、N、P、Q 四点即为教学楼外廓定位轴线的交点。

（4）检查 NP 的距离是否等于 25.800 m，$\angle N$ 和 $\angle P$ 是否等于 90°，其误差应在允许范围内。

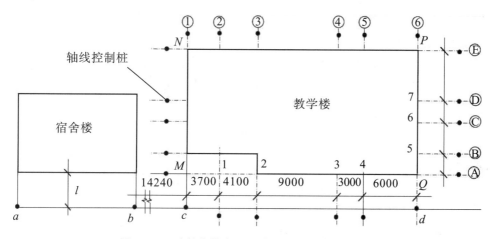

图 14-9　建筑物的定位和放线测量（单位：mm）

14.3.3.2　建筑物的放线

建筑物的放线就是把建筑物在实地的位置标定出来，为基础土方工程的施工做前期准备工作。作业方法是利用建筑物的外墙轴线交点与测设完成的主轴线点的几何关系（垂直或平行），利用仪器对外墙轴线交点进行测设，并用木桩固定，通过在木桩顶钉小钉的形式在实地标定出来，再根据基础尺寸和基槽放坡确定基槽开挖边界。放线方法如下。

1. 在外墙轴线周边测设中心桩位置

如图 14-9 所示，在 M 点安置经纬仪，瞄准 Q 点，用钢尺沿 MQ 方向量出相邻两轴线间的距离，定出 1、2、3、4 各点，同理可定出 5、6、7 各点。量距精度应达到设计精度要求。量出各轴线之间距离时，钢尺零点要始终对在同一点上。

2. 恢复轴线位置

在开挖基槽时角桩和中心桩要被挖掉，为了便于在施工中恢复各轴线位置，应把各轴线延长到基槽外安全地点，并作出标志。其方法有设置轴线控制桩和设置龙门板两种。

(1) 设置轴线控制桩。轴线控制桩设置在基槽外，基础轴线的延长线上，作为开槽后各施工阶段恢复轴线的依据，如图 14-9 所示。轴线控制桩一般设置在基槽外 2~4 m 处，打下木桩，在桩顶钉上小钉，准确标出轴线位置，并用混凝土包裹木桩，如图 14-10 所示。如附近有建筑物，也可把轴线投测到建筑物上，用红漆作出标志，以代替轴线控制桩。

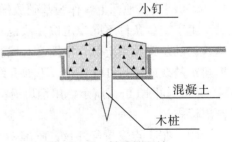

图 14-10　轴线控制桩

(2) 设置龙门板。在小型民用建筑施工中，常将各轴线引测到基槽外的水平木板上。水平木板称为龙门板，固定龙门板的木桩称为龙门桩，如图 14-11 所示。

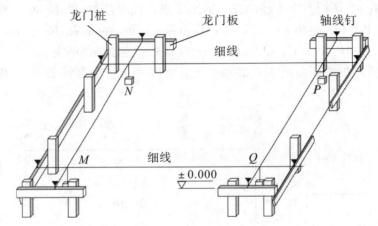

图 14-11　龙门板（单位：m）

设置龙门板的步骤如下：

①在建筑物四角与隔墙两端，基槽开挖边界线以外 1.5~2 m 处设置龙门桩。龙门桩要钉得竖直、牢固，龙门桩的外侧面应与基槽平行。

②根据施工场地的水准点，用水准仪在每个龙门桩外侧测设出该建筑物室内地坪设计高程线（即 ±0.000 m 高程线），并作出标志。

③沿龙门桩上 ±0.000 m 高程线钉设龙门板，这样龙门板顶面的高程就同在 ±0.000 m 的水平面上。然后，用水准仪校核龙门板的高程，如有差错应及时纠正，其允许误差为 ±5 mm。

④在 N 点安置经纬仪，瞄准 P 点，沿视线方向在龙门板上定出一点，用小钉作标志，纵转望远镜在 N 点的龙门板上也钉一个小钉。用同样的方法，将各轴线引测到龙门板上，所钉的小钉称为轴线钉。轴线钉定位误差应小于 ±5 mm。

⑤用钢尺沿龙门板的顶面检查轴线钉的间距，其误差不超过 1/2000。检查合格后，以轴线钉为准，将墙边线、基础边线、基础开挖边线等标定在龙门板上。

14.3.4　基础施工测量

基础施工测量的主要任务是控制基槽的开挖深度和宽度，保证基础能够按设计构件的尺寸、设计高程等要求顺利完成。基础施工结束后还要测量基础是否水平，顶面高程是否达到设计要求，轴线间距是否正确等。

14.3.4.1　基槽抄平

建筑施工中的高程测设又称抄平，是保证基槽底面高程和平整度符合设计要求的重要方法。为了控制基槽的开挖深度，当快挖到槽底设计高程时，应用水准仪根据地面上 ±0.000 m 点，在槽壁上测设一些水平小木桩（称为水平桩），如图 14-12 所示，使桩的上表面距槽底设计高程为一固定值（如 0.500 m）。为施工时使用方便，一般在槽壁各拐角处、深度有变化处和基槽壁上每隔 3~4 m 处测设一个水平桩，并沿桩顶面拉直线绳，作为修平槽底和基础垫层施工的高程依据。水平桩高程测设的允许误差为 ±10 mm。

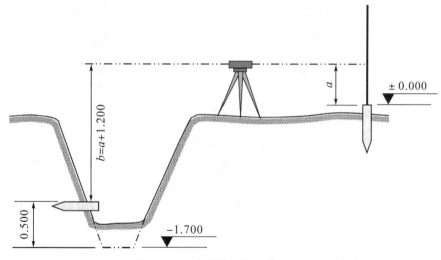

图 14-12　水平桩设置（单位：m）

在基槽开挖结束后要进行验槽工作，检查基槽位置是否正确、底面高程及地基承载力是否达到设计要求、基槽底宽度是否满足工作面宽度要求和边壁放坡是否满足安全要求等。各项检查合格后，方可进行垫层施工。

14.3.4.2　垫层和基础放样

基槽开挖完成后，根据轴线控制桩或龙门板上的轴线钉，采用经纬仪投测法或拉线吊线坠法，将墙基轴线投测到基坑底面，同时在基坑底设置垫层标桩，使桩顶面的高程等于垫层设计高程，并作为垫层施工的依据。

垫层施工完成后，采用经纬仪把轴线投测到垫层上，然后在垫层上用墨斗线弹出轴线和基础边线，以便基础施工。由于这些线是基础施工的基准线，这些线的位置错误将严重影响工程质量，甚至导致返工等事故，因此此项工作非常重要，弹线后须进行严格校核。

14.3.4.3　基础墙高程的控制

房屋基础墙是指 ±0.000 m 以下的砖墙，它的高度是用基础皮数杆来控制的。基础结构形式为砖砌体结构时，一般采用基础皮数杆对竖向构造的高程位置进行控制，如底层室内地面、防潮层、大放脚、洞口、管道、沟槽、预埋件等。基础皮数杆是一根木制标杆，其上事先按设计尺寸将砖、灰厚度画出线条，并标出各竖向构造的高程位置，如图 14－13 所示。近年来，混合结构在结构设计中较少被使用，所以砖砌体的基础结构形式在实践中较为少见，取而代之的是混凝土框架结构，实践中遇到的基础形式也多为混凝土独立柱基础、混凝土筏形基础等。

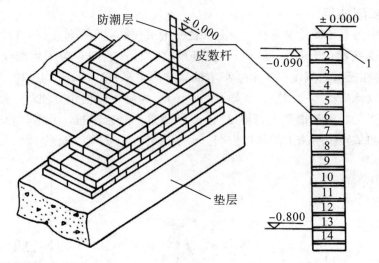

图 14－13　基础皮数杆（单位：m）

立皮数杆时可先在立杆处打一个木桩，用水准仪在该木桩侧面定出一条高于垫层高程某一数值（如 10 cm）的水平线，然后将皮数杆高程相同的一条线与木桩上的水平线对齐，并用大铁钉把皮数杆与木桩钉在一起，作为基础墙的高程依据。

当基础墙砌筑到±0.000 m 高程下一层砖时，应用水准仪测设防潮层的高程，其测量容许误差为±5 mm。

14.3.5　墙体施工测量

14.3.5.1　墙体定位

（1）利用轴线控制桩或龙门板上的轴线和墙边线标志，用经纬仪或拉细绳挂垂球的方法将轴线投测到基础面上或防潮层上。

（2）用墨线弹出墙中线和墙边线。

（3）检查外墙轴线交角是否等于 90°。

（4）把墙轴线延伸并画在外墙基础上，如图 14－14 所示，作为向上投测轴线的依据。

（5）把门、窗和其他洞口的边线在外墙基础上标定出来。

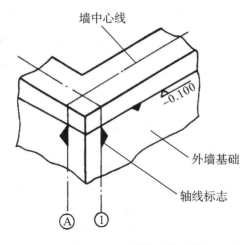

图 14—14　墙体定位（单位：m）

14.3.5.2　墙体各部位高程控制

在墙体施工中，墙身各部位高程通常也是用皮数杆来控制的。墙身皮数杆与基础皮数杆类似，是在其上面有每皮砖和灰缝厚度的位置线以及门窗洞口、过梁、楼板等高度位置的一种木制标杆，如图 14—15 所示。在墙体砌筑时，使用墙身皮数杆控制各层墙体竖向尺寸及各部位构件的竖向高程，并保证灰缝厚度的均匀性。

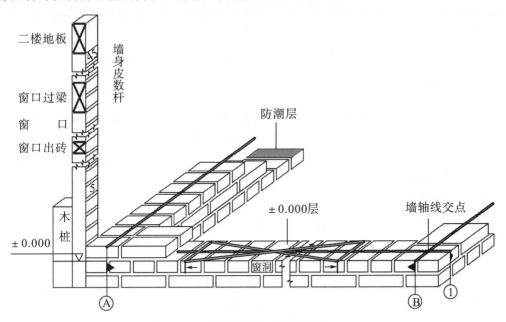

图 14—15　墙身皮数杆设置（单位：m）

墙身皮数杆一般立在建筑物的拐角和隔墙处，作为砌墙时掌握高程和砖缝水平的主要依据。为了便于施工，采用里脚手架时，皮数杆立在墙外；采用外脚手架时，皮数杆立在墙里。立皮数杆时，先在立杆处打一木桩，用水准仪在木桩上测设出 ±0.000 m 高程位置，其测量容许误差为 ±3 mm。然后把皮数杆上的 ±0.000 m 线与木桩上的 ±0.000 m 标志线对齐，并用钉钉牢。为了保证皮数杆稳定，可在皮数杆上加钉两根斜撑，并用水准仪进行检查。

框架结构的民用建筑，墙体砌筑是在框架施工后进行的，故可在柱面上画线，代替皮数杆。

14.3.6　建筑物的轴线投测

在多层建筑墙身砌筑过程中，为了保证建筑物轴线位置正确，可用吊锤球或经纬仪将轴线投测到各层楼板边缘或柱顶上。

14.3.6.1　吊锤球法

将较重的锤球悬吊在楼板或柱顶边缘，当锤球尖对准基础墙面上的轴线标志时，线在楼板或柱顶边缘的位置即为楼层轴线端点位置，画出标志线。各轴线的端点投测完后，用钢尺检核各轴线的间距，符合要求后继续施工，并把轴线逐层自下向上传递。

吊锤球法简便易行，不受施工场地限制，一般能保证施工质量。但当有风或建筑物较高时，投测误差较大，应采用经纬仪投测法。

14.3.6.2　经纬仪投测法

在轴线控制桩上安置经纬仪，严格整平后，瞄准基础墙面上的轴线标志，用盘左、盘右分中投点法，将轴线投测到楼层边缘或柱顶上。将所有端点投测到楼板上后，用钢尺检核其间距，相对误差不得大于 1/2000。为了避免投点时仰角过大，一般要求经纬仪与建筑物的水平距离大于建筑物的高度，否则应采用正倒镜延长直线的方法将轴线向外延长，然后向上投点。

检查合格后才能在楼板分间弹线，继续施工。

14.3.7　建筑物的高程传递

在多层建筑施工中，要由下层向上层传递高程，以便楼板、门窗口等的高程符合设计要求。为了避免高程传递过程中的累积误差，各楼层高程测设均必须由首层 ±0.000 m 的标志处往上一次投测，不可采用从紧邻楼层的高程往上投测的方法。高程传递一般可采用以下几种方法进行。

14.3.7.1　利用皮数杆传递高程

一般建筑物可用墙身皮数杆传递高程。具体方法参照"14.3.5.2　墙体各部位高程控制"。

14.3.7.2　利用钢尺直接丈量

对于高程传递精度要求较高的建筑物，通常用钢尺直接丈量来传递高程。对于二层以上的各层，每砌高一层，就从楼梯间用钢尺从下层的 +0.500 m 高程线向上量出层高，测出上一层的 +0.500 m 高程线。这样用钢尺逐层向上引测。该方法简单、易操作，且精度符合要求，在多层建筑施工中被广泛使用。

14.3.7.3　吊钢尺法

此方法的原理与水准测量的原理一样，采用钢尺代替水准尺，结合水准仪实现高程向上传递。通常的做法：在楼梯间悬吊钢尺（零点朝下），用水准仪读数，测设出各楼层的高程，在墙体内、外表面绘制高程控制线标志。此方法较利用钢尺直接丈量烦琐，一般在楼层较高或高层建筑施工中使用较多。

不同结构形式的高程测设原理相同，但是由于主体结构的施工特点不同，高程测设的操作方法存在一定差异。

在砖混结构中，利用每层楼砖墙最底层三皮砖的灰缝厚度对砖面平整度进行调整，第三皮砖砌筑完成后砖面调整至同一高程。利用高程传递方法，在内墙面上测设出结构板面 +50 mm 的高程位置，作为该层控制墙体竖向尺寸和各部位构件竖向高程的基准线。墙体砌筑到一定高度后（1.5 m），以 +50 mm 为基准在内墙上测设出 +1.000 m 高程的水平墨斗线，作为模板支架、室内地面和室内装修的高程依据。

在框架结构中，填充墙砌筑前，木层竖向构件（柱）及上层楼板已经完成，可直接采用高程传递方法在柱面上测设出结构板面 +1.000 m 的高程位置，作为填充墙竖向尺寸及各部位构件竖向高程的基准线。

14.4　高层建筑施工测量

14.4.1　高层建筑施工测量的特点及精度要求

14.4.1.1　高层建筑施工测量的特点

高层建筑层数多、高度大、结构复杂、造型新颖多变、设备和装修标准较高，施工过程中对建筑物各部位的尺寸、位置、高程等要求十分严格，对施工测量的精度要求也高。高层建筑施工测量与多层建筑施工测量相比具有以下特点：

（1）开工前须编制合理的施测方案，并经有关专家论证和上级有关部门审批后方可实施。

（2）高层建筑施工测量的主要问题是控制竖向偏差（垂直度），故施工测量中要求轴线竖向投测精度高，应结合现场条件、施工方法及建筑结构类型选用合适的投测方法。

（3）高层建筑施工放线与抄平精度高，测量精度精确至毫米，应严格控制总的测量误差。

（4）高层建筑施工工期长，要求施工控制点设置稳定牢固，便于长期保存，直至工程竣工和后期的监测阶段都能使用。

（5）影响高层建筑施工测量的不利因素较多，如施工项目多、作业立体交叉、天气变化、建材性质、施工方法等。因此，在施工测量中必须精心组织、充分准备，与各个工序的施工有序配合。

（6）高层建筑基坑深，自身荷载大，为了保证施工期间周围环境和自身安全，应严格按照国家有关施工规范要求，在施工期间进行相应项目的变形监测。

14.4.1.2　高层建筑施工测量的精度要求

《高层建筑混凝土结构技术规程》（JGJ 3—2010）对高层建筑施工测量的平面与高程控制网、轴线竖向投测、高程竖向传递等限差有详细的规定，其主要技术指标见表 14-2。

表 14-2 建筑物施工放样、轴线投测和高程传递的允许误差

项目	内容		允许偏差/mm
基础桩位放样	单排桩或群桩中的边桩		±10
	群桩		±20
基础外廓轴线尺寸允许偏差	基础外廓轴线长度 L、宽度 B/m	$L(B)\leqslant30$	±5
		$30<L(B)\leqslant60$	±10
		$60<L(B)\leqslant90$	±15
		$90<L(B)\leqslant120$	±20
		$120<L(B)\leqslant150$	±25
		$L(B)>150$	±30
施工层放线限差（允许偏差）	外廓主轴线长度 L/m	$L\leqslant30$	±5
		$30<L\leqslant60$	±10
		$60<L\leqslant90$	±15
		$L>90$	±20
	细部轴线		±2
	承重墙、梁、柱边线		±3
	非承重墙边线		±3
	门窗洞口线		±3

《高层建筑混凝土结构技术规程》对各种钢筋混凝土高层结构施工中竖向与轴线位置的施工限差和钢筋混凝土高层结构施工中高程的施工限差做出了相应的规定，见表 14-3 和表 14-4。

表 14-3 钢筋混凝土高层结构施工中竖向与轴线位置的施工限差（允许偏差）

项目		限差/mm				检测方法
		现浇框架框架-剪力墙	装配式框架框架-剪力墙	大模板施工混凝土墙体	滑模施工	
层间	层高≤5 m	8	5	5	5	钢尺检测
	层高>5 m	10	10			
全高 H/mm		$H/1000$ 且≤30	$H/1000$ 且≤20	$H/1000$ 且≤30	$H/1000$ 且≤50	激光、经纬仪、全站仪实测
轴线位置	梁、柱	8	5	5	3	钢尺检测
	剪力墙	5	5			

表 14—4　钢筋混凝土高层结构施工中高程的施工限差（允许偏差）

项目	限差/mm				检测方法
	现浇框架 框架-剪力墙	装配式框架 框架-剪力墙	大模板施工 混凝土墙体	滑模施工	
每层	±10	±5	±10	±10	钢尺检测
全高	±30	±30	±30	±30	水准仪实测

14.4.2　高层建筑主要轴线的定位

14.4.2.1　桩位放样

高层建筑的上部荷载较大，对地基的承载力要求较高，在软土地区由于地基承载力不足，设计中一般采用桩基的结构形式。由于高层建筑的上部荷载主要由桩基承受，所以对桩基的定位要求较高，其桩的定位偏差不得超过有关规范的规定。施工中，可先根据控制网（点）定出建筑物主轴线，再根据设计的桩位图和尺寸逐一定出桩位；也可先通过坐标放样法逐一放出桩位的中心位置，再用建筑物主轴线对桩位进行复核。鉴于此项工作的重要性，桩位放样完毕后，必须对桩位之间的尺寸进行严格的校核，以防出错。

14.4.2.2　基坑标定

高层建筑的基坑一般都较深，有时可达 20 m。在开挖基坑时，应当根据规范和设计所规定的（高程和平面）精度完成土方工程。基坑轮廓线的标定工作既可根据建筑物的轴线进行，也可根据控制点进行。常用的定线方法主要有以下几种：

（1）投影交会法。在建筑物的轴线控制桩设置经纬仪，用投影交会测设出建筑物所有外围的轴线桩，然后按设计图纸用钢尺定出其开挖基坑的边界线。

（2）主轴线法。按照建筑物柱列线或轮廓线与主轴线的关系，在建筑场地上定出主轴线后，根据主轴线逐一定出建筑物的轮廓线。

（3）极坐标法。该方法的具体步骤：首先按设计要求确定轮廓线（点）与施工控制点的关系，然后用测量仪器（全站仪）逐一放样出各点位置，最后定出建筑物的轮廓线。

根据施工场地的具体条件和建筑物几何图形的繁简情况，测量人员可先选择最合适的方法进行放样定位，再根据测设出的建筑物外围轴线定出其开挖基坑的边界线。

14.4.3　高层建筑轴线的竖向投测

高层建筑施工测量的关键是控制垂直度，保证轴线竖向投测精度。即将建筑物基础轴线准确地向高层引测，并保证各层相应轴线位于同一竖直面内，使其轴线向上投测的偏差不会超限。高层建筑轴线的竖向投测方法主要有外控法和内控法。一般当建筑物的高度小于 50 m 时，宜采用外控法；当建筑物的高度大于 50 m 时，宜采用内控法。下面分别介绍这两种方法。

14.4.3.1　外控法

外控法是在建筑物外部，利用经纬仪，根据建筑物轴线控制桩来进行轴线的竖向投测，又称经纬仪引桩投测法。具体操作方法如下：

（1）在建筑物底部投测中心轴线位置。

高层建筑的基础工程完工后，将经纬仪安置在轴线控制桩 A_1、A_1'、B_1、B_1' 上，把建筑物主轴线精确地投测到建筑物的底部，并设立标志，如图 14-16 中的 a_1、a_1'、b_1、b_1'，以供下一步施工与向上投测时使用。

（2）向上投测中心线。

随着建筑物不断升高，要逐层将轴线向上传递，如图 14-16 所示，将经纬仪安置在中心轴线控制桩 A_1、A_1'、B_1、B_1' 上，严格整平仪器，用望远镜瞄准建筑物底部已标出的轴线 a_1、a_1'、b_1、b_1'，用盘左和盘右分别向上投测到每层楼板上，并取其中点作为该层中心轴线的投影点，如图 14-16 中的 a_2、a_2'、b_2、b_2'。

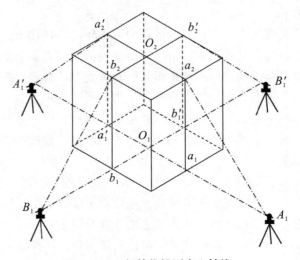

图 14-16　经纬仪投测中心轴线

（3）增设轴线引桩。

当楼房逐渐增高，而轴线控制桩距建筑物又较近时，望远镜的仰角较大，操作不便，投测精度也会降低。为此，要将原中心轴线控制桩引测到更远的安全地方或者附近大楼的屋面。具体做法如图 14-17 所示，将经纬仪安置在已经投测上去的较高层（如第十层）楼面轴线 $a_{10}a_{10}'$ 上，瞄准地面上原有的轴线控制桩 A_1 和 A_1' 点，用盘左、盘右分中投点法，将轴线延长到远处 A_2 和 A_2' 点，并用标志固定其位置，A_2 和 A_2' 点即为新投测的 A_1A_1' 轴控制桩。

更高各层的中心轴线，可将经纬仪安置在新的引桩上，按上述方法继续进行投测。

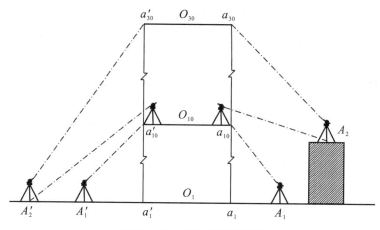

图 14-17　经纬仪引桩投测

14.4.3.2　内控法

内控法是在建筑物内部，利用线坠或激光铅垂仪，把建筑物内部设置的轴线控制点向上进行竖向投测。采用线坠进行投测的方法又称吊线坠法。该作业方法较为烦琐，且易受风力的影响，在高层建筑工程施工中较少应用。采用激光铅垂仪进行轴线投测的内控法，具有占地小、精度高、速度快等优点，得到了广泛应用。激光铅垂仪是一种专用的铅直定位仪器，适用于高层建筑、烟囱及高塔架的铅直定位测量。它主要由氦氖激光管、精密竖轴、发射望远镜、水准器、基座、激光电源及接收屏等部分组成。

激光铅垂仪的竖轴是空心筒轴，两端有螺扣，上、下两端分别与发射望远镜和氦氖激光器套筒相连接，二者位置可对调，构成向上或向下发射激光束的铅垂仪。仪器上设置有两个互成 90°的管水准器，仪器配有专用激光电源。下面仅就激光铅垂仪法进行讲解。

在基础施工完毕后，在±0.000 m 首层平面上适当位置设置与轴线平行的辅助轴线，如图 14-18 所示。辅助轴线距轴线 500～800 mm 为宜，并在辅助轴线交点或端点处埋设标志，以后在各层楼板相应位置上预留 200 mm×200 mm 的垂准孔，如图 14-19 所示。

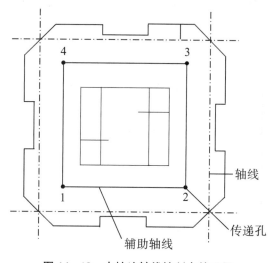

图 14-18　内控法轴线控制点的设置

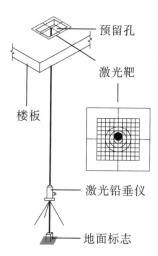

图 14-19　激光铅垂仪法

在首层轴线控制点上安置激光铅垂仪，利用激光器底端发射的激光束进行对中，通过调节基座整平螺旋，使管水准器中的气泡严格居中。在上层施工楼面预留孔处放置接受靶。接通激光电源，发射铅直激光束，通过发射望远镜调焦，使激光束会聚成红色耀目光斑，投射到接受靶上。移动接受靶，使靶心与红色光斑重合，固定接受靶，并在预留孔四周作出标记。此时，靶心位置即为轴线控制点在该楼面上的投测点。

14.5 工业厂房施工测量

工业厂房分为单层厂房和多层厂房，早期以预制钢筋混凝土柱装配式单层厂房最为普遍，近年来装配式钢结构厂房得到了广泛应用。两者在施工测量中的内容及方法基本一致，主要包括建筑场地平整测量、厂房矩形控制网建立、厂房柱基施工测量、厂房构件安装测量和建筑变形观测等。

14.5.1 工业厂房矩形控制网的建立

厂区已有控制点的密度和精度往往不能满足厂房施工放样的需要，因此对于单幢厂房，还应在厂区控制网的基础上建立符合厂房规模大小、外形轮廓特点，且满足施工精度要求的控制网，作为施工测量的基本控制。一般厂房外形较为简单，多数以矩形为主，所以厂房控制网大多为矩形，又称厂房矩形控制网。

厂房控制网建立方法较多，可参照有关建筑方格网的方法布置和测设，再采用直角坐标法进行定位。图 14-20 为某单层工业厂房柱基布置平面图，S、P、Q、R 为布置在基础开挖边线以外的厂房矩形控制网的四个角点，称为厂房控制桩。根据控制桩与建筑角点的位置关系，可计算得到控制点的平面坐标，利用全站仪测设出矩形控制网 P、Q、R、S 四个点在实地的位置，并用大木桩标定。最后，检查控制网测量成果是否满足要求，内角是否等于 90°，边长是否等于设计长度。对于一般厂房，角度误差不应超过 $\pm 10''$，边长误差不得超过 $1/10000$。

对于大型厂房，应先测设厂房控制网的主轴线，再根据主轴线测设厂房矩形控制网。

14.5.2 工业厂房柱列轴线测设

柱列轴线的测设是在厂房控制网的基础上进行的。如图 14-20 所示，Ⓐ、Ⓑ、Ⓒ和①、②、…、⑨等轴线均为柱列轴线，其中定位轴线Ⓑ和轴线⑤为主轴线。柱列轴线可在控制网测设完成的基础上，根据柱间距和跨间距用钢尺沿控制网四边量出各轴线控制桩的位置，并打入木桩，钉上小钉，作为测设基坑和构件施工安装的依据。其中，a、b、c、d 为柱基的定位桩。

14.5.3 工业厂房柱基施工测量

14.5.3.1 柱基定位和放线

（1）安置两台经纬仪，在两条互相垂直的柱列轴线控制桩上，沿轴线方向交会出各柱基的位置（即柱列轴线的交点），此项工作称为柱基定位。

（2）在柱基的四周轴线上打入四个定位小木桩 a、b、c、d，如图 14-20 所示，其桩位应在基础开挖边线以外，比基础深度大 1.5 倍的地方，作为修坑和立模的依据。

（3）按照基础详图所注尺寸和基坑放坡宽度，用特制角尺放出基坑开挖边界线，并撒出白灰线以便开挖，此项工作称为基础放线。

（4）在进行柱基测设时，应注意柱列轴线不一定都是柱基的中心线，而一般立模、吊装等习惯用中心线，此时应将柱列轴线平移，定出柱基中心线。

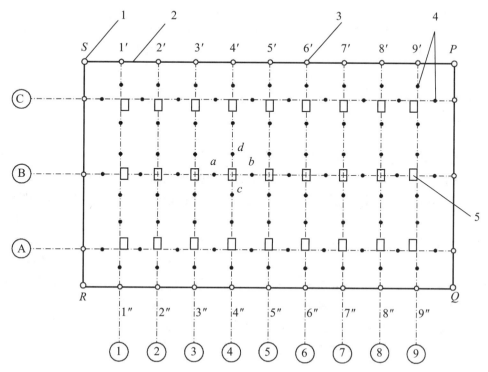

1—厂房控制桩；2—厂房矩形控制网；3—柱列轴线控制桩；4—定位小木桩；5—柱基础

图 14-20　厂房柱列轴线和柱基测量

14.5.3.2　柱基施工测量

1. 基坑开挖深度的控制

当基坑挖到一定深度时，应在基坑四壁，离基坑底设计高程 0.500 m 处测设水平桩，作为检查基坑底高程和控制垫层的依据，如图 14-12 所示。

2. 杯形基础立模测量

杯形基础立模测量有以下三项工作：

（1）基础垫层打好后，根据基坑周边的定位小木桩，用拉线吊锤球的方法，把柱基定位线投测到垫层上，弹出墨线，用红漆画出标记，作为柱基立模板和布置基础钢筋的依据。

（2）立模时，将模板底线对准垫层上的定位线，并用锤球检查模板是否垂直。

（3）将柱基顶面设计高程测设在模板内壁，作为浇灌混凝土的高度依据。

14.5.4　工业厂房构件安装测量

在单层工业厂房中，柱、吊车梁、屋架等构件是先进行预制，而后在施工现场吊装的。这些构件安装就位不准确将直接影响厂房的正常使用，严重时甚至导致厂房倒塌。其中带牛腿的柱，其安装就位正确与否将对其他构件（吊车梁、屋架）的安装产生直接影响，因此，在整个预制构件的安装过程中柱的安装就位是关键。柱的安装就位应满足下列限差要求：

（1）柱中心线与柱列轴线之间的平面关系尺寸容许偏差为±5 mm。

（2）牛腿顶面及柱顶面的实际高程与设计高程容许偏差：当柱高不大于 5 m 时，应不大于±5 mm；当柱高大于 5 m 时，应不大于±8 mm。

（3）柱身的垂直度容许偏差：当柱高不大于 5 m 时，应不大于±5 mm；当柱高为 5～10 m 时，应不大于±10 mm；当柱高超过 10 m 时，限差为柱高的 1/1000，且不超过 20 mm。

14.5.4.1　柱的安装测量

1. 柱吊装前的准备工作

柱吊装前的准备工作有以下几项：

（1）在柱基顶面投测柱列轴线。柱基拆模后，用经纬仪根据柱列轴线控制桩，将柱列轴线投测到杯口顶面上，如图 14—21 所示，并弹出墨线，用红漆画出"▶"标志，作为安装柱时确定轴线的依据。如果柱列轴线不通过柱中心线，应在杯形基础顶面上加弹柱中心线。用水准仪在杯口内壁测设一条一般为－0.600 m 高程线（一般杯口顶面的高程为－0.500 m），并画出"▼"标志，如图 14—21 所示，作为杯底找平的依据。

（2）柱身弹线。柱安装前，应将每根柱按轴线位置进行编号。如图 14—22 所示，在每根柱的三个侧面弹出柱中心线，并在每条线的上端和下端近杯口处画出"▶"标志。根据牛腿面的设计高程，从牛腿面向下用钢尺量出－0.600 m 高程线，并画出"▼"标志。

（3）杯底找平。先量出柱的－0.600 m 高程线至柱底面的长度，再在相应的柱基杯口内量出－0.600 m 高程线至杯底的高度，并进行比较，以确定杯底找平厚度，用水泥沙浆根据找平厚度在杯底进行找平，使牛腿面符合设计高程。

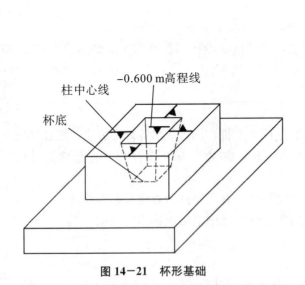

图 14—21　杯形基础

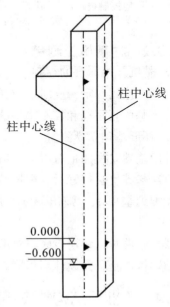

图 14—22　柱身弹线（单位：m）

2. 柱安装时的测量工作

柱安装测量的目的是保证柱平面和高程符合设计要求,柱身铅直。

(1) 预制的钢筋混凝土柱插入杯口后,应使柱三面的中心线与杯口中心线对齐,如图 14-23 (a) 所示,用木楔或钢楔临时固定。

(2) 柱立稳后,立即用水准仪检测柱身上的 ±0.000 m 高程线,其容许误差为 ±3 mm。

(3) 如图 14-23 (a) 所示,将两台经纬仪分别安置在柱基纵、横轴线上,离柱的距离不小于柱高的 1.5 倍,先用望远镜瞄准柱底的中心线标志,固定照准部后,再缓慢抬高望远镜观察柱偏离十字丝竖丝的方向,指挥用钢丝绳拉直柱,直至从两台经纬仪中观测到的柱中心线都与十字丝竖丝重合为止。

(4) 在杯口与柱的缝隙中浇入混凝土,以固定柱的位置。

(5) 在实际安装时,一般是一次把许多柱都竖起来,然后进行垂直校正。这时,可将两台经纬仪分别安置在纵、横轴线的一侧,一次可校正几根柱子,如图 14-23 (b) 所示,但仪器偏离轴线的角度应在 15°以内。

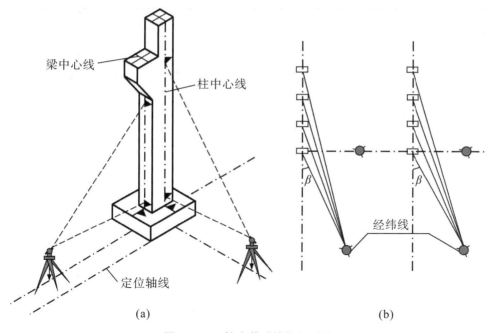

图 14-23　柱安装时的校准测量

3. 柱安装测量的注意事项

所使用的经纬仪必须严格校正,操作时,应使照准部管水准器中的气泡严格居中。校正时,除注意柱垂直外,还应随时检查柱中心线是否对准杯口柱列轴线标志,以防柱子安装就位后产生水平位移。在校正变截面的柱子时,经纬仪必须安置在柱列轴线上,以免产生差错。在日照下校正柱的垂直度时,应考虑日照使柱顶向阴面弯曲的影响,为避免此种影响,宜在早晨或阴天校正。

14.5.4.2　吊车梁吊装测量

吊车梁安装时,测量工作的任务是使牛腿柱上吊车梁的平面位置、顶面高程及梁端中心线的垂直度都符合要求。

1. 吊车梁安装前的准备工作

吊车梁安装前的准备工作有以下几项：

（1）在柱面上量出吊车梁顶面高程。根据柱上的±0.000 m高程线，用钢尺沿柱面向上量出吊车梁顶面设计高程线，作为调整吊车梁面高程的依据。

（2）在吊车梁上弹出梁的中心线。如图14－24所示，在吊车梁的顶面和两端面上，用墨线弹出梁中心线，作为安装定位的依据。

（3）在牛腿面上弹出梁中心线。根据厂房中心线，在牛腿面上投测出吊车梁中心线，投测方法如图14－25（a）所示，利用厂房中心线 A_1A_1，根据设计轨道间距，在地面上测设出吊车梁中心线（也是吊车轨道中心线）$A'A'$ 和 $B'B'$。在吊车梁中心线

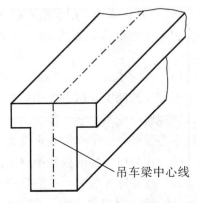

图 14－24　在吊车梁上弹出梁中心线

的一个端点 A'（或 B'）上安置经纬仪，瞄准另一个端点 A'（或 B'），固定照准部，抬高望远镜，即可将吊车梁中心线投测到每根柱的牛腿面上，并用墨线弹出梁中心线。

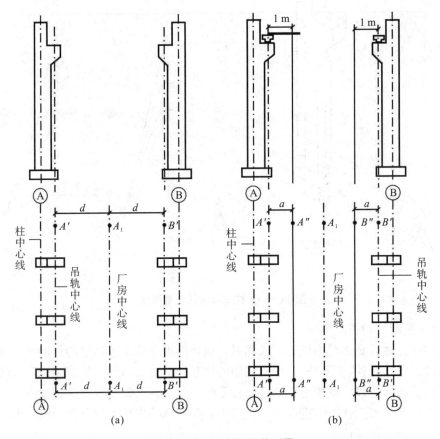

(a)　　　　　　　　　(b)

图 14－25　吊车梁吊装测量

2. 吊车梁的安装测量

安装时，使吊车梁两端的梁中心线与牛腿面梁中心线重合，是吊车梁的初步定位。采用平行线法对吊车梁的中心线进行检测，校正方法如下：

(1) 如图 14－25（b）所示，在地面上，从吊车梁中心线向厂房中心线方向量出长度 a（1 m），得到平行线 $A''A''$ 和 $B''B''$。

(2) 在平行线的一个端点 A''（或 B''）上安置经纬仪，瞄准另一个端点 A''（或 B''），固定照准部，抬高望远镜进行测量。

(3) 此时，另外一人在梁上移动横放的木尺，当视线正对准尺上一米刻划线时，尺的零点应与梁面上的中心线重合。如不重合，可用撬杠移动吊车梁，使吊车梁中心线到 $A''A''$（或 $B''B''$）的间距等于 1 m。

吊车梁安装就位后，先按柱面上定出的吊车梁设计高程线对吊车梁面进行调整，然后将水准仪安置在吊车梁上，每隔 3 m 测一点高程，并与设计高程比较，误差应在 3 mm 以内。在校正吊车梁平面位置的同时，用吊线坠方法检查吊车梁的垂直度，不满足时可在吊车梁支座处加垫铁进行纠正。

14.6　建筑变形观测

在各种荷载及外力等因素的作用下，在建筑物施工和使用过程中，地基、基础、上部结构及其场地产生的形状或位置变化现象称为建筑变形。建筑物地基的地质构造不均匀，土壤的物理性质不同，大气温度变化，土基的整体变形，地下水位季节性和周期性的变化，建筑物本身的荷重与建筑物的结构、形式及动荷载（如风力、震动等）的作用，还有设计与施工中的一些主观原因，均有可能造成建筑物的几何变形，例如沉降、位移、倾斜，并由此而产生裂缝，构件挠曲、扭转等。

对建筑的地基、基础、上部结构及其场地受各种作用力而产生的形状或位置变化进行观测，并对观测结果进行处理和分析的工作称为建筑变形测量或建筑变形监测。获取变形体的空间位置随时间变化的特征，并且分析和解释其变化的原因，确保建筑物在施工、使用与运营中的安全是建筑变形测量的主要目的。

建筑变形测量的类型大致可分为沉降测量、位移测量和特殊变形测量三类。其中，沉降测量包括建筑场地沉降、基坑回弹、地基土分层沉降、建筑沉降等的观测；位移测量包括建筑主体倾斜、建筑水平位移、基坑壁侧向位移、场地滑坡及挠度等的观测；特殊变形测量包括日照变形、风振、裂缝及其他动态变形测量等。

与工程建设中的地形测量和施工测量比较，变形测量表现出以下特点：

(1) 观测精度要求高。变形观测的结果直接关系到建筑物的安全，影响对变形原因和变形规律的正确分析，因此变形观测必须具有较高的精度。一般典型的变形观测精度要求达到 1 mm 或相对精度达到 10^{-6}。当然，对于不同对象，精度要求也有一定差异。

(2) 重复观测量大。导致建筑变形的各种原因均具有时间效应。计算变形量最基本的方法是计算建筑物上同一点在不同时间的坐标差或高程差。这就要求变形观测依一定的时间周期进行重复观测，而重复观测的周期（频率）则取决于变形的大小、速度及观测目的。

（3）数据处理严密。变形测量数据处理和分析中经常需要多学科知识的交叉融合，这样才能对变形体进行合理的变形分析和物理解释，数据处理的过程也是进行变形分析和预报的过程。

由于工程的不同特点及变形观测的不同目的，变形测量通常需要综合应用各种测量方法，例如地面测量方法、空间测量技术、近景摄影测地面激光雷达技术以及专门测量手段等。

变形测量等级与精度要求取决于变形体设计时允许的变形值大小和进行变形测量的目的。建筑变形测量的目的主要有两类：一类是使变形值不超过某一允许的数值，从而确保建筑物的安全；另一类是研究其变形过程。当变形观测目的为前者时，其观测的中误差应小于允许变形值的 $1/10\sim1/20$；当变形观测目的为后者时，其观测精度还要更高。

建筑变形观测应按照《建筑变形测量规范》（JGJ 8—2016）的规定执行。规范对变形测量的等级、精度指标及其适用范围给出了相应规定，见表 14-5。

表 14-5　建筑变形测量的等级、精度指标及其适用范围

等级	沉降监测点测站高差中误差/mm	位移监测点坐标中误差/mm	主要适用范围
特等	0.05	0.3	特高精度要求的变形测量
一等	0.15	1.0	地基基础设计为甲级的建筑的变形测量；重要的古建筑、历史建筑的变形测量；重要的城市基础设施的变形测量等
二等	0.5	3.0	地基基础设计为甲、乙级的建筑的变形测量；重要场地的边坡监测；重要的基坑监测；重要管线的变形测量；地下工程施工及运营中的变形测量；重要的城市基础设施的变形测量等
三等	1.5	10.0	地基基础设计为乙、丙级的建筑的变形测量；一般场地的边坡监测；一般的基坑监测；地表、道路及一般管线的变形测量；一般的城市基础设施的变形测量；日照变形测量；风振变形测量等
四等	3.0	20.0	精度要求低的变形测量

注：1. 沉降监测点测站高差中误差：对水准测量，为其测站高差中误差；对静力水准测量、三角高程测量，为相邻沉降监测点间等价的高差中误差。

2. 位移监测点坐标中误差：指的是监测点相对于基准点或工作基点的坐标中误差、监测点相对于基准线的偏差中误差、建筑上某点相对于其底部对应点的水平位移分量中误差等。坐标误差为其点位中误差的 $1/\sqrt{2}$ 倍。

建筑变形测量涉及的内容较多，制定变形测量方案时应结合工程特点及观测内容，遵循技术先进、经济合理、安全适用、确保质量的原则。本节主要介绍建筑物沉降、倾斜、位移变形测量的基本方法。

14.6.1　沉降观测

建筑物的沉降观测是用水准测量方法定期测量其沉降观测点相对于基准点的高差随时间的变化量，即沉降量，以了解建筑物的下降或上升情况。对于工业与民用建筑，沉降观测的主要内容有场地沉降观测、基坑回弹观测、地基土分层沉降观测、建筑物基础及建筑

物本身的沉降观测等；桥梁沉降观测主要包括桥墩、桥面、索塔及桥梁两岸边坡的沉降观测；混凝土坝沉降观测的主要内容有坝体、临时围堰及船闸的沉降观测等。

建筑物的下沉是逐渐产生的，并将延续到竣工交付使用后的相当长一段时期，因此，建筑物的沉降观测应按照沉降产生的规律进行。

14.6.1.1　水准基点和沉降观测点的布设

1. 水准基点布设

水准基点是沉降观测的基准点。建筑物的沉降观测是利用水准测量的方法多次测定沉降观测点和水准基点之间的高差值，以此来确定建筑沉降量。因此，水准基点的布设必须保证稳定不变和便于长久保存，其布设应满足以下要求：

（1）特级沉降观测的水准基点数不应少于 4 个；其他级别水准基点数不应少于 3 个。

（2）水准基点必须设置在建筑物或构筑物基础沉降影响范围以外，且避开交通干道、地下管线、水源地、河岸、松软填土、滑坡地段、机械振动区以及容易破坏标石的地方，埋设深度至少应在冰冻线以下 0.5 m。

（3）水准基点和沉降观测点之间的距离应适中，若水准基点到所测建筑物的距离较远而使变形观测不方便时，宜设置工作基点。

2. 沉降观测点布设

沉降观测点又称变形点，是布设在建筑地基、基础、场地及上部结构的敏感位置上，能反映其变形特征的测量点。沉降观测点的布设，一是应能全面反映建筑物的地基变形特征，二是要结合地质情况以及建筑结构特点确定。沉降观测点宜选择下列位置进行布设：

（1）建筑物的四角、核心筒四角、大转角处及沿外墙每 10~20 m 处或每隔 2~3 根柱基上。

（2）高低层建筑物、新旧建筑物、纵横墙等交接处的两侧。

（3）建筑物裂缝、后浇带和沉降缝两侧、基础埋深相差悬殊处、人工地基与天然地基接壤处、不同结构的分界处及填挖方分界处。

（4）宽度大于等于 15 m 或小于 15 m 而地质复杂以及膨胀土地区的建筑物，应在承重内隔墙中部设内墙点，在室内地面中心及四周设地面点。

（5）邻近堆置重物处、受震动有显著影响的部位及基础下的暗沟处。

（6）框架结构建筑的每个或部分柱基上或沿纵横轴线上。

（7）筏形基础、箱形基础底板或接近基础结构部分的四角处及其中部位置。

（8）重型设备基础和动力设备基础的四角、基础形式或埋深改变处以及地质条件变化处两侧。

（9）电视塔、烟囱、水塔、油罐、炼油塔、高炉等高耸建筑物，应设在沿周边与基础轴线相交的对称位置上，点数不少于 4 个。

14.6.1.2　沉降观测的一般规定

1. 沉降观测周期

（1）建筑施工阶段的观测。建筑在施工阶段的观测应随施工进度及时开展。一般在建筑基础施工完毕后主体开工前，待测点埋设稳固后，即可进行第一次观测。建筑物沉降观测的时间和次数应根据工程的性质、施工进度、地基地质情况及基础荷载的变化情况而定。

民用高层建筑可每加高 1~5 层观测一次，工业建筑可按回填基坑、安装柱和屋架、砌筑墙体、设备安装等不同施工阶段分别进行观测。若建筑施工均匀增高，应至少在增加荷载的 25％、50％、75％和 100％时各测一次。

施工过程中如暂时停工，在停工时及重新开工时应各观测一次。停工期间，可每隔 2~3 个月观测一次。

（2）建筑使用阶段的观测。应视地基土类型和沉降速率大小而定。除有特殊要求外，可在第一年观测 3~4 次，第二年观测 2~3 次，第三年后每年观测 1 次，直至稳定为止。

（3）突发异常情况的观测。在观测过程中，如果基础附近地面荷载突然增减、基础四周大量积水、长时间连续降雨等，应及时增加观测次数。当建筑物突然发生大量沉降、不均匀沉降或严重裂缝时，应立即进行逐日或 2~3 天一次的连续观测。

（4）建筑沉降稳定期的观测。建筑沉降是否稳定，由沉降量与时间关系曲线判定。当最后 100 天的沉降速率小于 0.04 mm/d 时，可认为已进入稳定阶段。具体取值宜根据各地区地基土的压缩性能确定。

2. 沉降观测方法和工作要求

（1）沉降观测方法。对于多层建筑的沉降观测，可采用 DS_3 型水准仪，用普通水准测量方法观测；对于高层建筑的沉降观测，必须采用 DS_1 型水准仪，用二等水准测量方法观测。

观测时，仪器应避免安置在空压机、搅拌机等带振动源设备的影响范围内；每次观测应记录施工进度、荷载变化量、建筑倾斜和裂缝等各种影响沉降变化及其他异常的情况。

沉降观测采用的水准测量方法的相应技术要求见表 14-6 和表 14-7。

表 14-6　数字水准仪观测限差

单位：mm

沉降观测等级	两次读数所测高差较差限差	往返较差及附合或环线闭合差限差	单程双测站所测高差较差限差	检测已测测段高差较差限差
一等	0.5	$0.3\sqrt{n}$	$0.2\sqrt{n}$	$0.45\sqrt{n}$
二等	0.7	$1.0\sqrt{n}$	$0.7\sqrt{n}$	$1.5\sqrt{n}$
三等	3.0	$3.0\sqrt{n}$	$2.0\sqrt{n}$	$4.5\sqrt{n}$
四等	5.0	$6.0\sqrt{n}$	$4.0\sqrt{n}$	$8.5\sqrt{n}$

注：1. n 为测站总数。

2. 当采用光学水准仪时，基、辅分划或黑、红面读数较差应满足表中两次读数所测高差较差限差。

表 14-7　静力水准观测技术要求

单位：mm

沉降观测等级	一等	二等	三等	四等
传感器标称精度	≤0.1	≤0.3	≤1.0	≤2.0
两次观测高差较差限差	0.3	1.0	3.0	6.0
环线及附合路线闭合差限差	$0.3\sqrt{n}$	$1.0\sqrt{n}$	$3.0\sqrt{n}$	$6.0\sqrt{n}$

注：n 为高差个数。

（2）沉降观测工作要求。沉降观测是一项长期的连续观测工作，为了保证观测成果的正确性，应尽可能做到以下"四定"：固定观测人员；使用固定的水准仪和水准尺；使用同一水准基点；按规定的日期、方法及既定的路线、测站进行观测。

3. 沉降观测成果整理

每次观测结束后，应检查记录的数据是否正确，精度是否合格，然后把各次观测点的高程列入成果表，并计算两次观测之间的沉降量和累积沉降量，同时也要注明观测日期和荷载情况，见表 14－8。

表 14－8　沉降观测记录表

工程名称：某商住大楼　　　记录：小明　　计算：小张　　校核：老李

观测次数	观测时间	各观测点的沉降情况							施工进展情况	荷载情况/(t·m^{-2})
		1			2			…		
		高程/m	本次下沉/mm	累积下沉/mm	高程/m	本次下沉/mm	累积下沉/mm	…		
1	2015.02.10	40.354	0	0	40.373	0	0	…	上一层楼板	
2	03.22	40.350	−4	−4	40.368	−5	−5	…	上三层楼板	45
3	04.17	40.345	−5	−9	40.365	−3	−8	…	上五层楼板	65
4	05.12	40.341	−4	−13	40.361	−4	−12	…	上七层楼板	75
5	06.06	40.338	−3	−16	40.357	−4	−16	…	上九层楼板	85
6	07.31	40.334	−4	−20	40.352	−5	−21	…	主体完	97
7	09.30	40.331	−3	−23	40.348	−4	−25	…	竣工	
8	12.06	40.329	−2	−25	40.347	−1	−26	…	使用	
9	2016.02.16	40.327	−2	−27	40.346	−1	−27	…		
10	05.10	40.326	−1	−28	40.344	−2	−29	…		
11	08.12	40.325	−1	−29	40.343	−1	−30	…		
12	12.20	40.325	0	−29	40.343	0	−30	…		
备注：此栏应说明点位草图、水准点号及高程、其他。										

为了更清楚地表示沉降、荷载、时间三者之间的关系，还要画出各观测点的沉降、荷载、时间关系曲线图，如图 14－26 所示。

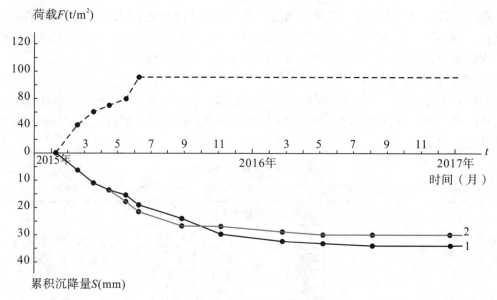

图 14-26　沉降曲线图

14.6.2　倾斜观测

引起建筑物主体倾斜的主要原因是基础的不均匀沉降。主体倾斜观测是测定建筑物顶部相对于底部或各层间上层相对于下层的水平位移与高差，分别计算整体或分层的倾斜度、倾斜方向和倾斜速度。刚性建筑的整体倾斜也可通过测量顶面或基础的相对沉降间接确定。

14.6.2.1　建筑物主体倾斜观测点位的布设要求

（1）观测点应沿对应测站点的某主体竖直线，对整体倾斜按顶部、底部对应布设，对分层倾斜按分层部位、底部上下对应布设。

（2）当从建筑物外部观测时，测站点或工作基点的点位应选在与照准目标中心连线呈接近正交或等分角的方向线上距照准目标 1.5～2.0 倍目标高度的固定位置处；当利用建筑物内竖向通道观测时，可将通道底部中心点作为测站点。

（3）按纵、横轴线或前方交会布设的测站点，每点应选设 1～2 个定向点。基线端点的选设应顾及测距或丈量的要求。

14.6.2.2　观测点位的标志设置

（1）建筑物顶部和墙体上的观测点标志可采用埋入式照准标志形式，有特殊要求时应专门设计。

（2）不便埋设标志的塔形、圆形建筑物以及竖直构件，可以照准视线所切同高边缘认定的位置或用高度角控制的位置作为观测点位。

（3）位于地面的测站点和定向点，可根据不同的观测要求，采用带有强制对中设备的观测墩或混凝土标石。

（4）对于一次性倾斜观测项目，观测点标志可采用标记形式或直接利用符合位置与照准要求的建筑物特征部位；测站点可采用小标石或临时性标志。

14.6.2.3　观测方法

1. 矩形建筑物

根据观测条件的不同,矩形建筑物主体倾斜观测可以选用下列方法进行:

(1) 测定基础沉降差法。在基础上选取相距较远的沉降观测点 A、B,用精密水准测量法定期观测两点的沉降差值。设 A、B 两点间的距离为 L,则基础倾斜度为

$$i = \frac{\Delta h}{L} \tag{14-6}$$

(2) 激光铅垂仪法。该方法要求建筑物的顶部与底部之间至少有一个竖向通道,它是在建筑物顶部适当位置安置接收靶,在其垂线下的地面或地板上埋设点位并安置激光铅垂仪,激光铅垂仪将通过地面点的铅垂激光束投射到顶部的接收靶上,在接收靶上直接读取或用直尺量出顶部的两个位移 Δu 与 Δv,则倾斜度和倾斜方向角为

$$\left.\begin{aligned} i &= \frac{\sqrt{\Delta u^2 + \Delta v^2}}{h} \\ \alpha &= \arctan \frac{\Delta u}{\Delta v} \end{aligned}\right\} \tag{14-7}$$

式中,h 为地板点位到接收靶的垂直距离,作业中应严格置平和对中激光铅垂仪。

(3) 经纬仪投影法。该法适用于建筑物周围比较空旷的主体倾斜监测。如图 14-27 所示,设建筑物的高度为 h,将经纬仪安置在距离建筑物 $1.5h$ 的位置上(须埋设观测点标志)。瞄准建筑物 X 墙面上部的观测点 M,用盘左、盘右分中投点法,定出墙面下部的观测点 N。用同样的方法,在与 X 墙面垂直的 Y 墙面上定出上观测点 P 和下观测点 Q。M、N 和 P、Q 即为所设观测点标志。

间隔一段时间后,在原固定测站上安置经纬仪,分别瞄准上观测点 M 和 P,采用盘左、盘右分中投点法,得到新一期的下观测点 N' 和 Q'。若 N' 与 N、Q' 与 Q 不重合,则说明建筑物发生了倾斜。

如图 14-27 所示,用尺子量出两期下观测点间的偏移值 ΔA、ΔB,然后用矢量相加的方法计算出该建筑物的总偏移值。倾斜度依式 (14-6) 计算。

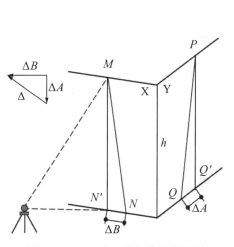

图 14-27　一般建筑物的倾斜观测

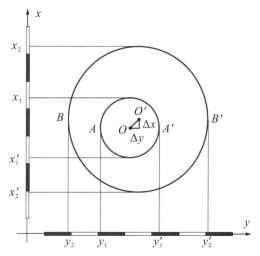

图 14-28　圆形建(构)筑物的倾斜观测

2. 圆形建（构）筑物

对于圆形建（构）筑物如水塔、烟囱、电视塔的倾斜观测，是在互相垂直的两个方向上测定其顶部中心与底部中心的偏移值 ΔD，然后用式（14−6）计算出倾斜度。现以烟囱为例介绍此类圆形建（构）筑物主体的倾斜观测方法。

如图 14−28 所示，设烟囱高度为 H。在烟囱底部相互垂直的方向上各放置一根水准尺，在水准尺中垂线方向上安置经纬仪，使经纬仪到烟囱的距离约为烟囱高度的 1.5 倍。用望远镜将烟囱顶部边缘两点 A、A' 及底部边缘两点 B、B' 分别投到水准尺上，得读数 y_1、y_1' 与 y_2、y_2'，则烟囱顶部中心 O 对底部中心 O' 在 y 方向上的偏移值为

$$\Delta y = \frac{y_1 + y_1'}{2} - \frac{y_2 + y_2'}{2} \tag{14−8}$$

用同样的方法可测得在 x 方向上，烟囱顶部中心 O 对底部中心 O' 的偏移值为

$$\Delta x = \frac{x_1 + x_1'}{2} - \frac{x_2 + x_2'}{2} \tag{14−9}$$

则烟囱顶部中心相对于底部中心的总偏移值 ΔD 及烟囱的倾斜度分别为

$$\Delta D = \sqrt{\Delta x^2 + \Delta y^2}$$

$$i = \frac{\Delta D}{H} \tag{14−10}$$

另外，也可采用激光铅垂仪或悬吊锤球的方法直接测定建（构）筑物的倾斜量。

14.6.2.4　观测周期的确定

倾斜观测可视倾斜速度每 1~3 个月观测一次。如遇基础附近因大量堆载或卸载、场地降雨长期积水等导致倾斜速度加快，应及时增加观测次数。施工期间的观测周期可根据要求参照沉降观测的周期确定。倾斜观测应避开强日照和风荷载影响大的时间段。

14.6.2.5　成果提供

倾斜观测应提交倾斜观测点位布置图、观测成果表、成果图、主体倾斜曲线图和观测成果分析等资料。

14.6.3　位移观测

建筑物的位置在水平方向上的变化称为水平位移。根据平面控制点测定建筑物的平面位置随时间而移动的大小及方向称为位移观测。位移观测首先要在建筑物附近埋设测量控制点，然后在建筑物上设置位移观测点。

14.6.3.1　观测点布设及观测周期的确定

建筑物水平位移观测点的位置应选在墙角、柱基以上以及建筑物沉降缝的顶部和底部，建筑物裂缝的两边，大型构筑物的顶部、中部和下部。标志可采用墙上标志，具体形式及其埋设应根据点位条件和观测要求确定，可采用反射棱镜、反射片、照准觇标或变径垂直照准杆。水平位移观测的周期，对于不良地基土地区的观测，可与同期的沉降观测一并协调确定；对于受基础施工影响的有关观测，应按施工进度的需要确定，可逐日或每隔 2~3 天观测一次，直至施工结束。

14.6.3.2　观测方法

1. 基准线法

基准线法的原理是以通过建筑物轴线或平行于建筑物轴线的竖直面为基准面，在不同时期分别测定大致位于轴线上的观测点相对于此基准面的偏离值。当某些建筑物只要求测定某特定方向上的位移量，如大坝在水压力方向上的位移量时，这种情况可采用基准线法进行水平位移观测。

基准线法对于直线型建筑物的位移观测具有速度快、精度高、计算简单的优点，但只能测定垂直于基准线方向的位移值。

2. 前方交会法

对于非直线型建筑物以及一些高层建筑的位移观测，有时需要同时测定建筑物上某观测点在两个相互垂直方向上的位移（在水平面内的位移）。前方交会法是能满足此要求的方法，可用作高层建筑、曲线型桥梁、重力拱坝等的位移观测。

前方交会的测站点标志应采用观测墩，观测时应尽可能选择较远的稳固的目标作为定向点，测站点与定向点间的距离一般要求不小于交会边的长度。观测点应埋设适用于不同方向照准的标志。

前方交会通常采用 DJ$_1$ 型经纬仪，用全圆方向法进行观测。观测点位移值的计算通常是由两观测周期方向观测值的差数直接通过平差计算求得其坐标变化量，即观测点位移值，当交会边长在 100 m 左右时，用 DJ$_1$ 型经纬仪观测 6 个测回，则位移值测定中误差将不超过 ±1 mm。

14.6.4　裂缝观测

当建构筑物多处产生裂缝时，应进行裂缝观测。建筑物裂缝比较常见，成因不一，危害程度不同，严重的能引起建筑物破坏。裂缝观测的主要目的是查明裂缝情况，掌握变化规律，分析成因和危害，以便采取对策，保证建筑物安全使用。

为测定裂缝的分布位置和裂缝走向、长度、宽度及其变化情况，对需要观测的裂缝应统一进行编号。每条裂缝应至少布设两组观测标志，其中一组应在裂缝的最宽处，另一组应在裂缝的末端。每组应使用两个对应的标志，分别设在裂缝的两侧。裂缝观测标志应具有可供量测的明晰端面或中心。裂缝宽度监测精度不宜低于 0.1 mm，长度和深度监测精度不宜低于 1 mm。

根据裂缝分布情况，对重要的裂缝选择有代表性的位置，在裂缝两侧各埋设一个标志，一端埋入混凝土内，一端外露。长期观测时，可采用镶嵌或埋入墙面的金属标志、金属杆标志或楔形板标志。两标志点的距离不得小于 150 mm，用游标卡尺定期测定两个标志顶点之间距离的变化值，测量精度可达到 0.1 mm，如图 14−29 所示。

短期观测时，可采用建筑胶粘贴的金属片标志。如图 14−30 所示，将一金属片先固定在裂缝一侧，并使其一边与裂缝的边缘对齐，另一稍窄的金属片固定在裂缝的另一侧，边缘相互平行，并使其一部分重合紧贴，然后在标志表面涂红漆，写明编号与日期。裂缝扩展时，两金属片相互错开，露出下面没有涂漆的部分，其宽度即为裂缝扩展的宽度。

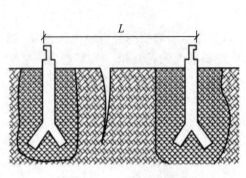

图14-29 金属标志埋设

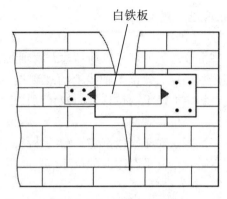

图14-30 裂缝观测标志

数量少、量测方便的裂缝,可根据标志形式的不同分别采用小钢尺或游标卡尺等工具定期量出标志间距离,从而求得裂缝变化值,或用方格网板定期读取"坐标差"计算裂缝变化值;对于大面积且不便于人工量测的众多裂缝,宜采用交会测量或近景摄影测量方法;需要连续监测裂缝变化时,可采用测缝计或传感器自动测记方法观测。对裂缝深度的量测,深度较小的裂缝宜采用凿出法或单面接触超声波法监测,深度较大的裂缝宜采用超声波法监测。

裂缝观测中,裂缝宽度数据应量至0.1mm,每次观测应绘出裂缝的位置、形态和尺寸,注明日期,并拍摄裂缝照片。裂缝观测的周期应根据裂缝变化速度而定,开始时可半月测一次,以后一月测一次。当发现裂缝加大时,应及时增加观测次数。

14.6.5 变形测量应急措施

《建筑变形测量规范》(JGJ 8—2016)规定,建筑变形测量过程中发生下列情况之一时应立即实施安全预案,同时应提高观测频率或增加观测内容:

(1) 变形量或变形速率出现异常变化。

(2) 变形量或变形速率达到或超出变形预警值。

(3) 开挖面或周边出现塌陷、滑坡。

(4) 建筑本身或周边环境出现异常。

(5) 由于地震、暴雨、冻融等自然灾害引起的其他变形异常情况。

14.7 竣工总平面图的编绘

14.7.1 竣工总平面图的编绘目的

工业与民用建筑工程是根据设计总平面图施工的。在施工过程中,由于种种原因,建(构)筑物竣工后的位置与原设计位置不完全一致,所以需要编绘竣工总平面图。

编绘竣工总平面图的目的是全面反映工程竣工后的实际状况,为工程交付使用后的管理、维修、扩建、改建及事故处理提供可靠资料,为工程验收提供依据。

竣工总平面图的编绘包括竣工测量和资料编绘两方面内容。

14.7.2　竣工测量

建（构）筑物竣工验收时进行的测量工作称为竣工测量。

在每一个单项工程完成后，必须由施工单位进行竣工测量，并提出该工程的竣工测量成果，作为竣工总平面图的编绘依据。

14.7.2.1　竣工测量的内容

（1）工业厂房及一般建筑物：测定各房角坐标、几何尺寸，各种管线进出口的位置和高程，室内地坪及房角高程，并附注房屋结构层数、面积和竣工时间。

（2）地下管线：测定检修井、转折点、起终点的坐标，井盖、井底、沟槽和管顶等的高程，附注管道及检修井的编号、名称、管径、管材、间距、坡度和流向。

（3）架空管线：测定转折点、节点、交叉点和支点的坐标，支架间距，基础面高程等。

（4）交通线路：测定线路起终点、转折点和交叉点的坐标，路面、人行道、绿化带界线等。

（5）特种构筑物：测定沉淀池的外形和四角坐标，圆形构筑物的中心坐标，基础面高程，构筑物的高度或深度等。

14.7.2.2　竣工测量的方法

竣工测量的基本测量方法与地形测量相似，区别在于以下几点：

（1）图根控制点的密度。一般情况下，竣工测量图根控制点的密度要大于地形测量图根控制点的密度。

（2）碎部点的实测。地形测量一般采用视距测量的方法测定碎部点的平面位置和高程，而竣工测量一般采用经纬仪测角、钢尺量距的极坐标法测定碎部点的平面位置，采用水准仪或经纬仪视线水平测定碎部点的高程，也可用全站仪进行测绘。

（3）测量精度。竣工测量的测量精度要高于地形测量的测量精度。地形测量的测量精度要满足图解精度，而竣工测量的测量精度一般要满足解析精度，应精确至厘米。

（4）测量内容。竣工测量的内容比地形测量的内容更丰富。竣工测量不仅要测量地面的地物和地貌，还要测量地下各种隐蔽工程，如雨水和污水的排水管线、给水管线、天然气管道及电力线路等各类地下管线工程。

14.7.3　竣工总平面图的编绘依据、编绘方法与整饰

14.7.3.1　竣工总平面图的编绘依据

（1）设计总平面图，单位工程平面图，纵、横断面图，施工图及施工说明。

（2）施工放样成果，施工检查成果，竣工测量成果。

（3）变更设计的图纸、数据、资料（包括设计变更通知单）。

14.7.3.2　竣工总平面图的编绘方法

（1）在图纸上绘制坐标方格网。绘制坐标方格网的方法、精度要求与地形测量绘制坐标方格网的方法、精度要求相同。

（2）展绘控制点。坐标方格网画好后，将施工控制点按坐标值展绘在图纸上。展点对所临近的方格而言，其容许误差为±0.3 mm。

（3）展绘设计总平面图。根据坐标方格网，将设计总平面图的图面内容按其设计坐标，用铅笔展绘于图纸上，作为底图。

（4）展绘竣工总平面图。对按设计坐标进行定位的工程，应以测量定位资料为依据，按设计坐标（或相对尺寸）和高程展绘。对原设计进行变更的工程，应根据设计变更资料展绘。对有竣工测量资料的工程，若竣工测量成果与设计值的差值不超过所规定的定位容许误差，按设计值展绘；反之，按竣工测量资料展绘。

14.7.3.3 竣工总平面图的整饰

（1）竣工总平面图的符号应与原设计图的符号一致。有关地形图的图例应使用国家地形图图式符号。

（2）对于厂房，应使用黑色墨线绘出该工程的竣工位置，并应在图上注明工程名称、坐标、高程及有关说明。

（3）对于各种地上、地下管线，应用各种不同颜色的墨线绘出其中心位置，并应在图上注明转折点及井位的坐标、高程及有关说明。

（4）对于没有进行设计变更的工程，用墨线绘出的竣工位置应与按设计原图用铅笔绘出的设计位置重合，但其坐标及高程数据与设计值比较可能稍有不同。随着工程的进展，逐渐在底图上将铅笔线都绘成墨线。

（5）对于直接在现场指定位置进行施工的工程、以固定地物定位施工的工程及多次变更设计而无法查对的工程等，只能进行现场实测，这样测绘出的竣工总平面图称为实测竣工总平面图。

思考题与习题

1. 简述施工测量的主要任务。

2. 测设点的平面位置有哪几种？各适用于什么场合？

3. 建筑场地平面控制网有哪几种形式？各适用于哪些场合？

4. 什么叫轴线控制桩？它的作用是什么？应如何设置？

5. 在工业厂房施工测量中，为什么要专门建立独立的厂房控制网？为什么在控制网中要设立距离指标桩？

6. 设放样的角值 $\beta = 56°28'18''$，初步测设的角值 $\beta' = \angle BAP = 56°28'18''$，$AP$ 边长 $S = 35$ m，试计算角差 $\Delta\beta$ 及 P 点的横向改正数，并画图说明其改正的方向。

7. 如何进行厂房柱的垂直度矫正？应注意哪些问题？

8. 为什么要进行建筑物的变形观测？变形观测主要包括哪几部分内容？

9. 制定沉降观测周期的依据是什么？

10. 试述建筑物倾斜观测和水平位移观测方法有何异同？

11. 如何进行建筑物的裂缝观测？试绘图说明。

12. 绘制竣工总平面图的目的是什么？绘制内容有哪些？

第 15 章　道路工程测量

15.1　概　述

道路工程基本建设程序一般分为四个阶段：前期准备阶段、勘测设计阶段、施工阶段和竣工运营阶段。道路工程测量是为道路建设全过程服务的，它的任务有两方面：一是提供公路沿线的带状地形图和断面图；二是将设计位置测设于实地。在不同的阶段，道路工程测量有不同的任务要求：

（1）前期准备阶段。前期准备阶段主要进行工程规划及选线。这一阶段，道路工程测量的主要任务是收集或测绘规划设域内各种比例尺地形图，沿线水文、地质以及控制点等有关资料。

（2）勘测设计阶段。为选择一条经济、合理的路线，必须进行道路勘测。这一阶段，道路工程测量包括初测和定测。初测的任务是在选定的路线带范围内进行控制测量，测绘路线各方案的带状地形图，为初步设计提供依据。定测的任务是将选定路线方案的中线测设于实地（中线测量），并进行纵、横断面测量以及局部地区的大比例尺地形图测绘，为路线纵坡设计、横断面设计、工程量计算等提供详细的测量资料。

线路测图的比例尺要求见表 15-1。

表 15-1　线路测图的比例尺要求

线路名称	带状地形图	工点地形图	纵断面图		横断面图	
			水平	垂直	水平	垂直
道路		1∶200				
	1∶2000	1∶500	1∶2000	1∶200	1∶100	1∶100
	1∶5000	1∶1000	1∶5000	1∶500	1∶200	1∶200

注：1∶200 比例尺的工点地形图可按对 1∶500 比例尺地形图的技术要求测绘。

（3）施工阶段。施工前，设计单位把道路测量的资料移交给施工单位，包括沿线的导线点、水准点、中线设计、纵横断面资料及地形图等。由设计单位将导线点、水准点和中桩的实地位置在现场移交给施工单位的过程称为交桩。

道路工程施工测量的主要内容包括中桩的恢复、纵横断面复测、路基边桩和边坡放样等，为道路施工提供依据。

（4）竣工运营阶段。工程竣工后要进行竣工验收测量，测绘平面图、断面图，以检查

269

工程是否符合设计要求，并为工程竣工后的使用、养护、改扩建提供必要的资料。在运营阶段还要监测工程的运营状况，评价工程的安全性。

15.2 路线平面组成及平面位置的标定

道路是一条三维的空间实体，是由路基、路面、桥梁、涵洞、隧道等组成的空间带状构造物。道路中线的空间位置称为路线。路线在水平面上的投影称为路线平面。沿道路中线竖直剖切再进行展开的断面是路线的纵断面和，道路中线上任一点的法向切面是道路在这点的横断面。

15.2.1 路线平面组成

受地形、地质等条件的限制，道路路线经常需要改变方向，为了保持路线的平顺，在相邻两直线间必须用平曲线连接。平曲线包括圆曲线和缓和曲线。缓和曲线是连接直线和圆曲线的曲线，其曲率半径由直线的无穷大逐渐过渡到圆曲线的半径。所以，路线平面由直线、圆曲线和缓和曲线组成，如图 15-1 所示。

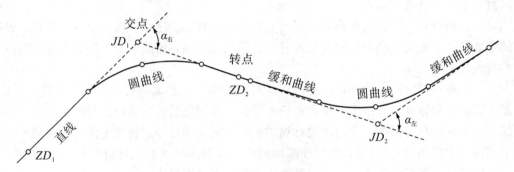

图 15-1 路线平面组成

相邻两条直线相交的点称为交点（JD），它是直线段和相邻曲线段的共同控制点。当交点间不能通视的时候，还需加设转点（ZD）。直线偏转的角度称为转角（又称偏角），按路线前进方向又可分为左转角和右转角，如图 15-1 中的 $\alpha_左$ 和 $\alpha_右$。

15.2.2 中桩、里程及桩号

在地面上标定路线位置时常用方木桩打入地下，用以标志道路的中线位置，该方木桩称为中线桩（简称中桩）。中桩可作为施测路线纵、横断面的依据。中桩用桩号区分，还可标记道路的里程。里程是指中桩与路线起点的水平距离，即沿路线方向直线和平曲线长度之和。桩号的具体表示方法是将整千米数和后面的尾数分开，中间用"+"连接，整千米数前还要冠以字母 K，例如：某中桩与起点的距离为 1352.272 m，则该桩的里程桩号为 K1+352.272。

15.2.3 中桩的分类

中桩一般分为整桩和加桩，如图 15-2 所示。

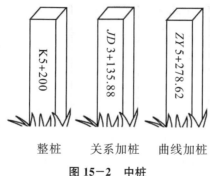

整桩　　关系加桩　　曲线加桩

图 15－2　中桩

（1）整桩。整桩是由起点开始，每隔 20 m 或 50 m 设置的桩。当为整百米时，称为百米桩；当为整千米时，称为千米桩。

（2）加桩。加桩又分为关系加桩、曲线加桩、地形加桩和地物加桩。

关系加桩是指直线上的交点桩（JD）和转点桩（ZD）。

曲线加桩是指曲线上设置的主点桩，如直线接圆曲线的点（ZY）、圆曲线中点（QZ）、圆曲线接缓和曲线的点（YH）等。

常用的道路桩位符号见表 15－2。

表 15－2　常用的道路桩位符号

名称	英文符号	中文符号	中文简称
交点	IP	JD	—
转点	TP	ZD	—
圆曲线起点	BC	ZY	直圆点
圆曲线中点	MC	QZ	曲中点
圆曲线终点	EC	YZ	圆直点
公切点	CP	GQ	—
第一缓和曲线起点	TS	ZH	直缓点
第一缓和曲线终点	SC	HY	缓圆点
第二缓和曲线起点	CS	YH	圆缓点
第二缓和曲线终点	ST	HZ	缓直点

地形加桩是指沿道路中线地面起伏变化、横向坡度变化以及天然河沟处所设置的里程桩，对于以后设计施工尤其是纵坡的设计作用很大。

地物加桩是指沿道路中线有对道路影响较大的地物时布设的里程桩，比如桥梁、涵洞，路线与其他公路、铁路、渠道、高压线等交叉处，拆迁建筑物以及土壤地质变化处加设的里程桩。

中桩钉桩时，对于交点桩、转点桩、曲线加桩、重要地物加桩（如桥、涵位置桩），均打下断面为 6 cm×6 cm 的方桩，桩顶距地面约 2 cm，顶面钉入小钉表示点位，并在方桩旁地面上钉入板桩作为指示桩（2.5 cm×6 cm），上面写明中桩的桩名和桩号。其他中桩一律用板桩钉在点位上高出地面约 15 cm，桩号字面朝向路线起点，为了后续工组找桩方便，指示桩的背面循环书写 1～10，如图 15-3 所示。

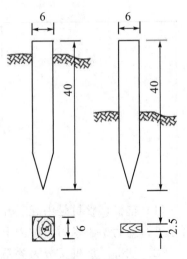

图 15-3　方桩和板桩（单位：cm）

15.2.4　断链

道路测设一般是分段进行的，由于局部改线或者事后发现丈量或计算错误，会造成路线里程桩号不连续，这种情况称为断链。如果重新进行桩号的编排，外业工作量太大。为此，可在桩号不连续的实地位置设置断链桩，并标注两个里程。桩号重叠的叫长链，桩号间断的叫短链。如 K1+827.43=K1+900.00，短链为 72.57 m；如 K112+943.305=K112+900.001，长链为 43.304 m。

断链桩不要设在曲线内或构筑物上，一般设置在整桩处，并做好详细的记录。

15.3　道路中线测量

道路中线测量就是把图纸上设计好的道路中线在实地上标定出来，是定测阶段的主要工作。传统的中线测量可分为定线和中桩测设两个部分。随着道路设计软件及全站仪的普及，定线和中桩测设可以同步进行，称为全站仪一次放样或 GPS-RTK 放样。

传统法中线测量的主要内容有交点与转点测设、路线转角测定、中桩测设等。

15.3.1　交点与转点测设

中线交点包括道路的起点和终点，是确定路线走向的关键点，习惯上用"JD"加编号表示，如"JD_6"表示第 6 号交点。当路线直线段较长或现场无法通视时，在两个交点之间还应增设定向桩点，称为转点（ZD），以便在交点测量转角和直线量距时作为照准与定线的目标。直线上一般每隔 300 m 设置一个转点。另外，在路线和其他道路交叉处以及路线上需要设置桥、涵等构筑物的地方也要设置转点。

设计图纸上给出了各中线交点及转点的坐标以及它们与地面上已有控制点或者固定地物点之间的关系。测设时，根据图纸上已设计的定位条件，将它们测设在实地上。

15.3.1.1　交点的测设

由于定位条件和现场条件不同，应根据实际情况合理选择交点的测设方法。

1. 根据与地物的关系测设

如图 15-4 所示，交点的位置已在地形图上选定，图上交点附近有房屋等地物，可先在图上量出交点 JD_{13} 到三房角的距离，然后在现场找到相应的地物，经复核无误后，按距离交会法测设交点的位置。

该方法适用于测设精度要求不高的情况，而且要求交点周围有定位特征明显的地物做参考。

2. 根据平面控制点和设计坐标测设

道路工程的平面控制点一般用导线的形式布设，经导线测量和计算后，导线上各平面控制点的坐标已知，可根据平面控制点和设计坐标，用直角坐标法、极坐标法、角度交会法或距离交会法将其测设在实地上。

如图 15－5 所示，根据导线点 6、7 和交点 JD_6 的坐标计算出导线点 6 到 JD_6 的水平距离 D 以及夹角 β，然后在导线点 6 上用极坐标法测设 JD_6。

根据平面控制点和设计坐标测设交点时一般用全站仪施测，一是可以达到很高的定位精度，二是施测方便、效率高，是目前道路工程中测设交点的主要方法。

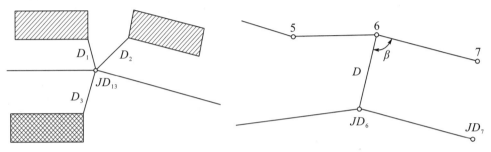

图 15－4　根据与地物的关系测设交点　　　图 15－5　根据导线点测设交点

3. 利用穿线法测设

利用穿线法测设交点就是利用图上附近的导线点或地物点与纸上定线的直线段之间的角度和距离关系，用图解法求出测设数据，通过实地的导线点或地物点把中线的直线段独立地测设到地面上，然后将相邻直线延长相交，定出地面交点桩的位置。其程序是放点、穿线和交点。

（1）放点。要在地面上测设出一条直线至少需要测设出该直线上的两个点。为了校核和提高精度，一般要求测设 3 个及以上的点，这些点称为临时点。临时点最好选在地势较高、通视良好、离导线点较近、便于测设的地方。常用的放点方法有极坐标法和支距法。

图 15－6 为极坐标法放点。$P_1 \sim P_4$ 为纸上定线的某直线段欲放的临时点。在图上以最近的导线点 4 和导线点 5 为依据，用比例尺和量角器分别量出放样数据 l_1、β_1、l_2、β_2 等，然后在实地用经纬仪和钢尺分别在导线点 4 和导线点 5 上按极坐标法定出各临时点的位置。

图 15－7 为支距法放点。在图上从导线点 4、5、6、7 作导线边的垂线，分别与中线相交得各临时点，用比例尺量取各相应的支距 $l_1 \sim l_4$。在现场以相应导线点为垂足，用方向架（或经纬仪）标定垂线方向，用钢尺量支距，测设出相应的各临时点 $P_1 \sim P_4$。

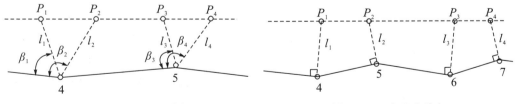

图 15－6　极坐标法放点　　　　　　图 15－7　支距法放点

（2）穿线。放出的临时点理论上应在一条直线上，但由于图解数据和测设工作均存在误差，实际上并不严格在一条直线上，如图 15-8（a）所示，这时需要将各点调整到同一条直线上，该项工作称为穿线。根据现场实际情况，采用目估法穿线或经纬仪视准法穿线，通过比较和选择定出一条尽可能多地穿过或靠近临时点的直线 AB，然后在 A、B 或其方向线上打下两个以上的转点桩，取消临时桩点。

（3）交点。如图 15-8（b）所示，当两条相交的直线 $ZD_1 ZD_2$、$ZD_3 ZD_4$ 在地面上确定后，可进行交点。将经纬仪安置于 ZD_2 点，照准 ZD_1 点，倒转望远镜，在视线方向上接近交点 JD 的概略位置前后打下两桩（骑马桩）。采用正倒镜分中法在该两桩上定出 a、b 两点，并钉一小钉，挂上细线。将仪器搬至 ZD_3 点，同法定出 c、d 两点，挂上细线。在两细线的相交处打下木桩，并钉一小钉，即得到交点 JD。

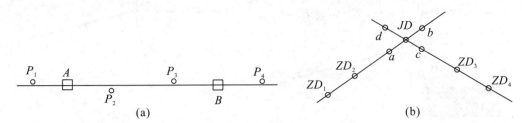

图 15-8　利用穿线法测设点

15.3.1.2　转点的测设

当相邻两交点互相不通视或直线较长时，需要在其连线上测设一点或数点，以供测交点、转折点、量距或延长直线时瞄准使用，这样的点称为转点（ZD）。通常情况下，交点至转点或转点至转点间的距离不应小于 50 m 或大于 500 m，一般为 200～300 m。另外，在不同线路交叉处，以及线路上需建造桥、涵等构筑物处也应设置转点。

1. 在两交点间设置转点

如图 15-9（a）所示，JD_5、JD_6 两交点相邻但不通视，当在其间设置转点时，可采用过高地定线的方法。首先在高地找出需要设置转点的大致位置 ZD'，ZD' 即为初定转点。在 ZD' 上可安置测角仪器，照准 JD_5，采用正倒镜分中法定出 JD'_6。设 JD_6 与 JD'_6 的偏差为 f，若 f 在允许范围内，则可将 ZD' 作为转点，否则应调整 ZD'。具体调整方法：用视距法测量出距离 a、b，实地量取 f，并计算 ZD' 需横向移动的距离 e，将 ZD' 偏移 e 至 ZD。再在 ZD 点架设测角仪器，重复以上步骤，直至偏差 f 满足要求为止。移动量 e 可按下式计算：

$$e = \frac{a}{a+b} f \qquad (15-1)$$

2. 在延长线上设置转点

如图 15-9（b）所示，JD_7、JD_8 两交点互不通视，可大概在其延长线上初定一转点 ZD'，在该点安置测角仪器，照准 JD_7，用正倒镜分中法确定线段 $JD_7 - ZD'$ 在 JD_8 附近的点 JD'_8。设 JD_8 与 JD'_8 的偏差为 f，若 f 在误差允许范围内，可将 ZD' 作为转点；若误差较大，必须进行调整。调整方法与在两交点间设置转点相同，不过此时 ZD' 的横向移动距离 e 为

$$e = \frac{a}{a-b} f \qquad (15-2)$$

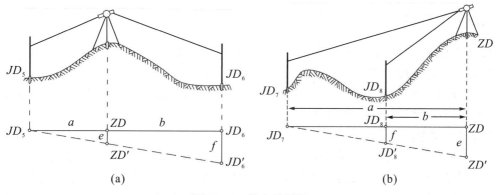

(a) (b)

图 15-9　转点的测设

15.3.2　路线转角测定

15.3.2.1　路线转角的测定

转角又称偏角，是指路线由一个方向偏转到另一个方向时，偏转后方向与原方向延长线之间的夹角，用 α 表示。如图 15-10 所示，按路线前进方向，当偏转后的方向位于原方向右侧时，为右偏角，记作 $\alpha_{右}$；当偏转后的方向位于原方向左侧时，为左偏角，记作 $\alpha_{左}$。

一般通过观测路线右侧的水平角 β 来计算偏角，如图 15-10 中的 β_8、β_9。观测时，将经纬仪安置在交点上，用测回法观测一个测回得水平角 β。当 $\beta>180°$ 时，为左偏角，$\alpha_{左}=\beta-180°$；当 $\beta<180°$ 时，为右偏角，$\alpha_{右}=180°-\beta$。右偏角的观测通常用 DJ$_6$ 型经纬仪（或全站仪）以测回法观测一个测回，两个半测回角度互差一般不超过 $\pm40''$。

15.3.2.2　分角桩的设置

由于测设曲线的需要，在转角测定后，保持水平度盘位置不变，定出其分角线方向 c，如图 15-11 所示，在此方向上钉临时桩（分角桩），作为日后测设路线曲线的中点。若两个方向的水平度盘读数分别为 a、b，则分角线方向的水平度盘读数 $c=(a+b)/2$。在实践中，无论是在线路右侧还是在线路左侧设置分角桩，均按上式计算。当转动照准部使水平度盘读数为 c 时，望远镜视准轴所指的方向有时会在相反的方向，这时需纵转望远镜，在设置曲线的一侧定出分角桩。

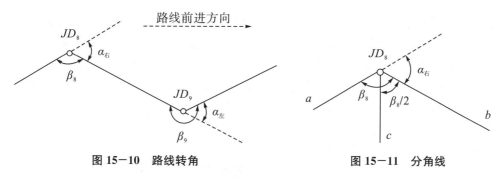

图 15-10　路线转角　　　　　　　图 15-11　分角线

此外，在角度观测后，还需用测距仪测定相邻两交点之间的距离，以供中桩量距人员校核用。

15.3.3 中桩测设

路线中桩的测设在定线之后进行，主要分为直线段测设和曲线段测设。

15.3.3.1 直线段测设

直线段测设比较简单，一般在交点或转点上安置经纬仪或全站仪，照准另一交点或转点，沿视线方向按计算的距离测设。

15.3.3.2 曲线段测设

曲线段测设就是将曲线上的某些点测设在地面上，用以标定曲线的平面位置。测设点位的方法有直角坐标法、极坐标法、角度交会法、距离交会法和边角交会法等。无论使用哪种方法，都是以某些已知点、已知方向为依据，由平曲线设计图计算出待测点与已知点、已知方向的关系，依据这些数据进行水平角、水平距离的测设，从而测设出点位。

曲线段测设在定线的基础上分两步进行：先由交点和转点测设曲线的主点（控制点），再依据这些主点详细测设曲线。曲线段测设包括圆曲线测设和带缓和曲线的平曲线测设，详见 15.4 节和 15.5 节。

15.3.4 全站仪一次放样

现如今，无论是设计单位还是施工单位，道路中线普遍采用全站仪按极坐标法测设。全站仪一次放样的关键工作是计算交点、转点、中桩的坐标，其可通过道路设计软件获得。

测设时，将待测点和控制点的坐标输入仪器即可。仪器可安置在任意控制点。

测设的具体步骤如下：

（1）利用道路设计软件导出交点、转点及各中桩坐标（逐桩坐标表）。

（2）收集沿线所有的控制点坐标。

（3）在控制点安置全站仪，将交点、转点、中桩坐标及控制点坐标导入全站仪，利用全站仪内置的放样程序计算放样数据。

（4）根据全站仪显示的放样数据直接放样。

（5）对放样结果进行检校。

15.3.5 GPS-RTK 放样

在道路建设中，传统的中线测量常用经纬仪和全站仪放样，但野外测量工作量大，工期长，还需测站点与碎步点相互通视。GPS-RTK 测量技术因具有无须通视、误差不累积、机动灵活等优点，已被广泛运用于工程测量工作中，其测量精度可达到厘米级。

采用 GPS-RTK 技术获取的站点坐标是 WGS-84 坐标。而在道路建设中，通常采用 1954 北京坐标系、1980 西安坐标系或地方坐标系，因此需要进行坐标转换。坐标转换的方法和软件均有多种，可自行查阅相关资料。

GPS-RTK 放样的具体流程如下：

（1）收集测区控制点资料，了解控制点资料的坐标系统，并设计外业作业方案。

（2）将交点 JD 和转点 ZD 点号及坐标、控制点坐标和曲线设计要素按作业文件输入 GPS-RTK 手簿。也可利用道路设计软件导出交点、转点及各中桩坐标（逐桩坐标表），再导入 GPS-RTK 手簿。

（3）在外业设置基准站，利用公共点坐标计算两坐标系转换参数，并将参数保存。

（4）调出手簿中的有关软件和输入手簿的作业文件进行 GPS-RTK 放样。同时，还可以对放样点进行测量，及时进行检核。

GPS-RTK 放样适合视野开阔的地区。事先设置好基准站及其参数后，即可调用作业文件和放样菜单，用流动站测设待测点，一次设站可测设许多点。如用 GPS-RTK 放线，也需要通过穿线来确定直线的位置。总之，用 GPS-RTK 技术进行测量，速度快、精度高、测程长，测点与控制点间无须通视，大大提高了作业效率。

15.4　圆曲线测设

当路线方向发生变化时，必须用平曲线圆顺。平曲线包括圆曲线和缓和曲线，其中圆曲线是最基本的曲线。当圆曲线的半径大到规定值以上时可不设缓和曲线，将直线与圆曲线直接相接，构成最简单的"直线—圆曲线—直线"的组合，如图 15-12 所示。圆曲线半径根据地形条件和工程要求选定，由转角 α 和圆曲线半径 R 可以计算出图中其他各测设要素值。圆曲线测设分两步进行，先测设曲线上起控制作用的主点（ZY、QZ、YZ），再依据主点测设曲线上每隔一定距离的里程桩，以详细标定曲线位置。这实际上反映了先控制后细部的一般原则。

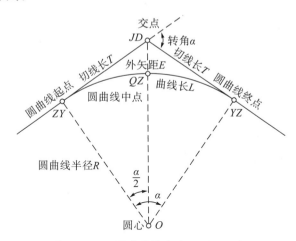

图 15-12　圆曲线的主点及测设要素

15.4.1　圆曲线主点的测设

15.4.1.1　圆曲线的主点

ZY——直圆点，即圆曲线起点，指按道路前进方向由直线进入圆曲线的分界点；

QZ——曲中点，即圆曲线中点；

YZ——圆直点，即圆曲线终点，指按道路前进方向由圆曲线进入直线的分界点。

ZY、QZ、YZ 三点称为圆曲线的主点。

15.4.1.2　圆曲线测设要素的计算

为了测设圆曲线的主点，首先要计算出圆曲线的以下要素：

T——切线长，即交点 JD 至直圆点 ZY 或圆直点 YZ 的长度；

L——曲线长，即圆曲线的长度（自 ZY 经 QZ 至 YZ 的弧线长度）；

E——外矢距，即交点 JD 至曲中点 QZ 的距离。

T、L、E 称为圆曲线测设要素。

转角 α、圆曲线半径 R 为计算圆曲线测设要素的必要资料，是已知值。α 可由外业直接测出，也可由纸上定线求得；R 为道路设计时采用的数据。

由图 15−12 可得，圆曲线要素的计算公式为

$$T = R \cdot \tan\frac{\alpha}{2} \tag{15−3}$$

$$L = R \cdot \alpha \cdot \frac{\pi}{180} \tag{15−4}$$

$$E = R\left(\sec\frac{\alpha}{2} - 1\right) \tag{15−5}$$

$$J = 2T - L \tag{15−6}$$

式中，转角 α 以度为单位；J 为切曲差（超距），主要用于计算校核。

15.4.1.3 圆曲线主点桩号的计算

圆曲线主点桩号可根据交点桩号（由直线段桩号推算获得）和圆曲线测设要素进行计算，由图 15−12 可得计算公式为

$$ZY = JD - T \tag{15−7}$$

$$QZ = ZY + \frac{L}{2} \tag{15−8}$$

$$YZ = QZ + \frac{L}{2} \tag{15−9}$$

为了避免计算错误，可用下式进行校核：

$$JD = YZ - T + J \tag{15−10}$$

【例题 15−1】已知圆曲线交点 JD 的桩号为 K6+258.99，转角 $\alpha_右 = 48°36'$，设计圆曲线半径 $R = 160$ m，求圆曲线测设要素及各主点桩号。

【解】圆曲线测设要素的计算：

$$T = 160 \times \tan24°18' = 72.24 \text{ (m)}$$

$$L = 160 \times 48.60 \times \frac{\pi}{180} = 135.65 \text{ (m)}$$

$$E = 160 \times (\sec24°18' - 1) = 15.55 \text{ (m)}$$

$$J = 2 \times 72.24 - 135.65 = 8.83 \text{ (m)}$$

圆曲线主点桩号的计算：

$$ZY = JD - T = \text{K6}+258.99 - 72.24 = \text{K6}+186.75$$

$$QZ = ZY + \frac{L}{2} = \text{K6}+186.75 + \frac{135.65}{2} = \text{K6}+254.58$$

$$YZ = QZ + \frac{L}{2} = \text{K6}+254.58 + \frac{135.65}{2} = \text{K6}+322.40$$

计算校核：

$$JD = YZ - T + J = \text{K6}+322.40 - 72.24 + 8.83 = \text{K6}+258.99$$

与交点 JD 原来的桩号一致，计算正确。

15.4.1.4　主点的测设

1. 用经纬仪和钢尺测设

如图 15－12 所示，于交点 JD 上安置经纬仪，后视照准前一交点方向（或转点），自交点 JD 起沿视线方向量取切线长 T，得圆曲线起点桩 ZY，经纬仪前视照准后一交点方向（或转点），自交点 JD 起沿视线方向量取切线长 T，得圆曲线终点桩 YZ，然后按 15.3.2 小节介绍的方法计算分角线方向数值并再测设角线方向，沿此方向量出外矢距 E，打下圆曲线中点桩 QZ。

为保证主点的测设精度，距离应往、返丈量，相对较差不大于 1/2000 时，取其平均位置。

2. 用全站仪按极坐标法测设

用全站仪按极坐标法一次测设时，先将全站仪安置于平面控制点上，输入测站坐标和后视点坐标（或后视点方位角），再输入要测设的主点坐标，仪器自动计算出测设角度和距离，直接进行主点测设。

15.4.2　圆曲线的详细测设

要在实地标定出圆曲线的位置，除了测设圆曲线的主点，还需要按照一定的桩距在圆曲线上测设整桩和加桩。测设圆曲线的整桩和加桩称为圆曲线的详细测设。《公路勘测规范》（JTG C10—2007）规定路线中桩间距不大于表 15－3 中的数值。

表 15－3　中桩间距

直线/m		曲线/m			
平原、微丘	重丘、山岭	不设超高的曲线	$R>60$	$30<R<60$	$R<30$
50	50	25	20	10	5

注：表中 R 为平曲线半径（m）。

圆曲线上中桩宜采用偏角法、切线支距法、极坐标法和 GPS-RTK 法测设。

15.4.2.1　偏角法

偏角法是利用偏角（弦切角）和弦长来测设圆曲线的方法，实质上是一种类似于极坐标法的角度距离交会法。

测设数据计算如下：

如图 15－13 所示，设 P_1 为圆曲线上的第一个整桩，它与圆曲线起点 ZY 间的弧长为 l'，以后各段弧长均为 l_0，最后一个整桩与圆曲线终点 YZ 间的弧长为 l''，l'、l_0、l'' 对应的圆心角分别为 φ'、φ_0、φ''，则 φ'、φ_0、φ'' 可按下列公式计算：

$$\varphi'=\frac{l'}{R}\cdot\frac{180}{\pi}\ (°) \tag{15-11}$$

$$\varphi_0=\frac{l_0}{R}\cdot\frac{180}{\pi}\ (°) \tag{15-12}$$

$$\varphi''=\frac{l''}{R}\cdot\frac{180}{\pi}\ (°) \tag{15-13}$$

圆曲线起点 ZY 至桩点 P_i 的弧长为 l_i，所对应的圆心角为 φ_i，则有

$$l_i = l' + (i-1)l_0 \tag{15-14}$$

$$\varphi_i = \varphi' + (i-1)\varphi_0 = \frac{l_i}{R} \cdot \frac{180}{\pi} \ (°) \tag{15-15}$$

弦切角 Δ_i 为圆弧所对应的圆心角 φ_i 的一半，即

$$\Delta_i = \frac{\varphi_i}{2} \tag{15-16}$$

作为计算校核，所有的圆心角之和应等于交点的转角 α，即

$$\varphi' + (i-1)\varphi_0 + \varphi'' = \alpha \tag{15-17}$$

圆曲线起点至任一桩点 P_i 的弦长为

$$c_i = 2R\sin\frac{\varphi_i}{2} = 2R\sin\Delta_i \tag{15-18}$$

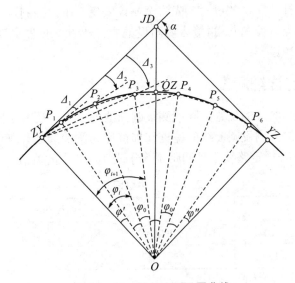

图 15-13　偏角法测设圆曲线

【例题 15-2】圆曲线的交点桩号、转角和半径同【例题 15-1】，整桩距 $l_0 = 20$ m，按偏角法测设，试计算详细测设数据。

【解】(1) 由上例计算可知，ZY 的里程为 K6+186.75，它最近的整桩里程为 K6+200，则首段零头弧长为

$$l' = 200 - 186.75 = 13.25 \ (\text{m})$$

由式 (15-11) 可得其对应的圆心角为

$$\varphi' = \frac{l'}{R} \cdot \frac{180}{\pi} = \frac{13.25}{160} \times \frac{180}{\pi} = 4°44'49''$$

YZ 的里程为 K6+322.40，它前面最近的整桩里程为 K6+320，则尾段零头弧长为

$$l'' = 322.40 - 320 = 2.40 \ (\text{m})$$

由式 (15-13) 可得其对应的圆心角为

$$\varphi'' = \frac{l''}{R} \cdot \frac{180}{\pi} = \frac{2.40}{160} \times \frac{180}{\pi} = 0°51'36''$$

由式 (15-12) 可得整弧长对应的圆心角为

$$\varphi_0 = \frac{l_0}{R} \cdot \frac{180}{\pi} = \frac{20}{160} \times \frac{180}{\pi} = 7°09'58''$$

（2）由式（15－16）及式（15－17）计算详细测设数据，见表15－4。

表 15－4　偏角法测设数据计算表

桩号	桩点至 ZY 的弧长 l_i/m	弦切角 Δ_i	弦长 c_i/m
ZY K6+186.75	0.00	0°00'00''	0.00
K6+200	13.25	2°22'25''	13.25
K6+220	33.25	6°57'23''	33.21
K6+240	53.25	9°32'21''	53.03
QZ K6+254.58	67.83	12°09'04''	67.36
K6+260	73.25	13°07'19''	72.65
K6+280	93.25	16°42'17''	91.98
K6+300	113.25	20°17'15''	110.96
K6+320	133.25	23°52'13''	129.49
YZ K6+322.40	135.65	24°18'01''	131.68

（3）测设步骤。

①置经纬仪于 ZY 点，后视 JD，盘左归零读数为 0°00'13''。

②打开照准部并转动望远镜，当水平度盘读数为 2°22'25'' 时，制动照准部；然后从 ZY 点开始沿视线方向测设弦长 13.25 m，得 P_1 点，并钉木板桩。

③松开照准部，继续转动，当水平度盘读数为 6°57'23'' 时，制动照准部，沿此方向测设弦长 33.21 m，定出 P_2 点；依次类推测设出 P_3、P_4、P_5、P_6、P_7 点。

④测得 QZ'、YZ' 点后，与主点 QZ、YZ 位置进行闭合校核。当闭合差满足规范要求时，一般不再做调整；若闭合差超限，则应查找原因并重测。

偏角法的优点是只需架设一次仪器，缺点是测设距离越远，误差越大，可由 ZY、YZ 点分别向 QZ 点测设。或者在测设 P_i 点时，采用与前一点 P_{i-1} 的弧长差代替该点弦长，在测出方向线后，从前一点 P_{i-1} 以弧长差测设距离，交会出 P_i 的位置，但是误差会不断累积。其适合于山区测设。

15.4.2.2　切线支距法

切线支距法实质上为直角坐标法，如图 15－14 所示，它是以圆曲线起点 ZY（或终点 YZ）为坐标原点，以过 ZY（或 YZ）的切线为 x 轴，切线的垂线为 y 轴建立坐标系，x 轴指向 JD，y 轴指向圆心 O，按直角坐标法进行测设。

（1）测设数据计算。设圆曲线半径为 R，ZY 点至前半曲线上各里程桩点 P_i 的弧长为 l_i，其对应的圆心角为

$$\varphi_i = \frac{l_i}{R} \cdot \frac{180}{\pi} \quad (°) \tag{15-19}$$

（2）该桩点 P_i 的坐标为

$$\left.\begin{array}{l} x_i = R\sin\varphi_i \\ y_i = R(1-\cos\varphi_i) \end{array}\right\} \qquad (15-20)$$

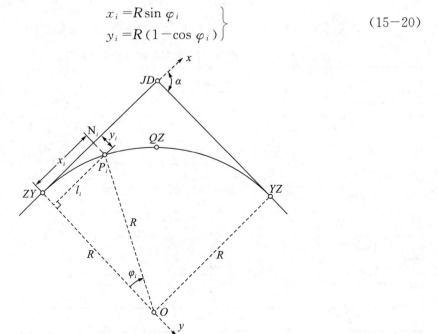

图 15-14 切线支距法测设圆曲线

【**例题** 15-3】根据【**例题** 15-1】的圆曲线测设要素、桩号和桩距，按切线支距法计算各里程桩的坐标。

【**解**】计算数据列表如下：

桩号	点号	弧长 l_i/m	圆心角 φ_i	支距坐标 x_i/m	支距坐标 y_i/m
ZY K6+186.75	1	0.00	0°00′00″	0.00	0.00
K6+200	2	23.25	4°44′49″	13.25	0.55
K6+220	3	33.25	11°54′47″	33.03	3.45
K6+240	4	53.25	19°04′42″	52.30	8.79
QZ K6+254.58		67.83	24°18′07″	65.84	14.18
K6+260	4	62.40	22°21′24″	60.86	12.03
K6+280	3	42.40	15°11′28″	41.93	5.59
K6+300	2	22.40	8°01′32″	22.23	1.57
K6+320	1	2.40	0°51′36″	2.40	0.02
YZ K6+322.40		0.00	0°00′00″	0.00	0.00

切线支距法简单，各曲线点相互独立，无测量误差累积。但由于安置仪器次数多，速度较慢，同时检核条件较少，故一般适用于 R 较大、y 较小的平坦地区的曲线测设，这时可采用钢尺配合方向架施测。

15.5　带缓和曲线的平曲线测设

15.5.1　缓和曲线的概念及数学表达式

为了使路线的平面线形更加符合汽车的行驶轨迹以及离心力逐渐变化，确保行车的安全和舒适，常要求在圆曲线与直线之间、圆曲线与圆曲线之间设置一段曲率半径逐渐变化的曲线，这种曲线称为缓和曲线。目前，我国公路、铁路等设计中以回旋线作为缓和曲线，如图 15－15 所示。

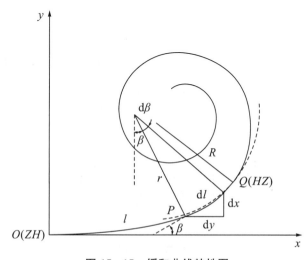

图 15－15　缓和曲线特性图

回旋线的数学表达式为

$$rl = c$$

式中，r 为回旋线上任意一点的曲率半径；l 为回旋线上任意一点到曲线起点的曲线长；c 为回旋线参数。

在图 15－15 中，以 ZH 点为坐标原点 O，过 ZH 点的切线为 x 轴，ZH 点的半径方向为 y 轴，建立直角坐标系。缓和曲线的起点 O 接直线，终点 Q 接半径为 R 的圆曲线（图中虚线所示），L_S 为缓和曲线全长，O 点的曲率 $K_O = 0$，Q 点的曲率 $K_Q = 1/R$。设 P 为缓和曲线上任意一点，相应的弧长为 l，曲率半径为 r，显然有

$$rl = RL_S = c \tag{15-21}$$

P 点切线与起点切线的夹角称为切线角 β，则 P 点的半径方向与纵轴的夹角也是 β。在 P 点取一微分弧段 $\mathrm{d}l$，对应的圆心角为 $\mathrm{d}\beta$，则有

$$\mathrm{d}l = r \times \mathrm{d}\beta \tag{15-22}$$

将式（15－21）代入式（15－22），可得

$$l \times \mathrm{d}l = c \times \mathrm{d}\beta \tag{15-23}$$

式（15－23）两边积分，得

$$\beta = \frac{l^2}{2c} = \frac{l}{2r} \tag{15-24}$$

当 P 点移动到缓和曲线起点 O 上时，$l=0$，$\beta=0$。设缓和曲线全长为 L_s，终点 Q 接半径为 R 的圆曲线，则当 P 点移动到缓和曲线终点 Q 时，$l=L_s$，有

$$\beta_0 = \frac{L_s^2}{2c} = \frac{L_s}{2R} \tag{15-25}$$

设 P 点的坐标为 (x,y)，则微分弧段 $\mathrm{d}l$ 在坐标轴上的投影

$$\left.\begin{array}{l} \mathrm{d}x = \mathrm{d}l \times \cos\beta \\ \mathrm{d}y = \mathrm{d}l \times \sin\beta \end{array}\right\} \tag{15-26}$$

将 $\cos\beta$、$\sin\beta$ 按级数展开，代入式（15-26），得

$$\left.\begin{array}{l} \mathrm{d}x = \left(1 - \frac{\beta^2}{2!} + \frac{\beta^4}{4!} - \frac{\beta^6}{6!} + \cdots\right)\mathrm{d}l \\ \mathrm{d}y = \left(\beta - \frac{\beta^3}{3!} + \frac{\beta^5}{5!} - \frac{\beta^7}{7!} + \cdots\right)\mathrm{d}l \end{array}\right\} \tag{15-27}$$

将式（15-24）代入式（15-27），两边积分，并略去高次项，整理可得

$$\left.\begin{array}{l} x = l - \frac{l^5}{40c^2} \\ y = \frac{l^3}{6c} - \frac{l^7}{336c^3} \end{array}\right\} \tag{15-28}$$

此为缓和曲线的直角坐标方程。

当 $l=L$ 时，$c=RL_s$，则缓和曲线终点（HY）的坐标为

$$\left.\begin{array}{l} x_0 = L_s - \frac{L_s^3}{40R^2} \\ y_0 = \frac{L_s^2}{6R} - \frac{L_s^4}{336R^3} \end{array}\right\} \tag{15-29}$$

15.5.2 带缓和曲线的平曲线主点测设

同样，带缓和曲线的平曲线也要先进行主点测设，在主点测设之前也要先计算测设要素。

15.5.2.1 内移距和切线增长值的计算

如图 15-16 所示，在直线和圆曲线间插入缓和曲线后，必须将原来的圆曲线向内移动距离 p 才能使直线、缓和曲线和圆曲线顺接，则 p 称为内移距。同时，切线也发生了变化，增长了 m，则 m 称为切线增长值。从图上的几何关系可以得出

$$p = y_0 - R(1 - \cos\beta_0)$$

$$m = x_0 - R\sin\beta_0$$

同样的，将 $\cos\beta_0$、$\sin\beta_0$ 按级数展开，并将式（15-25）和式（15-29）代入，略去高次项，整理可得

$$p = \frac{L_s^2}{24R} - \frac{L_s^4}{2688R^3}$$

$$m = \frac{L_s}{2} - \frac{L_s^3}{240R^2}$$

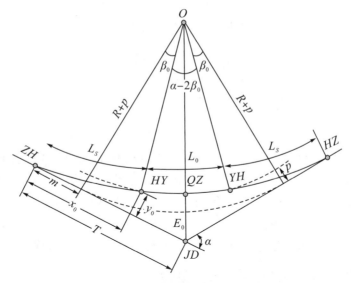

图 15－16 缓和曲线特性图

15.5.2.2 测设要素的计算

由图 15－16 可得各测设要素计算公式如下：

切线长为

$$T = (R+p)\tan\frac{\alpha}{2} + m \tag{15-30}$$

平曲线长为

$$L = (\alpha - 2\beta_0)\frac{\pi}{180}R + 2L_s \quad 或 \quad L = \frac{\pi}{180}\alpha R + L_s \tag{15-31}$$

外矢距为

$$E_0 = (R+p)\sec\frac{\alpha}{2} - R \tag{15-32}$$

校正值（切曲差）为

$$J = 2T - L \tag{15-33}$$

15.5.2.3 主点桩号的计算及测设

图 15－16 为带缓和曲线的"直线—缓和曲线—圆曲线—缓和曲线—直线"的组合，又称基本型曲线。它由三段组成，即第一缓和曲线段 $ZH \sim HY$、圆曲线段（即主曲线段） $HY \sim YH$、第二缓和曲线段 $YH \sim HZ$。因此，整个平曲线共有五个主点，即

直缓点（ZH）：由直线进入第一缓和曲线的点，是整个曲线的起点。

缓圆点（HY）：第一缓和曲线的终点，也是圆曲线的起点。

曲中点（QZ）：整个曲线的中间点，一般是圆曲线的中点。

圆缓点（YH）：圆曲线的终点，也是第二缓和曲线的起点。

缓直点（HZ）：第二缓和曲线的终点，进入直线段的起点，也是整个曲线的终点。

以交点里程桩号为起算点，各主点桩号计算如下：

$$ZH = JD - T$$

$$HY = ZH + L_s$$

$$QZ = HY + \frac{L - 2L_s}{2}$$

$$YH = QZ + \frac{L - 2L_s}{2}$$

$$HZ = YH + L_s$$

校核：

$$JD = HZ - T + J$$

主点 ZH、HZ、QZ 点的测设方法同圆曲线主点测设。HY、YH 点通常根据缓和曲线终点的直角坐标 (x_0, y_0)，用切线支距法测设，通常的做法：自 ZH（HZ）沿切线方向量取 x_0，打桩并钉入小钉，将经纬仪架在该桩上，后视切线沿垂直方向量取 y_0，打桩并钉入小钉，得 HY（YH）点。测设主点时，角度用测回法分中定点，距离应往、返丈量校核限差。此外，也可用道路设计软件导出坐标数据，用全站仪或 GPS-RTK 放样。

15.5.3　带缓和曲线的平曲线详细测设

与圆曲线测设一样，主要的方法也是切线支距法、偏角法和全站仪法或 GPS-RTK 法。

15.5.3.1　切线支距法

如图 15−17 所示，切线支距法测设缓和曲线，可直接利用式（15−28）计算出坐标。测设圆曲线时，因坐标原点是缓和曲线的起点，可先按圆曲线公式计算出坐标，再分别加上 p、q。

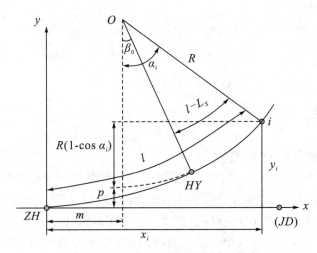

图 15−17　切线支距法测设缓和曲线

如图 15−17 所示，圆曲线上任意一点 i 的坐标计算公式如下：

$$\left.\begin{aligned} x_i &= m + R\sin\alpha_i \\ y_i &= p + R(1 - \cos\alpha_i) \\ \alpha_i &= \frac{l_i - L_s}{R} \cdot \frac{180°}{\pi} + \beta_0 \end{aligned}\right\} \tag{15−34}$$

式中，l_i 为圆曲线上任意点 i 至缓和曲线起点 ZH 的弧长，单位为 m。

286

计算出坐标后，测设方法与圆曲线切线支距法相同，不赘述。

15.5.3.2　偏角法

可分为缓和曲线上的偏角和圆曲线上的偏角两部分进行测设。

测设缓和曲线部分，如图 15−18 所示，以缓和曲线的起点 ZH 或终点 HZ 为坐标原点，以过原点的切线为 x 轴，过原点且垂直于 x 轴的方向为 y 轴。缓和曲线上某点 P 至曲线的起点（ZH 或 HZ）的直线距离为 l，P 点和原点的连线与 x 轴之间的夹角为 δ。它们可以通过切线支距法求出的点的坐标 $P(x,y)$ 来进行计算。因 δ 通常较小，所以

$$\delta = \tan\delta = \frac{y}{x} \approx \frac{l^2}{6RL_S} \tag{15−35}$$

当 P 点移动到 HY 点时，总偏角为

$$\delta_0 = \frac{L_S}{6R} \tag{15−36}$$

又因为

$$\beta = \frac{l^2}{2RL_S}, \quad \beta_0 = \frac{l^2}{2R}$$

则

$$\delta = \frac{1}{3}\beta, \quad \delta_0 = \frac{1}{3}\beta_0$$

另外，由图 15−18 可以得出

$$b = \beta - \delta = 2\delta, \quad b_0 = \beta_0 - \delta_0 = 2\delta_0$$

将式（15−35）除以式（15−36），得

$$\delta = \left(\frac{l}{L_S}\right)^2 \delta_0 \tag{15−37}$$

因此，在 R 和 L_S 确定的情况下，δ_0 为定值，由式（15−37）可计算出缓和曲线上任意一点的偏角值。

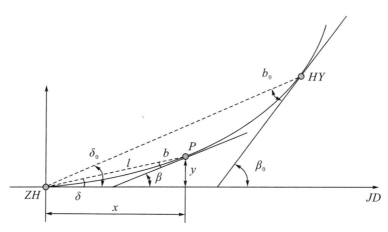

图 15−18　偏角法测设缓和曲线

缓和曲线一般每间隔 10 m 测设一点，将 L_S 分为 N 等份（$N = L_S/10$），计算出自 ZH 测设各曲线点的偏角 $\delta_1,\delta_2,\cdots,\delta_N(\delta_0)$。偏角法测设缓和曲线时，首先将仪器置于 ZH 或 HZ 点上，拨出偏角 $\delta_1,\delta_2,\cdots,\delta_N(\delta_0)$，同时从点与点之间量 10 m 弦长与相应视线对准，

定出各曲线点,直到视线通过 HY 或 YH 点,并与测设的主点进行检验,合格为止。

测设圆曲线时,将经纬仪安置于 HY 点,先定出 HY 点的切线方向;后视 ZH 点,配置水平度盘读数为 b_0(当路线右转时,应为 $360° - b_0$),转动照准部,则水平度盘读数为 0 时的视线方向即 HY 的切线方向,倒转望远镜即可按圆曲线偏角法测设圆曲线上的各点。

15.5.3.3 全站仪法

从设计文件中的道路中线逐桩坐标表中提取曲线各桩坐标,利用全站仪坐标放样法进行放样。

15.6 道路纵、横断面测量

通过中线测量,直线和曲线上的所有整桩和加桩都已经在实地标定出来,这时就可以进行道路纵、横断面测量。道路纵断面测量又称水准测量,主要任务是测定道路中线方向的地面起伏情况,并绘制纵断面图,以解决道路在中线竖直面上的位置问题。道路横断面测量的主要任务是测定道路各中桩两侧垂直于中线方向的地面起伏情况,并绘制横断面图,以解决道路在中线法向切面上的位置问题。

注意,虽然根据地形图也可以在图上获取道路纵、横断面高程数据,但是无法满足设计要求,特别是在施工图设计阶段定测时,为准确计算工程量,必须到实地测定纵、横断面。

15.6.1 道路纵断面测量

道路纵断面测量的具体任务:沿着已经测设出的中线,测定所有中桩的地面高程,根据各中桩里程桩号及地面高程绘制纵断面图,供纵断面设计使用。用以确定道路的坡度、路基的高程和填挖高度以及沿线桥、涵、隧道等构筑物的位置。

为了保证测量的精度和满足成果检核的需要,根据"从整体到局部"的测量原则,纵断面测量一般分两步进行:首先沿路线方向设置若干水准点,建立高程控制,称为基平测量;然后在各水准点的基础上进行中桩水准测量,称为中平测量。基平测量一般按四等水准精度要求进行,中平测量可按普通水准测量进行。

15.6.1.1 基平测量

1. 水准点的布设

水准点是高程测量的控制点,在勘测设计、施工阶段甚至长期都要使用,应布设在地基稳固、方便引测以及施工时不易被破坏的地方。根据不同的需要和用途,水准点分为永久水准点和临时水准点。

对于路线的起终点、桥梁两岸、隧道两端和需要长期观测高程的重点工程附近均应设置永久水准点。永久水准点要埋设标石,也可设在永久性建筑物上,或将金属标志嵌在基岩上。临时水准点的布设密度应根据地形的复杂程度以及工程的需要而定。相邻水准点间的距离以 $1 \sim 2$ km 为宜,山岭、重丘区和市政工程可根据需要适当加密。此外,在大桥、隧道及其他大型构筑物两端应增设水准点,每一端应埋设 2 个(含 2 个)以上。水准点距路线中心线的距离应大于 50 m,宜小于 300 m。

2. 基平测量的方法

基平测量时,应将起始水准点与附近国家水准点联测,以获得绝对高程。在沿线水准测量中，也应尽可能与附近国家水准点联测，以获得更多的检核条件。同一条水准线路应采用同一个高程系统，不能采用同一个系统时应给定高程系统的转换关系。独立工程或三级以下道路联测有困难时，可采用假定高程。

基平测量一般应采用水准测量方法，精度同四等水准的要求。在进行水准测量确有困难的山岭地带以及沼泽、水网地区，四、五等水准测量可用光电测距三角高程测量。对于一般市政工程的线路水准测量，可按介于四等水准与等外水准之间的精度要求施测，其主要技术要求应符合相关规范的规定。

15.6.1.2　中平测量

1. 中平测量的要求

中平测量又称中桩抄平，是指在测定基平测量水准点高程的基础上测定各中桩高程。中平测量的水准路线一般布设成附合水准路线，以两个相邻水准点为一测段，从一个水准点出发，按普通水准测量的要求，测出该测段内所有中桩地面高程，最后附合到另一个水准点上。闭合差不应超过 $50\sqrt{L}$ mm（L 为附合水准路线长度，单位为 km）。

测量时，在每个测段上的一定距离上设置转点。由于转点起传递高程作用，转点尺应立在尺垫、稳定的桩顶或坚石上。转点读至毫米，视线长度一般不超过 120 m。将水准仪安置于测站上，首先读取后、前两转点 TP（或水准点 BM）的尺上读数，再读取两点间所有中桩地面点的尺上读数，这些中桩点称为中间点，中间点的立尺由后视点立尺人员完成，中间点尺上读至厘米（高速公路要求读至毫米），尺子立在紧靠桩边的地面上。在水准点上立尺时，尺子应立在水准点上。

2. 中平测量的方法

如图 15-19 所示，水准仪置于 1 站，后视水准点 BM_1，前视转点 TP_1，将观测结果分别记入表 15-5 中"后视"和"前视"栏内；然后观测 BM_1 与 TP_1 间的各个中桩，将后视点 BM_1 上的水准尺依次立于 K3+000、K3+030、K3+050、K3+080、K3+100 等各中桩地面上，将读数分别记入表中的"中视"栏内。测站计算时，要先计算该站仪器的视线高程，再计算转点高程，然后计算各中桩高程，计算公式如下：

$$视线高程＝后视点高程＋后视读数$$
$$转点高程＝视线高程－前视读数$$
$$中桩高程＝视线高程－中视读数$$

仪器搬至 2 站，后视转点 TP_1，前视转点 TP_2，然后观测各中桩。用同法继续向前观测，直至附合到水准点 BM_2，完成一测段的观测工作。

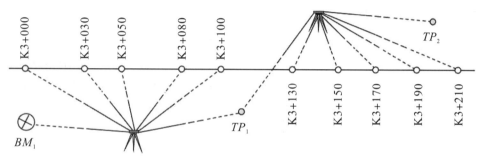

图 15-19　中平测量示意图

289

表 15－5　中平测量记录表

测站	点号	水准尺读数/m			仪器视线高程/m	高程/m	备注
		后视	中视	前视			
1	BM_1	2.253			14.567	12.314	水准点 BM_1 高程 12.314 m
	K3+000		1.59			12.98	
	K3+030		1.87			12.70	
	K3+050		0.82			13.75	
	K3+080		1.52			13.05	
	K3+100		1.25			13.32	
	TP_1			1.376		13.191	
2	TP_1	1.857			15.048	13.191	
	K3+130		0.88			14.17	
	K3+150		1.12			13.93	
	K3+170		1.43			13.62	
	K3+190		1.26			13.79	
	K3+210		0.71			14.34	
	TP_2			0.704		14.344	
3	TP_2	1.690			16.034	14.344	
	K3+260		1.42			14.61	
	K3+280		1.20			14.83	
	K3+300		1.63			14.40	
	K3+320		1.49			14.54	
	K3+335		1.81			14.22	
	K3+350		2.02			14.01	
	TP_3			1.407		14.627	
4	TP_3	1.808			16.435	14.627	水准点 BM_2 高程 14.963 m
	K3+384		1.52			14.92	
	K3+391		1.39			15.05	
	K3+400		1.22			15.22	
	BM_2			1.466		14.969	

　　每一测段观测完后应立即进行内业计算。首先检核计算的正确性，所有后视读数之和减去所有前视读数之和，应该和第二水准点推算高程与第一水准点高程之差相等；若不相等则说明计算有误，需查找错误，重新计算。

　　其次，根据该测段第二水准点的推算高程和已知高程计算高差闭合差 f_h，即

$$f_h = 推算高程 - 已知高程 \tag{15-38}$$

　　若 $f_h \leqslant f_{h容} = \pm 50\sqrt{L}$，则符合要求，可不进行闭合差的调整，以原计算的各中桩地

面高程作为绘制纵断面图的数据；否则，应予重测。

本例中所有后视读数之和为 7.608 m，所有前视读数之和为 4.953 m；水准点的推算高程为 14.969 m，水准点 BM_1 的已知高程为 12.314 m。互差均为 2.655 m，说明计算无误。

水准点 BM_2 的已知高程为 14.963 m，水准路线长度为 397 m，则闭合差为

$$f_h = 推算高程 - 已知高程 = 14.969 - 14.963 = 0.006\text{（m）} = 6\text{（mm）}$$

闭合差限差为

$$f_{h容} = \pm 50\sqrt{L} = \pm 50\sqrt{0.397} = \pm 31.5\text{（mm）}$$

因 $f_h < f_{h容}$，故成果合格。

15.6.1.3　绘制纵断面图

道路纵断面图既表示中线方向的地面起伏，又可在其上进行纵坡设计，是道路设计和施工的重要资料。

道路纵断面图一般采用直角坐标按路线前进方向自左向右绘制，横坐标表示中桩的里程，纵坐标表示高程。常用的里程比例尺有 1∶5000、1∶2000、1∶1000 三种。为了明显地表示地面起伏，一般取高程比例尺为里程比例尺的 10～20 倍。如里程比例尺为 1∶1000，则高程比例尺取 1∶100 或 1∶50。

图 15-20 为道路纵断面设计图。

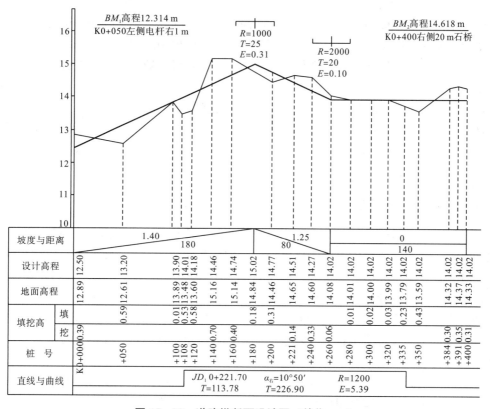

图 15-20　道路纵断面设计图（单位：m）

图的上半部主要为绘图区，从左至右绘有贯穿全图的两条线：细折线表示中线方向的地面线，是根据中平测量的中桩地面高程绘制的；粗折线表示纵坡设计线。此外，图的上

半部还注有以下资料：

（1）水准点编号、高程和位置，竖曲线示意图及竖曲线要素。

（2）沿线构筑物，如桥梁的类型、孔径、跨数、长度、里程桩号和设计水位，涵洞的类型、孔径和里程桩号等。

（3）其他道路、铁路交叉点的位置、里程桩号和有关说明等。

上半部纵断面图上的高程按规定的比例尺注记，但先要确定起始高程（如图中 K0＋000 桩号的地面高程）在图上的位置，且参考其他中桩的地面高程，使绘出的地面线处于图纸上适当的位置。

图的下半部主要是数据区，绘有几栏表格，填写高程测量和纵坡设计等有关数据，表头和数据一般包括以下内容：

（1）坡度与距离（坡长）：表示道路中线设计的坡度与坡长，一般用斜线和水平线表示。从左下至右上表示上坡，反之表示下坡，水平线表示平坡。线上方以百分数注记坡度数值，下方注记坡长（水平距离），不同的坡度用竖线分开。某段的设计坡度按下式计算：

$$设计坡度＝（终点设计高程－起点设计高程）/平距$$

（2）设计高程：填写相应中桩的设计路面高程。设计时，要考虑施工时土（石）方量最小、填挖方尽量平衡及小于限制坡度等道路有关技术规定。某点的设计高程按下式计算：

$$设计高程＝起点高程＋设计坡度×起点至该点的平距$$

（3）地面高程：标注对应各中桩的地面高程，并在纵断面图上按各中桩的里程、地面高程依次展绘在相应位置，用细直线连接各相邻点，即得中线方向的地面线。

（4）填挖高：填挖高即设计高程与地面高程之差，可将填、挖的深度分栏表示出来或者用正负号表示出来。

（5）桩号：从左至右按规定的里程比例尺注上各中桩的桩号。

（6）直线与曲线：按里程桩号标明路线的直线部分和曲线部分（包括圆曲线和缓和曲线）。该部分实为路线的曲率图，上凸表示路线右偏，下凹表示路线左偏，并注明交点编号及 R、L_S、T、L、E 等平曲线要素。

15.6.2　道路横断面测量

道路横断面测量的具体任务：测定各中桩两侧、垂直于中线方向上地面各变坡点间的距离和高程，并按一定比例尺绘制横断面图，供路基横断面设计、土（石）方量计算、沿线构筑物布置及施工时边坡边桩放样使用。

横断面施测的密度和宽度应根据地形、地质情况、道路等级、路基宽度、边坡大小及工程的特殊需要而定。横断面测绘的密度，除各中桩断面应施测外，在大中桥头、隧道洞挡土墙等重点工程及地质不良地段，根据需要适当加密；横断面测量的宽度应根据实际工程要求和地形情况确定，一般在中线两侧各测量 20～50 m。横断面测绘时，距离和高程的精度一般精确到 0.05～0.1 m 即可满足工程需要，故横断面测量多采用简易工具和方法，以提高效率。横断面测量的误差应符合《工程测量标准》（GB 50026—2020）中的规定，见表 15-6。

表 15－6　横断面测量的限差

线路名称	距离/m	高程/m
铁路、一级及以上公路	$\dfrac{l}{100}+0.1$	$\dfrac{h}{100}+\dfrac{l}{200}+0.1$
二级及以下公路	$\dfrac{l}{50}+0.1$	$\dfrac{h}{50}+\dfrac{l}{100}+0.1$

注：1. l 为测点至线路中桩的水平距离（m）；

2. h 为测点至线路中桩的高差（m）。

15.6.2.1　横断面方向的测定

由于横断面测绘是测量中桩处垂直于中线的地面线高程，所以首先要测定横断面的方向，然后在这个方向上测定地面坡度变化点或特征点的距离和高差。

1. 直线段上横断面方向的测定

线路直线段上横断面方向即与道路中线相垂直的方向。横断面方向的确定通常采用方向架或测角仪器等。图 15－21 为方向架法测定直线段上横断面方向。将方向架置于中桩点上，方向架上有两个相互垂直的固定片，用其中一个 aa' 瞄准该直线上任一其他中桩，则 bb' 所指方向即为该桩点的横断面方向。若采用测角仪器确定横断面方向，只需将仪器安置在某中桩上，瞄准直线上另一中桩，旋转仪器 90° 即得到横断面方向。

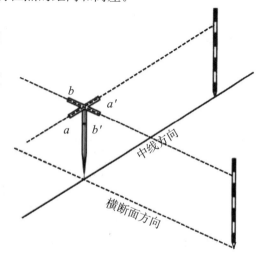

2. 圆曲线上横断面方向的测定

圆曲线上某点的横断面方向为该点的半径

图 15－21　方向架法测定直线段上横断面方向

方向。测设方法可采用弯道求心方向架（图 15－22，即在一般方向架上增加一活动觇板 cc'）或测角仪器。若用方向架，如图 15－23 所示，先将方向架立于 ZY 点上，用 aa' 方向瞄准交点（JD）方向，则 bb' 方向即为 ZY 点的横断面方向，转动定向杆 cc' 对准 P_1 点，制动定向杆。将方向架移至 P_1 点，用 bb' 对准 ZY 点，依同弧两端弦切角相等的定理，cc' 方向即为 P_1 点的横断面方向。同样的，欲继续测设圆曲线上 P_2 点的横断面方向，先在 P_1 点定好横断面方向后，不动方向架，松开定向杆，用 cc' 对准 P_2 点，制动定向杆。然后将方向架移至 P_2 点，用 bb' 对准 P_1 点，则 cc' 方向即为 P_2 点的横断面方向。

3. 缓和曲线上横断面方向的测定

缓和曲线上横断面方向与中桩点的切线方向垂直。因此，只要求出该点至 ZH 点或 HZ 点的偏角值，即可定出该点的法线方向。

如图 15－24 所示，P 为缓和曲线上任意一点，φ 为 P 与 ZH 的连线与过 P 点切线间的夹角（即为 P 至 ZH 点的弦偏角），δ 为 ZH 到 P 点的弦偏角，β 为过 P 点的切线与 $ZH-JD$ 间的夹角（即为 P 点的弦切角），则 $\varphi=\beta-\delta$。根据 $\beta=\dfrac{l^2}{2RL_s}$，$\delta=\tan\delta=\dfrac{y}{x}\approx\dfrac{l^2}{6RL_s}$，所以 $\varphi=\dfrac{l^2}{3RL_s}\times\dfrac{180°}{\pi}$。

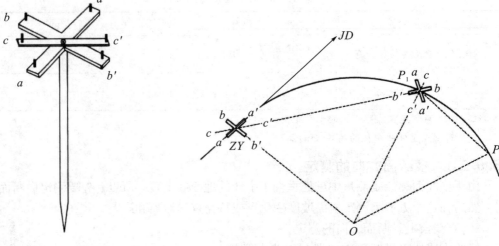

图 15－22　弯道求心方向架　　　　　图 15－23　方向架法测定圆曲线上横断面方向

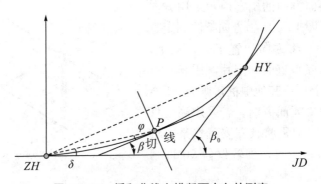

图 15－24　缓和曲线上横断面方向的测定

测设时，在 P 点上安置测角仪器，照准 ZH 点，配置水平度盘为 $0°00'00''$，顺时针转动照准部，使水平度盘读数为 $90°-\varphi$，则望远镜视准轴所指方向即为缓和曲线上 P 点的横断面方向。

15.6.2.2　横断面的测量方法

横断面方向确定以后，即可测定从中桩到左、右两侧变坡点的距离和高差。横断面的测量方法很多，应根据地形条件、精度要求和设备条件来选择。常用的方法有以下四种。

1. 标杆皮尺法

如图 15－25 所示，A、B、C 为横断面方向上的变坡点，将标杆立于 A 点，皮尺靠中桩地面拉平量出中桩至 A 点的水平距离，皮尺截于标杆的红白格数（每格 0.2 m）即为两点间的高差。同方法测出测段 $A \rightarrow B$、$B \rightarrow C$ 等各段的水平距离和高差，直至所需的测绘宽度为止。此法简便，但精度低，适用于山区低等级公路。

记录表格见表 15－7。表 15－7 按路线前进方向分左、右侧，用分数形式表示各测段的高差和水平距离，分子表示高差，分母表示水平距离，正号表示升高，负号表示降低，自中桩由近及远逐段记录。注意，高差和水平距离可以是相对前一点的，也可以是相对中桩的，但同一个项目宜采用同一种格式，记录时应注明。表 15－7 为相对前一点的高差和水平距离。

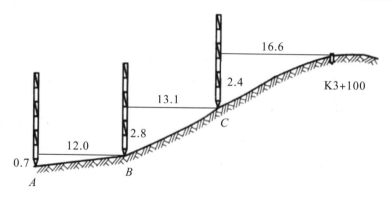

图 15－25　标杆皮尺法测量横断面（单位：m）

表 15－7　标杆皮尺法横断面测量记录表

$\dfrac{相邻两点间高差/m}{相邻两点间水平距离/m}$（左侧）			桩号	$\dfrac{相邻两点间高差/m}{相邻两点间水平距离/m}$（右侧）		
$\dfrac{-0.7}{12.0}$	$\dfrac{-2.8}{13.1}$	$\dfrac{-2.4}{16.6}$	K3+100	$\dfrac{+1.5}{5.2}$	$\dfrac{+1.8}{6.9}$	$\dfrac{+1.2}{9.0}$

2. 经纬仪视距法

经纬仪安置在中线桩上，用经纬仪定出横断面方向，用视距法测出横断面上各地形变化点至中桩的水平距离和高差。该法操作简单、速度快，但精度较低，适用于地形复杂、地势陡峭地段的低等级公路。

3. 水准仪皮尺法

如图 15－26 所示，水准仪皮尺法是用方向架定方向、用皮尺量距离、用水准仪测高程的方法。在适当的位置安置水准仪，以中桩地面高程点为后视，读取后视读数，求得视线高程，再以中桩两侧横断面方向地形特征点为前视，读至厘米，用视线高程减去各前视读数，即得各点的地面高程。然后用皮尺分别量出各特征点到中桩的水平距离，量至厘米，填入表 15－7。注意，此时的数据格式是相对中桩的距离及绝对高程。

水准仪皮尺法适用于横断面较宽的平坦地区，若水准仪安置适当，在一个测站上可以观测多个横断面，因此当精度要求较高且横断面方向高差变化不大时，多采用水准仪皮尺法。

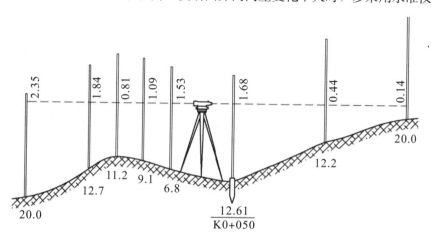

图 15－26　水准仪皮尺法测定横断面（单位：m）

4. 全站仪法

用全站仪测量横断面，不仅速度快、精度高，而且在一个测站上安置仪器可以观测附近多个横断面。但应注意的是，由于视线长，观测时应画草图，做好记录，以防各断面点相互混淆。

15.6.2.3　横断面图的绘制

横断面图一般绘在毫米方格纸上，为便于线路断面设计和面积计算，其水平距离和高程采用相同比例尺，一般为1∶100或1∶200。横断面图绘制的工作量大，为了提高工作效率，便于现场核对，往往采取现场边测边绘的方法，避免错误。也可采取现场手绘记录、室内绘图再到现场核对的方法。

如图15-27所示，绘图时，先标定中桩位置，注明桩号，再由中桩开始，分左、右两侧按水平距离和高程逐一展绘各变坡特征点，然后用直线连接相邻点，即绘出横断面的地面线。图15-27为经横断面设计后，在地面线上、下绘有路基设计线的横断面图形。

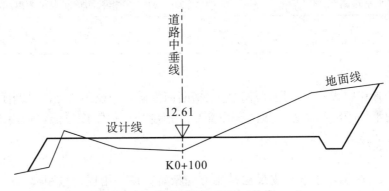

图 15-27　道路横断面设计（单位：m）

15.7　道路施工测量

在施工阶段，道路工程测量的主要任务是将施工桩点的平面位置和高程测设于实地，主要工作包括线路复测、施工控制桩及路基边桩测设。

15.7.1　线路复测

道路中线在施工中起平面控制作用，也是路基施工的主要依据。在施工中，中线位置必须与定测一致。由于定测以后要经过施工图设计、招投标阶段才能进入施工阶段，在此期间，定测测设的某些桩点可能丢失或被移动，因此，在施工前必须进行复测，恢复受到破坏的控制点，恢复定测测设的中桩，检查定测资料，这项工作称为线路复测。

施工单位在线路复测前应检核定测资料及有关图表，会同设计单位在现场进行平面控制点和水准点、JD桩、ZD桩、曲线主点桩、中线桩等桩位的交桩工作。线路复测应对全线的控制点和中线进行复测，其工作内容和方法与定测时基本相同，精度要求也与定测时一致。

当复测结果与定测成果互差在限差范围内时，可使用定测成果；当互差超限时，应寻找原因，如确属定测资料错误或桩点发生移动，应改动定测成果。

15.7.2　施工控制桩测设

由于道路中线桩在施工中要被挖掉或堆埋，为了在施工中控制中线位置，应在不受施工干扰、便于引用和易于保存桩位的地方测设施工控制桩。测设方法主要有平行线法、延长线法和交会法，可根据实际情况配合使用。

15.7.2.1　平行线法

平行线法是在设计的路基宽度以外测设两排平行于中线的施工控制桩，如图 15-28 所示。为了施工方便，控制桩的间距一般取 20 m。平行线法多用于地势平坦、直线段较长的路段。

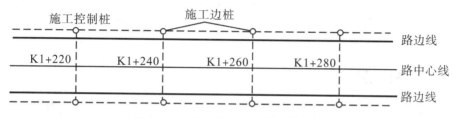

图 15-28　平行线法测设施工控制桩

15.7.2.2　延长线法

延长线法是在道路转折处的中线延长线上以及曲线中点（QZ）至交点（JD）的延长线上测设施工控制桩，如图 15-29 所示。

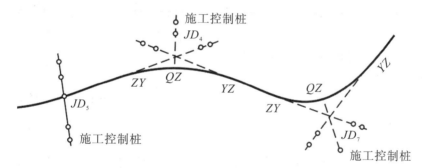

图 15-29　延长线法测设施工控制桩

每条延长线上应设置两个以上的控制桩，量出其间距及与交点的距离，做好记录，这主要是为了恢复中线交点。延长线法多用于地势起伏较大、直线段较短的路段。

15.7.2.3　交会法

交会法是在中线的一侧或两侧选择适当位置设置控制桩或选择明显固定地物，如电杆、房屋的墙角等作为控制，如图 15-30 所示。交会法多用于地势较开阔、便于距离交会的路段。

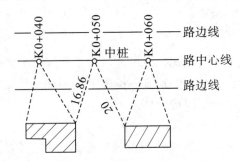

图 15－30　交会法测设施工控制桩（单位：m）

上述三种方法无论在城镇区、郊区还是在山区的道路施工中均应根据实际情况互相配合使用。但无论使用哪种方法测设施工控制桩，均要绘出示意图、量距并做好记录，以便查用。

15.7.3　路基边桩测设

路基边桩测设是根据路基的设计横断面和中桩位置，在地面上标定出路基填挖边界（即路堤的坡脚线和路堑的坡顶线），以便根据边桩确定路基填筑或开挖的范围。其常用的方法有图解法和解析法。

15.7.3.1　图解法

地势比较平坦、横断面测绘精度较高时可以在路基横断面设计图上直接量取中桩到边桩的距离，然后到现场用方向架（或测角仪器）定出横断面方向，用皮尺直接量出边桩的位置，钉上木桩。该方法的优点是简单、快速，适用于地形变化不大的地段。当地形变化较大、横断面测量不够准确时，其误差较大。

15.7.3.2　解析法

解析法是通过计算求得中桩至边桩的水平距离，然后实地测设出来。路基的形式基本上可分为路堤和路堑两种。

1. 路堤放线

图 15－31（a）为平坦地面路堤放线情况。路基上口宽度 b 和边坡坡率 $1:m$ 均为设计数值，填方高度 h 可从纵断面图上查得，由图可得出路堤脚坡边桩至中桩的距离为

$$B/2 = b/2 + mh \qquad (15-39)$$

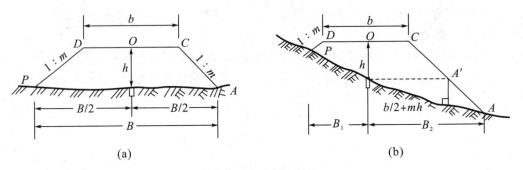

图 15－31　路堤放线

平坦地段的路基放线方法：由该断面中心桩沿横断面方向向两侧各量 $B/2$ 后钉桩，

即得出坡脚（或坡顶）A 和 P。在中心桩及距中心桩 $b/2$ 处立小木杆（或竹竿），用水准仪在杆上测设出该断面的设计高程线，即得坡顶 C、D 及路中心 O 三点，最后用小线将 A、C、O、D、P 点连起，即得到路基的轮廓。施工时，在相邻断面坡脚的连线上撒上白灰线作为填方的边界。

图 15-31（b）为倾斜地段路堤放线的情况。此时由于坡脚 A、P 距中心桩的距离与 A、P 地面高低有关，故不能直接用路堤公式算出，通常采用坡度尺定点法来进行路基放线。

倾斜地段的路基放线方法：先做一个符合设计边坡 $1:m$ 的坡度尺，如图 15-32 所示，当竖向转动坡度尺使直立边平行于垂球线时，其斜边即为设计坡度。用坡度尺测设坡脚的方法是先用前一方法测出坡顶 C 和 D，然后将坡度尺的顶点 N 分别对在 C 和 D 上，用小线顺着坡度尺斜边延长至地面，即分别得到坡脚 A 和 P。当填方高度较大时，由 C 点测设 A 点有困难，可用前一方法测设出与中桩在同一水平线上的边坡点 A'，再在 A' 点用坡度尺测设出坡脚 A。

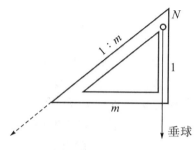

图 15-32 坡度尺

2. 路堑放线

图 15-33（a）为平坦地段路堑放线情况。路基下口宽度 b 和边坡坡率 $1:m$ 均为设计数值，b_0 为路堑边沟顶宽，填方高度 h 可从纵断面图上查得，由图可得出路堑顶坡边桩至中桩的距离为

$$B/2 = b/2 + b_0 + mh \qquad (15-40)$$

路堑放线的原理和方法与路堤放线基本相同，对于图 15-33（b）所示的倾斜地段的路堑放线，也需要用到坡度尺。

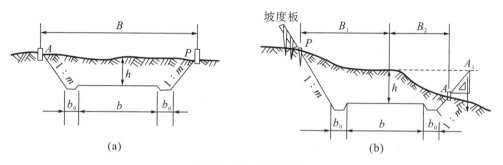

图 15-33 路堑放线

3. 半挖半填的路基放线

在修筑山区道路时，为减少土（石）方量，路基常采用半填半挖形式，如图 15-34

所示。这种路基放线时，除按上述方法定出填方坡度 A 和挖方坡顶 P 外，还要测设出不填不挖的零点 $0'$。其测设方法：用水准仪直接在横断面上找出等于路基设计高程的地面点，即为零点 $0'$。

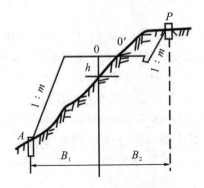

图 15-34　半挖半填路基放线

15.7.4　施工边桩测设

由于路基的施工致使中线上所设置的各桩被毁掉或填埋，为了简便施工测量工作，可用平行线法加设边桩，即在距路面边线 0.5～1.0 m 以外各钉一排平行于中线的施工边桩，作为路面施工的依据，用它来控制路面高程和中线位置。

施工边桩一般是以施工前测定的施工控制桩为准测设的，其间距以 10～30 m 为宜。当边桩钉置好后，可按测设已知高程点的方法在边桩测设出该桩的道路中线的设计高程钉，并将中线两侧相邻边桩上的高程钉用小线连起，便得到两条与路面设计高程一致的坡度线。为了防止观测和计算错误，每测完一段应附合到另一水准点上校核。

如施工地段两侧邻近有建筑物，可不钉边桩，利用建筑物标记里程桩号，并测出高程，计算出各桩号路面设计高的改正数，在实地标注清楚，作为施工的依据。

如果施工现场已有平行中线的施工控制桩，并且间距符合施工要求，则可一桩两用，不再另行测设边桩。

思考题与习题

1. 道路工程测量主要包括哪些内容？初测和定测的具体任务是什么？

2. 什么是中线测量？中线测量的内容是什么？

3. 什么叫道路的转点和交点？各有什么作用？在中线的哪些地方应设置中桩？

4. 什么叫里程桩？怎样测设直线段上的里程桩？

5. 圆曲线的主点有哪些？如何测设圆曲线的主点？

6. 已知某一路线的交点处右转角为 $\alpha = 76°30'30''$，其桩号为 K8+215.36，圆曲线半径 $R = 120$ m，试计算圆曲线要素 T、L、E、J，以及三个主点桩号。

7. 什么是道路的基平测量和中平测量？基平测量与一般的水准测量有何不同？

8. 道路纵断面测量的任务是什么？道路中心线的纵断面图是怎样绘制的？

9. 道路路基边桩放样如何进行？

第 3 篇
工程测量新技术

第16章 工程测量新技术

16.1 GNSS 技术

16.1.1 GPS（美国的全球导航卫星系统）

16.1.1.1 GPS 的组成

1. 空间部分——GPS 卫星星座

GPS 卫星星座由 21 颗工作卫星和 3 颗在轨备用卫星组成，运行周期 11 小时 58 分钟，轨道面数 6 个。位于地平线以上的卫星颗数随着时间和地点的不同而不同，最少可以见到 4 颗，最多可以见到 11 颗。

2. 地面控制部分——地面监控系统

GPS 工作卫星的地面监控系统包括一个主控站、三个注入站和五个监测站。主控站设在美国的科罗拉多，三个注入站分别设在大西洋的阿森松岛、印度洋的迪戈加西亚岛和太平洋的卡瓦加兰，五个监测站除了位于主控站和三个注入站之处的四个站，还在夏威夷设立了一个站。

3. 用户设备部分——GPS 信号接收机

接收 GPS 卫星发射的信号以获得必要的导航和定位信息，经数据处理完成导航和定位工作。GPS 信号接收机硬件一般由主机、天线和电源组成。

16.1.1.2 GPS 信号的组成（码分多址技术）

GPS 卫星发送的导航定位信号一般包括载波、测距码和数据码（或称 D 码）三类信号。GPS 卫星广播 L1 和 L2 两种频率的信号：L1 信号载波频率为 1575.42 MHz，并调制了 P/Y 码、C/A 码和数据码（或称 D 码）；L2 信号载波频率为 1227.60 MHz，测距码仅调制了 P/Y 码。其中，P/Y 码为军用码，C/A 码为民用码。

GPS 导航电文（D 码）是包含有关卫星星历、卫星工作状态、时间系统、卫星钟运行状态、轨道摄动改正、大气折射改正和由 C/A 码捕获 P 码等导航数据码。导航电文是利用 GPS 进行定位的基础。

GPS 信号现代化：系统计划新增 4 个信号，L2 和 L5 新增 2 个民用信号（就是某些接收机上标注的 L2C 和 L5），L1 和 L2 新增 2 个军用信号。

16.1.2 GLONASS（俄罗斯的全球导航卫星系统）

16.1.2.1 GLONASS 的组成

1. 空间部分——GLONASS 卫星星座

GLONASS 卫星星座由 21 颗工作卫星和 3 颗备用卫星组成。这 24 颗卫星均匀地分布在 3 个近圆形的轨道平面上，这三个轨道平面两两相隔 120°，每个轨道面有 8 颗卫星。

2. 地面控制部分——地面支持系统

地面支持系统由系统控制中心、中央同步处理器、遥测遥控站（含激光跟踪站）和外场导航控制设备组成。GLONASS 由俄罗斯航天局管理，系统控制中心和中央同步处理器位于莫斯科，遥测遥控站位于圣彼得堡、捷尔诺波尔、埃尼谢斯克和共青城。

3. 用户设备部分——GLONASS 信号接收机

接收 GLONASS 卫星发射的信号以获得必要的导航和定位信息，经数据处理完成导航和定位工作。GLONASS 信号接收机硬件一般由主机、天线和电源组成。

16.1.2.2 GLONASS 信号的组成（频分多址技术）

与 GPS 系统不同的是，GLONASS 系统采用频分多址（FDMA）方式，根据载波频率来区分不同卫星［GPS 是码分多址（CDMA），根据调制码来区分卫星］。每颗 GLONASS 卫星发播两种频率的信号：L1 信号载波频率为 1602+0.5625K（MHz）；L2 信号载波频率为 1246+0.4375K（MHz）。其中，K=1～24 为每颗卫星的频率编号。

GLONASS 卫星的载波上也调制了两种伪随机噪声码：S 码和 P 码。俄罗斯对 GLONASS 系统采用了军民合用、不加密的开放政策。

16.1.3 GALILEO（欧盟的全球导航卫星系统）

GALILEO 是以欧盟为主导研制和建立的民用全球卫星导航系统。该系统由两个地面控制中心和 30 颗卫星组成，其中 24 颗为工作卫星，6 颗为备用卫星。卫星轨道高度约 2.4 万公里，位于 3 个倾角为 56°的轨道平面内。

GALILEO 由空间段、地面段、用户段三部分组成。空间段由分布在 3 个轨道上的 30 颗中等高度轨道卫星构成；地面段主要由 2 个位于欧洲的伽利略控制中心（GCC）和 29 个分布于全球的伽利略传感器站（GSS）组成，另外还有分布于全球的 5 个 S 波段上行站和 10 个 C 波段上行站，用于控制中心与卫星之间的数据交换；用户段主要就是用户接收机及其等同产品，GALILEO 考虑将与 GPS、GLONASS 的导航信号一起组成复合型卫星导航系统，因此用户接收机是多用途、兼容性接收机。

GALILEO 可提供高精度、高可靠性的定位服务，实现完全非军方控制、管理，可以进行覆盖全球的导航和定位。该系统还能够和美国的 GPS、俄罗斯的 GLONASS 实现多系统内的相互合作，任何用户将来都可以用一个多系统接收机采集各个系统的数据或者各系统数据的组合来实现定位和导航的要求。

16.1.4 北斗卫星导航系统（中国的全球导航卫星系统）

北斗卫星导航系统是中国着眼于国家安全和经济社会发展需要，自主建设运行的全球卫星导航系统，是为全球用户提供全天候、全天时、高精度的定位、导航和授时服务的国家重要时空基础设施。

20 世纪后期，中国开始探索适合国情的卫星导航系统发展道路，逐步形成了"三步走"发展战略：2000 年年底，建成北斗一号系统，向中国提供服务；2012 年年底，建成北斗二号系统，向亚太地区提供服务；2020 年，建成北斗三号系统，向全球提供服务。

北斗卫星导航系统由空间段、地面段和用户段三部分组成。空间段由若干地球静止轨道卫星、倾斜地球同步轨道卫星和中圆地球轨道卫星等组成。地面段包括主控站、时间同步/注入站和监测站等若干地面站，以及星间链路运行管理设施。用户段包括北斗兼容其他卫星导航系统的芯片、模块、天线等基础产品，以及终端产品、应用系统和应用服务等。

北斗卫星导航系统具有以下特点：一是北斗卫星导航系统空间段采用三种轨道卫星组成的混合星座，与其他卫星导航系统相比高轨卫星更多，抗遮挡能力强，尤其低纬度地区性能优势更为明显；二是北斗卫星导航系统提供多个频点的导航信号，能够通过多频信号组合使用等方式提高服务精度；三是北斗卫星导航系统创新融合了导航与通信能力，具备定位导航授时、星基增强、地基增强、精密单点定位、短报文通信和国际搜救等多种服务能力。

16.1.5　GNSS 卫星星历

GNSS 卫星星历是轨道参数的具体表现形式。卫星星历是实现定位与导航的基础，是空基的精确已知点。

GPS 星历包括广播星历和精密星历。广播星历包括参考历元瞬间的开普勒轨道 6 个参数，反映摄动力影响的 9 个参数，以及参考时刻参数和星历数据龄期，共计 17 个星历参数。精密星历按一定的时间间隔（通常为 15 min）给出卫星在空间的三维坐标、三维速度和卫星钟改正数等信息。由于这种星历通常是在事后向用户提供的，因此成为后处理星历。GLONASS 广播星历的内容主要包括卫星的历书号、星历的历元、卫星钟偏差、卫星相对频率偏差、电文帧时间、卫星位置及速度等参数，共计 17 个星历参数。

16.1.6　GNSS 定位基本概念

16.1.6.1　静态定位和动态定位

按照用户接收机在定位过程中所处的运动状态，GNSS 定位分为静态定位和动态定位两类。

静态定位：在定位过程中，接收机的位置是固定的，处于静止状态。这种静止状态是相对的。在卫星大地测量学中，所谓静止状态，通常是指待定点的位置相对其周围的点位没有发生变化，或变化极其缓慢，以致在观测期内（数天或数星期）可以忽略。静态定位主要应用于测定板块运动、监测地壳形变、大地测量、精密工程测量、地球动力学及地震监测等领域。

动态定位：在定位过程中，接收机天线处于运动状态。

16.1.6.2　绝对定位和相对定位

按照参考点的不同位置，GNSS 定位分为绝对定位和相对定位两类。

绝对定位（或单点定位）：独立确定待定点在坐标系中的绝对位置。由于目前 GPS 采用 WGS-84 坐标系，因而绝对定位的结果也属于该坐标系。绝对定位的优点是一台接收机即可独立定位，缺点是定位精度较差。该定位模式在船舶、飞机的导航，地质矿产勘探，暗礁定位，建立浮标，海洋捕鱼及低精度测量领域应用广泛。

相对定位：确定同步跟踪相同的 GPS 信号的若干台接收机之间的相对位置。相对定位的优点是可以消除许多相同或相近的误差（如卫星钟、卫星星历、卫星信号传播误差等），定位精度较高；缺点是外业组织实施较为困难，数据处理更为烦琐。该定位模式在大地测量、工程测量、地壳形变监测等精密定位领域应用广泛。

在绝对定位和相对定位中，又都包含静态定位和动态定位两种方式。为缩短观测时间，提高作业效率，近年来发展了一些快速定位方法，如准动态相对定位法和快速静态相对定位法等。

静态相对定位的基本观测量为载波相位，由于目前静态相对定位的精度很高，所以仍旧是精密定位的基本模式。

16.1.6.3 差分定位

差分技术是在一个测站对两个目标的观测量、两个测站对一个目标的两次观测量之间进行求差。其目的在于消除公共项，包括公共误差和公共参数。差分技术在以前的无线电定位系统中已被广泛应用。差分定位采用单点定位的数学模型，具有相对定位的特性（使用多台接收机、基准站与流动站同步观测）。

根据差分 GPS 基准站发送信息的方式可将差分 GPS 定位分为三类，即位置差分、伪距差分和载波相位差分。

这三类差分方式的工作原理是相同的，即都是由基准站发送改正数，由用户站接收并对其测量结果进行改正，以获得精确的定位结果。所不同的是，发送改正数的具体内容不一样，其差分定位精度也不同。

1. 位置差分原理

这是一种最简单的差分方法，任何一种 GPS 接收机均可改装和组成这种差分系统。

安装在基准站上的 GPS 接收机观测 4 颗卫星后便可进行三维定位，解算出基准站的坐标。由于存在着轨道误差、时钟误差、大气影响、多路径效应以及其他误差，解算出的坐标与基准站的已知坐标是不一样的，存在误差。基准站利用数据链将此改正数发送出去，由用户站接收，并且对其解算的用户站坐标进行改正。最后得到的改正后的用户坐标已消了基准站和用户站的共同误差，例如轨道误差、大气影响等，提高了定位精度。以上先决条件是基准站和用户站观测同一组卫星的情况。位置差分适用于用户与基准站间的距离在 100 km 以内的情况。

2. 伪距差分原理

伪距差分是目前用途最广的一种技术，几乎所有的商用差分 GPS 接收机均采用这种技术。国际海事无线电委员会推荐的 RTCM SC-104 也采用了这种技术。

在基准站上的接收机，要求得它到可见卫星的距离，并将此计算出的距离与含有误差的测量值加以比较。首先，利用一个 α-β 滤波器将此差值滤波并求出其偏差；然后，将所有卫星的测距误差传输给用户，用户利用此测距误差来改正测量的伪距；最后，用户利用改正后的伪距来解算出本身的位置，就可消去公共误差，提高定位精度。

与位置差分相似，伪距差分能将两站公共误差抵消，但随着用户到基准站距离的增加又出现了系统误差，这种误差用任何差分法都是不能消除的。用户和基准站之间的距离对精度有决定性影响。

3. 载波相位差分原理

测地型接收机利用 GPS 卫星载波相位进行的静态基线测量获得了很高的精度（$10^{-6} \sim 10^{-8}$），但为了可靠地求解出相位模糊度，要求静止观测一两个小时或更长时间，这样就限制了其在工程作业中的应用，于是探求快速测量的方法应运而生。例如，采用整周模糊度快速逼近技术（FARA）使基线观测时间缩短到 5 分钟，采用准动态（stop and go）、往返重复设站（re-occupation）和动态（kinematic）来提高 GPS 作业效率。这些技术的应用对推动精密 GPS 测量起到了促进作用。但是，上述这些作业方式都是事后进行数据处理，不能实时提交成果和实时评定成果质量，很难避免因事后检查不合格而返工的现象发生。

差分 GPS 能实时给定载体的位置，精度为米级，可以满足引航、水下测量等工程的要求。位置差分、伪距差分、伪距差分相位平滑等技术已成功地应用于各种作业中，随之而来的是更加精密的测量技术——载波相位差分技术。

载波相位差分技术又称 RTK（real-time kinematic，实时动态）技术，是建立在实时处理两个测站的载波相位基础上的。它能实时提供观测点的三维坐标，并达到厘米级的高精度。

与伪距差分原理相同，由基准站通过数据链实时将其载波观测量及站坐标信息一同传送给用户站。用户站接收 GPS 卫星的载波相位和来自基准站的载波相位，并组成相位差分观测值进行实时处理，能实时给出厘米级的定位结果。

实现载波相位差分的方法分为两类：修正法和差分法。前者与伪距差分相同，基准站将载波相位修正量发送给用户站，以改正其载波相位，然后求解坐标。后者将基准站采集的载波相位发送给用户台进行求差解算坐标。前者为准 RTK 技术，后者为真正的 RTK 技术。

RTK 技术的关键在于数据处理技术和数据传输技术。RTK 定位时要求基准站接收机实时地把观测数据（伪距观测值、相位观测值）及已知数据传输给流动站接收机，数据量比较大，一般都要求 9600 的波特率，这在无线电上不难实现。RTK 技术可广泛用于以下领域：

（1）各种控制测量。传统的大地测量、工程控制测量采用三角形网、导线网方法来施测，不仅费工费时，要求点间通视，而且精度分布不均匀。采用常规的 GPS 静态测量、快速静态、伪动态方法，在外业测设过程中不能实时知道定位精度，如果测设完成，回到内业处理后发现精度不合要求，还必须返测。而采用 RTK 技术进行控制测量，能够实时知道定位精度，如果点位精度要求满足了，用户就可以停止观测，而且知道观测质量如何，这样可以大大提高作业效率。如果把 RTK 技术用于公路控制测量、电子线路控制测量、水利工程控制测量、大地测量，则不仅可以大大减少人力投入、节省费用，而且可以大大提高工作效率，测一个控制点在几分钟甚至几秒钟内就可完成。

（2）地形测量。过去测地形图时一般首先要在测区建立图根控制点，然后在图根控制点上架设全站仪或经纬仪配合小平板测图，现在发展到外业用全站仪和电子手簿配合地物编码，利用大比例尺测图软件来进行测图，甚至于发展到最近的外业电子平板测图等，都要求在测站上测四周的地形地貌等碎部点，这些碎部点都与测站通视，而且一般要求至少

2～3 人操作，拼图时一旦精度不合要求，还得到外业去返测。现在采用 RTK 技术，仅需一人背着仪器在要测的地形地貌碎部点待上一两秒钟，并输入特征编码，通过手簿就可以实时知道点位精度，把一个区域测完后回到室内，由专业的软件接口就可以输出所要求的地形图。这样仅需一人操作，而且不要求点间通视，大大提高了工作效率。采用 RTK 技术配合电子手簿可以测设各种地形图，如普通测图，铁路线路带状地形图的测设，公路管线地形图的测设，配合测深仪可以用于水库地形图测绘、海底地形图绘制等。

（3）工程放样。放样是测量的一个应用分支，它要求通过一定方法，采用一定仪器，把人为设计好的点位在实地标定出来。过去采用常规的放样方法，如经纬仪交会放样、全站仪边角放样等，一般要放样出一个设计点位需要来回移动目标，而且要 2～3 人操作，在放样过程中还要求点间通视情况良好，在生产应用上效率不是很高，有时放样中遇到困难的情况还要借助很多方法才能完成放样。现在采用 RTK 技术，仅需把设计好的点位坐标输入电子手簿，GPS 接收机就会提醒使用者走到要放样点的位置，既迅速又方便。由于 GPS 是通过坐标来直接放样的，而且精度很高也很均匀，因而在外业放样中效率会大大提高，且只需一个人操作。

16.1.7　GPS 主要误差

在 GPS 卫星定位测量中，影响观测量精度的主要误差来源一般可分为三类：与 GPS 卫星有关的误差、与传播途径有关的误差、与 GPS 接收机有关的误差。

16.1.7.1　与 GPS 卫星有关的误差

1. 卫星星历误差

卫星星历误差是指卫星星历给出的卫星空间位置与卫星实际位置间的偏差。由于卫星空间位置是由地面监控系统根据卫星测轨结果计算求得的，所以又称卫星轨道误差。它是一种起始数据误差，其大小取决于卫星跟踪站的数量及空间分布、观测值的数量及精度、轨道计算时所用的轨道模型及定轨软件的完善程度等。卫星星历误差是 GPS 测量的重要误差来源。

2. 卫星钟差

卫星钟差是指 GPS 卫星时钟与 GPS 标准时间的差别。为了保证时钟的精度，GPS 卫星均采用高精度的原子钟，但它们与 GPS 标准时之间的偏差和漂移总量仍在 1～0.1 ms 以内，由此引起的等效误差将达到 300～30 km。这是一个系统误差，必须加以修正。

3. 相对论效应的影响

这是由卫星和接收机所处的状态（运动速度和重力位）不同而引起的卫星钟和接收机钟之间的相对误差。

16.1.7.2　与传播途径有关的误差

1. 电离层折射

在地球上空距地面 50～100 km 之间的电离层中，气体分子受到太阳等天体各种射线辐射产生强烈电离，形成大量的自由电子和正离子。当 GPS 信号通过电离层时，与其他电磁波一样，信号的路径要发生弯曲，传播速度也会发生变化，从而使测量的距离发生偏差，这种影响称为电离层折射。对于电离层折射可用三种方法来减弱它的影响：①利用双频观测值来对电离层的延迟进行改正；②利用电离层模型加以改正；③利用同步观测值求差，这种方法对于短基线的效果尤为明显。

2．对流层折射

对流层为距地面高度在 40 km 以内的大气底层，其大气密度比电离层更大，大气状态也更复杂。对流层与地面接触并从地面得到辐射热能，其温度随高度的增加而降低。GPS 信号通过对流层时，传播的路径会发生弯曲，从而使测量距离产生偏差，这种现象称为对流层折射。减弱对流层折射的影响主要有三种措施：①采用对流层模型加以改正，其气象参数在测站直接测定；②引入描述对流层影响的附加待估参数，在数据处理中一并求得；③利用同步观测值求差。

3．多路径效应

测站周围的反射物所反射的卫星信号（反射波）进入接收机天线，将和直接来自卫星的信号（直接波）产生干涉，从而使观测值发生偏离，产生所谓的"多路径误差"。这种由于多路径的信号传播所引起的干涉时延效应称为多路径效应。减弱多路径误差影响的主要方法：①选择合适的站址，测站不宜选在山坡、山谷和盆地中，应远离高层建筑；②选择较好的接收机天线，在天线中设置抑径板，抑制极化特性不同的反射信号。

16.1.7.3　与 GPS 接收机有关的误差

这类误差主要包括观测误差、接收机钟差和接收机天线相位中心位置偏差等。

1．观测误差

观测误差包括观测的分辨误差和接收机天线相对于测站点的安置误差等。一般认为观测的分辨误差约为信号波长的 1%。接收机天线相对于观测站中心的安置误差主要是天线的安置对中误差以及量取天线高的误差。在精密定位工作中，必须认真、仔细操作，以尽量减小这种误差的影响。

2．接收机钟差

GPS 接收机一般采用高精度的石英钟，接收机的钟面时与 GPS 标准时之间的差异称为接收机钟差。这种误差对载波相位观测的影响是不可忽视的。如果把每个观测时刻的接收机钟差当作一个独立的未知数，并认为各观测时刻的接收机钟差间是相关的，在数据处理中与观测站的位置参数一并求解，可减弱接收机钟差的影响。

3．接收机天线相位中心位置偏差

在 GPS 测量时，观测值都是以接收机天线的相位中心位置为准的，天线的相位中心与其几何中心在理论上应保持一致，但是观测时天线的相位中心随着信号输入的强度和方向不同而有所变化，这种差别称为天线相位中心位置偏差。这种偏差的影响可达数毫米至厘米。对于精密相对定位，这种影响是不容忽视的。因此，如何减少相位中心的偏移是天线设计中的一个重要问题。

16.2　合成孔径雷达测量技术

16.2.1　合成孔径雷达测量技术概述

合成孔径雷达（synthetic aperture radar，SAR）出现于 20 世纪 50 年代，其传感器通过发射天线主动地向地面或者被监测物体发射微波波束，再通过接收天线接收发射波的散射回波信号，进而探测出地表及其他被监测区域的空间信息。SAR 不需要太阳的辐射，主动发射微波，获取被监测区域 24 小时不间断的连续影像数据，这便是 SAR 能够全天时工作的原因。此外，SAR 采用微波段的电磁波进行工作，通过微波波束的发射与接收并结合微波独有的穿透地物能力来获取一些其他遥感方式无法获得的影像数据。并且处于微波波段中不同频段的电磁波具有不同的穿透地物能力，且可以采用不同的极化方式来获取某些困难地区的影像数据，比如通过微波穿透云层、烟尘等特性可以较高质量地对热带雨林、多云雾等区域进行成像，获取高分辨率的影像，弥补光学遥感或者红外遥感等其他遥感手段的不足。

20 世纪 60 年代后期出现了合成孔径雷达干涉测量（interferometric synthetic aperture radar，InSAR）技术。它是将 SAR 技术与干涉测量技术相结合而形成的新型交叉技术。当 SAR 在不同时间对地面相同区域进行扫描时，可以通过几何成像关系和干涉测量原理进行数据处理和几何转换，从而提取地面的变形信息，这些信息既包括平面信息也包括高程信息。InSAR 技术与 SAR 技术一样，通过接收地物反射回来的回波信号进行信息反演和提取，利用不同时刻的相位信息进行干涉相干并进行一系列处理即可提取出地物高程信息，精度可达亚米级。而一般雷达测量方法只利用回波信号中的幅度信息，由幅度信息反演高程信息，测高精度仅能达到数十米。InSAR 测量将测高精度提升了两个数量级，因此地学界的科研工作者们迅速地关注到了这一技术，使之成了遥感领域的研究热点。

合成孔径雷达差分干涉测量（differential interferometric synthetic aperture radar，DInSAR）技术是在 InSAR 技术基础上发展起来的，即在合成孔径雷达和干涉测量的基础上，根据空间关系对观测值进行二次求差以分离出观测值中的微小变形信息。SAR 技术获取的是复数影像，其中包含了相位信息和幅度信息，利用时间上的一次求差即可形成干涉影像，同一幅干涉影像中不同空间上的点再次求差即可形成差分干涉影像，在两次求差的过程中剔除掉大量的误差信息后即可获得更精确的点间变形信息，从而实现微小变形信息的反演，获得更加精密的变形监测结果。该技术从星载 SAR 数据处理技术发展而来，因此在由空对地的观测过程中获取的垂直方向变形量与其视线方向近似一致，使得对该方向变形尤其敏感，并且扫描视场宽广，能够大规模监测地表信息的变化。它无须外部光源，主动监测任意时间跨度内变形量值为米级甚至毫米级的变形场信息。这种高分辨率和空间连续覆盖的特征是其他监测手段，如 GNSS、侧视雷达等所不具备的，因此，更多地理空间现象可以通过 DInSAR 技术进行揭示，从而为地球科学提供一种全新的动态研究途径。鉴于其对微小变形信息的敏感性，可以将该技术应用于地物甚至地表的沉降和位移监测以及大型工程的变形监测。早期主要是采用机载 SAR 系统对地观测，但是该系统不稳定且获取数据能力有限，限制了该技术的发展。1978 年，美国成功发射了世界上第一颗合成孔径雷达卫星后，俄罗斯、欧洲航天局、日本、加拿大等相继发射了系列雷达卫星，为全球提供了更多的适合干涉测量的 SAR 数据。在星载 SAR 数据的支持下，DInSAR 技术于 1989 年用于变形监测研究，Gabriel 等首次提出用 DInSAR 技术进行地面沉降监测，监测精度可以达到厘米级。1993 年，Massonnet 等利用 DInSAR 技术获取了精度高达 10 mm 的 Landers 地震形变场数据。此后 20 多年的发展中，DInSAR 技术实用化程度不断提高，应用领域也在不断扩展。近十余年来，国内许多学者也加快了对 DInSAR 技术的研究，上海、苏州、北京、天津、沧州、长江三峡库区的地面沉降及滑坡监测以及地形测绘等都采用了该技术，取得了极大的进展。但是

SAR 数据质量受到多种因素的影响，精度受到一定的限制。另外，雷达卫星具有固定的运行周期，一般以天计算，对于突发灾害和快速变形监测无法满足要求，因此在某些变形速率较快的大坝或边坡等高动态的变形监测中受到了极大限制。为了克服这些限制，研究者陆续研发出地基合成孔径雷达（GB-SAR）系统以及永久散射体（PS）技术等，以期获得实用效果。

GB-SAR 系统采用差分干涉测量原理，与星载 SAR 相比，GB-SAR 的空间分辨率更高且不受轨道限制，可以根据观测场景和被测物体的动态特性灵活设置重复观测时间，取得极短的重复观测周期，获得合适的时间基线，能够达到亚毫米级的高精度。该技术灵活性高、操作性强，因此已成为星载和机载 SAR 在工程变形监测中的有效补充手段。

16.2.2　合成孔径雷达测量基本知识

16.2.2.1　工作频率

雷达的工作频率指雷达发射机的射频振荡频率。工作频率 f（Hz）与波长 λ（m）的关系为

$$\lambda = c/f \tag{16-1}$$

式中，c 为电磁波传播速度，近似为光速（3×10^8 m/s）。雷达通过辐射一定频率的电磁波，利用目标散射的回波来实现对目标的探测和定位。它属于遥感技术的范畴，工作波长通常为 0.5～75 cm，频率分布为 400 MHz～60 GHz。其中成像雷达的常用频段见表 16-1。

表 16-1　成像雷达的常用频段

频段名称	频率范围	波长	用途
X	8～12.5 GHz	2.4～3.75 cm	军事侦察、地形测量等，如加拿大的 CV580 SAR
C	4～8 GHz	3.75～7.5 cm	星载 SAR，如 ERS-1 和 RADARSAT
S	2～4 GHz	7.5～15 cm	苏联的 ALMAZ
L	1～2 GHz	15～30 cm	SEASAT 和 JERS-1
P	0.3～1 GHz	30～100 cm	NASA/JRS AIRSAR

雷达的工作频段不同，用途就不同。一般来说，频率低的信号具有较大的波长，能够穿透许多物体，如厚厚的云层；频率高的信号波长较短，能够实现精细观察，可用于对物体的细致分区，或对局部地区进行高分辨率成像。

如何选择雷达的工作频段呢？这里主要考虑雷达的用途。如要绘制大范围的地图，则选用 L 波段；要区分出建筑物，则要选择 X 波段；要穿透植被，就要选用波长较长的 P 波段。

此外，频段的选择还应考虑到系统设计的因素，如发射机的功率、天线尺寸以及抗干扰性能等。一般来说，用来产生和发射信号的硬件尺寸与波长成正比。低频信号需要大的天线，高频信号要求的天线尺寸则很小。波长的选择还影响雷达发射大功率的能力。如米波范围内的雷达可以发射兆瓦级的平均功率，毫米波的雷达则一般只能发射几百瓦的平均功率。因此，对微波雷达来说，发射大功率的高频信号对硬件的要求很高。

值得注意的是，许多 SAR 会同时使用几个频段，如上面所列举的 JRS AIRSAR。

16.2.2.2　目标定位

雷达系统中，通常在球坐标系下对目标进行定位，参数为 R（距离）、θ（方位角）和 β（俯仰角）。距离 R 指目标与雷达间的直线距离，方位角 θ 指目标在本地水平面上的垂直投影与雷达间的连线与某一参考线（如正北方向）的夹角，俯仰角 β 指目标和雷达的连线与本地水平面的夹角。

本地水平面通常是指通过天线辐射中心，并与通过该点的地球半径垂直的平面。目标的位置参数如图 16-1 所示。图中，x 轴和 y 轴组成的平面就是本地水平面。

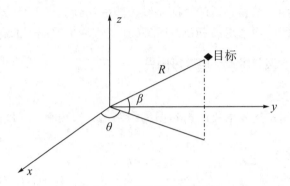

图 16-1　目标的位置参数

1. 距离信息获取

雷达对目标距离的测量通常是通过检测发射信号与接收信号的时延来实现的。时延可以是从发射脉冲的中心到回波信号的中心（中心测距），也可以是从发射信号的上升沿到回波信号的上升沿（上升沿测距），如图 16-2 所示。

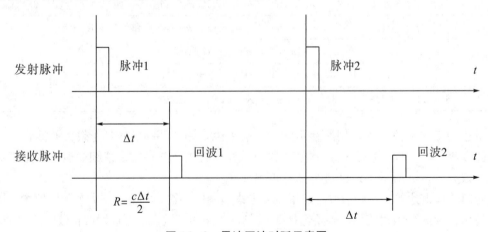

图 16-2　雷达回波时延示意图

由图 16-2 可以看出，由于大气吸收和散射等因素，回波信号的强度比发射信号小。计算目标距离的公式为

$$R=\frac{ct}{2} \tag{16-2}$$

式中，t 为电磁波往返传播时间，单位为 s；c 为电磁波传播速度，近似为光速（3×10^8 m/s）。雷达测距基于以下两点：①电磁波的直线传播；②电磁波的传播速度恒定。

2. 方位信息获取

方位信息即目标相对于雷达的偏角——方位角和俯仰角（如图 16-1 所示）。它们均指目标位置与相应的参考方向之间的夹角。知道目标的距离和方位，就能对目标进行精确定位。

测角的物理基础是电磁波的直线传播特性。由于大气的密度和湿度不均匀以及复杂的地形地物等因素，电磁波传播途径会发生偏折，造成测角误差。但一般情况下，尤其是近距离测角时，我们认为电磁波是直线传播的。

测角利用了天线的方向性，通常利用天线波束的扫描来测定目标的方位。波束具有一定宽度，天线辐射的能量集中在这个宽度内。波束在一定的角度范围内扫描，利用回波强弱判断目标位置。在回波最强的时刻，波束轴线所指方向即为目标所在方向（如图 16-3 所示）。这种测角的方法很简单，并且得到的回波最强，信噪比最大，对检测发现目标有利。还有其他的测角方法，如等信号法和相位法等。

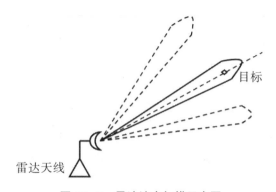

目标

雷达天线

图 16-3　雷达波束扫描示意图

16.2.2.3　雷达图像

测定出目标位置的三个参数，即距离 R、方位角 θ 和俯仰角 β 后，就可以对目标进行定位，这是雷达的基本功能。

雷达图像是利用微波遥感技术得到的，它与照相等光学手段得到的图像不同，反映的是目标的微波特性，而不是光学特性。雷达图像依据回波信号的强弱形成，强弱程度决定了图像的灰度。某区域的回波信号强，反映在图像上，其对应位置的灰度就高；回波信号弱，灰度就低。

雷达图像与光学图像有以下区别：

（1）微波具有穿透特性，可以透过云层、地表观测，不受光线强度的影响，因此成像雷达具有全天候、全天时的工作能力，这是光学成像不具备的优点。而且成像雷达与光学传感器相比具有更大的侦察范围，可以发现不易被光学传感器发现的目标，得到大范围、高分辨率的图像。

（2）由于成像雷达的回波信号需要进行一系列的复杂处理，因此与光学成像相比，设备更复杂、运算量更大。

（3）成像雷达是相干处理系统，图像中存在相干斑，这是雷达系统固有的缺点。相干斑会导致图像质量的下降，因此在成像处理前，往往都要进行相干斑抑制。光学成像由于原理不同，不存在这个问题。

（4）雷达成像就是从回波信号中提取目标的后向散射系数，所以图像反映的是被测地域的微波特性，而光学成像依据的是普通的反射。两部分区域光学特性不同，但后向散射系数可能相同，因此雷达图像不能区分这两个区域，在光学图像上区别却很明显。

（5）光学图像通常是垂直照射地面所得，成像雷达则一般是侧视成像。雷达波束以一定的俯角照射被测绘的地域，使得雷达图像具有阴影、迎坡缩短等固有特征。与光学图像相比，雷达图像的轮廓比较清楚，有较好的对比度。

（6）在知道雷达的各种参数（如高度、入射角）的情况下，对雷达图像经过插值等处理可以得到相同的比例尺表示，图像不会产生畸变。光学图像由于光在成像透镜的光轴周围的折射率不同，图像出现畸变，如远离轨迹处的图像被压缩。

16.2.2.4 分辨率

分辨率是指雷达对两个相邻目标的分辨能力，分为距离向、横向（方位角）、纵向（俯仰角）。对 SAR 来说，主要是距离向和方位向分辨率（如图 16-4 所示），以及反映图像质量的辐射分辨率。

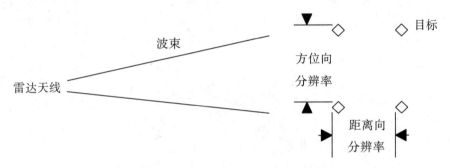

图 16-4　距离向和方位向分辨率示意图

1. 距离向分辨率

两个目标位于同一方位角，但与雷达间的距离不同时，二者能被雷达区分出来的最小间距称为距离向分辨率。通常定义为：当较近目标回波脉冲的后沿（下降沿）与较远目标回波脉冲的前沿（上升沿）刚好重合时，两目标之间的距离就是雷达距离分辨的极限，即距离向分辨率，如图 16-5 所示。

图 16-5　距离向分辨率波形示意图

从图 16-5 看，距离向分辨率为

$$\Delta R = \frac{c\tau}{2} \tag{16-3}$$

式中，c 为电磁波传播速度，近似为光速（3×10^8 m/s）；τ 为处理后的信号在显示屏上的脉冲宽度，单位为 s。由于 c 为常数，所以距离向分辨率由脉冲宽度决定，宽度越小，分辨率越好。当 $\tau = 1$ μs 时，分辨率为 150 m。

高分辨率要求窄脉冲宽度，实质是要求信号具有大的带宽。雷达波形设计中的一对矛盾：我们希望同时得到宽发射脉冲和大发射带宽。前者有利于目标检测，而后者有利于距离分辨。这个矛盾可以通过对发射信号进行调制，然后对接收信号进行压缩来解决。发射信号为宽脉冲，而在接收端经过压缩成为窄脉冲。许多信号都具有这种特征，其中最为常用的就是线性调频（LFM）信号。

信号带宽是压缩后时宽的倒数，即距离向分辨率也可表示为雷达发射信号带宽 B 的函数：

$$\Delta R = \frac{c\tau}{2} = \frac{c}{2B} \tag{16-4}$$

2. 方位向分辨率

两个目标位于同一距离，但方位角不同时，二者能被雷达区分出来的最小角度（或对应的方位向长度）称为方位向分辨率。方位向分辨率决定了雷达区分相同距离上多重目标的能力。它由天线的有效波束宽度确定。相同径向距离的目标，若间距大于天线波束宽度，则能被区分；若间距小于天线波束宽度，则不能被区分，如图 16-6 所示。

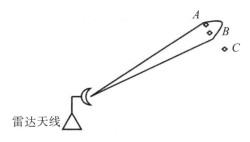

图 16-6　方位向分辨率示意图

图 16-6 中，目标 A 和 B 在波束范围内，雷达不能分辨；C 与 A、B 的距离都大于波束宽度，雷达可以分辨。

从信号显示的角度，将方位向分辨率定义为：当一个目标的回波强度到达峰值点时，另一个目标的回波强度开始从零上升，由天线理论，处于这种状态时的两目标之间的角度就是雷达方位分辨的极限，即方位向分辨率，如图 16-7 所示。

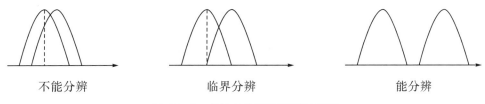

不能分辨　　　　　　临界分辨　　　　　　能分辨

图 16-7　方位向分辨率波形示意图

天线波束宽度与方位向长度 ΔX 的关系为

$$\Delta X = \theta \cdot R \tag{16-5}$$

式中，θ 为天线波束宽度，单位为 rad；R 为雷达与目标间的距离，单位为 m。

雷达天线波束宽度越窄，方位向分辨率越好。由天线理论可知，波束宽度与电磁波的波长和天线尺寸有关：

$$\theta \approx \frac{\lambda}{D} \tag{16-6}$$

式中，λ 为信号波长，单位为 m；D 为天线的有效长度，单位为 m，其典型值为实际长度的 0.7 倍。

波长越短，天线尺寸越大，雷达发射的波束宽度就越窄。但波长的增加受到雷达工作频率的限制，因此我们往往通过增大天线尺寸来获得窄波束。

3. 辐射分辨率

辐射分辨率又称灰度级分辨率，是衡量雷达图像质量的重要指标之一，它表示雷达系统区分相近的散射系数的能力。雷达图像中固有的相干斑会影响图像的灰度分辨，造成图像识别困难。

辐射分辨率作为相干斑减少的一种度量，定义为均匀场景的图像的均方误差与均值之比。

16.2.2.5 相干性

相干性（coherence）是雷达系统的重要性质，是指信号间的相位连续（或称相位差恒定），如图 16-8 所示。脉冲雷达发射的脉冲串必须是相干的，即在空间传播时，脉冲间的距离为波长的整数倍。

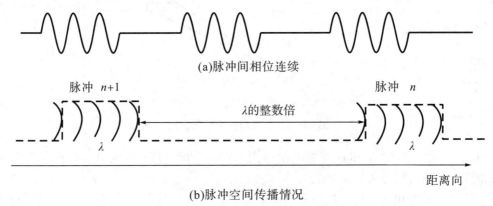

(a)脉冲间相位连续

(b)脉冲空间传播情况

图 16-8 相干脉冲串示意图

16.2.2.6 天线

天线是一种发射和接收电磁波的装置，它是雷达的重要组成部分。发射天线将发射机产生的能量转化为电磁波，辐射到大气中；接收天线将接收到的电磁波转化为能量，传输至接收机。雷达的重要性能之一——测角则利用了天线的方向性。

对雷达而言，往往利用了天线的互易性，即发射和接收都用同一个天线来实现，通过收发转换装置（双工器）完成功能转换，这样就减少了装置，但缺点是使雷达出现了观测盲区，即功能转换时间内无法接收信号。

方向性是天线的重要性质。天线应使电磁波尽可能地集中于确定的方向上，或对某方向的来波最大限度地接收。雷达的天线波束往往具有一定的宽度，而不是各向同性的，如图 16-9 所示。

(a)各向同性天线　　　　　　　　(b)有增益的天线

图 16－9　天线方向图

由于天线是一个无源器件，它辐射的电磁波能量不会大于发射机产生的能量，因此我们常说的天线增益（G）不是指天线对发射机能量的放大倍数，而是指在发射功率相同的情况下，某一方向上辐射的信号功率密度与各向同性天线的辐射功率密度之比。它是方向的函数，又称方向图，其表达式为

$$G = \frac{p(\theta)}{p} = \frac{p(\theta)}{P/4\pi R^2} \tag{16－7}$$

式中，p 为目标处的辐射功率密度；P 为发射信号的功率。各向同性天线在各方向上的辐射功率是相同的，雷达的天线则具有一定形状的方向图。天线增益表示某一方向上的功率集中，这是以其他方向上的功率减少为代价的。

雷达通过天线波束的扫描来发现目标并确定位置。波束在某一固定时刻对所照射的范围只有一个回波，反映在雷达图像上就是一个点。这对普通雷达来说，分辨率是很低的。例如，波束宽度为 1°，照射距离为 1500 m，照射范围的宽度为

$$l = \frac{1 \times \pi}{180} \times 1500 = 26 \ （m） \tag{16－8}$$

即雷达不能分辨直径 26 m 范围内的任何物体，这一片区域在图像上显示为一个点。为了提高雷达的分辨率，需要天线发射窄波束。根据式（16－6），波束宽度与天线尺寸成反比。

此外，为了从不同方面探测物体，要求电磁波有一定极化方式。这就要求天线也有相应的极化。

16.2.2.7　雷达方程

雷达最基本的功能就是发现目标并测定目标的距离。雷达的作用距离是雷达的重要性能指标之一，它决定了雷达能在多大距离上发现目标。根据已知的雷达发射机、天线、传播路径和目标的参数等计算回波信号强度的基本关系式就是雷达方程。

假设雷达天线为全向天线，辐射球面波，则定义空间任意一点的峰值功率密度（单位面积内的能量）为

$$P_D = \frac{峰值发射功率}{球表面积} \tag{16－9}$$

在无损耗传输介质中，距雷达 R 处的功率密度为

$$P_D = \frac{P_t}{4\pi R^2} \tag{16－10}$$

式中，P_t 为峰值发射功率，单位为 W；$4\pi R^2$ 为半径为 R 的球表面积，单位为 m^2。通常，雷达系统利用有向天线提高某一特定方向的辐射能量。有向天线的增益与天线的有效孔径有如下关系：

$$A_e = \frac{G\lambda^2}{4\pi} \tag{16-11}$$

式中，G 为有向天线的增益；A_e 为天线的有效孔径，单位为 m。

同时，天线的有效孔径与物理孔径之间的关系为

$$A_e = \rho A \tag{16-12}$$

式中，A_e 为天线的有效孔径；A 为天线的物理孔径；ρ 表示天线的孔径效率，$0 \leqslant \rho \leqslant 1$，性能好的天线要求 $\rho \rightarrow 1$。在这里，我们假设 $A_e = A$，同时假设天线在发射和接收模式下有相同的增益 G。在实际应用中，常采用 $\rho = 0.7$。

当有向天线的增益为 G 时，距雷达 R 处的功率密度为

$$P_D = \frac{P_t G}{4\pi R^2} \tag{16-13}$$

当雷达辐射的能量到达目标时，使目标表面产生感应电流，同时以目标为中心向各个方向辐射电磁波。辐射能量的大小与目标散射截面积（RCS）成正比，RCS 与目标尺寸、方位、形状及材料有关。

目标散射截面积定义如下：

$$\sigma = \frac{P_r}{P_D} \tag{16-14}$$

式中，P_r 为目标的反射功率；σ 为目标散射截面积，单位为 m^2。

雷达信号接收机接收到的信号功率为

$$P_{Dr} = \frac{P_t G \sigma}{(4\pi R^2)^2} A_e \tag{16-15}$$

将式（16-11）代入式（16-15），得

$$P_{Dr} = \frac{P_t G^2 \lambda^2 \sigma}{(4\pi)^3 R^4} \tag{16-16}$$

用 $S_{\min}$ 表示雷达可探测到的最小信号功率，则雷达的最大作用距离为

$$R_{\max} = \left[\frac{P_t G^2 \lambda^2 \sigma}{(4\pi)^3 S_{\min}} \right]^{1/4} \tag{16-17}$$

式（16-17）表明，要使雷达的最大作用距离增大一倍，必须使发射的峰值功率增大为原来的 16 倍或使雷达的有效孔径增大为原来的 4 倍。

在实际情况中，雷达接收到的信号为夹杂了噪声的信号，噪声为一随机过程，噪声功率 N 是雷达工作带宽 B 的函数。

无耗天线的输入功率为

$$N_i = kT_e B \tag{16-18}$$

式中，k 为玻尔兹曼常数，$k = 1.38 \times 10^{-23}$ J/K；T_e 为接收机噪声温度。理想情况下，可探测的最小信号功率远大于噪声功率。雷达接收机的保真度常用噪声系数 F 表示，定义为

$$F = \frac{(SNR)_i}{(SNR)_0} = \frac{S_i/N_i}{S_0/N_0} \tag{16-19}$$

式中，$(SNR)_i$、$(SNR)_0$ 分别表示输入端和输出端的信噪比。将式（16-18）代入式（16-19），变换公式的形式，得

$$S_i = kT_e BF(SNR)_0 \qquad (16-20)$$

则最小可探测的信号功率可表示为

$$S_{\min} = kT_e BF(SNR)_{0\min} \qquad (16-21)$$

这样，雷达可探测的最大距离由输出端的最小信噪比决定，为

$$R_{\max} = \left[\frac{P_t G^2 \lambda^2 \sigma}{(4\pi)^3 kT_e BF(SNR)_{0\min}} \right]^{1/4} \qquad (16-22)$$

或等价为

$$(SNR)_0 = \frac{P_t G^2 \lambda^2 \sigma}{(4\pi)^3 kT_e BFR^4} \qquad (16-23)$$

用损耗因子 L 表示全部系统损失、介质损耗和传播损失，并引入式（16-23），得

$$(SNR)_0 = \frac{P_t G^2 \lambda^2 \sigma}{(4\pi)^3 kT_e BFLR^4} \qquad (16-24)$$

式（16-24）即为雷达方程的常见形式。

16.2.3　地基合成孔径雷达技术

地基合成孔径雷达（ground based synthetic aperture radar，GB-SAR）技术是一种搭载在地面上利用微波干涉测量技术对自然灾害和人造物体进行变形监测的合成孔径雷达技术，因此通常把这样的技术称为地基合成孔径雷达干涉测量（GB-InSAR）技术。该技术能够提供高分辨率（数分米）和高精度（一般情况其位移监测的标准差为 0.1~1 mm）的二维位移图。GB-SAR 采用主动遥感方式，通过向目标发射电磁波并接收回波信号实现目标的探测，获取反射波的幅度值和相位信息，无须外部光源，能够在任何天气状况下全天候工作。

在 GB-SAR 中，观测值实际上是一幅包括方位向和距离向分辨率的复数影像，每一个分辨单元包括幅度和相位信息，通过其相位信息与距离间的数学关系可获取变形量。GB-SAR 的重要硬件系统 IBIS-L 通过步进频率连续波（step-frequency continuous wave，SFCW）信号体制，采用合成孔径雷达技术和微波干涉测量技术，不接触目标区域便可大范围内快速、高精度获取海量测量值。

16.2.3.1　步进频率连续波技术与距离向分辨率

步进频率连续波（SFCW）技术是 GB-SAR 系统获得距离向高分辨率的核心技术。它是一种频率呈阶梯式变化的宽带雷达信号，由一组连续脉冲电磁波组成，脉冲宽度可以根据情况进行调整，每个脉冲发射频率不同，以固定步进频率递增。雷达设备发射一组连续频率的电磁波，该组电磁波的频率带宽为 B，步进频率为 Δf（如图 16-10 所示），其距离向分辨率为

$$\Delta R = \frac{c\tau}{2} = \frac{c}{2B} \qquad (16-25)$$

式中，c 为电磁波传播速度，近似为光速（3×10^8 m/s）；τ 为脉冲持续时间。由式（16-25）可知，距离向分辨率 ΔR 与脉冲持续时间 τ 成正比，与电磁波频率带宽 B 成反比。对于 IBIS-L 而言，其距离向最大分辨率 $\Delta R_{\max} = 0.5$ m。

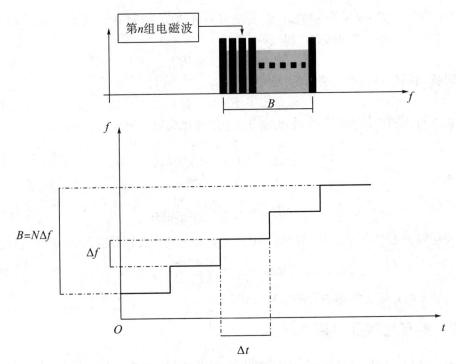

图 16－10 步进频率连续波信号示意图

16.2.3.2 合成孔径雷达技术与方位向分辨率

GB-SAR 系统通过合成孔径雷达（SAR）技术实现方位向高分辨。GB-SAR 天线通过在垂直于视线方向上的水平移动而形成一个较长的天线，从而提高影像的方位向分辨率，如图 16－11 所示。

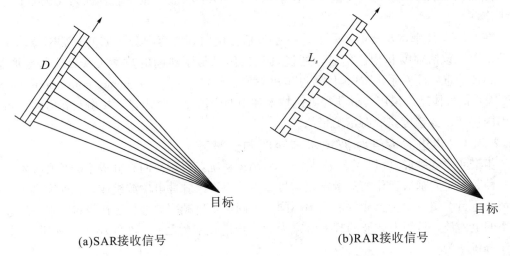

(a)SAR接收信号　　　　　　　　　　　(b)RAR接收信号

图 16－11 SAR 与 RAR 天线接收信号示意图

天线沿着一根线性轨道移动，具体的相位值 φ 与天线在线性轨道上的位置 x 以及被测物体距天线轨道的距离 y 之间的函数关系可以表示为

$$\varphi(x) = 2 \cdot \frac{2\pi}{\lambda} \sqrt{x^2 + y^2} \tag{16－26}$$

图 16-12 表示了相位 φ 与 x、y 之间的关系。对式（16-26）求导数，得

$$\frac{\mathrm{d}\varphi(x)}{\mathrm{d}x}=\frac{4\pi}{\lambda}\cdot\frac{x}{\sqrt{x^2+y^2}} \tag{16-27}$$

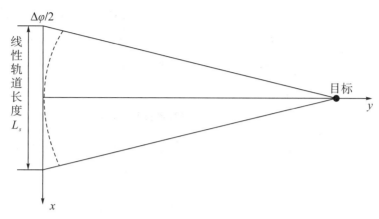

图 16-12　相位 φ 与 x、y 之间的关系

由于天线移动的轨道长度 x 远远小于目标与轨道之间的距离 y，即 $x\ll y$，式（16-27）可以简化为

$$\frac{\mathrm{d}\varphi(x)}{\mathrm{d}x}\approx\frac{4\pi}{\lambda}\frac{x}{y} \tag{16-28}$$

方位向分辨率定义为

$$R_{rc}=\frac{\lambda}{2L_s}r \tag{16-29}$$

式中，L_s 为 GB-SAR 线性滑轨长度；λ 为波长；r 为监测距离。

对于 IBIS-L 系统，线性滑轨长度 L_s 约为 2 m，λ 为 17.4 mm，所以其方位向分辨率约为 4.5 mrad，其方位向分辨率与监测距离 r 有关。

16.2.3.3　地基合成孔径雷达干涉测量原理

在 GB-SAR 影像中同时包含了被测物体的幅度信息和相位信息，雷达天线每一次完整的信号发射和回波接收过程可以看作天线波束对监测区的一次采样，经过一系列的数据处理过程得到相应的观测相位和回波信号的幅度信息。如果被测物体如大坝或边坡等未发生任何变化和位移，那么理想情况下多次采样得到的观测相位和幅度信息均不会发生改变；相反，观测相位和幅度信息都会发生相应的改变。因此，GB-SAR 变形监测通过干涉测量技术实现变形量的获取。

图 16-13 为干涉测量基本原理示意图，雷达首先发射微波信号 TX，信号经与物体作用后形成后向散射信号，最终被接收天线 RX 接收，经过相关信号处理即可得到该次测量的一个采样复信号，该信号包含了幅度信息 a_1 和相位信息 φ_1。在雷达系统对辐射区的物体进行持续监测的过程中，若物体位置未发生变化，RX 接收到的幅度信息和相位信息保持不变；若物体发生了 Δr 的变形，微波信号传输距离随即产生变化，RX 接收到的幅度信息 a_2 和相位信息 φ_2 就会与 a_1 和 φ_1 不尽相同。

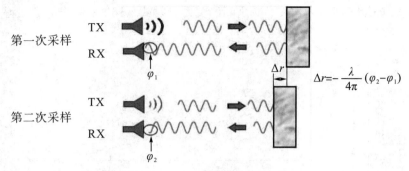

$$\Delta r = -\frac{\lambda}{4\pi}(\varphi_2 - \varphi_1)$$

图 16-13　干涉测量基本原理示意图

实际观测影像中的相位信息 φ^w 是一个相对相位值，它的绝对相位值 φ 是传感器与被测物体之间距离 r 的函数：

$$2r = -\frac{\lambda}{2\pi}\varphi$$

$$\varphi = -\frac{4\pi}{\lambda}r \qquad (16-30)$$

φ^w 称为缠绕相位，是雷达的直接观测值，其取值范围为 $[-\pi, \pi)$。φ 通常称为解缠相位，与缠绕相位 φ^w 之间的关系如下：

$$\varphi = W\{\varphi^w\} = \mathrm{mod}\{\varphi^w + \pi, 2\pi\} - \pi = \varphi^w - 2n\pi \qquad (16-31)$$

式中，$W\{\cdot\}$ 表示缠绕算子；n 为相位整周模糊数。

因为 n 未知，所以以绝对距离 r 无法求得。比较同一地区不同时间或者不同位置处的传感器所获得的两幅影像，相位差 $H(s)$ 与传感器到被测物体之间的距离变化 $\Delta r = r_2 - r_1$ 有以下的关系：

$$\varphi = W\{\varphi_1 - \varphi_2\} = W\left\{-\frac{4\pi}{\lambda}(r_1 - r_2)\right\} = W\left\{\frac{4\pi}{\lambda}\Delta r\right\} \qquad (16-32)$$

因此，不同时间同一被测物体相对于传感器的变形量为

$$\Delta r = \frac{\lambda}{4\pi}\varphi \qquad (16-33)$$

式中，Δr 为监测物体的变形量；φ 为解缠相位差；其他符号意义同前。

相位差可由两幅不同时间获取的同一被测物体的影像进行相干干涉计算得到，根据相位差求取被测物体在某一时间段相对于传感器的变形量的方法即合成孔径雷达干涉测量技术，相应的观测相位差称为干涉相位。

将 GB-SAR 发射信号 z 用幅度 a 和相位 φ 表示为复数形式，则有

$$z = a \cdot e^{i\varphi} = a \cdot (\cos\varphi - i\sin\varphi) \qquad (16-34)$$

那么，干涉信号则可以表示为

$$z_1 z_2^* = a_1 a_2 \cdot e^{i(\varphi_1 - \varphi_2)} \qquad (16-35)$$

这里 z^* 表示 z 的复共轭。

变形监测中的变形量就可以通过被测物体与传感器之间的相对距离变化测得，变形量与干涉相位 φ_{disp} 之间的关系为

$$\varphi_{\mathrm{disp}} = \frac{4\pi}{\lambda} \cdot \Delta r = \frac{4\pi}{\lambda} \cdot \Delta \boldsymbol{r}_{xyz} \cdot \boldsymbol{s} \qquad (16-36)$$

式中，s 为视线向的单位向量；Δr_{xyz} 为三维位移向量。

通过 GB-SAR 获得的变形量为三维位移向量在视线向的分量 Δr，可以根据该视线方向与工程坐标或者大地坐标各坐标轴之间的夹角求出其在各坐标方向的位移量。

16.2.3.4　IBIS-L 系统及其特点

IBIS（image by interferometric survey）是意大利 IDS 公司和佛罗伦萨大学合作研制的 GB-SAR 硬件系统。该系统有两种类型，即 IBIS-L（image by interferometric survey-landslide）和 IBIS-S（image by interferometric survey-structure）。IBIS-L 主要应用于边坡、大坝等变形监测，地面沉降及冰川、火山等自然灾害监测，数字高程模型建立等，其变形监测标称精度可达 0.1 mm，理论可识别最小位移变化为 0.000154 mm。系统主要由雷达控制单元、线性滑轨、供电单元和集成控制软件计算机组成。图 16-14 是利用 GB-SAR 对 GY 拱坝变形监测的系统组成，系统安置于大坝下游左岸混凝土工作基准台上。图 16-15 为在某大坝库岸边坡变形监测中系统连接示意图，线性滑轨总长度为 2.5 m，其中有效滑行路径长度为 2 m。线性滑轨可以利用地面安装支撑杆安置在混凝土基座上或者坚固的岩体上。雷达控制单元位于滑轨上，可以沿着滑轨线性移动，其上两个金字塔形的天线单元可以发射和接收频率为 17.2 GHz 的垂直极化雷达波，天线单元的增益为 20 dB。该系统具有以下特点：遥测距离可达 4 km，连续空间覆盖面积大，测量精度达 0.1 mm；适应全天候（如下雨、刮风、大雾等）、全自动 24 小时连续监测；实现远程遥测，无须现场值守；数据采集时间短，可以达到每 5 min 采样一次；设备运输和安装简单方便，自动化程度高等。

图 16-14　IBIS-L 系统组成

GB-SAR 系统的监测范围取决于设备与大坝或边坡的距离和光束宽度。IBIS-L 的光束宽度是由其天线决定的，如果采用水平增益为 -3 dB，光束宽度为 17° 的天线，当距离为 1000 m 时可监测的最大水平向范围为 300 m；当距离为 4000 m 时可监测的最大水平向范围可达 1200 m，这样的宽视野面状扫描监测对于大坝或者边坡的安全监测具有极大的优势，可以做到全域、无接触、高精度、快速地获取整个大坝或边坡的变形场数据，克服传统单点监测缺陷，为工程安全运行和灾害预警、防治提供可靠的数据支持。

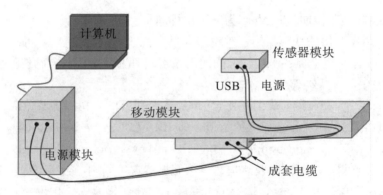

图 16-15　边坡监测系统连接示意图

16.2.4　合成孔径雷达测量技术应用

16.2.4.1　农业方面的应用

SAR 图像在农业方面的应用主要涉及对农作物类型的识别、作物生长状况估计及土壤湿度的确定等。

1. 识别农作物的类型

农作物类型的研究主要针对雷达与目标的相互作用。影响这一相互作用的有许多因素：

（1）SAR 参数：波长（频率）、入射角、极化方式、定标。

（2）作物参数：表面粗糙度、含水量、表面湿度、生长期、高度、密度、叶面指数、生物量、物冠结构、农业小气候、周日变化、盖度、作物行向、杂草侵害程度。

（3）土壤参数：湿度、表面粗糙度、纹理、田地大小、行效应、疏松度、盐度、温度、有机物成分。

2. 作物生长状况估计

作物生长状况估计即估计作物是否健康或达到所期望的程度。影响作物生长状况的因素有病虫害、干旱、洪涝、暴风、冰雹等，这些因素会改变作物的高度、密度、叶面积、物盖结构等，进而影响雷达与目标的相互作用。

3. 土壤湿度的确定

这是有关土壤含水量的相对量测。湿度信息有利于作物估产。尽管后向散射与土壤复介电特性强相关，仍有众多因素影响后向散射，很难将土壤湿度对后向散射的影响区分出来。当入射角较高时，后向散射与作物湿度相关；当入射角较低（如 ERS-1 的 23°）时，后向散射与土壤湿度相关，因为此时有更多的穿透物盖的信息。但是在缺乏物盖状况和表面粗糙度等先验知识的情况下，单靠图像信息不可能精准地确定土壤湿度。这方面需要研究表土湿度与下层湿度的关系模型，因为下层湿度在根系发达时确定了作物的生长状况。雷达的穿透深度近乎与波长成正比，因此，在土壤最佳条件下，C 波段可以提供 5 cm 深度的土壤湿度信息。

16.2.4.2　测绘方面的应用

SAR 可用于中小比例尺地形图制作和一般的土地利用图的制作。制图是 SAR 的重要应用领域，其在地形图更新方面的应用已得到广泛研究。数字雷达图像立体测图有助于生成 DEM，作地形图更新。具有较高空间分辨率的 SAR 图像用于测图可减少地面测量和航摄成本。在热带地区，常有云层、雨雾，可见光和红外摄影都受到很大限制，而雷达测量的应用有助于无图区的基本图件测绘。SAR 的全天候特性使其在多云覆盖区域得到广泛应用，多重重叠的图像将有助于提高测图精度。

利用干涉测量的地形图测绘方法已经得到深入研究。采取干涉测量的测图方法，利用欧洲的 ERS-1 卫星图像对于提取 1∶100000 图上的等高线信息将具有较高精度。

利用阴影-形状的地形图测绘是又一种测图方法。阴影-形状是由像素灰度反算出可比的相对亮度值，以利用辐射标定的 SAR 数据确定坡度值。该技术可以确定每一雷达距离扫视行上的高程断面。加拿大遥感中心（CCRS）的试验表明，利用 SEASAT 图像生成 DEM 时坡度估算精度可达 $1°\sim2°$，但由于 SEASAT 入射角很高，故对于坡度为 $10°\sim15°$ 的地区，不能利用它进行测图。加拿大 RADARSAT 的可变入射角则可以提供比以往传感器更加灵活方便的测图功能。

阴影-形状技术结合立体雷达图像测量有利于进行更多的地形碎部测绘，但阴影对地表面的低频地形变化成分的信息提取不利。

16.2.4.3　海岸带和海洋方面的应用

海岸带即沿海地带。雷达遥感图像的应用主要是在海岸带和海洋地区对自然（包括海冰）和人造地物的物理参量的识别测量和监测。

海岸带应用是 SAR 数据最大的应用范围之一。

1. 海岸带测绘

海岸带测绘主要包括海岸带的地形特征识别、测绘和变迁监测。对于海岸和近海地区地形特征，需要测量形状、大小和侵蚀、沉积所致的地貌类型分布。自然进程是动态的（比如三角洲），其变化监测是按日、按年或几年进行的。

SAR 可为多雾地区提供极为有用的数据，地貌和海岸科研人员可用它监测变化，因为这些变化影响到海岸工程项目、风景区规划、造船和导航，以及资源勘探开发。

2. 海底地形测量

海底地形测量对于航海和海岸工程至关重要，这主要包括：①探测未测出的或错误定位的可能危及航海的海水淹没地物特征；②确定这些危险地物的边界和位置；③提取精确的、详尽的和完全的水深信息。

浅水地物特征须识别出来，这包括浅水中的堤、浅滩、暗礁。海浪与海岸的相互作用造成海岸断面的变化和周期性的近海海床变化。深水地物特征包括海底山脉、山脊、沙堤和大陆架边缘。这些都有可能利用 SAR 图像进行分析推断。SAR 图像中的某些形态可用于浅海和深海中海底地形特征的推断，由于这些海底地形影响到海面波浪的形态变化，而 SAR 可以反映这些变化，其机理是微波与洋流的相互作用，即海底地形变化影响海水表面洋流，因而改变了海面波形和波形场。从海床测量的角度看，水深变化影响到潮汐流速度，进而影响到表面波浪，而 SAR 能探测到表面波形变化，这就为海底地形分析提供了可能。据研究，同一地域不同波浪状况多次观测或宽波段的一次观测的模型和算法对获取海底地形的最佳估计是可行的。

3. 海洋环流特征测图

海洋环流特征包括内波、表面洋流边界、旋涡、涌流等。SAR 是唯一可以提供这些方面非常细微信息的数据源，任何影响洋面粗糙度的物理过程均在 SAR 图像上得到反映。SAR 被认为是测绘内波的最佳传感器，虽然这一特征可用光学传感器进行探测，但它受限于云层覆盖的情况。

近海岸中小规模的特征如旋涡可以用机载或星载 SAR 进行测绘，空间平台上低分辨率光学装置不可能在这方面提供足够的细节。洋流定位的测绘以较高分辨率的传感器可以达到较高的精度。

4. 波浪谱的导出

海洋波由气象条件和海洋内部运动生成。波浪谱信息可用于海浪预报以利于航海人员工作，因而需要近实时的预测。这一信息还可用于以更严密的方法描述海洋动态进程，以便诸如管道建设安装工程的结构安全性和操作规划的设计工作的开展，海浪气象研究的周期应比海浪预报的周期短。

海底地形调节近海面的水流，水流通过雷达波束与海面细小起伏的相互作用而反映在雷达图像上。

5. 油漏探测

油漏点的探测原理是在 SAR 图像上利用油漏点较暗的回波信息与周围较亮的回波信息的反差进行识别，SAR 图像上周围海洋的回波强度是 SAR 成像系统成像时环境条件（风、海浪）、视角、频率和极化方式的函数。垂直同向极化方式的 SAR 如欧洲 ERS-1 上的雷达装置比 RADARSAT 水平同向极化的 SAR 更灵敏些，它可以得到更亮的回波信号。

油面由于其表面张力大，在微风中不易波动，与水不同，因而其微波后向散射要小于水，这样在 SAR 图像上色调要暗。但有时油漏可能与某些其他自然现象（如内波上涌流、海藻等）发生混淆。

研究表明：①利用空间 SAR 数据可人工勾绘出油漏的浮油面轮廓；②当入射角垂直于海浪时，自动分类方法可改进探测；③油漏的浮油面形状和位置易于确定，但厚度不能确定；④可探测的程度是环境状况（风速和波浪状况）和油的特性（如黏性）的函数。

SAR 可以作为机载污染监测系统的一个补充，特别是对海岸线长的国家，污染监测是需很大花费的，对于大范围油漏监测可采用 RADARSAT 中的 SCANSAR 方式，其分辨率为 100 m。

6. 船舰探测

船舰探测是通过波谱信号和尾浪痕迹分析，对海洋上的渔船、军舰、油轮进行探测和定位。星载 SAR 可提供补充手段，特别是对领海面积很大或对很远的船舰，机载系统费用太大时更需如此。

16.2.4.4 森林方面的应用

在森林方面的应用主要是有关森林植被特征的探测，遥感数据可帮助识别林种，森林灾害，林的密度、年龄、健康情况等。对于北方和温带地区，星载 SAR 可提供森林基本图件更新的保证。所有 SAR 都适用于对热带区域的观测，对有的热带区域 SAR 是森林资源唯一的信息源。热带森林毁林监测是 SAR 的重要应用领域，因为这有关森林的生长和全球环境。

1. 采伐区域测图

在常年被云层覆盖的热带地区，SAR 是森林资源和采伐活动监测的很好手段，有时甚至是唯一的信息源。森林采伐情况的信息价值重大，SAR 的运用可以大大节省航空测量和地面测量的成本，以作林图更新，方便政府及环保部门有效监测采伐活动。

2. 林种分类

这里包括树种和林种分类。树种识别方面，林学家需要精确的信息。可以将树种与后向散射信息联系起来，但后向散射受限于多种因素，如树冠结构、植被湿度、地形等。许多树种的交错重叠的雷达信号致使分类困难，所以通常融合其他数据进行分类。

3. 生物量估计

因为树龄增长，生物量增加时后向散射信号就加强了，所以若将后向散射与森林参数和树高、树龄等联系起来，就可以估算出生物量。这有助于确定最佳采伐期。

林种分类和生物量估计需要多频段、多极化的 SAR 数据，所以多种 SAR 数据和其他遥感数据的结合将有助于提取这些信息。

16.2.4.5　地质方面的应用

地质方面的应用主要在于有关地表物质和基岩的分布及其物理特征信息的提取。地质应用是 SAR 的一个重要领域。

1. 地质构造图测绘

构造特征包括褶皱、断层、切割、线性构造等，它们通过基岩的表面露头部分，或由植被的分布表现或反映出来。这些信息十分重要，它们提供了热运动、液态物质、碳水化合物和矿产的探测线索。构造图测绘处于操作性演示阶段，机载 SAR 已用于碳水化合物质的勘探。尤其在亚洲、拉美等地区，由于复杂的地质地形情况，露头信息少，云层覆盖多，还有未勘探区域的切割规模，都使传统方法受限。雷达图像的判读揭示了无图区的结构复杂性，对勘探计划起到了指导作用。

从 SAR 图像可提取构造信息的数量随入射角和视向而变，双视向（如 RADARSAT 在升轨和降轨两种情况下获取同一地区的图像）将提供更多可识别的线性构造信息。机载和星载雷达数据是陆地卫星、航摄像片、航磁测量等普查规模测图时极好的补充数据源，雷达数据的参与显著增强了利用其他数据提取有价值的地质信息的能力。不同数据的综合分析为掌握植被、表面物质、基岩岩性和构造之间的复杂关系提供了方便。SAR 还是区域规模的研究地震灾害估计的有效工具。

2. 岩性成图测绘

岩体表面粗糙度依不同岩石（火成岩、沉积岩等）、成矿复合、气候性质等而异，它是影响后向散射的重要特征，也是 SAR 岩性成图的基础。它有赖于岩性地貌（如粗糙的火山角砾岩和平滑的熔岩流）和形变、侵蚀的程度。

3. 土地测绘

土地测绘有关地表物质（砂砾、沙、流沙、淤泥）、土地形态（鼓丘、蛇丘）的分布和类型以及冰丘演变历史和地区地层等物理特征调查，地面信息可用于工程景观调查（公路路线规划、砂砾搜寻、填土定位等）、水文地质研究和浅滩远景规划。SAR 是 TM 数据极好的补充信息源，SAR 提供更多地形特征，而 TM 则对植被类型和分布调查有利，SAR 和 TM 的彩色合成图像对第四纪地质最有用。

由于对含水量和地表物质纹理敏感，SAR 是地表信息测绘的新信息源。在某些情况下，对覆盖有均一表面物的平坦地区，下表层信息也可由下表层物质特性的不同所造成的土壤湿度反差而推断出来。

4. 构造和地表的 SAR 响应

构造和地表地物在 SAR 图像上的表象有赖于地物和周围地形差异、表面粗糙度或纹理、表面湿度、SAR 响应这些地物的方位（入射角和视向）和 SAR 的分辨率，故而微波信号和这些目标之间的关系相当简单且易理解。一般来说，大的入射角（如 50°）可较好地反映微小的构造特征，因为当垂直于视向时，回波信号亮，最易发现，但在岩性和地表测绘中尚无最佳 SAR 参数的结论。

5. 基本图件绘制

从事勘探和开发的地质工作者和工程师需要 SAR 作平面测图应用，也可将图像作为基本图件进行景观评价和规划。基本图件包含不同土地利用信息（公路、湖泊、河流、森林、电力线、铁路等），一个地区的人文活动程度影响到这些地图过时的速率。SAR 是开展早期开发区域基本图件测绘或更新的有用工具，在生成中小比例尺图件时能提供的有价值信息有赖于地形和地物特征（方位、形状、表面粗糙度、湿度）。在山地用 SAR 绘制基本图件有许多问题，如阴影和叠掩等会掩盖掉某些信息（如公路和森林采伐信息）。

6. 地质条件评价

这主要涉及地面地物及其对工程和发展项目的潜在影响估计，此外还包括滑坡及地震灾害估计。

从 SAR 得到的信息是综合信息，同时可用于构造分析、地表分析和土壤湿度（水文）等方面的调查工作。

16.2.4.6　水文方面的应用

水文方面的应用主要是固态、液态内陆水的探测、监测和量测（土壤湿度、新鲜冰雪、水体等）。由于水的可变特性，水文参数必须经常监测。某些水文应用还须近实时地处理和经常性观测，星载雷达数据在这方面具有很大的潜力。SAR 可对农田土壤湿度进行监测；在人口密集的受季风影响区域，SAR 可用于洪水淹没范围监测和洪涝灾害估计。对于后者，星载 SAR 可提供经常性的有时间保证的不受天气条件限制的数据。

1. 洪水测图

洪水测图主要是洪水淹没地界勾绘，以便作灾害估计和洪水预测。SAR 很适于洪水监测，因为淹没地与未淹没地的图像反差很大。根据已有的研究，C 波段 SAR 星载图像可为非森林地带的洪水测图提供最有用的数据，也可用于森林淹没区的探测。

由于 SAR 全天候的特点，它的主要优点就是洪水测图应用，最大淹没面积常常发生在坏天气条件下，此时其他数据是无法发挥作用的。

2. 土壤湿度探测

有关土壤含水量分布的量测有助于流域径流预报和农田作物估产。雷达后向散射受湿度的影响很大，潮湿土壤有较高的复介电常数，因而在 SAR 图像上比干燥土地更亮。但农田有很多参量影响雷达后向散射，如土壤湿度、土壤表面粗糙度、作物种类、作物行向等，因而很难将单一的土壤湿度对后向散射的影响区分开来。在河谷地区可以利用 SAR 进行土壤湿度估计以引入径流模型中，但土壤湿度量测的精度保障需进一步研究。

3. 雪和新鲜水冰的测绘

雪和新鲜水冰的测绘主要是固态水（雪、水冰）湿度的探测，以估计雪的覆盖范围和雪水的可能流量。SAR 图像上，雪、冰、新鲜水冰的信息为雪区成图和水文模型的建立提供了可能。

16.2.4.7　土地利用状况调查

土地利用状况调查是对城市地区不同土地利用类型和农村及无人居住地区不同覆盖类型的识别和分类。美国地质勘探局（USGS）制定了一个标准土地利用分类系统，定义了12 个一级类别和 48 个二级类别。

1. 城市测绘

城市测绘是对城市地区不同的土地利用类型即居民地、商业区、工业区、交通用地、园林绿化用地、农业用地和水体等的分布进行测绘。城市应用中雷达图像解译的主要问题是同一雷达信号响应往往对应着不同的地类，如商业区和居民地的图像亮度和纹理是类似的，城市边缘居民地密度很低，很难从图像上与相邻的农田/牧草地区分开。

不同视向和俯仰角图像的对比可改进土地利用分类，特别是像公路一类具有方向的地物，平行于公路的 SAR 视向不如垂直于公路的视向更易识别。所以在监测城市土地利用变迁时，必须有合适的视向和入射角。

交叉极化（HV）图像比同向极化（HH）图像更有利于城市测图。HH 对于目标相对于雷达视向的方位更为敏感，地物表面散射加上体散射在 HH 图像上的效应使各种土地利用类别的色调、纹理的变化幅度减小。这样，不同土地利用类型的表象趋于相近，而相近的地物类型都有不同的色调纹理。在 HV 图像上则不尽然，尽管也存在地物表面散射，但其影响并不显著。

当入射角增加到某一值时，目标的可探测性、探测精度和识别错误率都得到了改善，入射角再增大时，这些指标则开始下降，然而在特别的环境条件下也有例外。

由此，RADARSAT SAR 结合卫星光学图像数据可满足平地和中等起伏地区一级城市土地利用测图的需要。

2. 土地覆盖测绘

这是对乡村和无人居住区域土地覆盖类型的识别和测绘。主要的土地覆盖类型有农田、林地、非林地、水体、湿地和荒地，这些数据可用于环境监测（如森林、农田、矿区变化监测）和规划。

RADARSAT SAR 等很适合为一级土地覆盖类别提供综合的覆盖信息，但在山地，由于地形起伏在图像上形成阴影，用 SAR 进行土地利用覆盖是有局限性的。同时，乡村地区孤立树和建筑物由于角反射器效应，容易将两者混淆。SEASAT SAR（25 m 分辨率，L 波段 HH 方式）可用于平地和山地大于 15000 m^2 的水体识别。TM MSS 或 SPOT 多光谱数据结合 SAR 的色调和纹理信息可提供比单一某种传感器数据更高精度的结果。所以，在中低山地区域，SAR 结合其他数据可满足一级和二级土地覆盖类型调查。

16.2.4.8　海冰调查

这一领域的应用，诸如从 SAR 获得海冰参数信息（如冰的密度、冰的类型、冰的特征定位、冰区地形、冰的运动和冰流），这些参数信息目前均能获取。

冰的信息数据要求在战术和战略上是各不相同的，低分辨率、宽覆盖的数据如RADARSAT ScanSAR可满足战略计划的需求，而能精细分辨和定位的信息则可支持实时快速决策时的战术要求。高纬度地区，RADARSAT每天可以Wide方式或ScanSAR方式提供数据，在低纬度地区则不可能做到这样。当需要经常性观测时，RADARSAT等可替代机载SAR运作。

1. 冰的密度探测

冰的密度探测即在某一地区的冰面比例分析。SAR对区分海水与所有海冰类型是十分有用的，除非是新的薄冰。但是，由于绝大多数在冰海区域的航海都是在薄冰区，所以SAR能不能探测新的薄冰并不重要。密度估算常常以数十计，海冰覆盖的全部海面即认为是计算密度的海水整体。将所有的海冰密度都计算出来是航海时估计通过某一冰海区域的线路时所必需的，低密度信息可保证船只有准备地通过冰海区域，减少浮冰撞击的危险。

2. 冰类分析

用户需要区分一年冰和多年冰。雷达后向散射对冰的物理参量如盐度、气泡含量、晶体结构等和地形特征如冰脊、融池都是很敏感的。这些参量随着海冰年龄和坚度而异，出海的船只需要得到多年坚冰的位置信息以避免危险。

图像上很多结构都是可见的，因为不同的冰貌、物理特征和冰类，纹理不同。色调亮的多是多年冰，而色调暗的一般是新生成的。

以SAR进行冰类分类依气候条件及其影响冰的后向散射的条件而异。冬天由于冰块冷而干燥，故能很好区分冰类。问题在于溶化时，如果冰或雪盖含水量饱和，要区分冰类就非常困难了，在具有这种湿度的条件下，冰貌参数（包括浮冰大小、地面形状、成脊程度等）就成为区分冰类的主要参数，这方面需要进一步地研究在冰溶时期不同条件下对确定冰类的影响。

另一个重要参量是冰的边缘位置，即冰水交界线，通常它被定义为冰块10％的外缘。冰的边缘位置对于商业航海、近海油气开发、渔业和气象研究是十分重要的。很多商船没有撞冰的能力，必须完全避开冰。油气开发需要知道浮冰边缘位置以便规划钻井和其他活动。渔民已注意到渔库冗余与冰的边缘的相关关系。冰的边缘和范围又是一个重要的气象指数，它对于长期的全球监测是必需的。

冰缘地区的气候经常是很坏的，云雾共生，很多地区整个冬天处于风和暴风的影响下，因而冰缘是高度活动和变化的特征，所以监测和更新冰缘位置，以一定模型预测其运动是十分重要的。

RADARSAT SAR为冰缘定位的可靠信息源，因为其冰水图像反差很大。事实上，卫星遥感对冰的调查分析是最佳的，星载SAR可提供极地覆盖的周日信息，其中冰缘信息可满足战略计划的需求。

3. 冰面特征识别

冰的地形特征包括冰脊、冰碛地和冰川，有关这些信息的探测对航海路线的选择和冰类的确定是十分重要的。冰脊和冰碛地有碍和拖延船的航行，冰川则为船只提供易行和经济的航道，这些特征信息SAR图像上都是可识别的。SAR提供冰面地形信息，这些信息对于冰类分析有帮助。

4. 浮冰跟踪

浮冰跟踪是利用多时域 SAR 图像对浮冰运动进行监测以便做好航海计划。浮冰是可以利用 SAR 进行监测的，因而潜在的危险也就可以避免。主要的技术要求是作冰类特征识别和图像上的时序跟踪。通过时序图像可推出浮冰运动速度矢量，这一矢量可以显示出浮冰运动的区域模型。

图像上的锥状体相关和边界碎块特征提取等浮冰跟踪技术都是很成功的。其中的问题在于冰体旋转和形变。人们提出了旋转不变性相关方法和 PSI-S 曲线匹配方法，可采用这些方法解决旋转变形问题。

从时序的 SAR 图像上提取的信息对于短期和中期浮冰预报及其数学模型的建立是十分有用的，所推算出的浮冰速度可用于建立预报模型以预报三天至五天的短期冰情。RADARSAT SAR 数据可以作为预测模型中的输入数据，用于验证预测的精度。更长时间的预报需要长时间的风势预测。

高纬度地区的图像周日覆盖可以为成功地进行周日浮冰监测提供充足的数据。在低纬度地区，RADARSAT 数据可作为机载 SAR 数据的补充以增加覆盖频数，满足预报模型的需要。

5. 冰块探测

冰块是冰川裂变的结果，探测其位置对近海钻井工作和航海是十分重要的。较大入射角的机载 SAR 可探测出冰块、小的碎冰块和大的冰块聚合体。目前这是探测冰山和成图的主要方法。

16.3　倾斜摄影测量技术

倾斜摄影测量技术是近年来发展起来的一项新的测量技术。以往航测遥感影像只能从垂直方向拍摄，倾斜摄影测量技术则通过多台传感器从不同的角度进行数据的采集，快速、高效获取丰富的数据信息，真实地反映地面的客观情况，满足人们对三维信息的需求。目前，倾斜摄影测量技术已经应用于实际的生产实践。

16.3.1　倾斜摄影测量概述

16.3.1.1　什么是倾斜摄影测量技术

通过在同一飞行平台上搭载多台传感器（例如五台传感器），同时从一个垂直、四个倾斜五个不同的角度采集影像，拍摄照片时，同时记录航高、航速、航向和旁向重叠、坐标等参数，然后对倾斜影像进行分析和整理。在一个时段，飞机连续拍摄几组影像重叠的照片，同一地物最多能够在三张照片上被找到，这样内业人员可以比较轻松地进行建筑物结构分析，并且能选择最为清晰的一张照片进行纹理制作，向用户提供真实直观的实景信息。影像数据不仅能够真实地反映地物情况，而且可通过先进的定位技术嵌入地理信息、影像信息，获得更好的用户体验，极大地拓展了遥感影像的应用范围。

16.3.1.2　倾斜摄影技术的特点

1. 反映地物真实情况并且能对地物进行量测

倾斜摄影测量所获得的三维数据可真实地反映地物的外观、位置、高度等属性，增强三维数据所带来的真实感，弥补传统人工模型仿真度低的缺点。

2. 性价比高

倾斜摄影测量数据是带有空间位置信息的可量测的影像数据，能同时输出数字表面模型（DSM）、数字正射影像（DOM）、数字线划图（DLG）等数据成果。使用倾斜影像批量提取及纹理贴合的方式，能够有效降低城市三维建模成本。

3. 作业效率高

倾斜摄影测量技术借助无人机等飞行载体可以快速采集影像数据，实现全自动化的三维建模。大量实践数据证明：1~2 年的中小城市三维人工建模工作，借助倾斜摄影测量技术只需 3~5 个月就可完成。

16.3.2　倾斜摄影测量的关键技术

16.3.2.1　多视影像联合平差

多视影像不仅包括垂直摄影数据，还包括倾斜摄影数据，而部分传统空中三角测量系统无法较好地处理倾斜摄影数据，因此，多视影像联合平差需充分考虑影像间的几何变形和遮挡关系。结合定位定姿系统（POS）提供的多视影像外方位元素，采取由粗到精的金字塔匹配策略，在每级影像上进行同名点自动匹配和自由网光束法平差，得到较好的同名点匹配结果。同时，建立连接点和连接线、控制点坐标、惯性导航（IMU）辅助数据的多视影像自检校区域网平差的误差方程，通过联合解算，确保平差结果的精度。

16.3.2.2　多视影像密集匹配

影像匹配是摄影测量的基本问题之一。多视影像具有覆盖范围大、分辨率高等特点，因此，如何在匹配过程中充分考虑冗余信息，快速准确地获取多视影像上的同名点坐标，进而获取地物的三维信息，是多视影像匹配的关键。由于单独使用一种匹配基元或匹配策略往往难以获取建模需要的同名点，因此，近年来随着计算机视觉发展起来的多基元、多视影像匹配逐渐成为人们研究的焦点。目前，该领域的研究已取得了很大进展，例如建筑物侧面的自动识别与提取。通过搜索多视影像上的特征，如建筑物边缘、墙面边缘和纹理，来确定建筑物的二维矢量数据集，影像上不同视角的二维特征可以转化为三维特征，在确定墙面时可以设置若干影响因子并给予一定的权值，将墙面分为不同的类，将建筑物的各个墙面进行平面扫描和分割，获取建筑物的侧面结构，再通过对侧面进行重构，提取出建筑物屋顶的高度和轮廓。

16.3.2.3　数字表面模型生成和真正射影像纠正

多视影像密集匹配能得到高精度、高分辨率的 DSM，充分地表达地形地物起伏特征，已经成为新一代空间数据基础设施的重要内容。由于多角度倾斜影像之间的尺度差异较大，加上较严重的遮挡和阴影等问题，基于倾斜影像的自动获取 DSM 存在新的难点。可以首先根据自动空三解算出来的各影像外方位元素，分析与选择合适的影像匹配单元进行特征匹配和逐像素级的密集匹配，引入并行算法，提高计算效率。在获取高密度 DSM 数据后，进行滤波处理，将不同匹配单元进行融合，形成统一的 DSM。多视影像真正射影像纠正涉及物方连续的数字高程模型（DEM）和大量离散分布粒度差异很大的地物对象，以及海量的像方多角度影像，具有典型的数据密集和计算密集特点。在已有 DSM 的基础上，根据物方连续地形和离散地物对象的几何特征，通过轮廓提取、面片拟合、屋顶重建等方法提取物方语义信息；同时，在多视影像上，通过影像分割、边缘提取、纹理聚类等方法获取像方语义信息，再根据联合平差和密集匹配的结果建立物方和像方的同名点对应关系，继而建立全局优化采样策略和顾及几何辐射特性的联合纠正，进行整体匀光处理。

16.3.2.4 倾斜摄影

由于倾斜影像为用户提供了更丰富的地理信息和更友好的用户体验，目前该技术在欧美等国家已经广泛应用于应急指挥、国土安全、城市管理、房产税收等行业，在国内应用于国土资源管理、房产税收、人口统计、数字城市、城市管理、应急指挥、灾害评估、环保监测、房地产、工程建筑、实景导航、旅游规划等领域。

16.3.3 无人机倾斜摄影测量概况

无人机具有机动、灵活、快速、经济等特点，以无人机作为航空摄影平台能够快速、高效地获取高质量、高分辨率的影像。无人机在摄影测量中的优势是传统卫星遥感无法比拟的，它大大拓宽了遥感的应用范围和用户群，具有广阔的应用前景。无人机倾斜摄影测量已经成为未来航空摄影测量的重要手段和国家航空遥感监测体系的重要补充，逐步从研究开发阶段发展到了实际应用阶段。

在国外，美国航空航天局将无人机应用于森林火灾监测、精确农业、海洋遥感等研究项目。澳大利亚利用"全球鹰"搭载成像 SAR 进行海洋监测研究。在国内，已有研究机构将无人机技术与倾斜摄影技术有效结合，自主研发了一套微型无人机倾斜摄影系统，包括电动旋翼无人机、五相机倾斜摄影吊舱、降落伞模块、控制模块等。系统具有成本低、飞行可靠性高、操作使用简单、起飞和着陆场地要求低、定位精度和影像分辨率高等特点，可以满足倾斜摄影测量和快速三维建模对数据获取的要求。它可为测绘、规划、应急、公安、旅游文化等行业提供低廉、高效、敏捷的数据支持与服务，提高了精细三维数据灵活快速获取的能力。应用成果已在公安、应急、测绘、旅游、环保等行业得到了应用验证。

16.3.4 倾斜摄影测量技术存在的问题

（1）倾斜航空摄影后期数据影像匹配时，因倾斜影像的摄影比例尺不一致、分辨率差异、地物遮挡等因素导致获取的数据中含有较多的粗差，严重影响后续影像空三精度。如何利用倾斜摄影测量中包含的大量的冗余信息进行数据的高精度匹配是提高倾斜摄影技术实用性的关键。

（2）倾斜摄影测量所形成的三维模型在表达整体的同时，某些地方存在模型缺失或失真等问题。因此，为了三维模型的完整准确表达，需要进行局部区域的补测，常用方法是人工相机拍照或者使用车载近景摄影测量系统进行补测。

（3）随着科技的发展，无人机已成为倾斜摄影测量实用的载体。为了提高无人机的便携性和灵活性，需要提升其续航能力，因而研制体积小、长续航的电池迫在眉睫。

16.3.5 展望

近年来，倾斜摄影测量技术得到了迅速的发展。倾斜摄影测量技术不但能够获取建筑物、树木等地理实体的纹理细节，而且高冗余度的航摄影像重叠为高精度的影像匹配提供了条件，使得基于人工智能的三维实体重建成为可能。分层显示技术、纹理映射技术成为倾斜摄影测量和建模的关键支撑点，极大地提升了三维建模的效率，同时也降低了建模的成本。目前，基于倾斜摄影测量成果的应用还比较少，因此，大量的应用创新点挖掘还需要逐步深入。此外，我们不能局限于倾斜摄影测量技术，还需要研究其与雷达、红外、多光谱、高光谱等多种传感器的结合，将它们集成在更小的无人机上以拓宽倾斜摄影测量技术的应用范围，未来基于点云数据计算的大规模三维数据生产将使工程测量、三维建模等工作发生颠覆性的变革，开启三维遥感的新时代。

传统的遥感测量手段采用的正射影像方法只能是在垂直方向对建筑顶部进行模型重建，而对侧面的三维重建一直缺少有效的解决手段。倾斜摄影测量技术的出现有效地解决了这一难题，它将基于立体像对和点特征的传统摄影测量技术推向了基于多视影像和对象特征的实时摄影测量技术。

（1）目前各行业对大数据的需求逐渐增加，而倾斜摄影测量所得影像数据可以转化成DLG、DOM、DSM等不同数据格式，并且能对数据进行矢量化等操作，大大拓宽了其使用范围，满足了不同的实际需求。

（2）倾斜摄影测量技术具有高效率、高真实性以及快速获得海量空间数据的特点，但在倾斜摄影测量数据处理过程中对于影像数据的匹配和整体三维模型的表达方面还不成熟。若研究出高精度的影像数据匹配方法，以及去除冗余信息增强运行的效率而不影响建模实体效果，将能大大增强其实用性。

参考文献

陈彩苹，刘普海. 水利水电工程测量 [M]. 2 版. 北京：中国水利水电出版社，2016.

邓念武，张晓春，金银龙. 测量学 [M]. 3 版. 北京：中国电力出版社，2015.

孔达，吕忠刚. 工程测量 [M]. 北京：中国水利水电出版社，2011.

孔达. 水利工程测量 [M]. 北京：中国水利水电出版社，2007.

孔祥元，梅是义. 控制测量学 [M]. 武汉：武汉测绘科技大学出版社，1996.

李青岳，陈永奇. 工程测量学 [M]. 2 版. 北京：测绘出版社，1995.

刘基余. GPS 卫星导航定位原理与方法 [M]. 北京：科学出版社，2003.

舒宁. 微波遥感原理 [M]. 修订版. 武汉：武汉大学出版社，2003.

覃辉，马超，朱茂栋. 土木工程测量 [M]. 5 版. 上海：同济大学出版社，2019.

王侬，过静珺. 现代普通测量学 [M]. 2 版. 北京：清华大学出版社，2009.

吴子安，吴栋材. 水利工程测量 [M]. 北京：测绘出版社，1990.

徐绍铨，张华海，杨志强，等. GPS 测量原理及应用 [M]. 修订版. 武汉：武汉大学出版社，2003.

岳建平，邓念武. 水利工程测量 [M]. 4 版. 北京：中国水利水电出版社，2008.

张加龙，刘畅，李素敏，等. 遥感与地理信息科学 [M]. 北京：科学出版社，2016.

张正禄. 工程测量学 [M]. 武汉：武汉大学出版社，2002.